AF355985

JEAN DE BLOCH

LA GUERRE

Traduction de l'ouvrage russe

LA GUERRE FUTURE

AUX POINTS DE VUE

Technique, Économique et Politique

TOME V

Les efforts tendant à supprimer la guerre, les causes des différends politiques, les conséquences des pertes.

GUILLAUMIN ET Cie

Editeurs

14, RUE DE RICHELIEU, 14

PARIS

LA GUERRE

JEAN DE BLOCH

LA GUERRE

Traduction de l'ouvrage russe

LA GUERRE FUTURE

AUX POINTS DE VUE

Technique, Économique et Politique

TOME V

Les efforts tendant à supprimer la guerre,
les causes des différends politiques,
les conséquences des pertes.

GUILLAUMIN ET Cie

Éditeurs

14, RUE DE RICHELIEU, 14

PARIS

Historique du développement de l'idée tendant à résoudre d'une manière pacifique les différends internationaux.

I. Mouvement général dirigé contre le militarisme.

Le caractère de la guerre moderne est tel que les tendances et les dispositions de l'opinion publique pourront exercer une influence décisive sur son issue. Toutes les puissances européennes doivent se préoccuper, dans une égale mesure, des facteurs psychiques et des préparatifs techniques, ainsi que du matériel de guerre. Nous ne pouvons, de notre côté, passer ce sujet sous silence ; notre tableau, en effet, ne serait pas complet et nos déductions s'appuieraient sur des données insuffisantes, si nous négligions de mentionner les influences qui impriment à l'opinion publique telle ou telle autre direction.

Les philanthropes condamnent la guerre depuis bien longtemps ; leurs voix, qui manquaient d'assurance dans le passé, vibrent de plus en plus fort et l'on trouve, de nos jours, des adversaires déclarés de la guerre, même parmi les diplomates.

Si la guerre n'est pas encore écartée de la vie politique, au moins du monde civilisé, c'est que jusqu'ici bien peu de personnes avaient compris la gravité de ce fléau. Cette poignée d'hommes ne pouvait influencer les gouvernements et les parlements ; ils ne pouvaient, non plus, agir sur la masse

Influence
sur
la guerre future
des tendances
et dispositions
de l'opinion
publique.

du peuple sans l'aide duquel il est impossible de lutter contre l'état de choses établi. Cette circonstance seule entourait la guerre d'une auréole de grandeur, à telle enseigne que, de nos jours encore, les hommes se sont habitués à voir dans ce phénomène quelque chose d'élevé : c'est là un préjugé difficile à détruire.

Cette façon d'envisager la guerre s'est, cependant, beaucoup modifiée dans ces temps derniers. Les masses populaires envahissent de plus en plus la scène des événements, ces masses si passionnées, si versatiles, qui jugent sur des lambeaux de théories scientifiques mal assimilées, qui obéissent aux inspirations du moment, qui basent leurs convictions sur des principes politiques mal compris. Les croyances, les dogmes, les tendances, les haines de cette couche sociale offrent un vaste sujet d'études. Il est certain que les théories propagées par les penseurs sur la guerre se sont frayé un chemin dans ce milieu. Les convictions hostiles à la guerre sont peut-être mal établies parmi le peuple, mais il ne sera pas facile de les ébranler, et les mécontents s'en serviront probablement à un moment donné comme d'une arme puissante.

Militarisme et socialisme. C'est d'autant plus probable que les conditions sociales actuelles tendent à favoriser un mouvement dans ce sens. Toute la vie politique des États de l'Europe occidentale est gouvernée par deux courants : le militarisme et le socialisme.

Le militarisme est lourd surtout aux couches inférieures de la société ; il entretient chez elles le mécontentement ; il les excite contre l'état de choses établi ; il prépare les cœurs et les esprits à accepter les sophismes socialistes qui tendent à justifier les actes de violence en méconnaissant le progrès continu de la civilisation. Tout cela engendre la lutte entre deux phénomènes de nature diamétralement opposée. Le socialisme combat aujourd'hui les armements exagérés, tant ouvertement que d'une manière dissimulée, mais il n'emploie que des moyens pacifiques. Qui cependant peut garantir qu'il n'abandonnera pas un jour ces moyens pour une attitude plus belliqueuse? Le socialisme moderne ne se contente plus de guetter le moment propice : il prend l'offensive avec toute l'énergie qui caractérise les puissantes tendances.

Le socialisme ne se borne pas à considérer l'armée comme une collectivité de consommateurs improductifs, il cherche à rendre odieuse au soldat sa condition, en lui inspirant un esprit absolument contraire aux principes de la discipline. Il n'y a plus à douter de cette lutte sourde. On a ouvertement discuté la question d'une grève de soldats, en cas d'une guerre, au congrès socialiste qui s'est réuni à Zurich en 1893.

Le militarisme est impopulaire non seulement en lui-même, c'est-à-dire en tant qu'appareil de guerre, mais c'est la possibilité de cette guerre même qui inquiète surtout la société. Personne ne met en doute que les luttes futures à main armée seront de beaucoup plus sanglantes que celles du passé. Et il n'en saurait être autrement puisque tant de personnes se consacrent à perfectionner les engins de combat, qu'on sacrifie à cela tant de milliards, et que tant de millions d'hommes s'exercent chaque jour au maniement des armes. Les projectiles, les canons, les fusils sont perfectionnés au plus haut degré et constituent, pour ainsi dire, un idéal de puissance destructive.

Des nations entières seront vouées à l'extermination du fait même de ce perfectionnement extraordinaire, puisque toute la population capable de s'adonner à un travail productif, toute la population forte, remplie de santé et de vie, se trouve enrégimentée. Semblable perspective ne devait-elle pas soulever une opposition inconnue jadis ?

Le fait que les horreurs de la guerre tendent à augmenter et, qu'en même temps, une grande partie de la population est appelée à prendre part aux luttes futures, augmente dans les masses l'animadversion dont ce fléau est l'objet. Et ces masses exerçant de nos jours une influence beaucoup plus grande qu'autrefois sur le cours des événements politiques, nous jugeons indispensable d'examiner la question qui nous occupe à ce point de vue spécial. Nous tâcherons, en conséquence, d'approfondir les sentiments des peuples à l'égard de la guerre, et l'agitation qui se produit dans le but d'accroître les haines qu'elle inspire. Pour cela, nous devons, avant tout, nous occuper des tendances qui se manifestent dans les couches supérieures de la société, des courants qui se produisent dans les littératures des peuples civilisés et qui tendent à la suppression des guerres, à la paix définitive, au désarmement et à l'établissement de commissions d'arbitrage, ou, en d'autres termes, d'un tribunal international.

II. L'Antiquité et le Moyen Age.

Ce que, dans toutes les langues, dans toutes les classes sociales et dans tous les temps, on a écrit contre la guerre, pourrait constituer une immense bibliothèque. La lutte soutenue contre elle a une histoire très riche et très instructive. Il est évident que nous n'avons pas l'intention de passer en revue toutes les phases de cette lutte et d'examiner dans tous ses détails les protestations ininterrompues de l'humanité contre les maux inévitables résultant de notre imperfection morale ; nous ne nous arrêterons qu'à quelques passages saillants de cette partie de l'histoire.

Il suffit de jeter un coup d'œil superficiel sur le fil qui relie l'idée de la

paix éternelle aux tendances pacifiques qui n'ont jamais cessé de se produire à travers l'histoire de l'Europe, pour apercevoir les phases principales de l'évolution de ces tendances.

Qui ne connaît pas assez bien le passé juge généralement mal le présent.
Pour comprendre chaque pensée humaine, il faut savoir dans quelles
conditions cette pensée s'est produite, il faut approfondir les raisons et
les circonstances qui l'ont déterminée.

C'est le besoin que les hommes ont éprouvé d'améliorer leur bien-être
par le travail et l'application de leur savoir qui doit être considéré comme
la source de toute civilisation. Il y a lieu de croire que, même au début de
ce mouvement progressiste, bien des personnes, sinon toutes, ont reconnu
les fâcheuses conséquences des guerres, funeste héritage des temps préhis-
toriques. Et vraisemblablement, même à ces époques mystérieuses, il y eut,
sinon des adversaires, du moins des critiques de la guerre.

Les hommes, alors, ne pouvaient se montrer bienveillants envers leurs
semblables, appartenant à des races étrangères, car les idées qu'ils se faisaient de ces derniers étaient empreintes de préjugés propagés par des
légendes absurdes.

L'inconnu a toujours inspiré aux hommes la crainte et l'hostilité, et
ce sont là les sentiments qui les guidaient dans leurs rapports à l'égard des
étrangers.

Il est donc peu probable que, dans ces temps reculés, les hommes
aient pu nourrir intérieurement des tendances pacifiques, même à l'état de
germe. Ne constate-t-on pas que le génie grec a atteint, dans d'autres
sphères de la pensée et de la civilisation, des hauteurs étonnantes et que,
chez ce peuple, l'idée de régler à l'amiable les relations entre les différents groupes d'hommes ou plutôt entre les différents corps politiques de
langue et de religion communes ne s'est manifestée que dans les cas où
existait une communauté d'intérêts. C'est dans ces conditions seulement
qu'ont été créés les amphictyons, ce tribunal suprême appelé à résoudre
les malentendus et les différends qui divisaient les républiques de l'Hel-
lade. Ce sénat, qui fut supprimé par Alexandre de Macédoine, ne fut du
reste pas la seule institution grecque de ce genre. Les confédérations achéenne
et lycéenne remplissaient également le rôle de tribunal international.

Nous relevons les mêmes faits en Italie, où des pays d'origine commune
au point de vue ethnographique formaient des fédérations. Celles-ci garantissaient la paix dans une certaine mesure ; il est vrai, du reste, que leur
but secret était, le plus souvent, de faciliter la lutte contre des ennemis
plus éloignés.

Sous la puissance romaine, qui s'étendit sur l'Italie entière, la fusion
de tous les peuples avait été préparée par les fédérations dont nous venons

de parler. L'idée de la paix éternelle fut souvent exprimée dans les actes qui consacrèrent les victoires des armes romaines, comme par exemple :

« Que la paix entre les Romains et les communes latines dure jusqu'au jour où la terre et le ciel auront cessé d'exister. Jamais ils ne se feront la guerre les uns aux autres; jamais ils n'appelleront le voisin pour les aider à se combattre; jamais ils ne permettront à l'ennemi de traverser leurs territoires; ils s'uniront toujours pour lui résister et ils partageront équitablement entre eux le butin de guerre (1) ».

Au moyen âge, à l'époque où prirent naissance les corps politiques européens, alors qu'une confusion indicible de tendances différentes déterminait et alimentait des luttes incessantes, l'équilibre ne s'établissait qu'à la faveur des guerres. Des organismes politiques plus ou moins stables ne sont souvent sortis de ce chaos qu'après une série de chocs sanglants qui avaient épuisé l'une ou l'autre des parties belligérantes, sinon les deux ensemble. Le moyen âge a développé l'idée de l'honneur et les sentiments chevaleresques qui commandaient à ceux qui en faisaient profession d'être toujours prêts à se battre en duel ; cette idée et ces sentiments reposaient donc sur le courage individuel, sur l'art de supprimer son semblable, de se servir des armes, etc. Le droit du plus fort primait tout autre droit, même en dehors de la guerre, et il est difficile de se faire une idée des mœurs barbares qui caractérisaient cette époque.

Dans les monarchies féodales, la lutte était à tous les degrés de l'échelle sociale. Le pontife romain faisait la guerre aux monarques, ceux-ci combattaient leurs vassaux, qui, à leur tour, opprimaient leurs serfs à l'aide de leurs gens d'armes ; les villes luttaient contre le pouvoir suprême, et se faisaient parfois mutuellement la guerre.

L'esprit belliqueux, trop développé, amenait cependant, parfois, des symptômes de défaillance, chez les hommes, dans cette éternelle poursuite de victoires sanglantes. Le chef de l'Église faisait, par intervalles, entendre des paroles de paix, bien qu'il provoquât lui-même de temps à autre à la guerre. Les pontifes romains prêchaient surtout la guerre contre les infidèles (les Mahométans). On ne les considérait pas moins comme les apôtres de la paix en Europe. Leur intervention à cet égard dépendait, cependant, moins de leur propre volonté que de la force matérielle des belligérants. Plus un prince se sentait puissant, moins il acceptait l'arbitrage du pape. Le plus grand des monarques qui aient occupé le trône du saint-empire romain luttait même avec le souverain pontife pour le rôle d'arbitre, c'est-à-dire de juge suprême, dans la chrétienté.

____

(1) Mommsen, *Histoire de Rome.*

Au commencement du xi° siècle, sous le règne de l'empereur Henri II, a pris naissance la théorie d'une monarchie universelle ; cette théorie trouva un appui parmi les savants de l'Université de Bologne et passa sous les Frédéric à l'état de dogme. L'empereur voulait régner sur les rois et ne voir en eux que des vassaux.

Au xiv° siècle se constitue l'empire germanique. La *bulle dorée* institue une assemblée d'électeurs, et la diète de Worms proclame la paix éternelle ; cette diète crée en même temps une cour de justice supérieure, dite « la cour de l'Empire » composée du juge suprême et de seize membres. Ce juge suprême était élu parmi les princes régnants ; les membres de ce tribunal étaient en partie des électeurs, en partie des juristes. Tous ces membres étaient nommés par l'empereur d'un commun accord avec les princes-électeurs. Le congrès de Trèves confirme et développe l'entente proclamée à Worms, et donne au tribunal en question des pouvoirs encore plus étendus. Toute la fédération se divise en dix circonscriptions, dont chacune est soumise à un président chargé de l'exécution des décrets de la cour de l'Empire avec l'aide de l'armée fédérale.

La fédération hanséatique. A côté de cette fédération s'en formaient d'autres moins étendues ; les princes et les villes s'alliaient sous prétexte d'assurer la défense mutuelle de leur territoire et de leurs intérêts, mais en réalité avec des idées de conquête. La fédération hanséatique constitue une exception à cette règle. C'était une alliance conclue par un certain nombre de villes, dans le but d'opposer une résistance efficace aux pirates, et de maintenir la paix si indispensable au développement commercial.

En 1210, les villes de Lübeck et de Hambourg forment une première fédération de ce genre. En 1241, nous voyons se constituer celle des villes rhénanes. En 1256 se cimente l'alliance des villes de Lübeck, Rostock et Wismar, et finalement, vers la moitié du xiv° siècle, commence l'existence de la « Hanse » allemande, comprenant environ cent villes. Cette fédération sauvegardait les intérêts communs des cités qui y adhéraient ; les impôts prélevés sur ces villes étaient réunis dans une caisse unique et leur centre administratif se trouvait à Lübeck, où siégeait leur parlement, le « Hansetag ». Ce parlement déclarait la guerre ou, suivant les cas, concluait la paix ; il signait les traités et répartissait les impôts. Les villes de la fédération jouissaient d'une autonomie complète, elles n'étaient alliées que pour combattre leurs ennemis extérieurs. Des « hanses » locales ont fleuri, entre autres, à Londres, dans l'île de Gotland et à Novgorod.

Bien que la fédération hanséatique n'ait été basée que sur des intérêts commerciaux, elle a contribué dans une large mesure au développement de l'idée d'un droit international. La communauté de ces intérêts a donné naissance, en Europe, au pavillon neutre. La flotte hanséatique a mis fin à

la piraterie dans la mer du Nord ; elle a aussi aboli l'usage établi de s'emparer des épaves d'un navire étranger naufragé. Cette fédération a su maintenir son prestige pendant toute une série de siècles, mais l'apogée de sa
puissance n'a été atteinte que vers la fin du xiv°. Sa décadence commença
au xvi° quand, la navigation ayant réalisé d'immenses progrès en Europe,
les relations commerciales avec les autres continents prirent une plus
grande extension.

La « Hanse » disparut après avoir rempli sa mission historique ; elle
laissa dans les annales du monde des traces ineffaçables de ses tendances
à la suppression de l'arbitraire et à la ruine de l'esprit militaire qui régnaient partout à cette époque.

On peut conclure de ce court exposé que le moyen âge déjà a vu naître
et s'affermir les principes qui, de nos jours encore, dirigent les aspirations
vers un état politique assis sur des bases plus solides et plus équitables.
Les fruits de la pensée que nous récoltons à présent ont germé dans un
temps très reculé sur la glèbe de la civilisation européenne, bien que celle-
ci dérive de la civilisation romaine, modifiée sous l'influence du christianisme.

Le pressentiment d'une civilisation universelle s'est déjà manifesté à
une époque où l'on ne connaissait encore que la communauté des intérêts
entre pays de même race. La puissance du souverain pontife habitua
les hommes à voir en lui le juge suprême, non seulement au point de vue
religieux, mais au point de vue politique. L'absolutisme et la puissance des
empereurs allemands prépara aussi les esprits de leurs contemporains à accepter l'idée d'une monarchie universelle reposant sur une base légale. Le
développement et l'émancipation des villes commerçantes et industrielles
augmentèrent l'importance de ces facteurs de la vie européenne, qui ne
pouvaient se passer de la paix.

Il y a eu, du reste, au moyen âge des cas où des différends survenus
entre deux principautés ont été aplanis sans effusion de sang par l'arbitrage. Un de ces cas s'est présenté en 1244, quand le Parlement de Paris
fut invité à trancher le litige existant entre l'empereur Frédéric II et le pape
Innocent IV ; le roi Kazimir Piast jugea, en 1363, pendant le grand congrès
de Cracovie, le différend qui divisait l'empereur Charles IV et le roi Louis
de Hongrie, tous deux présents en personne pour défendre leur cause. Mais
il ne faut pas oublier que les arbitrages de ce genre avaient pour la plupart un caractère accidentel. Ils n'amélioraient nullement les relations politiques entre les peuples, car ils ne dérivaient pas du désir préconçu de
réaliser une idée déterminée. Ces exemples prouvent, cependant, que, même
à cette époque, les intérêts internationaux n'étaient pas toujours à la merci
de la force brutale.

On peut dire, en somme, que le moyen âge a semé les germes dont sont issues les intentions, fermes et communes à toutes les nations, d'assurer la paix en la basant sur des principes humanitaires et sur l'expérience de l'histoire.

III. Du XIVe au XIXe siècle.

Henri IV
ses tendances
pacifiques.

Le règne de Henri IV (1589 à 1610) marque, dans l'histoire, l'une des époques les plus saillantes des tendances pacifiques de l'Europe occidentale. L'édit de Nantes, qui proclamait la tolérance religieuse — « cette seule forme de la paix perpétuelle possible chez les hommes » — comme disait Voltaire, ainsi que les travaux des diplomates et des savants de ce temps avaient pour but d'améliorer les relations mutuelles entre peuples et entre puissances.

Projet de Sully.

Au premier rang de ces travaux brille l'œuvre de Sully, qui fut achevée vers la fin de ce règne illustre. Dans cet énorme travail intitulé *Mémoires des sages et royales économies d'États*, se trouvait développé, entre autres choses, le projet d'une nouvelle répartition des peuples et des puissances de l'Europe, dans le but d'aplanir, pacifiquement et sans le concours des armes, les difficultés qui surgissaient entre les nations chrétiennes.

L'Europe devait, suivant ce projet, être divisée en quinze contrées de force égale et ayant des limites exactement déterminées ; ces contrées devaient comprendre : six monarchies dont le trône serait héréditaire (1), six monarchies électives (2) et trois républiques (3).

Fédération
des
États chrétiens.

A la tête de la fédération des États chrétiens devait être placé un *Conseil général* composé de soixante représentants (quatre par pays). Ces représentants demeuraient en fonctions pendant la période de trois ans. Le siège du Conseil était à tour de rôle dans une des dix-sept villes de l'Europe centrale choisies à cet effet (par exemple à Cologne, à Nancy, à Metz). Pour trancher les questions d'importance secondaire, l'auteur proposait d'instituer à Dantzig, à Nuremberg, à Vienne, à Bologne, à Constance et dans une

---

(1) La France, l'Espagne, l'Angleterre, le Danemark, la Suède, la Lombardie, augmentée de la Savoie et de Milan.

(2) Les États pontificaux, Venise avec Naples, l'Empire germanique, la Pologne, la Hongrie et la Bohême.

(3) La Suisse, la Belgique et l'Italie.

sixième ville, désignée par la France, l'Espagne, l'Angleterre et les Pays-Bas, des conseils régionaux.

Le Conseil général devait être investi du pouvoir législatif. Il devait résoudre tous les projets et tous les plans intéressant la *République chrétienne des nations*. On pouvait soumettre à cette institution tous les différends graves de nature juridique internationale.

Les auteurs de ce projet estimaient que de cette manière on arriverait à mettre fin « une fois pour toutes aux guerres intérieures de l'Europe », à consolider les rapports légaux entre les monarques et leurs sujets et à écarter les querelles religieuses, tout en garantissant la liberté et la protection de toutes les croyances.

Deux pays, existant cependant à cette époque, ne faisaient pas partie de la *Fédération chrétienne :* le grand-duché de Moscou, qui était trop éloigné des intérêts et de la vie de l'Europe occidentale, et la Turquie qui ne pouvait prétendre à entrer dans cette ligue à titre de puissance jouissant des mêmes droits que les autres; aussi proposait-on aux sujets ottomans chrétiens de se transporter dans des pays affiliés à la *Fédération*.

L'armée de la république projetée devait se composer de 273,800 soldats et de 50,000 chevaux, de 217 canons et de 117 navires. Les pays alliés s'engageraient à verser dans la caisse commune une somme déterminée.

Pour Henri IV et pour son ministre Sully, l'auteur de ce projet, ce n'était pas là simplement un rêve de monarque idéologue, mais une chose absolument réalisable et capable d'établir la paix perpétuelle sur la terre. Tandis que Sully travaillait avec acharnement aux détails de son plan, Henri IV s'efforçait de disposer les monarques européens en sa faveur. On entrevoyait même, à un moment donné, sa réalisation prochaine, surtout lorsque l'Angleterre, la Hollande et les États pontificaux déclarèrent qu'ils acceptaient la proposition du roi de France, et que les autres puissances semblèrent disposées à donner le même acquiescement.

Mais ce fut précisément à cette époque que le noble monarque succomba sous le poignard d'un assassin : c'en était fait, dès lors, de son projet de pacification.

Il est évident que ce plan n'aurait pu être réalisé d'aucune façon; il est même douteux que le projet du grand monarque ait pu garantir la paix à l'Europe, en admettant qu'il eût abouti. On avait aussi lieu de soupçonner ses auteurs de désirer tirer profit du déplacement du centre de gravité qui se fût produit au cas où leurs efforts eussent été couronnés de succès. De l'Allemagne, ce centre fût passé en France. Comme jadis Frédéric de Hohenstaufen, le chef de la maison de Bourbon rêvait la monarchie universelle, sachant que le rôle prépondérant en Europe serait réservé à la France.

Quelles qu'aient été les pensées secrètes de Henri IV, il restera acquis pour l'histoire qu'il fut le propagateur de l'idée de la paix perpétuelle en Europe. Il faut aussi prendre en considération que le désir du grand monarque de délivrer du fléau de la guerre les peuples de la même civilisation ne se traduisit point par de simples abstractions, mais que ce désir avait revêtu une forme concrète susceptible d'être soumise à l'appréciation du monde entier.

Le traité de Westphalie. L'idée d'établir la paix au moyen de l'équilibre politique reparaît dans le traité de Westphalie. C'est la preuve que les idées de Henri IV ont laissé une trace ineffaçable dans les tendances de la diplomatie française. Le traité de Westphalie n'écartait pas la possibilité d'une guerre et ne poursuivait même pas ce but ; il se bornait simplement à l'empêcher dans la mesure du possible.

Dans aucun des traités antérieurs on n'avait montré autant de prévoyance, ni abordé un aussi grand nombre de questions touchant la politique intérieure et extérieure, jamais on ne s'était appliqué avec tant de zèle à régler d'une manière définitive les rapports entre les puissances. C'est dans le traité de Westphalie qu'il est question, pour la première fois, de la garantie internationale des puissances. La France et la Suède assuraient l'intégrité de l'empire germanique, toutes les puissances européennes garantissaient d'un commun accord l'exécution des engagements que leur imposait le traité de Westphalie, et quiconque s'aviserait de troubler l'entente générale devait être poursuivi comme perturbateur de l'ordre social.

Les opinions diffèrent sur les suites de ce traité et le but poursuivi par la diplomatie. Il est certain, en tous cas, que cet acte marqua un nouveau pas vers un examen plus minutieux et plus approfondi des conditions qui régissent les rapports entre les puissances. La liste des questions internationales en fut sensiblement augmentée.

Lors de la conclusion du traité de Westphalie on se convainquit, notamment, de la nécessité de donner une grande latitude à la discussion. C'est à cette époque qu'on voit aussi apparaître un grand nombre de doctes juristes en droit international. En 1624, Hugo Grotius, qui avait été en relations suivies avec Henri IV et Louis XIII, publia son fameux traité sur « le droit de paix et de guerre » (*De jure belli et pacis*). Dans cet ouvrage, Grotius se reporte au « Grand Dessein » de Sully et conseille la constitution de fédérations chrétiennes où les querelles et différends seraient soumis à des arbitres désintéressés. Il recherche également le moyen d'assurer la paix sur des bases équitables.

Vers cette même époque parurent d'autres ouvrages (mentionnés par Leibnitz) qui recommandaient aux souverains de recourir à des tribunaux internationaux et de leur soumettre leurs questions litigieuses (1).

Mais, à cette époque comme de nos jours, l'idée de la paix perpétuelle rencontrait sinon beaucoup d'adversaires déclarés, du moins de nombreux critiques acerbes qui envisageaient cette question avec beaucoup de scepticisme. Dans cet ordre d'idées, s'est signalé surtout le philosophe anglais Hobbes, qu'on peut considérer comme un précurseur du philosophe actuel Nietzsche. Hobbes considérait la guerre comme un mal nécessaire. « L'humanité », selon lui, « c'est-à-dire les hommes, ce ne sont que des loups toujours prêts à s'entre-déchirer. La nature pousse, à son avis, tous les êtres vivants à se combattre sans trève. Les mauvais succombent, les bons se défendent. »

Le xviiie siècle, on le sait, a produit un grand nombre d'idées audacieuses, dont il a légué la réalisation aux siècles à venir ; celle de la paix perpétuelle a compté beaucoup d'adeptes.

En 1729, s'est fait entendre la voix éloquente de l'abbé de Saint-Pierre, qui prêchait la nécessité de convoquer un congrès général de représentants des puissances européennes, congrès qui devait réunir ces puissances en un tout indivisible. La stabilité d'une pareille alliance devait être garantie par des institutions spéciales semblables à celles qui sont en vigueur dans chaque pays et qui servent à garantir l'existence et la propriété des habitants (2). Le projet de Saint-Pierre ne visait pas la régularisation des frontières. Chaque pays adhérant à l'alliance garderait ses frontières actuelles. Toutes ces puissances contribueraient à alimenter la caisse destinée à entretenir le tribunal international et l'armée appelée à exécuter ses décrets. En dehors de l'engagement que prendraient les monarques de ne pas troubler la paix, ils se prêteraient aide et assistance pour étouffer les révoltes qui viendraient à éclater dans l'un ou l'autre des pays alliés. Dans le cas où l'un de ces pays serait attaqué par un ennemi extérieur, tous les autres s'armeraient pour combattre l'agresseur.

Dans ce but on érigerait des forteresses et l'on entretiendrait des armées sur les confins de la fédération, et tous les intéressés contribueraient à fournir les fonds nécessaires à cet effet.

Il n'est presque pas un seul grand philosophe ou publiciste du xviiie siècle qui n'ait traité le sujet de la paix perpétuelle, bien que tous ne professent pas à cet égard des opinions favorables. Le scepticisme de Voltaire se donne libre cours pour accabler de sarcasmes les « idéologues » ignorants des instincts humains et des conditions qui régissent la vie

---

(1) Au xve siècle déjà, un bohémien, Kheltchytsky, protesta dans son ouvrage intitulé *La lumière de la foi*, contre les guerres jugées au point de vue chrétien.

(2) Saint-Pierre, *Projet de paix perpétuelle*.

politique de l'humanité. Voltaire considère l'idée d'une paix perpétuelle comme plus utopique encore que celle d'une langue universelle. Selon lui, les monarques ne pourront jamais s'entendre, pas plus que les éléphants et les rhinocéros, ces fauves qui ne cherchent qu'une occasion pour se ruer les uns sur les autres (1).

Le pessimisme de Voltaire atténuait, en général, dans une large mesure, l'optimisme des rêveurs. Ce philosophe prétendait que le droit des peuples ne sert qu'à indiquer aux souverains dans quelles limites ils peuvent impunément pratiquer l'arbitraire sans compromettre leurs propres intérêts. On ne peut se garantir contre le mal que le voisin est à même de vous faire, qu'en s'assurant les moyens de lui infliger un mal également sensible, car l'orgueil seul peut imposer silence à l'orgueil. Les mauvais chiens, de force égale, ne montrent les dents et ne se combattent qu'en présence d'un objet qu'ils convoitent également.

Jean-Jacques Rousseau parlait de la paix éternelle sur un autre ton, mais il ne lui ménageait pas ses boutades. Il cite des passages de l'ouvrage de Saint-Pierre, et les développe à sa guise ; il trace le tableau de l'Europe déchirée par des guerres continuelles, de l'Europe où chaque nation emploie toutes ses forces matérielles et morales à vaincre sa rivale, et il compare cet état de choses à celui qui existerait si toutes les puissances européennes se réunissaient en une grande fédération.

« Si malgré ces avantages, dit le philosophe genevois, le projet de Saint-Pierre ne se réalise pas, il ne s'ensuit nullement que ce projet soit chimérique. Les hommes, en général, sont des aliénés, et c'est un genre de folie que d'être raisonnable au milieu de fous. » Dans un autre passage, J.-J. Rousseau dit que « le plan de Saint-Pierre n'est pas réalisable en tant qu'il poursuit le but de la paix perpétuelle ; que, d'autre part, il est superflu, attendu que si la fédération européenne pouvait exister même un seul jour, cela suffirait pour garantir la paix à tout jamais ».

J.-J. Rousseau sympathisait beaucoup avec l'idée de Saint-Pierre, mais il la considérait comme irréalisable.

« Est-il admissible, disait-il, que des gens qui ont pleine confiance en la force de leurs armes se soumettent jamais à un tribunal ? Un simple gentilhomme croit s'humilier en recourant à la justice quand il est offensé, et vous voulez que des rois s'adressent aux tribunaux internationaux ! »

Le plus subtil et le plus profond des sociologues et des politiciens du xviiie siècle, Montesquieu, s'occupe de la paix perpétuelle dans son ouvrage : *l'Esprit des lois*. Il ne propose pas l'institution d'un tribunal

---

(1) Voltaire, *De la paix perpétuelle*.

international, car il ne croit pas ce projet réalisable. Il va plus loin et conclut à la légalité de la guerre, même offensive : « Le droit naturel de la défense qui se fait valoir dans les rapports entre nations entraîne le droit d'attaque à certains moments, surtout dans le cas où une nation est convaincue que la paix sera mise à profit par ses rivaux pour l'anéantir, puisqu'en attaquant ses adversaires la nation menacée a recours au seul moyen de sauvegarder son intégrité. La guerre implique la victoire et la conquête, qui à son tour entraîne la nécessité de garder ce qu'on a conquis. La conquête est une acquisition, et toute acquisition demande à être maintenue, utilisée et non détruite. » C'est là que ce philosophe cherche les bases primordiales des « droits réciproques des nations ».

Montesquieu est cependant d'avis qu'il importe de délimiter, de régulariser en quelque sorte les rapports entre nations, tant en temps de paix qu'en temps de guerre, de manière à les conformer, autant que possible, aux besoins de tous les intéressés et de la civilisation. En temps de paix, chaque nation doit s'efforcer de réunir le plus de matériaux utiles possibles ; elle doit, en temps de guerre, chercher à éviter le mal sans toutefois compromettre ses intérêts. Montesquieu comprenait très bien les conséquences funestes de la paix armée qu'il appelait la « tension des forces de tous contre tous », tension qui créait le paupérisme au sein de la richesse.

Il y eut à cette époque encore un adepte des tribunaux internationaux, savant moins célèbre que les précédents, mais qui a cependant rendu des services appréciables à la science : c'était l'élève de Hugo Grotius, Wattel, un juriste éminent et un homme politique. Il démontrait que l'observation de la justice était encore plus nécessaire dans les rapports entre nations qu'entre particuliers, attendu que les conséquences de l'injustice sont beaucoup plus graves dans le premier cas que dans le second.

Chaque nation doit respecter les droits des autres nations et ne pas les empêcher d'en jouir.

Bentham développait aussi, en 1789, l'idée de la paix perpétuelle. Dans son *Esquisse du droit international* il propose de s'acheminer vers la paix perpétuelle, en diminuant graduellement les forces militaires dans tous les pays et en accordant aux colonies leur indépendance.

La Révolution française a beaucoup modifié la physionomie de l'Europe et la direction de ses idées. Les nouvelles théories étaient passées à l'état de lieux communs et paraissaient devoir se réaliser avant peu. On cessa de considérer l'Europe comme un monde chrétien spécial et l'on commença à parler de la fraternité des nations de toute la terre (1). A la politique des souverains on opposa, plus souvent que par le passé, la politique

La Révolution
française.

---

(1) Condorcet, *Esquisse d'un tableau historique des progrès de l'esprit humain.*

des peuples. La Révolution rédige et codifie les bases des rapports futurs entre particuliers et entre nations ; elle les proclame, elle les propage et tend à les imposer à l'Europe entière. Parmi ces bases figure en première ligne l'égalité : l'égalité de droits des individus et l'égalité de droits des peuples. La guerre est condamnée et flétrie. « La guerre » est, suivant la définition que Condorcet en donne dans sa prédiction audacieuse de l'avenir de l'humanité, « le plus terrible des maux et le plus grand des crimes. Les guerres seront considérées, à l'égal des meurtres, comme des actes de violence qui dégradent et révoltent la nature humaine, qui déshonorent les contrées et les époques portant l'empreinte de ce forfait sans égal (1). »

L'Assemblée législative du 22 mai 1790 décréta et inscrivit dans la Constitution les paroles suivantes : « Le Peuple français renonce à tout jamais à faire la guerre dans un but de conquête, et jamais il n'emploiera ses forces pour violer la liberté d'une autre nation. »

Mais plus était puissant l'effet de ces déclarations sur l'opinion publique, plus elles inquiétaient les gouvernements monarchiques. Il est à remarquer que ces déclarations et décrets pacifiques d'un gouvernement révolutionnaire ne contribuèrent qu'à unir entre eux les monarques qui voyaient là un danger pour l'état de choses établi, ce qui prouva la justesse des appréciations de Montesquieu. La guerre, en attendant, donna des victoires à la France, et ces victoires furent suivies de conquêtes, partant du souci de les conserver. Il fallut accorder cet état de choses avec les déclarations formulées antérieurement, en créant de nouvelles théories sur les frontières naturelles.

Cette circonstance justifia le scepticisme des philosophes qui prétendaient que l'imperfection de la nature humaine est la cause principale des guerres.

La France se vit forcée d'entreprendre des guerres offensives pour sauvegarder sa sécurité. Néanmoins, la Convention déclara de nouveau, le 13 avril 1793, « que la France est amicalement disposée à l'égard de toutes les nations qui aspirent à la liberté, qu'elle ne cherche pas à s'immiscer dans les affaires des autres puissances, et qu'elle ne souffrira pas que celles-ci s'immiscent dans les siennes ». Ces paroles étaient en contradiction avec la réalité. La France républicaine était, aux yeux de l'Europe monarchique, un élément étranger et hostile, et la lutte entre ces deux régimes devait se produire nécessairement. Il fallait que la France assurât la victoire à l'idée qu'elle représentait, ou bien qu'elle fût vaincue en même temps que son idée. Voilà pourquoi cette république belliqueuse, orgueilleuse et victorieuse, s'est changée en un empire militariste qui dut non seulement entre-

---

(1) Condorcet, *Esquisse d'un tableau historique des progrès de l'esprit humain.*

prendre la guerre, mais aussi faire des conquêtes pour sauvegarder son intégrité.

En acquérant la force militaire, la France conçoit de nouveau le plan d'une monarchie universelle. Bonaparte s'inspire de la tradition des Bourbons. « Notre intention était, disait Napoléon en 1815, de créer une fédération européenne conforme à l'esprit du temps et utile aux intérêts de la civilisation. » Et il ajoutait : « La politique impériale tendait à unir étroitement les puissances européennes dans le but de garantir l'existence des nationalités et de satisfaire les intérêts communs. »

Pour unifier les parties séparées de cette fédération, l'empereur des Français avait, suivant ses propres paroles, l'intention d'introduire l'usage d'un code européen et d'instituer un tribunal international.

Son intervention puissante devait s'attacher à généraliser, dans tous les pays, l'usage du même système monétaire et métrique, ainsi que l'application des mêmes lois.

L'Europe n'approuvait pas les plans de l'empereur, qui ne pouvaient être réalisés qu'au moyen de conquêtes, mais elle se pénétra, cependant, des idées de la Révolution française. Les principes que celle-ci avait proclamés entrèrent peu à peu dans le sang et dans la chair des nations européennes. Tous les écrivains contemporains de la Révolution, et postérieurs, tels que Byron, Gœthe, Schiller et autres, se firent les apôtres des idées nouvelles et entretinrent des générations entières dans leur esprit. Les philosophes français, moins abstraits et partant plus pratiques que leurs confrères allemands, influèrent, plus encore que ceux-ci, sur les événements politiques.

Kant porta la question du droit international sur un terrain tout différent des autres. A ses yeux c'était là un problème abstrait, dont il n'envisageait nullement le côté pratique. Son ouvrage intitulé : *Philosophischer Entwurf zum ewigen Frieden* est une protestation contre la guerre, exempte de toute indulgence et puisée dans l'origine de cet immoral phénomène social. L'auteur prend pour point de départ l'axiome que les rapports entre individus, les rapports entre l'État et les particuliers et les rapports entre les États doivent être conformes aux principes de l'équité. Aucun intérêt, aucune considération, aucune loi et aucune autorité ne doivent prendre le pas sur ces principes, attendu qu'en eux résident la vérité et la loi suprême.

Les conclusions de Kant sont tirées des théories suivantes : L'anarchie qui caractérise actuellement les rapports entre les puissances est un reflet de l'anarchie qui caractérisait les rapports entre les individus alors que les hommes étaient encore sauvages, c'est-à-dire avant qu'ils eussent formé des groupes et des États, ce qui adoucit leurs mœurs par suite de la nécessité où ils se trouvèrent d'observer les lois. Tant que de pareils rapports existeront entre les nations, la paix perpétuelle ne pourra être réalisée, de même qu'étaient impossibles les rapports pacifiques entre des hommes qui ne connaissaient pas de limites aux droits individuels. Or, ces limites se sont établies au cours des siècles sous l'influence des lois sociales.

Kant flétrit en termes énergiques l'anarchie internationale contemporaine, qu'il attribue à la propension, désolante bien qu'inhérente à la nature humaine, de manifester ses instincts sauvages et son abjection morale chaque fois que l'occasion s'en présente. Cet état anarchique disparaîtra avec le temps : il se transformera en un état de choses légal.

Les hommes, étant dépendants les uns des autres, finiront bien, suivant Kant, par « entrer en qualité de concitoyens dans un organisme général (*zu einer burgerlichen Verfassung* ». De même que les individus forment une nation, de même ces nations formeront un jour un organisme dont elles seront les unités : « la nation des nations », qui les comprendra toutes.

Ce qui précède nous démontre que Kant envisageait la paix perpétuelle à un autre point de vue que les philosophes français. Il a jeté dans le monde cette pensée profonde et nouvelle, que la fédération des puissances ne peut être basée sur l'idée de la paix perpétuelle. Celle-ci sera le résultat final du progrès des rapports entre nations ; la paix perpétuelle, en d'autres termes, se réalisera quand le règne de la force aura été remplacé par celui de la justice.

Ce que Kant demande à son époque, il le résume en six paragraphes : 1° il n'y a pas lieu de considérer comme un traité de paix celui qui contient un germe de guerre ; 2° aucune puissance ne doit acquérir partie du territoire d'autres puissances, que ce soit par voie d'héritage, d'échange, d'achat ou de donation ; 3° les armées permanentes doivent être licenciées ; 4° on ne doit pas effectuer d'emprunts pour des affaires qu'on traite à l'étranger ; 5° les puissances ne doivent pas s'immiscer dans les affaires et dans l'organisation intérieure d'autres puissances ; 6° les puissances ne doivent pas, en cas de guerre, commettre des actions qui pourraient diminuer la confiance à leur égard en temps de paix.

Ses conclusions définitives, Kant les a exprimées en trois propositions : 1° tous les États doivent adopter le régime républicain ; 2° les droits nationaux doivent être garantis par la fédération des nations libres ; et 3° les droits de cité universels doivent être limités par leur assimilation aux usages d'hospitalité pratiqués entre particuliers : les peuples, en d'autres termes, peuvent se visiter mutuellement, mais non s'établir sur le territoire de leurs voisins.

Lorsque Kant écrivait ces lignes, lorsqu'il cherchait à persuader aux hommes que la paix perpétuelle est le plus grand des bienfaits auquel puisse aspirer l'organisation de la vie politique des sociétés humaines et qu'il

demandait à faire asseoir sur le trône comme *reine du monde* « *la Vertu* »,
la Révolution française tendait déjà à appliquer ces mêmes principes ou,
tout au moins, des principes se rapprochant de ceux que proclamait le philosophe allemand, sur la vie sociale et politique.

La réalité est demeurée bien loin de la théorie. Mais dans l'histoire de
la pensée humaine les idées de Kant se sont fortement enracinées. Il est
désormais difficile d'étouffer les vérités qu'il a mises au jour.

IV. Courants tendant à supprimer les guerres au XIXᵉ siècle, jusqu'à l'année 1870.

Les dispositions de la société à l'égard de la guerre se sont sensiblement modifiées depuis la Révolution française et, en grande partie, grâce à
cette révolution. Les protestations, qui jusque-là n'émanaient que de personnes isolées, proviennent désormais de groupes sociaux réunis. Des populations entières sont prêtes à passer des paroles aux actes. Ce résultat est
dû à bien des causes.

Les idées de la plus grande partie de l'humanité civilisée ont évolué.
On s'est fait une opinion toute différente des devoirs des sujets envers
l'État, des individus envers leur pays. Bien que l'orage se soit apaisé, que
les choses aient repris leur cours habituel, les idées nouvelles de fraternité et d'égalité ont infusé une nouvelle vie aux nations européennes, tout
en relevant leur état moral. Après une longue série de guerres sanglantes,
toute l'Europe s'est sentie fatiguée par la continuelle incertitude où la
plongeaient les surprises du lendemain : elle avait besoin de paix et de
repos. Les bienfaits de la paix furent plus appréciés, après les épreuves
qu'avait amenées cette longue période de guerres. Le développement du
commerce et de l'industrie, les perfectionnements apportés aux moyens
de communication ont, en même temps, favorisé le rapprochement des nations.

Le militarisme ne pouvait déjà plus suffire aux besoins ni matériels
ni moraux de la plupart des Européens. Il se développait pourtant ; mais
cet accroissement provoquait de nouvelles protestations de la part de la société et prouvait, une fois de plus, que les sphères dirigeantes se laissaient
par trop entraîner au courant militariste. Le mal qui en résultait pour le
bien-être national et la contradiction entre le militarisme et les tendances
de la civilisation devinrent un thème quotidien qui servit à remplir indéfiniment les colonnes des publications périodiques de toute espèce, dont le
nombre augmenta en Europe dans d'incroyables proportions.

« L'armement de tous contre tous » devait, cependant, déterminer tôt ou tard un choc qui finit par se produire.

Quoi qu'il en soit, et si l'on examine ce qui s'est passé dans le monde civilisé, durant ces derniers temps, sans parti pris et sans se laisser émouvoir par des théories acceptées *à priori* sur l'utilité des conflagrations internationales, on acquiert la certitude que la société se convainc de plus en plus que la paix est le meilleur moyen d'acquérir le bien-être, parce que le travail de l'homme ne peut contribuer à l'aisance générale qu'en temps de paix.

Les
missionnaires
de la paix.Au commencement du siècle dernier, nous voyons des apôtres enthousiastes et actifs de l'idée de la paix perpétuelle parmi les laborieux et religieux quakers anglais et américains. Ils furent, probablement, les premiers qui appliquèrent les principes chrétiens aux conditions qui régissent toutes les manifestations de la vie pratique. Le mouvement en faveur de la paix perpétuelle fit de grands progrès, grâce, précisément, aux efforts des quakers. Cette idée compte, du reste, parmi ses adeptes, un grand nombre de membre du clergé ainsi que beaucoup de poètes, de savants, de publicistes et d'hommes d'État. Le célèbre champion de la liberté du commerce, Cobden, s'est en même temps distingué comme un ennemi très actif de la guerre.

Le docteur Worcester publia en 1815 aux Etats-Unis ses *Recherches sur la guerre*. Ce livre eut un tel retentissement dans le public, qu'à la nouvelle de l'horrible boucherie de Waterloo, des sociétés de paix (*Peace-Societies*) commencèrent à se former l'une après l'autre à toutes les extrémités de l'Amérique du Nord (dans les États de New-York, d'Ohio, de Massachusetts, etc.).

Cette même année parut dans un journal de Londres, *The Philantropist*, un article très éloquent qui détermina la constitution d'une société de champions de la paix dans la capitale de la Grande-Bretagne. Il faut remarquer que chacune de ces sociétés adopta une organisation entièrement indépendante de toutes les autres, inspirée en cela seulement par l'idée même, sans y être encouragée par des exemples, stimulée par l'émulation ou incitée par le gouvernement.

Le seul motif de l'éclosion de ces sociétés était la conviction qu'il était temps de réagir contre l'habitude, établie dans le monde, de trancher les différends par les armes, c'est-à-dire par la force brutale et l'effusion du sang. Les missionnaires de cette idée la propagèrent par des conférences dans les meetings publics, et aussi par des brochures et des articles qu'ils firent paraître dans les feuilles périodiques, cherchant ainsi à communiquer leurs convictions, non seulement à leurs compatriotes, mais aux étrangers.

En 1821 se forma à Paris la *Société des Vertus Chrétiennes*, avec une direction antimilitariste qui vingt ans plus tard donna naissance au « Comité de la paix ». En 1830 une société analogue fut fondée à Genève. Bien que le développement de ces associations ait été beaucoup entravé en France, il s'en créa en 1847 une nouvelle qui s'était donné pour unique mission le maintien de la paix universelle. Les principaux fondateurs de cette société furent François Bouvet et Ziegler.

En 1843, eut lieu à Londres un congrès auquel assistèrent les adeptes anglais de l'idée de la paix perpétuelle, ainsi qu'un certain nombre de leurs confrères des États-Unis et le président de la société parisienne des *Vertus chrétiennes*, le duc de La Rochefoucauld-Liancourt.

A ce congrès on décida d'adresser, à tous les gouvernements des puissances civilisées, la proposition d'insérer dans les traités internationaux un paragraphe engageant ces puissances, en cas de différends sur l'observation de ces traités, à recourir à l'arbitrage d'une ou de plusieurs nations amies.

Cette décision fut très bien accueillie par le roi des Français Louis-Philippe : « La paix, dit ce monarque aux délégués du congrès, est nécessaire à tous, et la guerre coûte heureusement trop cher, pour qu'on puisse y recourir souvent. Je suis personnellement convaincu que le jour viendra où elle disparaîtra du monde civilisé ». Le président des États-Unis de l'Amérique du Nord répondit à ces mêmes délégués qu' « il ne serait pas naturel qu'un gouvernement ne cherchât pas à assurer la paix. Plus les nations seront éclairées, plus elles sauront profiter de leurs droits, et plus elles seront désireuses de conserver la paix, cette condition essentielle du bien-être national ».

Ces événements contribuèrent à raviver le courant antimilitariste en Angleterre et surtout aux États-Unis.

C'est à cette époque, du reste, qu'on voit apparaître un apôtre fanatique de la paix, un homme qui croyait fermement au triomphe de la vérité et à la possibilité de réaliser son idéal. Cet apôtre était un certain Burritt, forgeron de son état. Il allait de ville en ville, de village en village, prêchant à ses compatriotes la doctrine chrétienne. Son prestige fut énorme en Amérique.

Burritt ne se contenta pas des succès qu'il obtint dans sa patrie ; il se rendit en 1848 en Europe, afin de propager son idée sur l'ancien continent. Il fut accueilli avec enthousiasme en Angleterre. De là, il vint à Paris, en compagnie de Henry Richard, afin de convoquer un congrès de la paix dans cette capitale. Mais la situation politique de la France les empêcha de mener à bien ce projet ; ils se rendirent alors à Bruxelles, où eut lieu le congrès en question. L'Amérique y envoya 160 délégués dont

30 femmes. Cette réunion fut présidée par Joseph Sterdge, le philanthrope bien connu qui a fait tant d'efforts pour la suppression de l'esclavage. Le congrès vota quatre ordres du jour : le *premier* flétrissait la guerre et la qualifiait de crime ; le *second* réclamait l'institution d'un tribunal suprême chargé de juger les différends qui se produiraient entre les puissances ; le *troisième* ordre du jour concluait à la nécessité d'élaborer un code international ; et le *quatrième* proposait le désarmement général (1).

Congrès de la paix de Paris (1849).

Lord John Russel, qui était alors Premier Ministre de la Grande-Bretagne, déclara aux délégués du congrès qu'il approuvait sans restriction ces décisions, et que l'Angleterre serait toujours prête à accepter l'arbitrage, quand une puissance en conflit avec elle y consentirait. Le congrès décida de se réunir de nouveau l'année suivante à Paris. En 1849 se rencontrèrent, en conséquence, dans cette capitale 300 délégués des villes d'Angleterre et d'Amérique, 230 Français, 23 Belges, plus quelques Italiens, Suédois, Allemands et Espagnols.

Les séances de ce congrès firent une forte impression tout à fait différente de celle provoquée par les utopies des rêveurs. Les conclusions et les décisions du congrès précédent y furent proclamées plus énergiquement encore.

« La paix seule est capable d'assurer les intérêts matériels et moraux des nations. Les gouvernements sont obligés de s'adresser en cas de différends à l'arbitrage de tribunaux spéciaux, et de se soumettre à leurs décrets. Il faut contraindre les gouvernements à déterminer d'un commun accord les mesures qu'il y a lieu de prendre pour réaliser le désarmement général. Le moment est venu de préparer l'opinion publique dans tous les pays en faveur d'une union générale de tous les peuples, union

---

(1) Suivant un compte rendu plus détaillé, voici les décisions prises à ce congrès : 1° Le recours aux armes pour résoudre les différends internationaux constitue une coutume, que n'admettent ni la religion, ni la raison, ni les lois et les sentiments humanitaires ; le monde civilisé est donc forcé de prendre des mesures en vue de supprimer cette coutume. 2° Il est de la plus haute importance d'exiger des gouvernements que tous les litiges internationaux soient résolus à l'amiable par voie d'arbitrage, conformément aux lois de l'équité et dans les conditions prévues par les traités. Les décrets des arbitres ou du tribunal international seront sans appel. 3° Il est à désirer qu'un congrès international se réunisse prochainement pour élaborer un code destiné à régler les rapports entre nations ; l'acceptation de ce code par tous les peuples serait un moyen de réaliser le projet de la paix perpétuelle. 4° Il est indispensable de prouver aux gouvernements la nécessité du désarmement général et simultané, s'il est vrai que ces gouvernements ont souci d'écarter tous les sujets de querelles et de diminuer les charges qui pèsent sur les contribuables. 5° La confiance mutuelle et l'entretien des bonnes relations sont désirables pour chaque pays et nécessaires pour le maintien de la paix et du bien-être de tous.

dont l'unique but serait d'élaborer des lois garantissant la paix universelle, et de créer un tribunal suprême pour résoudre les questions relatives aux charges et aux droits mutuels que comportent les relations internationales. » Ce congrès, comptant parmi ses membres beaucoup d'hommes pratiques, formula en termes des plus énergiques sa désapprobation des emprunts contractés et des charges imposées en vue d'entreprendre des guerres ayant pour objectif une idée de conquête ou une satisfaction d'amour-propre.

Et si cette flétrissure ne comprenait pas toutes les guerres, quel que fût leur but, c'est simplement parce que la plupart des membres du congrès ne voulaient pas être soupçonnés de faire allusion aux événements qui se produisaient à l'heure même, notamment à l'intervention des troupes françaises dans les affaires de Rome.

Le congrès recommanda à ses membres de se consacrer dans leurs pays respectifs à l'extirpation des préjugés et des haines politiques qui plus d'une fois ont déterminé des conflits sanglants. Il adressa la même demande aux représentants de tous les cultes, dont le devoir sacré est d'entretenir des relations pacifiques entre les hommes.

Le congrès fit également un appel chaleureux à la presse, comme agent de la civilisation. Il fit ressortir aussi la nécessité de perfectionner les moyens de communication entre les différents pays, et souligna l'utilité qu'il y aurait à unifier les tarifs des postes, les poids et mesures, les systèmes monétaires, etc.

La réunion suivante des partisans de la paix eut lieu à Francfort-sur-le-Mein, où l'on confirma les résolutions formulées aux congrès précédents.

Nous voyons, par conséquent, que dès le milieu de ce siècle, on ne cherchait déjà plus à résoudre cette question seulement dans le silence des cabinets, mais au moyen d'associations et de congrès poursuivant un but pratique. La question de la paix, qui jusque-là n'avait occupé qu'un petit nombre de penseurs d'élite, commençait à intéresser des couches très étendues de la société. Il ne s'agissait plus alors de propager l'idée, mais bien de la réaliser. On se mit à espérer, en même temps, qu'un certain nombre de nations se décideraient à conclure entre elles un traité pour s'engager à soumettre leurs différends à l'arbitrage.

Les premières protestations contre la guerre émanèrent de personnes pénétrées à tel point de sentiments d'humanité, que les usages mêmes de la guerre les remplissaient d'horreur. Les philosophes aussi, qui prêchaient la paix perpétuelle, s'adressaient plutôt aux cœurs qu'aux esprits, préférant la création d'utopies à des recherches précises et documentées. C'est là une particularité commune à toutes les idées : elles frappent d'abord les esprits par leur beauté plus que par leur vérité. Mais les idées qui ont un avenir ne tardent pas à entrer dans une nouvelle phase : survient la science qui modifie et réduit le plus souvent les dimensions de l'édifice érigé par l'imagination; elle l'établit, en revanche, sur la base inébranlable de ses vérités. Ainsi en fut-il pour la question qui nous occupe. La science a pris parti pour la paix perpétuelle, après avoir approfondi l'évolution sociale.

Saint-Simon démontrait déjà que l'ère des guerres touchait à son terme et que celle de l'industrie était proche. Son élève, Auguste Comte, développa cette idée : « L'avenir n'appartient pas à la lutte meurtrière, mais au travail. » Bokle soutient la même thèse dans son *Histoire de la Civilisation anglaise*, qui a été traduite en toutes les langues.

Solidarité
des nations
entre elles. Les conditions politiques et sociales ont favorisé, de notre temps, l'idée de la paix perpétuelle. Le développement extraordinaire donné aux voies de communication n'a pas cessé de rapprocher les nations, et les progrès du commerce et de l'industrie les ont enrichies. Cette dernière considération augmente la crainte qu'on a des maux de la guerre. Le progrès technique a presque atteint la limite rêvée par les anciens philosophes. Il existe dès maintenant, pour ainsi dire, une république européenne commune à tous. Bien que les lois n'y soient pas les mêmes, elles affectent, dans chacune d'elles, les intérêts techniques de toutes les autres, attendu qu'à ce point de vue elles sont dans une dépendance naturelle.

Jadis, les événements qui survenaient dans un pays non limitrophe d'un autre n'éveillaient, dans ce dernier, qu'une simple curiosité. Maintenant, ces événements nous affectent directement, car notre prospérité en dépend presque toujours.

Les intérêts commerciaux et industriels des nations sont complexes et le deviennent chaque jour davantage. Aussi sommes-nous de plus en plus sensibles aux secousses politiques et incapables de supporter les désordres que cause la guerre.

Les changements survenus dans les idées politiques et dans l'organisation des sociétés européennes sont très favorables au principe de la paix perpétuelle. La diplomatie et, en général, les gouvernements se sont convaincus qu'il est impossible de négliger l'opinion publique et qu'on ne saurait la violenter toujours, attendu qu'elle possède des forces morales capables d'appuyer ses efforts. En voyant que cette opinion publique est partout hostile à la guerre, les hommes d'Etat tâchent de se conformer au courant antimilitariste dont il est actuellement impossible de nier l'existence.

Napoléon III
et la paix. A l'époque qui nous occupe régnait en France un homme qui cherchait par tous les moyens à disposer en sa faveur l'opinion de l'Europe. Napoléon III craignait surtout que, se souvenant des guerres entreprises par son oncle belliqueux, elle ne lui attribuât le désir de suivre les traditions du premier Empire. Il ne cessait, par conséquent, de dire que « l'Empire c'est la paix » et il chercha à prouver ses dispositions pacifiques, en s'efforçant de réunir un congrès général pour discuter les intérêts internationaux. Il déclarait à toute occasion que l'idée d'une fédération européenne était la meilleure de toutes les idées napoléoniennes, et, chaque fois que surgissait à l'horizon politique une question internationale, il proposait la convocation d'un congrès européen pour la résoudre.

Son désir fut couronné de succès en 1856, quand le représentant de la Turquie fut admis, pour la première fois, à faire partie du conseil des puissances européennes. C'est au congrès de Paris que le Danube et la Mer Noire furent déclarés ouverts au libre commerce universel, et que trente-deux nations de l'Europe et de l'Amérique signèrent un traité par lequel elles s'engageaient à poursuivre les corsaires, à respecter les droits des marines neutres et même les cargaisons neutres qui pourraient se trouver à bord des bâtiments des nations belligérantes.

On souleva dans cette même assemblée des représentants de la plupart des pays civilisés la question d'écarter tout à fait les conflits armés, en portant les différends survenus entre nations devant des tribunaux spéciaux. L'honneur de cette initiative revient au représentant de la Grande-Bretagne, lord Clarendon, qui saisit le congrès d'un projet tendant à ce que le droit attribué à la Turquie, de recourir à l'arbitrage des autres nations, fût étendu à toutes les autres puissances de l'Europe. On comptait ainsi empêcher des différends qui très souvent se produisent par la seule raison qu'il n'est pas possible de les discuter. Le représentant de la France, le comte Walewski, soutint énergiquement cette proposition qui fut acceptée avec la rédaction suivante : « Les représentants des puissances déclarent sans hésitation, au nom de leurs gouvernements, qu'ils sont pénétrés du désir de voir, en cas de différends sérieux, les puissances s'adresser à l'arbitrage des nations amies avant de recourir aux armes. Les fondés de pouvoirs espèrent que les puissances non représentées au congrès voudront bien s'associer à la pensée salutaire qui a inspiré ce désir. »

Ce vœu si modeste était, d'ailleurs, limité par la remarque suivante :

« En formulant le souhait qui précède, le congrès n'a pas l'intention d'exercer une contrainte sur les puissances, pour les cas où leur dignité se trouverait atteinte. »

Aussi ce vœu, n'engageant personne, est-il toujours resté à l'état de *pium desiderium*.

Quoi qu'il en soit, ce fait démontre que le désir d'assurer la paix perpétuelle, si souvent qualifiée d'utopie par les sceptiques, a cependant été exprimé, bien que dans une forme conditionnelle, même par les représentants officiels de la plupart des puissances.

C'est vers 1860 que les tendances antimilitaristes atteignirent leur apogée. La France marchait en tête. En 1867, Frédéric Passy fondait à Paris la « Ligue internationale de la paix », qui avait un caractère catholique-conservateur. La session qu'elle tint à Paris, en 1869, eut un retentissement général. Le célèbre économiste Michel Chevalier y proposa une résolution qui fut acceptée à l'unanimité, et qui comprenait les propositions suivantes :

« Justifier la guerre, c'est jeter un défi à la conscience publique. De nouvelles forces ont apparu qui font contre-poids à la guerre dans une plus grande mesure que par le passé ; ces forces sont l'industrie, le commerce et la liberté politique. L'immense majorité de la population européenne désire la paix, et, contrairement à son propre intérêt, toute l'Europe se trouve sous les armes. Le seul moyen de mettre fin à cet état de choses, c'est d'opérer un rapprochement plus étroit et plus complet des hommes et de réaliser une union politique pareille à celle qui existe aux Etats-Unis. »

En cette même année 1867, les Français fondèrent à Genève une autre société qui se distingua par son esprit plus libéral et qui reçut le nom de *Ligue internationale de la paix et de la liberté.* Son succès fut grand : le nombre de ses membres atteignit, très promptement, le chiffre de 60,000 et parmi eux nous relevons les noms de Victor Hugo, Garibaldi, Carnot, Favre, Littré, Mille et autres. Ensuite se tinrent toute une série de congrès de la paix : à Genève (1867) ; à Berne (1868), sous la présidence de Victor Hugo ; à Lausanne (1869) et à Bâle (1870). Les débats de ces congrès tinrent longtemps en haleine l'intérêt de toute l'Europe.

L'Allemagne elle-même comptait un certain nombre d'ennemis de la guerre. En 1868 eut lieu à Prague une réunion de philosophes dont la plupart étaient allemands. Les représentants de la science qui prirent part à cette réunion exprimèrent, dans leur résolution finale, le vœu « que le Congrès admît tous les moyens moraux et légaux tendant à supprimer définitivement la guerre, cette monstruosité criminelle et honteuse. C'est le système des armées permanentes qui empêche, plus que toute autre chose, d'atteindre ce but, car il donne la tentation de troubler la paix et de commettre des actes arbitraires. »

Le professeur Virchov, soutenu par les députés du parti libéral, chercha à transporter cette question du terrain des débats théoriques sur celui des résultats pratiques, en saisissant le Landtag prussien du projet suivant : « Prenant en considération que l'augmentation des impôts dans la confédération de l'Allemagne du Nord résulte de la trop grande élévation du budget de la guerre ; que, d'autre part, la tendance constante à faire la guerre ne provient pas des haines nationales, mais des rapports entre cabinets ; nous proposons au gouvernement royal de contribuer par la voie diplomatique à la réalisation du projet de désarmement général. » Bien que cette proposition ait été rejetée à une majorité de 215 voix contre 99, le fait qu'elle fut formulée mérite d'être mentionné.

Le courant en faveur de la paix perpétuelle ressemblait, vers 1860, à un fleuve grossi et alimenté par de nombreux affluents, rivières et ruisseaux débouchant de tous côtés ; à un fleuve qui devient de plus en plus large et plus rapide, à mesure qu'il s'éloigne de sa source.

Immédiatement après la guerre austro-prussienne, la Prusse et la France se brouillèrent à cause du duché de Luxembourg. Ce conflit menaça de déterminer une nouvelle effusion de sang. Les sociétés de la paix intervinrent énergiquement pour prévenir cette calamité. Leur mot d'ordre : « *Guerre à la guerre* », eut un écho dans les deux pays, et le congrès ouvrier réuni à Bruxelles à cette époque protesta hautement contre un conflit armé.

Cette intervention morale n'aurait pu toutefois changer le cours naturel des événements si elle n'eût été appuyée par les conditions politiques particulières de cette époque.

La Prusse venait de terminer une guerre ; il lui fallait ajourner le moment d'une nouvelle lutte ; aussi Bismarck prêta-t-il une oreille complaisante aux paroles prononcées en faveur de la paix perpétuelle.

Il alla jusqu'à jouer le rôle de fervent partisan de cette cause, en même temps qu'il adoptait l'idée d'une fédération générale des nations. Après l'échec de l'expédition du Mexique, le prestige de Napoléon III se trouva fortement compromis en France, et le courant antimilitariste y fit des progrès d'autant plus rapides qu'il était grossi par l'opposition faite aux intentions de l'Empereur.

Mais tandis qu'en Europe l'activité déployée par les ennemis de la guerre avait surtout un caractère théorique et n'envisageait que des éventualités plus ou moins éloignées, l'idée de l'arbitrage international s'implantait en Amérique d'une façon pratique.

Les États-Unis réglèrent pacifiquement une série de différends qui s'étaient produits entre eux et des États voisins et, ce qui est encore plus remarquable, la question du croiseur *Alabama*, qui tout d'abord avait menacé d'amener une guerre anglo-américaine, fut résolue de la même manière. Les arbitres réunis à Genève déclarèrent que les Anglais avaient contrevenu aux lois internationales en favorisant les opérations des croiseurs de l'Amérique du Sud et ils invitèrent, en conséquence, le gouvernement anglais à dédommager le gouvernement des États-Unis et les particuliers intéressés, dans la mesure des pertes que leur avait occasionnées cette infraction aux lois. Il avait suffi de l'initiative d'un seul homme, M. Durand, pour réunir en 1863 à Genève un congrès composé de trente six représentants de différentes nations. La plupart de ces membres étaient des militaires. Le Congrès formula dix résolutions, tendant à fonder dans tous les pays des sociétés spéciales, pour venir en aide au service de santé des armées.

Convention de Genève relative au service sanitaire en temps de guerre.

La Convention de Genève de 1864, assura la *neutralité* des hôpitaux militaires, des blessés, ainsi que du personnel des services sanitaires des armées belligérantes; elle donna un caractère international à l'œuvre humanitaire de la Croix-Rouge.

La guerre de 1866 montra pratiquement les lacunes que la Convention de 1864 n'avait pas prévues, et l'on convoqua en 1867 un nouveau congrès pour les combler. On élabora un nouveau projet tendant à adoucir le sort des soldats blessés à la guerre. Ce projet se composait de 15 articles, dont cinq complétaient les décisions prises au congrès de 1864, et les dix autres garantissaient l'exécution du service sanitaire dans la guerre navale. Ces projets n'ont jamais été ratifiés. Mais l'opinion publique et la logique même de ces décisions si sérieuses et si humanitaires les ont suffisamment imposées, pour, qu'à partir de 1868 les belligérants se soient efforcés d'en observer les articles additionnels, de même qu'ils observaient, en vertu d'un engagement réciproque, les règlements élaborés par la première convention.

Guerre de 1870.

La guerre de 1870 marque une époque à partir de laquelle les relations internationales deviennent plus tendues; les sentiments humanitaires s'affaiblissent et l'on signale un retour vers cette brutalité dans les combats, qui jadis était taxée de vertu guerrière.

La guerre de 1870 fut une lutte entre deux nations, dont l'enjeu était la prépondérance politique et les mobiles une haine séculaire et la soif de vengeance. Ce fut une guerre féroce où l'on fusilla les volontaires, où l'on brûla les villages, où l'on imposa au vaincu une contribution inouïe, dans le but de le ruiner et d'anéantir pour longtemps sa puissance.

Cette guerre entre deux nations animées d'une haine réciproque, implacable, avait le caractère d'une *lutte pour l'existence*.

Ses conséquences.

Le conflit ayant coûté deux provinces à la France, la paix conclue entre les adversaires ne peut être regardée comme une paix définitive. Les conditions de cette paix renferment le germe d'une reprise des hostilités. Et les passions qui inspireront et accompagneront cette nouvelle guerre seront plus ardentes encore que lors de la première lutte; on peut même dire que les préparatifs en sont poussés des deux côtés, non seulement avec méthode, mais avec passion et avec haine.

Il est tout naturel qu'en présence de telles dispositions, il n'y ait plus eu de place pour les combinaisons tendant à diminuer les horreurs de la

guerre. L'esprit d'invention s'est appliqué avec une ardeur sans précédent
à imaginer des armes et des projectiles aussi meurtriers que possible.

La dynamite, la pyroxyline, la mélinite ont trouvé une large application dans les préparatifs faits pour la guerre sur terre et sur mer.

Les écrivains militaires se sont mis à parler d'incursions de cavalerie
ayant pour but de dévaster le pays ennemi, de guerre de course et de contributions énormes comme de moyens dont on serait absolument forcé de
se servir dans la lutte future. La France et l'Allemagne rivalisèrent dans
le renforcement de leur artillerie, dans la multiplication de leurs cadres et
de leurs fortifications, tout en augmentant de plus en plus les charges militaires qui pèsent sur les populations de ces pays. Il est clair que les autres
nations ont dû suivre le courant.

Le fait que voici peut démontrer que l'année 1870 marque une date
à partir de laquelle on abandonna, sous l'influence de la haine nationale,
le souci « d'humaniser » la guerre. En 1868 avait eu lieu à Saint-Pétersbourg la déclaration internationale contre l'usage des balles explosives.
Or lorsque, poursuivant la direction indiquée par la convention de Genève,
le gouvernement russe s'adressa en 1875 aux cabinets européens pour les
inviter à une conférence internationale appelée à discuter les lois et les
usages à observer pendant les hostilités, on accueillit à Berlin cette proposition assez froidement.

Cette conférence, il est vrai, eut lieu à Bruxelles ; elle siégea depuis la
fin du mois d'août, sous la présidence du fondé de pouvoirs russe Jomini ;
l'Allemagne, la France, l'Angleterre, l'Autriche, l'Italie, l'Espagne, la
Suède, la Belgique, le Danemark, les Pays-Bas, la Suisse et la Grèce y
envoyèrent des représentants. Mais, voyant que le projet n'était que très
faiblement appuyé à cette conférence, le baron Jomini dut renoncer à formuler des propositions ayant le caractère d'une convention et se contenta
de donner, aux travaux de l'assemblée, celui de simples « études ». C'est
ainsi seulement que cette conférence accepta le projet d'une déclaration
concernant les lois et les usages de la guerre, — déclaration très différente
du reste de celle formulée tout d'abord. Dans le procès-verbal elle était motivée ainsi : « Il a été reconnu à l'unanimité que le progrès de la civilisation doit tendre à diminuer autant que possible les horreurs de la guerre,
que les puissances belligérantes ne doivent se préoccuper légalement que
d'affaiblir leur adversaire sans lui infliger des souffrances inutiles. » Ce
procès-verbal se réfère aussi à la convention de Genève et à la déclaration
de Saint-Pétersbourg.

Cette question devait, en conséquence, devenir un objet de pourparlers
ultérieurs entre les cabinets. L'invitation à une nouvelle conférence en 1875,
émanant de Saint-Pétersbourg, rencontra à Berlin un accueil très froid et

Conférence
de
Bruxelles (1873).

fut repoussée à Londres : l'Angleterre s'inspirant probablement de conseils venus de Prusse, car on sait aujourd'hui qu'en 1875 le prince de Bismarck avait l'intention de déclarer de nouveau la guerre à la France ; or, la note déclinatoire anglaise était datée du 20 janvier. La conférence ne se réunit donc pas.

Il faut remarquer que l'Angleterre s'était montrée défiante lors même de la convocation de la première conférence : elle craignait que cette assemblée ne s'attachât à réglementer les pratiques de la guerre maritime. C'est seulement après avoir reçu l'assurance formelle qu'on ne s'occuperait pas de cette guerre que le cabinet de Saint-James consentit à envoyer son représentant à Bruxelles. Ce cabinet déclara, en outre, que son envoyé ne serait autorisé à adhérer à aucun engagement et que l'Angleterre se réservait toute liberté d'action relativement aux décisions de la conférence.

Pourtant, et bien que les travaux de cette assemblée n'aient pas reçu la forme d'un traité, ils n'ont pas laissé de porter des fruits. Il y a tout lieu d'espérer, en effet, que, pendant la guerre future, on observera les recommandations formulées à Bruxelles à l'égal des règlements complémentaires de la convention de Genève ; d'autant plus que ces recommandations sont désormais comprises dans le *Manuel des lois de la guerre sur terre et sur mer*, édité en 1880 par l'Institut de droit international. Depuis on a édité à l'usage des militaires des règlements spéciaux plus succincts en France, en Allemagne (Dan), en Italie (Berti), en Hollande (Van der Beer) et en Portugal.

Ces faits ne sont pas sans importance : ils prouvent que les restrictions dont nous avons parlé plus haut sont entrées dans nos idées et dans nos mœurs, bien qu'elles n'aient pas encore pénétré dans la législation.

Grâce au progrès moral, les guerres ne seront plus aussi brutales que par le passé.

Peu à peu on se pénètre des principes que, pendant la guerre, on n'a le droit de faire que ce qui est strictement nécessaire pour atteindre les résultats stratégiques visés ; qu'on ne doit pas chercher à ravager le territoire ennemi et à en exterminer la population ; que les belligérants doivent chercher, non pas leur destruction mutuelle, mais seulement leur prédominance dans une certaine sphère ; que chaque nation doit reconnaître, même en temps de guerre, les autorités légales de la nation ennemie, et qu'elle ne doit pas recourir à des moyens extrêmes qui rendent impossible le rétablissement de la paix (1).

Espérons que les paroles exprimées par Son Altesse le prince Nicolas de Leuchtenberg dans sa lettre au professeur Martens traduisent les sen-

____

(1) A. Pillet, *Le droit de la guerre.* — Paris, 1892.

timents de tous les chefs d'armée qui participeront à la guerre future :
« J'affirme, dit-il, et je répète — c'est là du reste ma profonde conviction —
qu'on respecte actuellement dans toutes les armées les principes du droit
international. Les cas dans lesquels on pourrait justifier la violation des
principes du bien et de la justice sont très rares (1) ».

V. Mouvement antimilitariste après l'année 1870.
Les sociétés de la paix et les congrès.

Un sentiment de terreur s'est emparé des partisans de la paix perpé- État des esprits
tuelle en voyant de quelle manière s'était faite la guerre de 1870. Après après la guerre
l'aplanissement du différend qui s'était produit au sujet du Luxembourg, ils de 1870.
avaient eu quelque droit de nourrir certaines espérances. La guerre triom-
phait cependant. Les deux nations qui marchent à la tête du progrès se
massacraient mutuellement. Les richesses accumulées pendant des dizaines
d'années au cœur de l'Europe devenaient la proie d'un vandalisme sauvage et les bombes prussiennes tendaient à réduire en un monceau de
ruines la capitale du monde civilisé, Paris.

Cette horrible guerre renforça tout d'abord les tendances pacifiques,
elle leur amena même des adeptes parmi les citoyens désintéressés des
Etats neutres. On se berçait de l'espoir trompeur que cette terrible effusion de sang ne tarderait pas à cesser.

John Stuart Mill écrivait dans le *Times* : « Si nous avions déclaré
franchement au début des hostilités que chaque nation qui envahira sa voisine trouvera un ennemi dans la personne de l'Angleterre, nous aurions
inauguré une ère nouvelle dans l'histoire de la solution des différends
internationaux. »

La guerre de 1870-1871 a porté un coup formidable à la propagande
de la paix. Un tel résultat était naturel et logique.

La France mutilée et vaincue devint, à partir de ce moment, indifférente aux appels humanitaires ; elle ne songea plus qu'à sa revanche. La
paix perpétuelle l'aurait privée de la possibilité de laver la honteuse défaite
de Sedan et de reconquérir les provinces perdues. Le refroidissement des
Français fut d'un immense préjudice pour la cause de la paix, car on était
habitué à voir en eux les chefs de tous les mouvements dirigés vers les
idéals sociaux.

----

(1) *Recueil de droit international*, 1882, p. 308.

Sans le concours des Français, l'idée ne pouvait se propager avec succès, et, pour comble de disgrâce, l'autre nation, qui avait pris une part active à la guerre de 1870-71, devint indifférente aussi à la paix perpétuelle.

Le nouvel empire germanique, édifié par le triomphe des armes, cimenté par le sang et le fer, dut baser toutes ses espérances d'avenir sur le militarisme. Ce dernier seul pouvait sauvegarder son prestige et l'intégrité de son territoire. Tous ceux aux dépens de qui s'est accrue l'Allemagne auraient revendiqué leurs droits s'il avait existé un tribunal pour accepter leurs justes réclamations. Seules, les nations qui n'ont rien à se reprocher peuvent souhaiter un tel arbitre. La patrie d'un Bismarck ne saurait admettre une pareille institution.

La ligue de la paix et de la liberté, devenue si puissante dès les premiers jours de son existence qu'on avait pu la comparer à un fleuve débordé, se réduisit aux proportions d'un ruisseau presque tari. Le congrès qui se réunit en 1872 à Lugano ne ressemblait plus aux précédents et n'eut pas d'écho dans les autres contrées. Ensuite eurent lieu des « conférences », mais le nombre des participants à ces assemblées diminuait constamment.

L'organe de la ligue, *Les États-Unis d'Europe*, agonisait presque; personne ne le lisait et personne ne comptait plus avec ce périodique. Si la ligue n'a pas cessé d'exister, c'est uniquement grâce à Lemonier (le fameux saint-simonien mort aujourd'hui), qui sacrifia tout son temps, tout son travail et toute sa fortune à l'idée qui lui était si chère. Il continuait à s'adresser aux ministres de tous les États pour les persuader de l'utilité de la paix générale et du tribunal international. Mais ses efforts demeuraient stériles : on ne lui répondait pas, ou si on lui répondait, c'était négativement.

L'idée de la paix perpétuelle n'est pas morte. Est-elle donc morte, l'idée de la paix perpétuelle, s'est-elle noyée dans le sang dont furent inondés les champs de bataille de Wœrth et de Gravelotte? Non. Cette idée, qui est la vérité, n'est pas incarnée dans une seule société, elle n'est pas représentée par une seule ligue, mais elle est répandue dans le monde entier, où elle a théoriquement acquis droit de cité, tandis que pratiquement elle conquérait véritablement du terrain.

La vie est élastique ; une de ses particularités consiste dans sa faculté de se modifier et de s'adapter à toutes les conditions possibles.

De là des phénomènes qui ont très souvent frappé les philosophes et les sociologues. Qui sait si cette idée n'est pas appelée à supprimer la guerre de la façon la plus inattendue? Il est possible que d'autres maux prennent la place de celui-ci. Mais il faut bien avouer que les conflits sanglants entre nations perdent chaque jour de leur popularité.

Les Etats-Unis ont entrepris, après l'affaire de l'*Alabama* et la guerre franco-allemande, de réaliser l'idée des tribunaux internationaux sur une très vaste échelle. La « Société de la paix » américaine envoya en 1870 un de ses secrétaires, M. Miles, en Europe, pour établir des relations suivies avec les propagateurs de l'idée de la paix perpétuelle sur l'ancien continent. On eut ensuite l'intention de convoquer un congrès général pour confirmer les principes acceptés lors de l'affaire de l'*Alabama* et pour instituer un conseil spécial composé de publicistes de toutes les nationalités, au nombre de cinquante, avec la mission d'élaborer les bases du fonctionnement des tribunaux d'arbitres internationaux. On comptait soumettre ces bases à une assemblée internationale spéciale, convoquée dans l'une des capitales européennes. Miles se rendit dans les principales villes de l'Europe et, bien qu'il n'ait pas atteint son but, il réussit, cependant, à conquérir la sympathie de tous les savants les plus compétents en fait de droit international.

Calvo, qui jusqu'alors avait taxé d'utopie l'idée de la paix perpétuelle, s'en déclara partisan, de même que Messo, Mancini, Pierantoni, Heffer, Holtzendorf et d'autres. Grâce aux efforts de ces savants, on constitua en 1873 une société chargée de codifier le droit international ; le siège de cette société se trouve à Londres, et ses membres se donnent chaque année rendez-vous dans différentes villes d'Europe.

A l'assemblée qui eut lieu à La Haye en 1875, on donna connaissance du rapport de Bluntschli sur le désarmement général.

Ce savant allemand considère qu'il serait impossible de désarmer en ce moment, mais il suppose que ce projet serait réalisable si toutes les puissances y adhéraient. A cette même réunion furent commentés les travaux envoyés par Laboulaye et Frank.

Le premier dit que la résolution de la question de la guerre et de la paix dépendra du caprice des convictions populaires et de l'amour-propre des souverains, tant qu'on n'aura pas reconnu les droits respectifs des nations et qu'on n'aura pas institué un tribunal international.

Le second considère la réforme et la codification du droit international comme le but le plus noble et le plus utile que puissent poursuivre les publicistes, les juristes et les philosophes de notre temps.

Pendant l'exposition de Paris de 1878, 15 Sociétés de la paix de différents pays se sont réunies en un congrès dans le but d'organiser la « Fédération générale de la paix », et de tracer la ligne de conduite qu'il importerait de suivre dans l'avenir. Le congrès reconnut que l'idée de la paix perpétuelle pourrait se réaliser plus facilement si elle réussissait à s'assurer le concours des assemblées législatives, parce que ces dernières pourraient amener leurs gouvernements respectifs à introduire la juridiction des tribunaux d'arbitrage dans leurs relations internationales.

Le congrès proposa d'instituer un tribunal international permanent où

Congrès de Paris (1878).

chaque nation enverrait deux de ses représentants, élus pour une année ; ces représentants seraient proposés par les assemblées législatives et nommés par les gouvernements. En abandonnant la question de la paix aux institutions législatives de l'Europe, le congrès avait tout lieu d'espérer que la graine semée sur ce champ fournirait une belle récolte.

En annonçant le congrès de Berne de 1891, le bureau permanent de ce congrès adressa aux peuples l'appel suivant :

Congrès de Berne (1891).

« L'Europe gémit sous le poids des charges militaires, qui l'épuisent inutilement. Un tel état de choses influence nécessairement l'agriculture et le développement du bien-être social. L'industrie se trouve paralysée par les impôts dont on fait un usage improductif et par l'incertitude qu'inspire la stabilité de la paix.

« Ces conditions comportent, aussi bien pour les États que pour les particuliers, le danger d'une ruine prochaine et le risque de perdre, sur les champs de bataille, des êtres chers, car on peut s'attendre à voir la guerre éclater d'un moment à l'autre. Il est encore temps de prévenir le mal, mais il pourrait se faire que demain la voix de la raison fût étouffée par les cris des combattants et le fracas des armes. Mettons-nous donc à l'œuvre sans tarder.

« Vieillards, qui savez ce qu'apporte la guerre ; jeunes gens, qui ne voulez pas devenir de la chair à canon ; femmes, dont le cœur se serre à l'approche de ce terrible fléau ; ouvriers des villes, désireux d'avoir votre travail assuré ; agriculteurs, préoccupés de ne pas perdre le fruit de vos labeurs, — unissez tous vos voix, afin que la voûte des cieux, commune à tous, répercute notre invocation de la paix sur cette terre ; de la paix nécessaire au bien de vos familles, de la paix nécessaire au bonheur des générations futures et au soulagement des souffrances qui affectent l'humanité. Que la voix collective de tous les humains frappe l'oreille de ceux dont dépendent des millions de vies humaines !

« Mais les gouvernements peuvent-ils souhaiter la guerre, eux qui savent qu'elle épuise le vainqueur aussi bien que le vaincu et qui, malgré cela, affirment souvent que le peuple la désire ? Cet égarement entraîne les plus terribles catastrophes. Qu'ils apprennent donc la vérité par les pétitions qu'organise la société de la paix dans notre pays, et que cette manifestation soit assez décisive et générale pour qu'on ne puisse plus douter de la force du désir invincible des peuples de supprimer le principe même de la guerre.

« Nous voulons la fraternité des peuples, nous voulons le bien-être général. Seul, le travail pacifique peut nous donner l'un et l'autre. »

Congrès de Chicago (1893).

En 1893, le congrès international de la paix réuni à Chicago, pendant l'exposition universelle qui avait lieu dans cette ville, adressa à tous les gouvernements la note suivante : « Les immenses armées contemporaines donnent à croire que les gouvernements européens se préoccupent bien plus d'enseigner à leurs citoyens l'art de se tuer, que celui de se servir des forces créatrices de leur pays. Les États-Unis n'ont fait que trois guerres au cours de ce siècle : avec l'Angleterre (1812 à 1814), avec le Mexique (1845 à 1848) et la guerre civile (1861 à 1865). Avec une population de soixante millions d'âmes, les États-Unis n'entretiennent que 25,000 hommes de troupes permanentes. Ce chiffre suffit pour sauvegarder l'ordre à l'intérieur du territoire et ne menace, en même temps, aucun pays voisin. Notre sécurité est basée sur notre liberté personnelle et sur nos droits, sur la dignité de nos citoyens, sur leur amour passionné des institutions libérales et, enfin, sur cette constatation que nos dirigeants ne concluent pas de traités susceptibles d'amener des complications internationales. »

En 1894 le congrès de la paix se réunit à Anvers. On décida d'adresser aux nations un appel définissant le but des travaux pacifiques et leur état actuel. Cet appel commençait par l'affirmation que l'esprit humain avait de tous temps été contraire aux tendances guerrières ; il y était ensuite question des conséquences qu'entraînent les conflits armés, puis venait un exposé succinct des travaux de l'activité de la « Société de la paix » et des résultats qu'elle avait obtenus.

Congrès d'Anvers (1894).

L'appel concluait ainsi : « Pourquoi hésiter à écarter le danger de la guerre qui nous menace constamment, quels obstacles s'opposent à la réalisation de la paix perpétuelle entre les nations ? Seul l'instinct sanguinaire, alimenté par la haine qui n'a pas encore disparu des relations internationales, entrave la réalisation de nos desseins. Bien des personnes trouvent encore leur intérêt à entretenir ces instincts en faisant miroiter aux yeux de leurs nationaux de nouveaux succès guerriers. Le meilleur moyen, pour y arriver, est de voir un ennemi dans chaque étranger. Il est temps, dans l'intérêt du bien commun, de renoncer à l'habitude sauvage qu'on a d'interpréter chacun de ses actes, comme dicté par le désir de nuire à ses voisins, de grossir le moindre malentendu, au point d'en faire une offense mortelle, d'exciter les foules par des nouvelles exagérées ou fausses. Ce sont là des moyens auxquels ont très souvent recours les politiciens de mauvaise foi, ainsi qu'une certaine presse, qui cherche à rendre impossibles les bonnes relations entre les nations de l'Europe.

« Le devoir des sociétés de la paix consiste à opposer, à tous les adversaires de l'idée qu'elles poursuivent, des preuves de la possibilité de résoudre les différends par voie d'arbitrage.

« Récemment, un homme d'État de beaucoup de mérite, le comte Kalnoky, s'est adressé aux sociétés de la paix en les priant de réagir contre les abus dont la presse est coutumière, et qui consistent à répandre des nouvelles alarmantes, avant qu'elles n'aient été officiellement confirmées. Les congrès l'ont fait de tous temps. Mais pour que leurs efforts ne soient pas superflus, il leur faut le concours de tous les hommes de bonne volonté et de jugement sain.

« C'est à cette seule condition, est-il dit dans les préliminaires du congrès d'Anvers, que les peuples pourront envisager l'avenir sans crainte. La vie actuelle serait délivrée du poids des armements qui oppriment le commerce, l'industrie, l'agriculture, et les autres forces productives de tous les pays.

« Nous nous adressons donc aux nombreux amis de la paix qui ne se sont pas jusqu'à présent associés à notre œuvre et nous leur recommandons de se pénétrer plus fortement encore du sentiment de pitié qui nous anime. Joignez-vous à nous pour combattre la guerre. Entrez dans nos sociétés qui vous recevront à bras ouverts, et avant même que ce siècle soit révolu, nos efforts triompheront des sombres nuages, avant-coureurs du terrible orage qui menace de se déchaîner sur tant de contrées. »

Le mouvement antimilitariste gagne la Russie.

Le mouvement antimilitariste s'est aussi manifesté en Russie. On constitua en 1880, à Saint-Pétersbourg, la « Société du droit international ». Cette société a pour but de codifier les principes de ce droit, de favoriser les relations amicales avec les puissances étrangères et de propager l'idée de la paix perpétuelle.

L'idée d'un tribunal international.

L'idée de créer un tribunal international pour juger les différends entre les puissances commence à se faire jour. Nous donnerons, suivant l'ouvrage du professeur comte Komarowski, les détails concernant la composition, la confirmation et la procédure de ce tribunal, tels que les comprennent les savants champions de cette idée (1) : Cette cour internationale pourrait se composer d'un nombre égal de représentants de chaque puissance et les petits États pourraient, si cela leur plaisait, ne pas envoyer de délégués, mais ils auraient le droit de céder leurs voix à d'autres. Il serait à désirer que chaque pays n'envoyât pas moins de deux arbitres. Les pays alliés constitueraient une unité (2).

Comme, en Europe, abstraction faite de la Turquie, il existe dix-huit unités de ce genre et douze en Amérique, la cour se composerait de soixante membres. Les juges ne pourraient être relevés de leurs fonctions qu'en vertu d'un décret du tribunal ; ils n'exerceraient aucune autre charge et ne devraient accepter aucune décoration, aucun titre ni donation quelconques, etc.

---

(1) *Le tribunal international.* — Paris, 1887.

(2) C'est là une pensée logique, attendu que les représentants de deux ou plusieurs membres d'une fédération seraient nécessairement d'accord. Cela entraînerait cependant une anomalie : la Bavière, par exemple, ne serait pas représentée, tandis que le Monténégro le serait.

Quant à sa compétence, ce tribunal serait une cour d'arbitrage jugeant à l'amiable les causes dont il serait saisi, mais les puissances qui auraient recours à son intervention seraient juridiquement tenues de se soumettre à son verdict : — étant entendu que ce dernier serait conforme aux lois internationales et aux formes convenues de la procédure judiciaire.

La cour en question serait une juridiction permanente, mais elle ne se réunirait qu'en cas de besoin. Ce tribunal ne bannirait certainement pas la mauvaise foi de la terre, mais il jugerait légalement les différends de ceux qui désirent réellement le maintien de la paix. La liberté, dont jouiraient les nations de recourir au dit tribunal ou de n'y pas recourir, n'exclurait pas leur faculté de convenir entre elles que, dans tels ou tels autres cas, elles seraient forcées de lui soumettre leurs différends. De cette manière, la sphère de compétence de cette cour s'établirait par la pratique et, avec le temps, s'étendrait de plus en plus.

Au début, elle ne comprendrait que les États de l'Europe et de l'Amérique qui reconnaîtraient le droit international. Les affaires intérieures de chaque pays ne regarderaient pas ce tribunal, qui ne s'occuperait que des rapports internationaux et ne jugerait les différends qu'au point de vue juridique.

Quant à la nature des causes, le tribunal serait divisé en quatre départements : 1° *Le département de la diplomatie* jugerait les différends pouvant se produire entre les représentants préposés aux affaires étrangères des nations (diplomates, consuls, commissaires). 2° *Le département des affaires de guerre sur terre et sur mer* veillerait à ce que les belligérants observassent les règlements sur la manière de faire la guerre d'après la convention de Genève, stipulée dans les traités, formulée dans les déclarations et sanctionnée par l'usage ; il jugerait les différends résultant des captures sur mer, et violations de neutralité, même si les faits de cette catégorie lui étaient soumis par des particuliers. 3° *Le département du droit international privé* jugerait les causes résultant de la divergence des lois civiles et criminelles en vigueur dans les différents pays et les questions relatives à la force légale des décrets des tribunaux nationaux sur territoire étranger ; il résoudrait aussi les questions d'extradition et jugerait les criminels et les anarchistes qui ne reconnaissent la légalité d'aucun ordre social. 4° *Le département du droit international social* s'occuperait des questions touchant aux communications postales et télégraphiques internationales, aux relations par chemin de fer et par voie d'eau et à la liberté des mers ; il déciderait aussi des moyens préventifs à employer en cas d'épidémie, et il serait compétent dans les questions de propriété littéraire et artistique, d'inventions et de marques de fabrique.

Les assemblées de la cour seraient plénières ou ordinaires. Aux premières serait présent tout le personnel du tribunal ; ces assemblées exerceraient un pouvoir disciplinaire sur leurs membres et constitueraient une sorte de cour de cassation. Les dernières, qui seraient appelées à juger les différends et les questions litigieuses internationales, se composeraient d'un certain nombre de membres du département compétent pour examiner le cas suivant la catégorie dans laquelle il doit être classé, et les juges seraient choisis par les gouvernements intéressés parmi les représentants des nations neutres. Le tribunal, ainsi que chaque assemblée, choisirait lui-même son président. Le siège de la cour serait à Bruxelles·et la procédure se ferait en langue française. Les décrets prononcés à la majorité des voix seraient publiés avec leurs considérants ; ils seraient valables sans la ratification des puissances, comme ayant par eux-mêmes force juridique, mais les intéressés pourraient, dans un délai convenu, faire valoir les raisons susceptibles de déterminer la cassation de ces décrets. L'affaire serait alors soumise à l'assemblée plénière du tribunal et, dans le cas où le verdict serait cassé, elle serait jugée à nouveau par une cour dont les membres seraient choisis par le président du tribunal international, dans le sein de ce tribunal.

Observation des verdicts prononcés par le tribunal international. L'auteur cite les objections portant sur l'impossibilité de contraindre les parties intéressées à se soumettre *de facto* aux décrets du tribunal international et sur le principe que la force exécutive constitue l'une des conditions indispensables de la législation en général. Mais il estime que le prestige du tribunal international s'imposerait assez dès le début et que, plus tard, ses décrets seraient appuyés par les puissances neutres qui pourraient même exercer, dans une certaine mesure, une pression ou une contrainte effective dans ce sens.

Il est peu probable qu'un pays se décide à soumettre sa cause au tribunal international, en se réservant la faculté de ne pas tenir compte de sa décision, dans le cas où elle ne lui conviendrait pas, car le fait même d'insubordination donnerait, en cas de guerre, une grande force morale à la partie adverse.

Et puis les pays neutres auraient encore d'autres moyens à leur disposition pour faire respecter le tribunal et le droit international ; par exemple, la rupture des relations diplomatiques avec la puissance coupable, la résiliation des traités conclus avec elle, l'interdiction à ses citoyens de séjourner sur leur territoire, la fermeture des douanes et des ports aux marchandises de cette puissance et même le blocus de ses ports effectué d'un commun accord. Il est évident que le tribunal international ne pourrait pas compter sur un appui aussi formidable dès le début de son fonctionnement, mais seulement après un certain temps, d'autant plus que les moyens de contrainte sus-indiqués, et destinés à faire respecter ses pouvoirs, devraient être débattus par un congrès spécial ou par les représentants des puissances neutres.

Le comte Komarowski estime que les nations seront forcées de créer une juridiction internationale par ce fait même que le principe de l'internationalisme gagne de nos jours de plus en plus de terrain ; que, d'autre part, le militarisme constitue un fardeau trop lourd pour l'humanité, attendu que, pour entretenir les armées de terre et de mer, il engloutit chaque année trois milliards en Europe ; que, du reste, il est absolument dangereux de baser sa sécurité sur un moyen qui constitue en lui-même le plus grand des dangers, en entretenant la méfiance réciproque des nations et en les excitant les unes contre les autres.

Nous n'entreprendrons pas de critiquer ce projet, d'autant plus que l'auteur lui-même en a prévu le *pour* et le *contre*. Holtzendorf remarque toutefois à ce sujet qu'en présence de la solidarité et de l'enchevêtrement des intérêts des nations, il sera difficile, à l'avenir, de trouver des pays absolument neutres pour trancher les questions litigieuses qui pourront se produire.

VI. Mouvement antimilitariste au sein des Corps législatifs et des représentations internationales.

L'idée de la paix perpétuelle n'est pas seulement propagée par des particuliers ; il existe des représentants officiels de puissances qu'on ne saurait soupçonner d'être des rêveurs et qui, reconnaissant l'utilité de l'arbitrage dans les questions internationales, désirent que cet arbitrage soit rationnellement organisé.

La paix et les Parlements.

Le parlement anglais, après avoir voté en 1873, à une majorité de 98 voix contre 88, le projet d'un ennemi déclaré de la guerre, Henry Richard, pria la reine, par une adresse qui lui fut soumise le 8 juillet, d'ordonner au ministre des affaires étrangères d'entrer en pourparlers avec les autres puissances dans le but d'élaborer un meilleur système de droit international et d'instituer un tribunal d'arbitrage. La réponse fut donnée le 17 juillet. La reine approuva chaleureusement les vœux philanthropiques formulés dans l'adresse et déclara qu'elle avait toujours désiré voir les différends internationaux résolus non par le glaive, mais par l'opinion des nations non intéressées. Comme conclusion, il était dit dans cette réponse que Sa Majesté ne s'écarterait jamais de cette règle, et ainsi fut éludée cette question.

Au parlement anglais.

En 1887, lord Bristol présenta son projet d'un tribunal international, mais ce projet n'eut pas plus de succès que le premier. Au cours des débats, lord Stanley d'Alberdley se prononça en faveur de l'arbitrage du pape, à quoi le marquis de Salisbury répondit par des lieux communs : « Les peuples, disait-il, n'auront jamais une confiance absolue dans l'impartialité d'un tribunal international, et il n'existe pas, du reste, de pouvoir exécutif qui puisse faire respecter ses décrets. L'arrêt d'un pareil tribunal pourra tout au plus reculer une guerre et influer sur la décision qu'aura prise une puissance d'entreprendre la lutte contre un adversaire mieux préparé qu'elle. » Le ministre anglais niait jusqu'à l'existence du droit international. Ce droit n'avait pas plus de raison d'être, à son avis, que l'opinion de l'auteur de tel ou de tel autre manuel traitant ce sujet (1).

Les débats relatifs à la consolidation de la paix se produisent, du reste, beaucoup plus rarement dans les parlements des grandes puissances que dans les corps représentatifs des puissances de second ordre. Le projet de Büler tendant au désarmement a été rejeté par le parlement allemand, en 1880, sans discussion. La pétition de Mayerhofer au parlement autrichien eut exactement le même sort.

En novembre de la même année, Mancini proposa au parlement italien de voter la résolution suivante : « Le parlement exprime le désir que le gouvernement royal fasse des démarches pour créer un tribunal d'arbitrage auquel on soumît les questions concernant les relations internationales chaque fois qu'il serait possible de le faire. » Cette résolution fut acceptée.

Aux mois de juin et de juillet 1890, Bunghi au Parlement, et de Sostenio, au Sénat, s'efforcèrent de faire discuter leur résolution concernant « le principe absolument civilisateur du tribunal d'arbitrage ». « Nous sommes persuadés, a dit à ce sujet Crispi, que ces sages conseils seront un jour acceptés par tous les gouvernements. »

Ce sont les puissances de second ordre qui sont les plus portées à admettre un tribunal international et qui se prononcent le plus facilement et le plus énergiquement en faveur de cette institution. Ces petits États n'aiment pas la guerre, car là où c'est la force qui tranche les questions litigieuses, le faible ne peut compter sur la justice.

Le parlement des Pays-Bas vota, le 27 novembre 1874, à une majorité de 35 voix contre 30, la proposition de Bredini tendant à créer un tribunal d'arbitrage et à stipuler dans tous les traités conclus entre les différents pays que les questions litigieuses seraient obligatoirement soumises à ce tribunal. Mais déjà, en 1878, Van Eck exprimait son regret de ce que la loi votée n'était que lettre morte, à quoi le ministre des affaires étrangères répondait, comme d'ordinaire, par des *assurances sérieuses*.

Le député Marcoartu saisit le parlement espagnol d'un projet analogue.

____

(1) *Journal du droit international privé*, 1877.

Le ministre La Vega de Armijo soutint ce projet lors des débats qui eurent lieu à ce sujet en 1890 ; il insista sur la nécessité d'établir les tribunaux d'arbitrage destinés à juger les différends internationaux.

La chambre des députés suédoise vota le 21 mars 1874 le projet presque identique du député Johanssen et le Storting norvégien se prononça en faveur de ce même principe en 1890 ; ce fait est signalé dans l'adresse qui fut soumise au roi. Le parlement danois confirma en même temps une résolution votée en 1875 sur cette même question.

La position neutre de la Belgique fait, de cette nation, un champion très dévoué de la paix. Les propositions de Couvreur et de Tonnyssen à ce sujet soulevèrent des discussions très animées dans le parlement belge en 1875. Ces députés demandaient : Aux chambres belges.

1° Qu'on étendît la juridiction d'arbitrage à toutes les questions litigieuses pouvant être comprises dans la sphère de compétence des tribunaux internationaux ;

2° Qu'on établît les bases de l'organisation et du fonctionnement de ces tribunaux ;

3° Et qu'on ajoutât aux traités existants les conditions de l'entente survenue à cet égard.

Les deux sections du parlement votèrent cette proposition à une majorité de 81 voix contre 2, qui ne se prononcèrent ni pour ni contre le projet. Ce dernier eut le même succès au Sénat.

Les partisans de la paix ne se bornèrent pas à soutenir leur idée dans différents parlements ; ils décidèrent d'étendre le champ des débats en convoquant un congrès international composé des représentants des corps législatifs de différents pays de l'Europe et de l'Amérique. Cette décision ne tarda pas à entrer en voie d'exécution. Le député espagnol Marcoartu entra, à ce sujet, en pourparlers avec les membres des corps législatifs des autres nations.

En 1887, 234 députés de la chambre des communes et 36 membres de la chambre des lords envoyèrent, au président et au congrès des États-Unis de l'Amérique du Nord, une adresse les informant de leur intention de demander que le gouvernement anglais soumît à un tribunal d'arbitrage tous les différends pouvant se produire entre l'Amérique et l'Angleterre, et qu'on ne réussirait pas à régler par voie diplomatique. Cette manière d'agir impressionna beaucoup toute l'Europe, et trouva des imitateurs au sein du parlement français. Ce dernier fut saisi d'un projet analogue émanant d'un groupe de 112 députés.

Le 31 octobre 1888, eut lieu à Paris une conférence préliminaire sur cette question, et des membres des parlements des deux pays y participèrent ; enfin, en 1889 (les 29 et 30 juin), eurent lieu les réunions de la conférence Conférence parlementaire internationale de Paris (1889).

internationale présidée par M. Jules Simon, auxquelles assistèrent 99 membres des parlements français, anglais, américain, espagnol, italien, danois, hongrois et grec. Cette conférence établit les bases d'une entente internationale au sujet du règlement par arbitrage des différends entre puissances, de l'insertion de la clause concernant cet arbitrage dans les traités commerciaux, de propriété littéraire et artistique et sur quelques autres questions spéciales.

Une seconde conférence eut lieu, en juillet 1890, à Londres, où se réunirent 116 membres des corps législatifs de douze pays. Le parlement norvégien paya les frais de déplacement des députés qu'il choisit et délégua à cette conférence, en les investissant ainsi d'une mission officielle.

Cette assemblée fut présidée par le juriste américain David Dedley-Field.

La première séance eut lieu sous la présidence de lord Hershel, qui avait antérieurement occupé le poste de lord-chancelier de la Grande-Bretagne. Des milliers de lettres de félicitation, de tous pays, arrivèrent à cette conférence, et grande fut l'impression produite par la lettre du maréchal Canrobert. Ce vieux soldat y exprimait des pensées diamétralement contraires à celles de de Moltke, qui n'avait jamais fait que s'opposer à toute tendance pacifique.

Quand le congrès de la paix se réunit à Rome en 1891, il fut facile de constater les progrès dus à ses efforts.

L'endroit même où il siégea donnait à réfléchir. A Paris, les réunions avaient eu lieu dans une salle privée et à Londres dans la mairie municipale; à Rome, on mit à la disposition du congrès le Capitole même et tout son mobilier officiel. De plus, on vit affluer dans cette capitale les représentants de tous les parlements européens, et non pas seulement ceux de dix ou douze puissances.

Les délégués occupaient presque tous des postes de président, de vice-président ou de secrétaire dans les parlements de leur pays.

La France était représentée par 11 sénateurs et 45 députés, l'Angleterre par 3 membres de la chambre des lords et 40 de la chambre des communes; l'Allemagne par 16 députés du Reichstag, l'Autriche par 32 députés du Reichsrath, la Belgique par 1 sénateur et 2 députés, le Danemark par 3 membres du Folketing, l'Espagne par 13 sénateurs et 27 députés, la Grèce par 6 députés, la Suisse par 17 députés, l'Italie par 90 sénateurs et 267 députés, la Hongrie par 13 députés, la Suède par 5 membres du parlement, la Norvège par 3 membres du Storting, la Roumanie par 16 sénateurs et 40 députés, le Portugal par 1 membre de la chambre des pairs et 2 députés du corps législatif, la Hollande par 7 membres des Etats généraux.

Le congrès était présidé par le président du parlement italien Biancheri. Étaient présents à ce congrès : Smolka, président du parlement autrichien,

Baumbach, vice-président du Reichstag, Constantopoulo, président du parlement grec, Pereira, président de la chambre des pairs portugaise, les deux présidents des États généraux néerlandais, le président du sénat roumain, ceux de la Skouptchina serbe et du conseil fédéral suisse. Les réunions eurent lieu du 4 au 8 novembre.

La langue officiellement adoptée fut la langue française, sur la proposition même qu'en fit un délégué allemand.

Dans ces réunions, on débattit nombre de questions essentielles, tant de principe que relatives à l'organisation des assemblées.

Le congrès décida que la paix ne peut être maintenue qu'en reconnaissant le principe du respect des droits de chaque nationalité et en déclarant que « tout traité, qui décide du sort d'une population sans la connaissance et le consentement de celle-ci, est une menace pour la paix ». Sur la proposition de cinquante membres du congrès, on déclara qu'à l'avenir cette assemblée s'occuperait des questions politiques courantes les plus sérieuses, et que les petits États y auraient voix, à l'égal des grandes puissances.

Les représentants de chaque pays choisirent parmi eux un membre chargé de faire la correspondance entre leurs comités parlementaires respectifs et le comité exécutif de l'assemblée. En outre, furent établies des relations directes entre les comités de différentes puissances et l'on régla l'ordre de convocation pour les conférences ordinaires et extraordinaires.

On chargea le secrétaire général du congrès de conserver les archives, de réunir des données statistiques, de donner des renseignements et, en cas de besoin, de fournir des travaux préliminaires sur l'étude des questions devant être soumises aux réunions ultérieures.

On décida également de mettre à l'ordre du jour de la prochaine conférence, la question de l'organisation d'un tribunal d'arbitrage.

Ces conférences sont, aux yeux des partisans de la paix perpétuelle, les précurseurs d'institutions nouvelles ; ces réunions, composées de membres des parlements, leur prouvent, en outre, qu'une telle institution politique et judiciaire peut très bien exister, examiner les différends, les malentendus et les prétentions qui divisent les nations européennes et mettre celles-ci d'accord ; qu'elle peut, en un mot, fonctionner pour le plus grand bien de l'humanité.

Cette possibilité a été plus d'une fois prouvée au delà de l'Océan Atlantique ; et le congrès pan-américain, convoqué en 1889 par le président des États-Unis, Harrisson, s'est efforcé, non seulement d'étudier la question de la paix au point de vue théorique, mais de supprimer la guerre *de facto* sur tout le nouveau continent. Le 14 avril 1890, le sénat de Washington a pris connaissance de ce projet, et, le 28 avril de la même année, les représentants du Guatemala, de Nicaragua, San-Salvador, Honduras, de la Bolivie, de l'Equateur, de Haïti et du Brésil ont signé une convention par laquelle ils s'engageaient à soumettre à l'arbitrage des États européens tous les différends pouvant se produire entre eux.

Bref, ce que l'on considérait jusqu'à présent en Europe comme une utopie est devenu en Amérique un fait accompli. Cet exemple évidemment a une grande importance. Toutes les sphères politiques et sociales sont obligées de compter avec un fait certainement plus éloquent que des discours abstraits, d'autant que ces discours mêmes auront plus de poids, maintenant qu'ils se baseront sur un résultat réellement obtenu.

La question de la paix perpétuelle dans les littératures des peuples civilisés.

Il est certain que le meilleur moyen d'approfondir la question qui nous occupe consisterait à rassembler tout ce qui a été dit à son sujet par les esprits les plus distingués et à grouper tous les arguments pour et contre la paix perpétuelle, formulés à toutes les époques par les écrivains de diverses contrées et de différents partis.

Les hommes sont loin d'être d'accord au sujet de la guerre et de la paix, comme, du reste, sur la plupart des questions vitales. A côté de cette conviction profonde que la tendance de l'humanité vers la paix perpétuelle doit être considérée comme un dogme du problème de la civilisation, nous voyons des personnes tourner ce rêve en dérision ; nous voyons aussi que, chez bien des hommes, les mauvais instincts sont encore si intenses, qu'ils considèrent les catastrophes de la guerre comme le seul moyen de préserver l'humanité de l'influence d'un égoïsme et d'un matérialisme extrêmes.

La guerre tient une place si prédominante dans les annales des peuples, elle a joué un rôle si important dans toutes les phases du progrès, tant de souvenirs chers, sacrés même, s'y rattachent, qu'il ne faut pas s'étonner si, loin d'inspirer du dégoût à la plupart des hommes, elle excite leur admiration au point qu'ils la glorifient.

Les côtés historiques et sociaux de la guerre ont rejeté au dernier plan ses horreurs morales et physiques. On a gardé le souvenir des luttes qui avaient pour but de sauvegarder l'honneur et la sécurité du pays ; les poètes de toutes les nations et de toutes les époques ont puisé leurs inspirations dans les échos des faits d'armes du passé ; les artistes se sont complu à dépeindre la bravoure des chevaliers, à chanter leurs vertus, leur désintéressement, leurs sentiments fraternels. On passait sous silence, on oubliait pour ainsi dire, que le but de la guerre n'était pas toujours respectable et qu'il ne justifiait pas toujours ces grandes effusions de sang. Les souffrances des victimes, de ces hommes qui mouraient sous un soleil tropical ou ensevelis dans la neige, sans aide, sans consolation, on n'en parlait pas ; on n'entendait pas leurs gémissements, qui s'évanouissaient en même temps que ces vies si jeunes, si florissantes.

On ne voyait dans les guerres que le triomphe du talent et la gloire du vainqueur. Le génie militaire était mis au-dessus de tous les autres. Si l'on ajoute à cela les routiniers de la pensée, toujours enclins à voir une chose naturelle et logique dans ce qui existe depuis l'origine des siècles ; si l'on tient compte du pessimisme inconscient de la majorité des hommes qui n'admettent pas le progrès graduel et le perfectionnement de la nature humaine ; si l'on songe au particularisme qui caractérise les militaires de carrière, à l'amour qu'ils ont pour leur profession et à l'étroitesse de leurs idées, on aura la liste à peu près complète de tous les motifs qui poussent les hommes à soutenir l'idée de la guerre.

I. Les partisans et les adversaires de la guerre parmi les savants.

Voici brièvement résumée la série des principaux arguments formulés, en faveur de la guerre, par les hommes célèbres de notre siècle, en réponse aux arguments, devenus aujourd'hui presque des lieux communs, que formulent la plupart des sociologues :

Xavier de Maistre parle de la « civilisation qui, pour croître, a besoin d'être arrosée de sang ».

Hegel dit que « les guerres rafraîchissent l'humanité, de même que les orages empêchent la mer de croupir ».

Hume estime que « les guerres perpétuelles changeraient les hommes en fauves et la paix perpétuelle en ferait des bêtes de somme ».

Cousin considère que les guerres sont indispensables, attendu que leur source a son point de départ dans la divergence d'idées des peuples d'une même époque : « Renoncez aux guerres, dit-il, et vous devrez en même temps renoncer au progrès. Les victoires et les défaites sont des décrets que la civilisation prononce sur l'humanité d'accord avec la Providence. La lutte des partis au sein d'un régime constitue la base de l'existence d'une nation ; la lutte entre nations constitue la vie de l'époque à laquelle elle a lieu. »

Jean-Baptiste Say estime « que la guerre est un mal nécessaire, non seulement pour sauver les États, mais aussi pour empêcher la décomposition des sociétés ».

En résumant ces aphorismes, on peut dire que, d'après les partisans de la guerre : « La guerre est un phénomène inéluctable et nécessaire au développement de l'humanité, et, du moment que c'est un phénomène inévitable, les hommes doivent en prendre leur parti et reconnaître en lui un facteur indispensable du cours normal de leur vie terrestre. »

Que disent les écrivains qui se sont spécialement occupés de ce sujet?

Max Jähus (1) dit : « La guerre a son origine dans la loi naturelle, dans la loi de l'inéluctable, bien que les êtres qui y ont recours soient en possession de leur libre arbitre. Les horreurs de la guerre ne peuvent être évitées, mais elle a en revanche servi et continuera à servir à l'humanité comme un puissant agent civilisateur, un stimulant des vertus viriles. C'est sur les champs de bataille que pousse la plus belle fleur, l'héroïsme. L'idée de la paix perpétuelle est irréalisable, et tous les efforts qu'on a faits jusqu'à ce jour pour éliminer la guerre des habitudes de l'humanité n'ont donné aucun résultat. L'établissement d'une monarchie universelle annihilerait toutes les nationalités, tandis que les nations ne peuvent exister que sous forme d'individualités distinctes. Les tribunaux internationaux pourraient débrouiller certaines questions litigieuses divisant les puissances, mais la plupart de ces questions, celles surtout qui sont engendrées par des préjugés historiques et par des passions, ne sauraient être l'objet de décrets judiciaires quelconques... La guerre fut de tous temps et est encore l'origine de toute chose. Le progrès de l'humanité consiste dans l'anoblissement de ses aspirations, dans l'application exacte de la maxime : Inflige à l'ennemi juste autant de mal que le veut le but de la guerre et ne t'arrête pas aux rêves creux ayant pour objet la paix perpétuelle. »

Le maréchal de Moltke a écrit dans son introduction à l'ouvrage de Blüntschli : « La paix perpétuelle est un rêve, et c'est loin d'être toujours un beau rêve. La guerre est une des parties constituantes de l'ordre de choses de ce monde, tel qu'il fut établi par Dieu. Elle développe les plus nobles qualités de l'homme : le courage, le dévouement à la cause commune, l'esprit de sacrifice. Si la guerre n'existait pas, le monde se décomposerait et pourrirait dans le matérialisme brutal. »

Mais le célèbre maréchal n'a pas toujours professé cette opinion et, si étrange que cela puisse paraître, il s'est quelquefois rangé parmi les champions de la paix perpétuelle.

Voici ce qu'il écrivait en 1841 : « Nous déclarons ouvertement adhérer à l'idée tant de fois ridiculisée de la paix européenne perpétuelle. Nous ne demandons évidemment pas que les longues luttes sanglantes soient supprimées, que les armées soient licenciées et les canons refondus, non ; mais

---

(1) Max Jähus, *Ueber Krieg, Frieden und Kultur.* — Berlin, 1893.

toute la marche de l'histoire n'est-elle pas un progrès se dirigeant vers la paix? Une guerre pour « la succession d'Espagne » ou bien « pour les beaux yeux de madame » serait-elle possible de nos jours (1)?

« Un petit nombre de puissances sont seules aujourd'hui en état de provoquer une guerre. Les guerres se produiront de plus en plus rarement, car elles sont devenues trop chères, tant au point de vue pécuniaire qu'au point de vue des intérêts, qu'il faut placer au dernier plan. Durant une période de paix d'un quart de siècle et sous un sage régime, la population de la Prusse n'a-t-elle pas augmenté de 25 0/0? Ne compte-t-elle pas aujourd'hui 15 millions d'habitants, mieux nourris, mieux vêtus et plus instruits que les 11 millions qu'on y trouvait avant cette période? Cela ne vaut-il pas bien une campagne victorieuse ou la conquête d'une province? Nous sommes obligés d'avouer que les milliards votés chaque jour pour l'entretien des armées européennes et les millions d'hommes qui, à la fleur de l'âge, sont obligés de quitter leurs occupations en vue d'une guerre possible, — que toutes ces immenses ressources pourraient être utilisées d'une manière bien plus productive. L'Europe verra-t-elle un jour le désarmement général?

« On dit que sans la guerre l'homme perdrait son énergie morale et qu'il ne saurait plus faire le sacrifice de sa vie à l'honneur, à la croyance, à la gloire, à l'amour de la patrie et de la religion. Il y a peut-être du vrai dans cette affirmation. Le fait est que moins les guerres seront fréquentes en Europe, plus il sera nécessaire d'offrir de nouveaux champs d'action à l'énergie des jeunes générations. L'Angleterre en a trouvé dans les cinq parties du monde et sur toutes les mers. C'est là qu'elle occupe les jeunes membres de son aristocratie, c'est là que la jeunesse anglaise trouve l'occasion de prouver et d'exercer sa bravoure, c'est là que le négociant anglais crée de nouveaux débouchés pour ses marchandises et de nouveaux marchés pour les produits de son industrie. L'Allemagne ne devrait-elle pas répandre sa civilisation, son énergie, son amour du travail, son honnêteté au delà de ses frontières? »

Mais, à une époque plus récente, de Moltke a changé d'avis. Est-ce parce qu'il est devenu maréchal, ou bien parce que son optimisme juvénile n'a pu résister à de longues méditations?

Nous sommes loin de vouloir prétendre que les opinions ultérieurement énoncées par le « penseur silencieux », comme l'appelaient les Allemands, soient entièrement dépourvues de vérité. Il est possible que l'idée de la paix éternelle reste toujours à l'état de rêve, que la guerre ne cesse jamais de

---

(1) L'ironie du sort a voulu que de Moltke récoltât 30 ans plus tard ses plus beaux lauriers dans une guerre déterminée par la candidature d'un Hohenzollern au trône d'Espagne.

bouleverser la vie de l'humanité. Mais, en fût-il ainsi, les efforts des partisans de la paix ne seraient pas perdus. La médecine n'a rien trouvé pour supprimer les maladies et la mort : il n'en est pas moins vrai que les secours médicaux sont précieux dans bien des cas.

L'un des partisans les plus zélés de la guerre fut le professeur Treitschke, mort depuis peu. Il attribue à la guerre une influence très bienfaisante au point de vue des mœurs, et la qualifie de « bénédiction de l'humanité ». « Il n'est pas seulement absurde, dit-il, mais immoral même de flétrir la guerre » (1).

Dans son ouvrage, *Deutschen Geschichte im neunzehnten Jahrhundert*, le professeur Treitschke critique le congrès de Vienne et dit : « De même que l'abbé de Saint-Pierre rêvait la satisfaction de tous et la paix perpétuelle après une modification arbitraire de la carte de l'Europe (au temps du traité d'Utrecht), de même bien des personnes caressèrent alors le rêve de la paix universelle. Ces utopies se manifestent généralement aux époques d'affaiblissement intellectuel.

« Les hommes d'État les plus remarquables eux-mêmes ne résistent pas à la tentation : ils s'imaginent sérieusement que les décisions d'un savant aréopage de diplomates sont à même de changer le cours fatal de l'histoire du monde. »

Le savant général prussien von Boguslawski prend la défense de la guerre avec non moins d'ardeur, surtout en ce qui concerne ses conséquences. Il la considère comme un fait inséparable du sort de l'humanité, et il s'efforce de démontrer que la nécessité des armements continuels et le recours à cet argument suprême et sublime qu'est la guerre, est loin d'être une malédiction, mais que c'est, au contraire, un bienfait, car, dit ce général : « La guerre n'est pas un mal absolu, mais relatif. Elle implique une force éducatrice. La gloire militaire ne pourrait sans elle exister sur la terre, et c'est là cependant l'une des plus hautes manifestations de la vie humaine et l'une des plus riches sources de poésie. L'esprit militaire est fait de courage, d'honneur, de discipline, de dévouement à la patrie, d'esprit de sacrifice, du mépris des avantages personnels et de la vie elle-même, dont on fait l'abandon à l'intérêt du pays, de toutes ces qualités qui augmentent chez la nation qui les possède la faculté de s'adonner aux travaux pacifiques et de progresser dans la voie de la civilisation. Les conséquences destructives de la guerre ne doivent pas nous empêcher d'apprécier sa qualité d'éducatrice de l'humanité. Elle exige que l'homme soit sain, tant au physique qu'au moral, et qu'il soit porté à tout ce qui est beau et utile...

(1) H. von Treitschke, *Historische und politische Aufsätze*, 4ᵉ édition, vol. III, page 535.

« Il est vrai que la guerre détruit, par moments, le bien-être des hommes et leur existence. Mais en revanche, combien d'industries ne nourrit-elle pas? combien de découvertes et d'inventions n'a-t-elle pas déterminées? quels services n'a-t-elle pas rendus à la science et combien n'a-t-elle pas étendu la sphère de la pensée humaine? (1) »

En continuant à réfuter l'opinion des partisans de la paix perpétuelle, le général von Boguslawski affirme, entre autres choses, que bien des ennemis de l'État se réfugient sous l'étendard qui guide les efforts généreux, quoique infructueux, dirigés contre la guerre. Au premier plan sont les socialistes, dont le système consiste à représenter la guerre comme une tuerie en masse, afin d'inoculer à l'armée le virus de la décomposition.

On peut affirmer que les fédérations d'États ne constitueraient pas une garantie contre la guerre, même si l'on réussissait à les créer en Europe, car des chocs sanglants sont possibles aussi sous forme de guerres civiles. Il suffit, pour s'en convaincre, de se rappeler la dernière guerre civile des États-Unis.

Le général Leer considère la question avec plus de calme, et d'une manière moins absolue, mais beaucoup plus large :

« La guerre, dit-il, ne peut paraître un mal sans compensation qu'aux yeux de ceux qui l'envisagent à un point de vue étroit; quiconque ne prendra dans la vie d'une nation que les guerres qu'elle a faites, ne verra en effet que des effusions de sang, des destructions, des pertes d'individus isolés et même de sociétés entières. Mais regardez la chose d'une façon plus large, prenez, dans l'histoire d'un peuple, la période qui précède une guerre et celle qui lui succède immédiatement; vous verrez, du premier coup d'œil, quel immense pas a fait ce peuple dans la marche de son développement intérieur; vous serez frappé par la série de réformes d'une importance capitale qui s'accomplissent immédiatement après chaque guerre.

« Il serait évidemment désirable qu'on pût marcher dans la voie de la civilisation sans recourir à la guerre. Tout en approuvant cette tendance et en espérant que ce rêve d'aujourd'hui sera un jour réalisé, nous sommes forcés de convenir que l'histoire de l'humanité tout entière et même l'examen superficiel des conditions qui nous régissent actuellement, démontrent que nous sommes encore bien éloignés de la période où l'humanité pourra se passer de guerres.

« La guerre est, en réalité, un phénomène naturel dans la vie des peuples, — la lutte est une des bases de toute vie, — un phénomène qui a son mauvais côté très marqué, mais dont, en somme, l'utilisation ration-

---

(1) Général von Boguslawski, *Der Krieg in seiner wahren Bedeutung.*

nelle est l'un des plus prompts et plus puissants facteurs de la civilisation humaine (1). »

La thèse suivante, que nous empruntons au cours d'histoire militaire professé, en 1882, à l'École supérieure de guerre, à Paris, résume en quelque sorte les conclusions qu'on est en droit de tirer des opinions précédentes : « Si la guerre a réellement pour base l'aspiration de l'humanité au progrès moral et matériel, il est très important que chaque génération en subisse l'influence fortifiante et que les traditions s'en transmettent directement des pères aux fils. Il s'ensuit qu'on doit désirer voir la guerre se produire au moins tous les vingt ans. Les intérêts de l'armée convergent à cet égard avec ceux de la nation. La paix ne doit jamais durer plus de vingt années, et il faut souhaiter que des périodes de calme si prolongées soient aussi rares que possible. »

L'auteur du cours en question affirme qu'il n'est pas bien difficile de se procurer le bienfait qu'il préconise, de même qu'il est facile d'interrompre les périodes de paix de trop longue durée. « Les monarques, dit-il, qui éprouveront le besoin de combattre, ne doivent pas s'embarrasser outre mesure de la légalité et de la justice de la guerre entreprise. Il suffit de la déclarer, et c'est au ministre d'en prouver la légitimité. La nécessité d'une guerre et la justice des motifs qui la déterminent ne peuvent être démontrées que par les besoins de la nation. La guerre ne peut être juste ni injuste; elle est politique ou non politique. »

Les arguments des partisans de la guerre, comme on le voit par ce qui précède, peuvent se résumer en deux aphorismes : 1° la guerre est *inéluctable*, car elle a toujours et partout existé, et 2° la guerre est *indispensable*, car, pareille à l'orage, elle purifie l'atmosphère sociale qui se vicie pendant la paix, car elle fait renaître les vertus disparues, telles que le courage, la solidarité, l'esprit de sacrifice et l'aspiration vers l'idéal.

La première de ces thèses a été victorieusement réfutée par Kant, qui fait observer que les relations actuelles entre nations ne sont pas meilleures que celles qui existaient entre individus quand ceux-ci étaient à l'état sauvage, et avant de s'être basées sur le principe de la justice, c'est-à-dire sur la conception des besoins de la vie.

Si cette modification a pu survenir dans les rapports entre individus, elle pourra se produire également dans les relations entre organismes plus complexes, tels que les nations.

Le fait que la civilisation s'achemine sans arrêt dans cette direction nous est une garantie de cet avenir.

Quand, dans les profondeurs de l'antiquité, quelques hommes d'élite

---

(1) Général Leer, *Étude critique et historique sur les règles de la stratégie.*

demandèrent qu'on substituât au droit du plus fort une règle un peu plus équitable, leurs propositions furent certainement accueillies avec ironie et scepticisme ; on leur répondit sans doute que « ce qui a existé de tout temps doit continuer à exister dans l'avenir ».

Si l'on peut considérer la guerre comme un phénomène naturel et iné-luctable dans une certaine mesure, on n'est pas autorisé à en conclure qu'elle restera toujours et partout une nécessité.

Buckle a dit, dans son fameux ouvrage : *L'Histoire de la civilisation en Angleterre*, que la guerre est un régulateur des rapports entre nations encore au premier échelon du développement social. Plus les conditions de l'existence se perfectionnent, moins souvent on éprouve le besoin de se battre et plus on évite de recourir à cette extrémité ; de la catégorie des phénomènes journaliers, la guerre passe dans celle des phénomènes excep-tionnels et se produit de plus en plus rarement.

Les conditions sociales sont telles que la guerre devient chaque année plus nuisible et qu'un temps viendra où les nations ne pourront plus la supporter. Buckle insiste surtout sur ce que le progrès souffre moins de la guerre elle-même, que des dispositions favorables à cette guerre, qui se manifestent à certaines époques. Il démontre et développe cette opinion que l'histoire du monde est le fruit du développement intérieur des nations et de leur progrès intellectuel, non de la volonté et des talents des individus les mieux doués. C'est pourquoi la marche de l'histoire n'est pas dirigée par l'arbitraire, mais par des lois immuables que nous ne connaissons pas encore. Quand la guerre aura disparu grâce au progrès social, personne ne pourra lui rendre son prestige antérieur. Dans un passé barbare, une tribu combattait contre une autre tribu, une ville faisait la guerre à une ville, une province envahissait une province ; aujourd'hui il n'en est et il n'en saurait plus être de même.

Dans les pays les moins civilisés, le guerrier est un gentilhomme pri-vilégié : à lui les honneurs et le pouvoir ; tandis qu'en Angleterre, l'officier ne met son uniforme que pour faire son service et jamais pour aller dans le monde ou même à la promenade.

La science, en un mot, prouve non seulement que l'homme peut se passer de la guerre, mais aussi que ce fléau est destiné à disparaître pour toujours.

Parmi les écrivains modernes, c'est surtout Charles Richet qui a traité ce sujet à fond, en se plaçant à ce même point de vue.

« La solution de cette question, dit-il, serait infiniment plus impor-tante que les délimitations les plus précises établies de nos jours pour bien déterminer les relations mutuelles des peuples. Ces relations sont à l'état de barbarie absolue.

« Le droit international n'existe pas. Car que représente la guerre, si-non la négation du droit et le triomphe de la force brutale ? Nous voyons l'état de guerre perpétuel, dissimulé ou non, constituer l'état normal des rapports entre les puissances. Est-il possible que cette situation dure éternellement ? A cette question on peut répondre en toute conscience : non, elle ne durera pas.

« Le moment viendra où les hommes comprendront l'absurdité de la guerre. Il y a quatre cents ans, les habitants de deux villes voisines, Lucques et Pise, se vouèrent une haine tellement intense qu'on pouvait croire qu'elle durerait des siècles. Reste-t-il actuellement trace de cette animo-sité ?

« Restera-t-il quelque chose, dans un certain nombre de siècles, de cette haine que le Prussien nourrit à l'endroit du Français, son « ennemi héré-ditaire » ? Nous pouvons être certains que ces sentiments sembleront aussi ridicules aux yeux de la postérité que l'est, aux nôtres, la haine qui divisait les habitants de Lucques et de Pise, d'Athènes et de Sparte, etc. Nos petits-fils estimeront sans doute qu'il vaut mieux s'occuper d'autre chose que de nuire à son voisin, que les hommes ont tous des ennemis communs : la misère, l'obscurantisme, les maladies ; qu'ils doivent tous unir leurs forces pour combattre ces maux et non les diriger contre leurs compagnons, affligés des mêmes calamités.

« Il viendra, par conséquent, un temps où la guerre sera supprimée, où tous les différends, tous les désaccords entre nations seront réglés sans animosité, comme les questions litigieuses qui divisent les particuliers. Reste à savoir quand viendra ce temps ; c'est une question qui suggère des doutes pénibles.

« L'idée de la paix perpétuelle n'est pas une utopie. Peut-être seule-ment faut-il considérer comme utopique l'espoir de la réaliser dans un avenir prochain (1). »

Nombre d'écrivains modernes et anciens ont combattu l'opinion que la guerre réveille chez les hommes de hautes qualités d'âme et qu'elle empêche le monde de se corrompre. Ils se sont ardemment attachés à prouver que ce fléau ne rapporte rien à personne, si ce n'est des malheurs, la ruine et la décadence morale.

Opinions
d'écrivains
hostiles
à la guerre.

Nous citerons quelques courts passages empruntés à quelques-uns des nombreux ouvrages et articles traitant de ce sujet et résumant, à notre avis, les arguments les plus frappants et les plus convaincants des adver-saires de la guerre.

____

(1) Ch. Richet, *La démographie dans cent ans* (*Revue scientifique*).

Herder dit dans ses *Lettres sur le développement de l'humanité* :

« La guerre est, en tant qu'elle ne résulte pas du besoin de se défendre, un phénomène antihumanitaire, pire que la rage des fauves... Mais pires encore que la guerre sont ses conséquences : les maladies, les épidémies, la famine, le pillage, les actes de violence, la ruine des États, la dégénérescence des idées et des sentiments, le relâchement de l'esprit de famille, etc. Les honnêtes gens doivent propager cette conviction au nom de l'amour de l'humanité. Que les pères et les mères enseignent aux enfants à haïr jusqu'au mot de « guerre », qu'on prononce aujourd'hui avec tant de désinvolture. L'idée de la guerre doit suggérer un sentiment d'horreur et de dégoût pareil à celui que nous inspirent la peste, la famine et d'autres fléaux. »

Molinari, le célèbre économiste belge, affirme que la guerre n'est plus, de notre temps, une condition nécessaire à la consolidation et au développement de la civilisation. Elle n'est qu'un reflet artificiel et nuisible des siècles barbares.

Mais il faut avouer, néanmoins, qu'au fur et à mesure qu'elle perdait de sa raison d'être, elle a dû chercher des motifs pour justifier ses apparitions aux yeux de la société. De là ces objectifs soi-disant patriotiques et même humanitaires qu'on allègue, et qui servent à rétablir l'ancienne popularité de la guerre. Mais on comprend de mieux en mieux la fausseté de ces prétextes. Le métier de soldat n'attire plus, en Europe, le meilleur des forces des nations, et la population ne se résigne au service militaire que parce qu'elle y est contrainte. La gloire militaire n'éclipse plus la célébrité des grands inventeurs, des savants et des artistes.

Frédéric Passy (1) a développé cette même pensée en 1894 ; il définit d'une manière encore plus complète l'influence que la guerre exerce sur les mœurs et sur les idées de la société :

« L'homme, à vrai dire, ne se bat plus de nos jours ; il manie des outils de destruction. Avant que les armées aient eu le temps de s'apercevoir, elles seront, grâce à la technique actuelle, changées en mares de sang et en bouillie de chair. Le même sort pourra simultanément atteindre les deux partis adverses. Les forces brutales d'un mécanisme monstrueux exécuteront l'œuvre de destruction, sans se soucier du sort des hommes qui les auront mises en mouvement. Y a-t-il place pour l'héroïsme dans ces conditions? Retrouvera-t-on jamais la poésie des batailles passées, dans lesquelles le sang-froid, l'entrain, l'intrépidité, l'enthousiasme des chefs et des soldats faisaient pencher la victoire tantôt d'un côté, tantôt de l'autre, des batailles

---

(1) Fr. Passy, *La question de la paix.*

qui ont laissé à l'histoire une longue liste de noms immortels, tels que celui de Winkelried ? »

Nous avons actuellement plus d'occasions qu'il n'en faut d'exercer et d'appliquer notre énergie, notre courage, notre esprit de sacrifice et les autres qualités qui impliquent la vertu et l'héroïsme. N'est-ce pas d'héroïsme qu'est animé le pompier qui se jette dans les flammes pour sauver un homme en détresse, ou le mineur qui s'élance au sauvetage des victimes du grisou? Les médecins et les sœurs de charité ne font-ils pas le sacrifice de leurs personnes en s'exposant aux maladies contagieuses pour secourir la population ? Et les explorateurs des pays inconnus et des forces de la nature ne se sacrifient-ils pas aussi eux-mêmes ? Tous ces héros sont-ils d'une moindre utilité et leurs services sont-ils moins appréciables? Quelqu'un osera-t-il affirmer que, pour créer des occasions de prouver sa grandeur d'âme, il est nécessaire de propager les maladies, les incendies, les catastrophes, etc. ?

L'un des plus célèbres sociologues-philosophes modernes, Herbert Spencer, s'est également révélé comme un ennemi de la guerre. Il estime que la vie consiste dans l'adaptation continuelle des particularités intérieures de l'organisme aux influences extérieures. Comme les conditions de l'existence de la société réclament de plus en plus impérieusement l'application de la justice, la paix perpétuelle pourra résulter de cette tendance continue de l'organisme social.

Spencer dit dans son *Éthique* : « Bien que des phénomènes vitaux aussi opposés que l'activité militaire et l'industrie existent depuis longtemps déjà côte à côte, la nature de l'homme ne peut d'aucune façon s'adapter définitivement ni à l'un ni à l'autre. » Il dit plus loin : « Tant que l'existence de la guerre fera, de l'arbitraire, la base des rapports entre les différents groupes sociaux, il sera impossible d'admettre que la justice puisse régir les relations intérieures de ces sociétés. »

C'est un tableau très fidèle de l'état de choses actuel caractérisant les relations entre les nations, que nous dépeint un de ces auteurs dont le talent se distingue surtout par la sincérité de ses opinions. « Pourquoi devons-nous faire ou entreprendre quoi que ce soit? demande Édouard Rod (1). Peut-on aimer les hommes par un temps aussi chargé d'orages, aussi gros de périls? Tout ce qu'on entreprend, toutes les pensées, tous les projets que l'on mûrit, tout le bien qu'on se proposait de faire, tout cela ne sera-t-il pas emporté par l'orage suspendu sur nos têtes? La pensée se trouble en songeant à la terrible catastrophe qui menace l'humanité à la fin de ce siècle, et qui paraît être le résultat des progrès accomplis de notre

____

(1) Édouard Rod, *Le sens de la vie.*

temps. Et il faut, cependant, s'habituer à un tel état de choses. Les connaissances accumulées s'appliquent pendant vingt ans à perfectionner les engins meurtriers et destructeurs, et bientôt on aura trouvé le moyen d'exterminer des armées immenses.

« Qui donc, de nos jours, ne se sent pas le cœur oppressé par la *certitude qu'il n'y a pas d'espoir?* Nous travaillons comme des matelots sur un bateau qui sombre. Nos amusements ressemblent au plaisir d'un condamné auquel on permet de choisir, un quart d'heure avant sa mort, le plat qu'il préfère. Il est peu probable qu'on puisse trouver dans l'histoire un moment où la vie fut moins assurée, où elle fut aussi menacée par l'approche de l'orage, que de nos jours. »

L'empereur François-Joseph dit un jour à un diplomate accrédité à Vienne les paroles suivantes, qui furent reproduites par un journal parisien et que personne n'a jamais démenties : « Qui peut désirer la guerre en ce moment? — Personne! Il est impossible que quelqu'un nourrisse un désir aussi funeste, du moins c'est mon avis. Je ne sais qui a dit que les guerres sont toujours le résultat de la volonté des peuples qui les imposent à leurs gouvernements, si pacifiques qu'ils soient. Cette opinion n'est assurément pas conforme à la vérité.

« Quel intérêt pousserait les peuples à désirer la guerre? Rien ne peut la leur faire souhaiter. La guerre est parfois déterminée par des circonstances malheureuses, mais elle n'est jamais provoquée à dessein. C'est toujours une éventualité fâcheuse, imputable au manque d'expérience des hommes ou à leur absence de sang-froid. Quoi qu'on en dise, la guerre n'est pas indispensable. Il suffit, pour l'éviter, d'avoir un peu de jugement et d'empire sur soi-même. »

Citons ici les paroles prononcées par ce même monarque dans un discours officiel immédiatement après les séances du Congrès de la paix, qui s'était réuni à Rome : « Comme tout le monde s'accorde à désirer la paix, il faut espérer que le temps nous apportera l'accomplissement de ce vœu (l'éloignement des dangers politiques et la cessation des armements). Qu'il me soit donné d'annoncer à mes peuples l'heureuse nouvelle que les soucis et les charges inséparables de tout ce qui menace la paix sont à jamais conjurés. »

Le secrétaire d'État feu N. K. de Giers était également un partisan convaincu de l'idée de paix. Il a exprimé ses sentiments à cet égard dans une lettre adressée au président du congrès réuni à Anvers.

Il faut compter encore, parmi les adversaires les plus déclarés de la guerre, le plus célèbre des écrivains russes, le comte Léon Tolstoï. Sa voix, qui est tantôt celle d'un romancier artistique, tantôt celle d'un philosophe et d'un publiciste, et toujours celle d'un chrétien, s'est souvent élevée en faveur de la paix; elle a puissamment contribué à propager les idées anti-militaristes au sein de la société. L'Europe entière est suspendue aux lèvres de cet écrivain, dont les œuvres ont été traduites dans toutes les langues.

Auguste Comte, l'un des plus grands réformateurs de la pensée moderne, s'est également prononcé contre la guerre, et les disciples de ce philosophe ont activement propagé ses idées pendant la dernière moitié du siècle actuel.

Le professeur Frank dit que les partisans de la paix ont tort de médire de la guerre, car, en lui jetant des pierres, ils calomnient tout le passé de l'humanité. La guerre, à son avis, était salutaire en son temps. Il affirme plus loin qu'elle a créé et développé beaucoup de progrès dans l'humanité. Au lieu de l'anarchie antérieurement régnante, elle a établi l'ordre, elle a donné du prestige au courage, elle a enseigné aux hommes à se grouper. Si l'on nie tout cela, on n'est pas à même de comprendre nombre des grands faits accomplis par la guerre. « Et cependant, dit-il, la philosophie est forcée de reconnaître que de nos jours la guerre n'est plus qu'un anachronisme. »

En dehors de ces appels aux sentiments humanitaires, à l'intelligence et au cœur, les partisans de la paix basent aussi leurs arguments sur les chiffres qui prouvent d'une manière très éloquente que l'attente de la guerre est, à elle seule, tellement coûteuse, qu'elle peut ruiner toute une partie du monde. Frédéric Passy affirme que la guerre a englouti pendant ce siècle 12 à 15 millions d'existences en Europe, et des centaines de milliards de francs, c'est-à-dire une somme dépassant le chiffre auquel est évaluée toute la richesse de la France. Et cette affirmation ne semblera pas exagérée, si l'on songe que les seules guerres de l'Empire, à partir de l'année 1804, ont coûté 6 à 8 millions d'hommes. Suivant Leroy-Beaulieu, la seule période de 12 années, de 1854 à 1866, comporte environ 2 millions de victimes. Les dépenses pour la guerre se sont élevées dans ce même espace de temps, suivant cet auteur, à environ 50 milliards. Et dans ce calcul n'ont été comprises que les pertes visibles, celles qui ont pu être évaluées. Il est vrai que les sommes englouties par la guerre civile américaine sont comptées dans le total.

Foville estime que la guerre franco-allemande a coûté au moins 30 milliards. Les budgets militaires ont augmenté depuis lors, aussi bien en France qu'en Allemagne, ce qui prouve que les armements engloutissent actuellement des sommes encore plus fortes que dans le passé.

Les autres États de l'Europe ont dépensé tout autant que ces deux puissances, et Jules Simon a raison de dire que ce ne sont pas seulement les vaincus et les vainqueurs (l'Autriche, l'Allemagne et la France) qui ont payé les frais des batailles de Sadowa et de Sedan, mais tous les pays européens.

Ce qui saute aux yeux, quand on examine les budgets des peuples civilisés, c'est cette particularité, commune à tous, que la plus grande partie (les 2/3) des dépenses de l'État sont, en temps de paix, affectées aux préparatifs de la guerre à venir, qu'on attend, et à la liquidation des frais résultant des luttes sanglantes du passé, tandis que le reste, 1/3 seulement environ, doit subvenir à tous les autres besoins des nations. La partie la plus civilisée du monde, l'Europe, lègue ainsi aux historiens de l'avenir un fâcheux exemple et donne un enseignement utile aux partisans de la guerre, en leur montrant que les dépenses consacrées par les hommes à leur destruction mutuelle sont doubles de la somme utilisée pour les besoins de la vie, sous quelque forme que ces besoins se manifestent.

Il est évident qu'après l'étude de tels bilans, le genre humain devrait refuser de favoriser plus longtemps l'état de choses auquel ils sont dus. Cela devrait suffire à déterminer le choix entre la guerre et la paix, sans parler des carnages qui se produisent sur les champs de bataille, de la mortalité dans les hôpitaux et des flagrantes contradictions existant entre les tendances et l'activité qui caractérisent les périodes de paix et de guerre. Il est temps de reconnaître que le fer et les hommes sont bons à autre chose qu'à être transformés en canons et en cadavres; que les peuples sont désormais disposés à honorer, non plus celui qui causera les plus grandes dévastations sur la terre, mais celui qui saura la cultiver le mieux. Les hommes désirent vivre et se développer à la faveur de la paix et la préfèrent à la guerre, qui augmente la somme des souffrances sur terre et détruit les fruits de la paix.

Les arguments de Henri Ferry ne sont pas moins convaincants. « L'Europe moderne, dit-il, entretient 9 millions d'hommes sous les armes et 15 millions de réserves. Cette précaution lui coûte chaque année 4 milliards de francs. En continuant à s'armer de plus en plus, l'Europe épuise les sources du bien-être social et individuel; elle peut être comparée à un homme qui s'imposerait toutes sortes de privations dans le but d'acquérir une arme très précieuse; il finirait par dépérir, par perdre ses forces au point, finalement, qu'il ne serait plus capable de faire usage de son arme, et qu'il succomberait sous son poids. »

Karl But, parlant des sommes fabuleuses englouties par les armements, dit qu'elles ne constituent que la plus petite partie des pertes occasionnées par la guerre. En dehors des capitaux considérables qui forment les budgets militaires, il faut prendre en considération le mal immense résultant pour l'humanité du fait que la plus vigoureuse partie de la population est arrachée aux occupations productives. Quant aux sommes affectées constamment aux armements, elles ne font qu'augmenter démesurément les dettes des puissances. La plus grande partie de ces dettes provient exclusivement des dépenses militaires, et leur total s'est déjà élevé — en 1877 — à 4 milliards de livres sterling, soit à 100 milliards de francs.

Les économistes de tous les partis signalent dans ces temps derniers un symptôme très inquiétant. La productivité de la vieille Europe a trouvé un puissant concurrent en Amérique et dans d'autres pays d'outre-mer. Cette concurrence augmente avec chaque lutte engagée sur l'ancien continent. Une guerre européenne n'aura pas plus tôt arrêté l'activité de nos fabriques et ruiné nos entrepreneurs que tous nos marchés tomberont aux mains de nos vigilants concurrents du Nouveau-Monde, qui ne s'en dessaisiront plus. Le célèbre économiste allemand Rudolf Meyer attire, entre autres, notre attention sur ce danger :

« Au moment où des millions d'hommes iront combattre, la productivité des nations belligérantes deviendra nulle et le fruit des efforts de longues années sera perdu. L'Angleterre et l'Amérique, en attendant, resteront neutres: elles continueront, par conséquent, à produire et à vendre.

« Si nous ne pouvons vaincre maintenant la concurrence de l'Angleterre dans le domaine de l'industrie et celle de l'Amérique dans celui de l'agriculture, quelle sera notre situation en cas de guerre générale? Quand cette guerre sera achevée, toute l'Europe se trouvera subitement tributaire des capitaux anglais et américains.

« Si sur 3 millions et demi d'hommes nous en libérions 2 millions et demi du service militaire, nous réduirions en même temps notre budget de la guerre de 4 milliards à 1 milliard de marks et demi; de cette manière nous gagnerions 2 millions et demi d'hommes capables de travailler et dont chacun gagnerait en moyenne mille marks par an, ce qui constituerait au total une somme de 2 milliards et demi de marks. Dans ces conditions, nous ne craindrions pas la concurrence de l'Angleterre et de l'Amérique, qui bénéficient actuellement de cet avantage (1). »

Des représentants des familles régnantes eux-mêmes, considérés généralement comme des partisans déclarés de l'ancien ordre de choses, se prononcent parfois contre la guerre, en relèvent les côtés nuisibles, et reconnaissent que le but de la civilisation consiste à consolider la paix.

Nous trouvons le passage suivant dans les mémoires du peintre Vérechtchaguine, qui ont été publiés dans le journal *Die Waffen Nieder : «* La guerre, m'ont dit le prince George de Saxe et l'héritier du trône de Prusse, le prince Frédéric, est une chose qui ne s'accorde nullement avec les enseignements de la morale chrétienne : « Ne touche pas à ce qui est la propriété « d'autrui », dit cette morale; « prends tout ce que tu peux », dit la guerre. « Ne trompe pas », dit l'une; « trompe et parjure-toi », dit l'autre, « plus tu

---

(1) Rudolf Meyer, *Das Sinken der Grundrente.*

« commettras de meurtres, plus tes mérites seront grands dans ce monde et
« dans l'autre. »

Le chancelier de l'Empire allemand, Caprivi, a dit dans son discours
de Dantzig : « L'Empereur croit possible que le siècle qui vient s'efforce
de réunir tous les peuples de l'Europe en une seule fédération. » Le Président de la République française a prononcé des paroles analogues à l'occasion d'une fête nationale : « A ces fêtes du travail les nations ont la
faculté de se rapprocher et d'apprendre à se connaître. Ici doivent germer
les sentiments de sympathie et de respect mutuels qui ne pourront que
servir la cause de la paix, en hâtant le moment où les richesses des
peuples seront employées exclusivement à résoudre des problèmes pacifiques. »

En citant toutes ces opinions sur la question de la paix et de la
guerre, nous devinons que nos lecteurs seraient heureux de connaître
celles des spécialistes militaires : Partagent-ils toutes les convictions
énoncées par le général prussien von Boguslawsky? Sont-ils tous de l'avis
que la guerre constitue le moyen de purifier et de désinfecter l'atmosphère,
qui pendant la paix s'est chargée des miasmes de l'égoïsme ? Nous pouvons
satisfaire cette curiosité, en leur citant un grand nombre de sommités militaires dont l'opinion est en complet désaccord avec celle de ce général,
qui considère la guerre comme un phénomène salutaire au point de vue
du progrès intellectuel et moral de l'humanité.

On rencontre aussi parmi les spécialistes militaires des gens dévoués
corps et âme aux aspirations de l'armée de la paix, des hommes qui élèvent
leur voix en faveur du mouvement ayant pour objectif la suppression
des guerres et qui reconnaissent la supériorité des tendances pacifiques
sur celles dont l'idéal consiste dans le triomphe de la force brutale. Ainsi
le général Gordon, après avoir fait son entrée à Khartoum où il fut salué
par le peuple comme son libérateur, prononça les paroles suivantes :
« Je viens à vous sans troupes, mais avec Dieu, pour vous soulager de l'oppression que vous ont fait subir les Soudanais. Je vous promets de ne recourir à aucune autre arme que la justice. »

Les auteurs militaires qui font entrevoir au public ce qu'il peut
attendre de la guerre future rendent de grands services à la cause de la
paix. En envisageant à tour de rôle les différentes conséquences qu'elle
entraînera, ils dépeignent à leurs lecteurs le tableau complet et terrifiant
des malheurs auxquels s'exposent les puissances. Nous avons plus d'une
fois cité dans cet ouvrage l'opinion de spécialistes qui, après avoir caractérisé les effets que produiront les moyens de destruction modernes, estiment qu'une zone se formera d'elle-même entre les armées belligérantes, qui
ne sera franchie par aucun des adversaires. De cette manière la victoire

ne se déclarera en faveur d'aucune des deux forces ennemies, qui seront
à peu près égales. Cette égalité des forces sera le résultat nécessaire des
efforts faits dans tous les pays pour ne pas se laisser dépasser par ses
voisins en fait d'armements.

Dans ces conditions, le but de la guerre ne pourra pas être atteint, et
toutes les dépenses, tous les sacrifices, les ravages de toute sorte, la ruine,
les actes d'arbitraire et tout le sang répandu ne donneront aucun résultat
ni réel, ni même apparent.

L'intendant général autrichien, général von Kotié, a soulevé une
question encore plus grave : « Est-il possible de conserver longtemps un
grand nombre de soldats sous les armes, sans plonger la population dans
la misère? On a souvent touché à cette question dans les parlements,
mais on y est peu disposé à discuter les sujets de ce genre, de crainte,
peut-être, d'exciter le mécontentement de la population, et pour ne pas
lui donner l'habitude d'approfondir ces questions afin de ne pas faire naître
un mouvement d'opposition capable d'entraver l'accroissement éventuel
des effectifs militaires ».

En parlant du rôle que joue l'opinion publique par ces temps de
« nation armée », l'auteur dit encore ; « La sagesse de chaque puissance
consiste à inspirer à la population une confiance entière en ceux qui la
gouvernent. » Si l'on approfondit ces paroles, on comprend sans peine
que l'auteur fait entrevoir les mouvements sociaux qui pourraient être
déterminés par une guerre dans l'Europe occidentale. Nous consacrerons un
chapitre spécial à cette question ; nous n'y faisons allusion ici que pour
donner un exemple de la franchise avec laquelle certains spécialistes militaires traitent ce sujet, en corroborant par là même les opinions des
adversaires de la guerre.

Il est évident qu'une lutte très prolongée pourra donner lieu à des complications que de nombreux écrivains militaires ont prévues. On se demande,
en effet, si les gouvernements pourront, en présence de la propagande qui
se fait et de l'état d'esprit qui règne dans les populations de l'Europe
occidentale, abandonner aux lois ordinaires de l'offre et de la demande le
soin de régler les prix des produits? Les gouvernements prendront-ils sur
eux de nourrir les familles des hommes enrôlés sous les drapeaux? On ne
saurait répondre *a priori* à ces questions.

Mais si les États entreprenaient d'établir des tarifs et d'entretenir les
familles, leur serait-il facile, après la guerre, de s'exempter de ces charges
et de rendre aux négociants la faculté de vendre aux prix qu'ils jugeraient
convenables? Ce moment pourrait bien amener des complications sociales.
Nous reviendrons, du reste, sur ce sujet, quand nous examinerons l'influence
possible du socialisme sur la marche des événements militaires.

Mais une situation aussi difficile pourrait s'aggraver, dans le cas où la guerre se prolongerait, et c'est là, suivant des auteurs militaires très compétents, une éventualité fort probable.

« Grâce aux chemins de fer, dit le général Leer, la période des opérations préliminaires sera beaucoup plus courte que dans le passé. Mais pendant la marche, pendant les manœuvres et les combats, on ne pourra utiliser les chemins de fer que dans des cas très rares ; ils ne pourront servir de lignes d'opérations. Les masses qu'on mettra en action ne pourront avancer sur les grandes routes aussi rapidement que les armées napoléoniennes. Elles couvriront des territoires plus étendus, tant par suite de leur nombre (pour faciliter le ravitaillement et la répartition des vivres), qu'en raison des missions plus complexes qu'elles auront à remplir. »

Puis, passant des opérations isolées aux guerres dans leur ensemble, l'auteur dit :

« Les campagnes de 1812, 1813 et 1814, quoique faites par des masses moins considérables qu'il n'en faudra aujourd'hui, ne représentent qu'une seule guerre. »

« Combien de temps faudra-t-il donc — écrit Von der Goltz — pour vaincre l'*Antée* moderne, pour l'arracher de la terre qui lui enverra une armée après l'autre? L'orage qui nous menace ne pourra se terminer que par quelques coups de tonnerre ; il durera, peut-être, des années entières. »

Les écrivains militaires français et allemands autorisés sont de l'avis qu'une guerre avec la Russie ne pourrait être terminée dans l'espace d'une année; elle demanderait plusieurs campagnes.

Toute la population de dix-sept à quarante-cinq ans inclusivement est comprise dans l'effectif de l'armée allemande de terre. En admettant même que, de quinze à soixante-cinq ans, les hommes soient aptes à la culture des champs, on trouve encore que 56 0/0 des travailleurs valides sont exposés à être enrôlés sous les drapeaux. En cas de déploiement général de ses forces, même dans l'hypothèse que tous ceux qui sont obligés de payer leur dette à la patrie ne soient pas utilisés à la guerre, et en admettant que l'Allemagne prenne l'offensive sur les deux fronts, comme le disait le chancelier Caprivi, on sera forcé de soustraire tant de bras aux occupations productives, que ceux laissés dans leurs foyers ne pourront faire le travail qui nécessitait, en temps ordinaire, toute la population du pays.

Les auteurs militaires ne se contentent pas de dépeindre la perspective d'une guerre et ses conséquences, ils décrivent très souvent leurs impressions dans des termes qui ne peuvent qu'effrayer le lecteur. Le major X, par exemple, a écrit une brochure intitulée : *Ce que nous réserve la prochaine guerre*, dans laquelle il dit que cette lutte future est un cataclysme prévu, mais inévitable, et qui peut être comparé aux plus terribles convulsions de la nature. Il estime que ce fléau est inévitable, parce que les grandes puissances auront le choix entre la guerre extérieure ou la guerre civile. On se rendra compte alors qu'elles auront jeté des milliards dans un gouffre sans fond, sans pouvoir éviter la banqueroute dont les menace l'anarchie.

De Moltke lui-même, ce grand pontife actuel du militarisme, songeait, non sans terreur, à la guerre future, quand il prononçait au Parlement les célèbres paroles suivantes : « Un gouvernement sage ne provoquera jamais une guerre dont on ne peut prévoir les conséquences. Malheur au pays qui se décidera à mettre le feu aux poudres sur lesquelles se trouve l'Europe à l'heure actuelle ».

On ne peut non plus passer sous silence toute une catégorie d'hommes qui attaquent constamment la guerre et qui finiront par rendre des services inappréciables aux partisans de la paix. Nous voulons parler des membres du clergé chrétien.

Contradictions entre le principe de la guerre et la morale chrétienne.

Bien des écrivains ont souvent attiré notre attention sur le fait que les puissances et les sociétés européennes, qui s'intitulent avec fierté « le monde chrétien », accordent une grande importance à l'origine chrétienne de leur civilisation, dont la base est l'amour du prochain, le plus élevé des principes moraux de la vie. Mais la haine réciproque qui détermine l'effusion du sang de ce prochain, n'est-elle pas en contradiction avec cet enseignement ?

Les représentants de l'Église, les prédicateurs et les écrivains chrétiens se prononcent encore plus résolûment contre la guerre. Les partisans de la guerre, au contraire, demandent aux prêtres chrétiens de les aider à violer la paix.

Berthelot dit à ce sujet : « Si je comprends le sens de l'Évangile, je dois conclure qu'en ne tenant pas compte de l'immoralité de la guerre, les hommes prouvent qu'ils ne sont pas chrétiens, et n'en ont que le nom. Dans le cours de ma longue vie, je n'ai pas entendu seulement six fois vanter la paix du haut de la chaire. J'ai dit cela il y a vingt ans, dans un salon où se trouvaient environ quarante personnes, et l'on m'a regardé comme un fanatique. L'idée qu'on peut se passer de la guerre paraissait absurde à tous et prouvait la faiblesse impardonnable des esprits. »

C'est sur le même point que L. Tolstoï attaque très adroitement les partisans de la guerre. Cet écrivain s'attache particulièrement à mettre en relief les contradictions qui existent entre les sentiments chrétiens et la guerre, quand il parle de la vie morale des nations de l'Europe. « Les peuples chrétiens, dit-il, vivent en apparence d'une existence commune. Quand une idée bonne et salutaire est émise dans un coin quelconque de ce monde chrétien, elle en fait immédiatement le tour, éveillant partout les mêmes sentiments de joie et de fierté, sans distinction de pays. Et nous qui appartenons à ce monde, qui aimons tant les penseurs, les poètes et les savants étrangers; nous qui nous enorgueillissons de leurs succès; qui estimons les hommes de toutes nationalités : Français, Allemands, Américains, Anglais; nous qui savons non seulement apprécier les qualités des autres, mais nous réjouir même de leur existence, qui les considérons comme des frères, nous à qui répugnerait non seulement l'idée d'une guerre, mais même celle d'un simple dissentiment avec eux, nous serions tous forcés subitement de nous associer aux meurtres qui, aujourd'hui ou demain, ensanglanteront ce monde! »

Opinion de la presse.

Pour conclure, il faut faire remarquer que même la plupart des représentants de la presse périodique ont pris, sur la question de la paix, une attitude bien différente de celle qu'ils avaient autrefois, alors que cette presse excitait surtout les haines internationales. L'ironie avec laquelle on parlait jadis des champions de la paix perpétuelle tend à disparaître (1).

---

(1) Voici une protestation contre le militarisme, publiée récemment dans un des journaux russes les plus répandus, et que nous reproduisons à titre d'exemple frappant du progrès fait dans cette voie :

« Chaque fois qu'on proposait au Parlement allemand des projets de lois militaires, les penseurs sérieux faisaient remarquer qu'on augurait trop des forces de la nation qui finirait par ne plus pouvoir supporter les charges militaires dont on l'accablait. Par malheur pour ces esprits lucides, par malheur aussi pour toute l'Europe, il a été prouvé par les chiffres que les Allemands ne sont pas, relativement aux autres grandes nations, surchargés d'impôts. On compara entre elles les charges budgétaires qui pèsent sur différents pays. L'étude faite à ce sujet par le professeur Kaufmann : *Les dépenses publiques et locales des principales contrées de l'Europe et leur répartition*, a démontré, en effet, que les dépenses pour la défense et la dette publique sont moins fortes en Prusse qu'ailleurs. Ce qu'explique l'existence dans ce pays de vastes domaines publics de grand rapport. Pour couvrir les dépenses annuelles de l'entretien de l'armée et du crédit public, le Prussien doit ajouter aux revenus de l'État 8,62 marks, le Russe 12,25, l'Autrichien 19,14, l'Italien 25,20, l'Anglais 29,84, le Français 40,49 marks. Si 30 millions de Prussiens devenaient Français du jour au lendemain, ils seraient obligés de payer, en fait d'impôts et de contributions, 1,788 millions de marks, au lieu de 701 millions. Il est évident qu'en présence de ces chiffres, on ne peut plus affirmer que le poids des impôts soit trop lourd en Prusse. Les adversaires des projets militaires du gouvernement allemand ont été battus complètement sur ce point et l'on a cessé de parler des charges excessives déterminées par le militarisme.

« Cet été, j'ai lu en Allemagne la brochure d'un jeune professeur, l'économiste Iastrov; cette brochure présentait la question sous un jour tout différent. L'auteur envisage les charges militaires sous un autre point de vue qui, à notre avis, est le seul juste.

« Le militarisme nous opprime-t-il? Souffrons-nous à cause de lui? C'est là une question à laquelle on donne souvent des réponses négatives en Allemagne. Cet optimisme est erroné, cependant; il a sa source dans un argument absolument faux. *Le fardeau du*

Il n'en saurait être autrement. Une agitation de plus en plus énergique se produit au sein des nations européennes en faveur de l'institution d'un tribunal arbitral et contre la possibilité même d'une guerre. Le traité passé entre les États-Unis et l'Angleterre a beaucoup contribué à propager ces idées.

Il faut remarquer que ce mouvement n'est pas nouveau.

Le président du Sénat de Washington a proposé d'autoriser le président des États-Unis, conformément au règlement du 3 avril 1890, à charger les agents diplomatiques fédéraux de créer une commission qui se rendît à l'étranger pour traiter de l'institution d'un tribunal international.

Au congrès de la paix, réuni en 1897, a été votée, sur la proposition de la commission de propagande, la résolution suivante :

« Le Congrès constate qu'en Scandinavie on a réuni 300,000 signatures au bas d'une pétition en faveur de la consolidation de la paix ; il recommande de suivre cet exemple et de recourir au système qui a procuré de si beaux résultats aux amis de la paix de cette péninsule. »

Il nous reste à dire quelques mots des réponses faites aux arguments des partisans de la guerre, basés sur ce que l'armée et le militarisme en général constituent une excellente école, qui donne de l'élévation aux

Influence
de
la vie militaire
sur les mœurs.

---

militarisme consiste non dans ce qu'on lui donne en pâture, mais dans les privations que nous devons nous imposer du fait de ces sacrifices. Le militarisme moderne a fait quitter au métier militaire la position qu'il aurait dû garder. C'était un serviteur, un moyen d'atteindre des objectifs tout différents de ceux qu'on se propose actuellement ; maintenant, c'est une profession indépendante, un art pour l'art, c'est la poésie du militarisme. Les besoins de la vie civilisée, pour lesquels cette garde formidable a été créée, passent au dernier plan, et c'est le service militaire qui prend la première place. *Seules les exigences militaires sont considérées comme « ne devant souffrir aucun retard », toutes les autres peuvent attendre.* Le citoyen perd le droit de réclamer que l'État s'intéresse aux besoins quotidiens de la vie. Les affaires judiciaires restent dans les cartons pendant 4 et 5 mois, faute de personnel. De jeunes assesseurs remplissent, par économie, les fonctions de juges. Les tribunaux sont encombrés, et par suite on juge les causes en hâte, afin de laisser le champ libre à d'autres affaires inscrites au rôle. Les salles de l'école technique supérieure de Berlin sont trop exiguës pour le nombre d'étudiants qui désirent suivre les cours. Il en est de même de l'université de Berlin, qui fait l'orgueil de la science allemande : on y règle les cours, non d'après les besoins pédagogiques, mais d'après la place dont on dispose. On considère comme un grand bienfait les 40 nouveaux sièges judiciaires qu'on vient d'ouvrir à Berlin, tandis qu'en présence de l'accroissement rapide de cette capitale, cette même augmentation des organes de la justice s'imposerait chaque année, sans risquer de dépasser les limites du nécessaire. Les devis relatifs aux constructions affectées aux besoins des différentes administrations sont échelonnés sur des dizaines d'années, comme s'il s'agissait d'entreprises de luxe et non d'écoles, de tribunaux et autres institutions indispensables à un peuple civilisé. L'inspection des fabriques est insuffisante, l'assurance industrielle défectueuse, etc., etc.

sentiments, aux idées et aux mœurs d'un pays. Dans cette école, disent-ils, la jeunesse apprend à aimer la patrie, elle s'y forme à l'ordre et à la discipline, etc. Le service sous les drapeaux est, en outre, l'antidote du socialisme.

Les adversaires de la guerre répondent à cela que, même en admettant que la caserne puisse développer l'esprit et le cœur, cette école est, dans tous les cas, trop coûteuse, — outre que le peuple paie encore cet enseignement du sang de ses fils. Mais il est de notoriété publique que la caserne ne peut être considérée comme un établissement d'éducation. La vie militaire a des exigences bien différentes de celles de la vie civile.

Dans la caserne, c'est le règne de l'obéissance passive, qui ne favorise en rien le développement intellectuel indépendant et qui entraîne souvent des abus d'autorité ; ce régime, qui fait perdre à ceux qui le subissent l'habitude du travail, exerce aussi son influence sur les meilleurs côtés de la nature humaine par l'échange qui s'y fait entre des particularités de caractères et d'opinions encore mal établis.

Ainsi se trouve préparé le terrain pour les agitations sociales et quelquefois même pour une démoralisation complète.

Ce n'est pas sans raison que Larroque se plaignait, bien avant que le militarisme eût pris l'importance qu'il a de nos jours, que les hommes entrent dans l'armée pour ne rien faire ou bien pour faire autre chose que ce qui est utile aux autres (1).

« Toute l'oisiveté nationale, dit Wrede, a son siège central dans l'armée, d'où elle s'étend sur toutes les couches de la société. Or, la fainéantise engendre toujours le désir de vivre aux frais d'autrui ; c'est là qu'il faut chercher l'origine de l'instinct de conquête et du militarisme. »

L'auteur de la sociologie criminelle (*Sociologia criminale*), Coloïanni, dit vers la fin de son ouvrage : « Le militarisme et la guerre dégoûtent les hommes du travail ; ils font naître, chez le soldat, de nouveaux besoins qu'il n'est pas en mesure de satisfaire, ils réveillent en lui tous les instincts sauvages, ils développent son orgueil, lui enseignent le respect, non pas des lois, mais de la force brutale ; ils font de lui un être à la fois trop humble et trop arrogant, un être voué à la misère, à l'ivrognerie, à la déchéance morale, un être enfin capable de tous les crimes et qui souvent finit par le suicide ».

Les partisans de la paix affirment, en outre, que l'extension du militarisme ne favorise pas l'éducation de la nation, mais qu'elle entrave le développement des institutions destinées à éclairer le peuple, en absorbant

---

(1) Larroque, *La guerre.* — Paris, 1864.

l'argent qui leur aurait été affecté. Le député au Landtag prussien, Liebknecht, cite, entre autres, l'exemple suivant :

« L'école industrielle de Düsseldorf a demandé au gouvernement une subvention annuelle de 565 marks. On lui a refusé cette somme, parce qu'on était à court de ressources ; or, à cette époque, on a construit, dans cette même ville de Düsseldorf, des casernes qui ont coûté 2,350,000 marks. »

« Peut-on parler de développement industriel et de civilisation en général, dans ces conditions? » demande le même auteur.

Les partisans de la guerre se réservent, du reste, un dernier argument. « La guerre, disent certains d'entre eux, empêche la population d'augmenter outre mesure. » Mais le fait seul de leur recours à cet argument prouve combien il leur est difficile d'en trouver de plus convaincants, de plus scientifiques et de plus conformes à la morale du monde civilisé.

II. Les partisans et les adversaires de la guerre parmi les poètes, les romanciers et les artistes.

Nous avons cité assez de passages empruntés aux savants, assez d'arguments tendant à convaincre le lecteur, par la voie de la logique, que le principe de la guerre est loin d'être l'idéal de la morale chrétienne, qu'il est contraire aux principes de la science sociale et au progrès intellectuel de l'humanité. Mais nous n'avons pas encore parlé de l'évolution qui se produit à ce sujet dans un genre de littérature susceptible d'agir puissamment sur le cœur plus encore que sur l'esprit des hommes. Nous voulons parler de la poésie qui, comme on sait, s'adresse directement au sentiment du lecteur.

Jadis, la guerre constituait presque l'unique source d'inspiration des poètes. C'est dans les exploits guerriers, légués par la légende écrite ou transmise oralement d'une génération à l'autre, que le poète trouvait le plus facilement ses héros, à qui sa fantaisie, selon les mœurs de l'époque, prêtait de nombreuses qualités physiques et morales, d'un caractère tout particulier.

C'est toujours la valeur des héros et les beautés des champs de bataille qui, d'Homère à Pouchkine inclusivement, ont fourni les principaux accessoires de toutes les productions poétiques ; mais les poètes, surtout ceux de l'époque romantique, ont toujours évité les tableaux repoussants de l'extermination des faibles par les forts, et les côtés désavantageux des actes de leurs héros. Quoi d'étonnant, par conséquent, si leurs chants entraînaient la jeunesse d'alors au champ d'honneur, où l'on respirait la vie à pleins poumons, où l'on entrevoyait la possibilité de réaliser si facilement l'idéal le plus élevé de la valeur humaine?

Évolution de l'idéal poétique depuis le commencement du siècle actuel.

Les poètes, cependant, ont peu à peu abandonné ce genre d'idéal. La vie s'est compliquée, et l'héroïsme s'est étendu à tous les autres domaines de l'activité humaine. Mais il est à remarquer qu'au début de notre siècle, après la série des guerres de la première République et de l'Empire, quand l'Europe se sentait épuisée par les grandes saignées qu'elle avait subies et qu'elle devait, suivant toute vraisemblance, souhaiter les bienfaits de la paix, la plupart des poètes et des romanciers continuèrent à chanter avec enthousiasme l'héroïsme guerrier et le plus grand fauteur des effusions de sang qui venaient de se produire, Napoléon; si bien que ces écrivains ont ainsi contribué, pour beaucoup, à établir le culte de ce grand capitaine.

Byron.

Mais, en même temps, de grands poètes lyriques, tels que Byron et Victor Hugo, exprimaient dans leurs chants leurs convictions à l'endroit de la brutalité inhumaine des guerres, qu'ils appelaient l'héritage de Caïn, un reste des mœurs sauvages et l'indice indiscutable que l'humanité ne s'était pas encore élevée jusqu'à l'idée de justice. Byron ne se contente pas, du reste, de maudire la guerre; il est aussi l'auteur du fameux sophisme dont se servent encore de nos jours les partisans de ces saignées périodiques. Dans le IXe chant de son *Don Juan* il dit : « J'aurais volontiers exprimé le dégoût que m'inspire la guerre, si je n'étais persuadé que, seule, elle sauve l'humanité de la pourriture et de la moisissure. » Mais ce n'est là, chez lui, qu'une boutade, tandis que le mépris de la guerre et l'aversion dont le poète est pénétré pour ses carnages, reviennent chaque fois qu'il reproche à l'humanité son imperfection ; et l'on sait si ces reproches sont nombreux : les sarcasmes lancés à ce sujet constituent, pour ainsi dire, le fond de l'œuvre. Le *Don Juan* est d'un bout à l'autre émaillé de rapprochements entre la guerre et cette tendance irraisonnée à accomplir les actes de cruauté les plus terribles, dans l'unique but de satisfaire son ambition, cette passion si élastique et que chaque individu comprend à sa manière.

> Oh, foolish mortals ! Always taught in vain !
> Oh, glorious laurel ! since for one sole leaf
> Of thine imaginary deathless tree,
> Of blood and tears must ? flow the unebbing sea (1).
> (CHANT VII. — 68).

---

(1) Oh ! mortels peu raisonnables, pour qui sont perdus tous les enseignements fournis par l'expérience ! Oh ! lauriers glorieux ! pour une seule feuille de votre arbre, qu'on s'imagine immortel, des flots de sang et de larmes doivent-ils couler sans cesse ?

Dans les œuvres des poètes et des artistes de l'antiquité, qui puisaient leurs inspirations dans les hauts faits accomplis par les guerriers célèbres, il n'est guère question des horreurs du carnage et de la mort. On dirait qu'ils couvrent d'un voile d'idéal ces manifestations de la barbarie, d'un voile à travers lequel on ne voit que la grandeur du courage, de l'esprit de sacrifice et de gloire.

De nos jours l'art ne suit plus uniquement cette direction. Bien des écrivains et des artistes modernes ont arraché à la guerre ce masque qui lui prêtait un air si attrayant; ils décrivent ce fléau sans fard et l'agonie des hommes pleins de vie l'instant d'avant n'est même pas le côté le plus navrant des tableaux qu'ils nous dépeignent.

Béranger écrivait, presque en même temps que Byron, les vers suivants :   Béranger.

> J'ai vu la Paix descendre sur la terre
> Semant de l'or, des fleurs et des épis.
> L'air était calme, et du dieu de la guerre
> Elle étouffait les foudres assoupis.
>
> « Ah, disait-elle, égaux par la vaillance,
> Français, Anglais, Belge, Russe ou Germain,
> Peuples, formez une sainte alliance
> Et donnez-vous la main ! »

Heine chantait également sur ce même motif :   Heine.

> Wir wollen auf Erden glücklich sein,
> Und wollen nicht mehr darben,
> Verschlämmen soll nicht der faule Bauch
> Was fleiszige Hände erwarben (1).

Plus nous approchons de l'époque actuelle, plus les voix s'élèvent contre la guerre. Pour justifier leurs récriminations et leurs malédictions, les poètes dépeignent toutes les horreurs de ces mêlées sanglantes, et ils cherchent à nous représenter ce fléau sous ses pires aspects.

Il est très naturel que la guerre ait fourni de nombreux sujets aux poètes pessimistes ; Mme L. Ackermann, qui occupe une place éminente dans cette pléiade, lui consacre les vers suivants :   Mme L. Ackermann.

------

(1)
> Nous voulons être heureux ici-bas ;
> Nous voulons nous affranchir de la misère ;
> L'estomac paresseux ne dévorera plus désormais
> Ce que des mains laborieuses ont gagné.

Liberté, droit, justice, affaire de mitraille !
Pour un lambeau d'État, pour un pan de muraille,
Sans pitié, sans remords, un peuple est massacré.
— Mais il est innocent ! — Qu'importe ? On l'extermine.
Pourtant la vie humaine est de source divine :
N'y touchez pas, arrière ! Un homme, c'est sacré !

* * *

Sous des vapeurs de poudre et de sang, quand les astres
Pâlissent indignés parmi tant de désastres,
Moi-même à la fureur me laissant emporter,
Je ne distingue plus les bourreaux des victimes ;
Mon âme se soulève, et, devant de tels crimes,
Je voudrais être foudre et pouvoir éclater.

* * *

Du moins te poursuivant jusqu'en pleine victoire
A travers tes lauriers, dans les bras de l'histoire
Qui, séduite, pourrait t'absoudre et te sacrer,
O guerre, guerre impie, assassin qu'on encense,
Je resterai, navrée et dans mon impuissance,
Bouche pour te maudire, et cœur pour t'exécrer !

Victor Hugo.

L'un des plus grands adversaires de la guerre, durant toute sa carrière littéraire, fut le plus grand des poètes lyriques de notre siècle, Victor Hugo. il ne perdait aucune occasion de flétrir les effusions de sang et de dissuader l'humanité de voir, comme par le passé, l'auréole de la grandeur, du mérite et de la gloire dans les actions d'éclat meurtrières. Il écrivait en 1867 au sujet de l'exposition de Paris :

« Au xxe siècle, le peuple aura de la peine à distinguer un chef d'armée victorieux d'un boucher couvert de sang. Il contemplera le champ de bataille avec les mêmes yeux que les places où l'on érigeait autrefois les bûchers de l'inquisition. La paix, c'est Dieu ; la paix, c'est le père nourrisseur des peuples. Soyons citoyens de tous les pays, car il ne doit exister qu'un seul mode de lutte : l'émulation en vue du progrès. L'Europe entière sera le peuple du xxe siècle, et dans l'avenir, le monde entier ne formera qu'une seule nation. »

Voici comment ce poète dépeint la société actuelle : « Le règne de la force brutale n'est plus et ne sera plus. La gloire des forts fut d'un métal fragile. Une telle grandeur disparaît dans le progrès. Elle s'appuie sur le pouvoir, soutenu par le glaive, par la loi de l'arbitraire, sur la suppression de la justice et de la vérité, étouffées par le fait accompli. Maintenant, en voyant une grandeur si douteuse, les hommes haussent les épaules. Les héros bruyants égarent, il est vrai, encore de nos jours, la raison humaine, mais celle-ci pourtant commence à s'en lasser. Elle ferme les yeux et se bouche les oreilles en présence des carnages que l'on nomme « batailles ». Le temps des grands meurtres n'est plus. L'humanité, aujourd'hui majeure et consciente de sa dignité, désire s'en passer. La chair à canon commence à réfléchir et le rôle de victime ne lui sourit plus. »

Malgré les dernières victoires remportées par les armes allemandes et la recrudescence de chauvinisme qu'elles ont déterminée, les poètes modernes de ce pays tournent souvent en dérision les exploits guerriers ; ils parlent aussi avec un sentiment de honte mortelle des actes de violence commis à la guerre. Nous empruntons les vers suivants au poète très connu Hammerling :

> « Schar um Schar entsendet
> Zum Schanzensturm der Feldherr. Sie gehorchen,
> Sie ziehen stumm dahin, gleichgiltig fast.
> Wie Schlächter, Henker ziehn an's Tagewerk (1). »

Un autre poète moderne, Ernst Wildenbruch, parle avec non moins de mépris de la valeur militaire :

> « Dass der allergrösste
> Erfindungsreichste Meister in der Kunst
> Des Tötens ist der Mensch, und dass er nicht,
> Wie Tiger etwa, nur an Einzelmord
> Sich labt, vielmehr am liebsten würgt in Massen
> Und seinesgleichen (2) ».

Dans ces derniers temps s'est signalée, comme un adversaire déclaré de la guerre, une femme-écrivain de grand talent, Mme Bertha von Suttner. Son ouvrage intitulé : *Die Waffen nieder !* (Bas les armes !), écrit sous forme de roman, a été traduit dans toutes les langues. Son titre est devenu le mot de ralliement de tout un parti en Allemagne, et il constitue également celui d'une nouvelle revue mensuelle très répandue, dont le double but est

---

(1) Le général envoie troupes après troupes à l'assaut des fortifications. Ils obéissent ; ils défilent en silence, presque avec indifférence ; comme des bouchers ou des bourreaux, ils vont à l'ouvrage !

(2) Que l'homme est le plus grand, le plus inventif dans l'art de tuer, et qu'il ne se contente pas, comme le tigre, du meurtre individuel, mais qu'il égorge en masse ses semblables.

de recueillir tout ce qui concerne le développement et la réalisation de l'idée de la paix perpétuelle.

On sait, cependant, que, malgré le grand nombre des partisans et des propagateurs de l'idée de l'union entre toutes les nations, les adversaires de cette idée, eux non plus, ne sont pas restés inactifs pendant les vingt dernières années. Mais, il ne s'est point trouvé de sociologue, de philosophe, de poète, ni d'homme de lettres, sauf feu le professeur Treitschke, pour répliquer à John Draper, d'après lequel « il n'est pas de crime plus grand que celui qu'on commet en excitant les haines sociales nationales et surtout religieuses ».

Personne non plus, n'a répondu à son affirmation que « la société littéraire doit à sa propre dignité de ne pas tolérer chez elle de telles indignités » (1).

Si l'on ajoute qu'il existe, dans presque tous les codes européens, des paragraphes défendant de fomenter l'inimitié entre les différents éléments qui constituent les nations, les générations futures auront de la peine à croire au succès du « *Reptilienfond* » bismarckien, qui avait pour objet de faire faire, par des journalistes mercenaires, une propagande diamétralement opposée aux aspirations pacifiques de la grande majorité des écrivains européens.

L. Tolstoï. C'est, sans aucun doute, au comte L. Tolstoï qu'il faut réserver la première place parmi les auteurs qui ont combattu la guerre. Il a beaucoup contribué, tant comme publiciste que comme lettré, à faire connaître au public les mauvais côtés du militarisme ; car il écrit avec un réalisme proportionné à son talent les batailles, les victoires et les malheurs dont il fut le témoin oculaire. Tolstoï s'est appliqué, dans une longue série d'ouvrages, à éloigner le fard poétique dont on avait couvert ce sujet, les draperies dont les chroniqueurs, les poètes et les romanciers de tous les pays croyaient nécessaire de revêtir les exploits de leurs héros.

Sans s'écarter en rien de la vérité, l'auteur dépeint la guerre dans une suite de tableaux terrifiants, remplis de souffrances et de meurtres. Au point de vue artistique, il serait difficile de trouver un ouvrage moderne plus parfait que *La paix et la guerre* de L. Tolstoï.

Emile Zola. Le chef-d'œuvre d'Émile Zola, *La Débâcle*, dont la guerre franco-allemande constitue le fonds historique, s'élève aussi contre les actes de sauvagerie qui accompagnent encore de nos jours chaque conflit armé entre deux nations. On trouve décrites dans cet ouvrage, d'une manière saisissante, les terribles et inutiles souffrances endurées par les hommes sacrifiés

____

(1) John Draper, *Histoire du développement intellectuel de l'Europe.*

au préjugé que les effusions de sang sont indispensables. L'auteur y montre, par exemple, comment un homme bien équilibré à tous les points de vue devient sauvage, en voyant se dérouler sous ses yeux des scènes de cruauté sans fin, comment il se précipite sur ses semblables sous l'effet de la transformation morale qu'il a subie. On perd la notion de toutes les vertus; personne ne tient compte de la raison qui détermine ces meurtres et, au lieu de l'esprit de sacrifice dont on nous parle si souvent, on voit triompher la force physique et l'instinct de la conservation, sous sa forme la plus grossière, odieux par lui-même et repoussant dans ses conséquences : principes dont le triomphe est l'annihilation de tout ce que les hommes doivent au travail de nombreuses générations. Les tableaux et les personnages décrits par Zola nous pénètrent d'une aversion d'autant plus profonde pour la guerre, que l'auteur lui-même ne quitte jamais le point de vue objectif. Le représentant du réalisme moderne a du reste formulé à ce sujet une opinion qui tend plutôt à justifier les effusions du sang que causent les guerres.

« La guerre est inévitable, à mon avis, a dit Zola, car la nature de l'homme dépend de celle de tout ce qui existe. » Le naturalisme de Zola transporte ainsi « la lutte pour l'existence » de Darwin dans la vie sociale de l'homme et il admet que cette lutte comporte la loi suprême dont ne pourra s'affranchir la civilisation, même la plus parfaite.

Un autre homme de lettres français, connu par ses récits historiques de la guerre de 1870, Jules Claretie, partage cette manière de voir (1). Le cœur de l'auteur se révolte continuellement contre les manifestations de barbarie qui se commettent encore de nos jours et qu'il a vu accomplir sous ses propres yeux. Les descriptions si simples, mais si documentées, des actes de violence qui ont caractérisé la lutte entre deux nations civilisées, nous donnent le frisson. On pourrait conclure, en les lisant, que cet écrivain est un ennemi déclaré de la guerre, et nous voyons, cependant, qu'il hésite à la condamner sans restriction ; son scepticisme prend le dessus et ne lui permet pas d'espérer qu'on puisse trouver la justice en dehors d'elle.

« L'espionnage, dit-il, la trahison, les embûches, les tromperies de tout genre sont permis à la guerre (2). Ajoutez-y les pillages, les meurtres et les incendies : la guerre légitime tous les crimes. Elle a son vocabulaire particulier; dans son langage, le vol s'appelle réquisition, les meurtres en masse, couronnés de succès, se nomment *victoires*. Il n'est guère possible d'évaluer les pertes subies par l'humanité dans cette guerre de dix mois. L'honnêteté conventionnelle se réduit à ses plus faibles proportions. Le

Jules Claretie.

---

(1) Jules Claretie, *La guerre nationale*.
(2) *Ibidem*.

boucher verse toujours plus facilement le sang que l'agriculteur. Ceux qui sont rompus à la besogne de tuer, tuent. C'est un grand malheur quand le tigre, assoupi dans l'homme, se réveille. Ce n'est ni un paradoxe, ni une exagération. L'âme de l'homme recèle un grand nombre de mauvais instincts qui se raniment à l'odeur de la poudre au milieu des mêlées et du bruit des batailles. »

« La guerre, dit encore ce même auteur, est devenue plus terrible et plus exécrable qu'elle ne l'était autrefois depuis qu'elle fait partie du mécanisme de la civilisation, qui s'en sert pour arriver à ses fins. Il suffit de voir une seule fois ces monceaux de morts et de blessés dont on remplit des wagons, qu'on traîne sur des brancards et qu'on transporte dans des voitures d'ambulances, pour comprendre les horreurs de ces carnages mutuels. Tout ce qui, en temps de paix, servait au bien-être et à la consolation de l'humanité lui devient hostile et prend un caractère odieusement ironique. Dans les combats des temps passés, toutes ces tueries, toutes ces effusions de sang s'accomplissaient au moins à l'abri du voile impénétrable que formait la fumée de la poudre. Mais que cette fumée se dissipe, et le champ de bataille apparaîtra dans toute sa hideur. Tout se révolte en vous, à cet aspect : non seulement la conscience, mais les sens les plus élémentaires, tels que la vue et l'odorat. Il n'est personne qui puisse ne pas se sentir oppressé par le coup d'œil offert par ce champ de bataille, et c'est lui cependant qui inspirera plus tard les chants des poètes. »

Ailleurs, pourtant, Claretie écrit : « Malheureusement, le monde n'est régi ni par les philanthropes, ni par les philosophes ; aussi faut-il considérer comme un grand bonheur que nos frontières soient gardées par des soldats, qui nous offrent jusqu'à présent la meilleure garantie de paix que nous puissions désirer. Seuls, les peuples forts et résolus peuvent jouir de la paix. »

Évolution pacifique des sentiments des peuples.Mais enfin l'humanité, quoique fort lentement, se mûrit aux vérités nouvelles et, quand le moment est arrivé, leur réalisation ne rencontre plus d'obstacle, rien ne peut maintenir les idées surannées. Les protestations incessantes contre la guerre, émanant même de personnes qui ne voient pas la possibilité d'écarter ce fléau, ne nous annoncent-elles pas l'avènement d'une ère nouvelle où les chocs sanglants ne seront plus qu'un anachronisme, où toute tentative de recourir aux armes pour résoudre les questions internationales sera flétrie par le monde entier ?

Les philosophes ont devancé les poètes, en ce sens qu'ils ont reconnu, avant eux, l'immoralité de la guerre. Ce que Montaigne et Pascal ont démontré au xvie siècle n'a trouvé d'écho que dans la poésie du xixe. Il est vrai que les hymnes d'église témoignent de tendances pacifiques remontant aux temps chrétiens antérieurs aux croisades ; mais, dans ces prières adressées à Dieu, la guerre est représentée comme un fait indépendant de la volonté des hommes, comme un fléau inévitable, que la Providence nous envoie pour châtier nos crimes ; la guerre, en ces chants, figure dans la même catégorie que la peste, la famine, le déluge et autres fléaux contre lesquels l'homme était alors impuissant. La guerre était considérée comme une force de la nature, elle ne pouvait donc être appréciée au point de vue moral dans ces temps reculés : elle ne pouvait être classée parmi les actes ayant leur source dans le libre arbitre.

L'idée d'attribuer à quelqu'un la responsabilité de la guerre ne s'est formée que beaucoup plus tard ; elle n'a guère été formulée pour la première fois que dans les actes diplomatiques où il est question de contributions imposées à titre de peine, etc. (ces conditions n'affectaient du reste jamais que les vaincus). Cette compréhension des responsabilités susdites a cependant très profondément pénétré dans la conscience des groupes sociaux ; elle s'est étendue et renforcée avec le temps au point qu'il est difficile de trouver à notre époque des écrivains et des artistes qui ne soient pas des adversaires de la guerre.

Toute idée nouvelle jetée dans les esprits, dit un écrivain anglais, passe par trois phases de développement : dans la première elle est accueillie comme une absurdité par la plupart des hommes, ensuite elle leur paraît dangereuse, puis, dans la troisième phase, elle semble si naturelle et si simple, qu'on s'imagine l'avoir toujours connue.

Mais la durée de ces phases est loin d'être toujours la même ; et, celles-là surtout sont longues, où mûrissent les idées qui touchent à des questions de morale. La lenteur du progrès de ces dernières dépend de celui de la nature humaine elle-même ; aussi la compare-t-on avec raison à la formation graduelle géologique de l'écorce de la terre. Il n'est pas étonnant que la classification des époques, marquant les évolutions éthiques, constitue un problème des plus ardus qui ne sera résolu sans doute que par une postérité très éloignée.

Quant à l'idée proprement dite de la possibilité de supprimer les luttes sanglantes entre nations, elle n'est encore qu'à l'état de *pium desideratum*, mais on y reconnaît cependant déjà les traits caractéristiques d'une idée destinée à grandir et à se développer.

Les œuvres d'art modernes, entre autres, nous permettent de bien augurer de son avenir. L'idéal humain trouve de plus en plus rarement son inspiration dans les personnes des grands conquérants.

La poésie et la littérature qui cherchaient, récemment encore, la beauté dans les batailles, n'en parlent plus que pour prouver la faible élévation des sentiments humanitaires. Le talent des écrivains et des artistes antérieurs, qui se plaisaient à glorifier les faits d'armes, a certainement contribué, dans une forte mesure, à nourrir l'enthousiasme pour la guerre et l'amour qu'on vouait à la carrière militaire.

De nos jours, le revirement accompli dans le domaine de la morale se constate non seulement dans la littérature, mais aussi dans la peinture.

A l'Exposition de Paris, de 1867, on s'extasiait devant les dessins d'Arthur Grottherr, dont l'empereur François-Joseph acheta la série intitulée : *La Vallée des larmes*, et dont on retrouve partout les reproductions. Ce sont des estampes qui nous dépeignent les souffrances humaines occasionnées par la guerre.

Ici on arrache un fils à sa mère, là on voit pleurer une épouse et des enfants disant adieu au mari et au père, qui s'en va sous les drapeaux, c'est-à-dire à la mort ; plus loin ce sont des églises saccagées, des sacrilèges commis, et plus loin encore des scènes de meurtre, de pillage, des incendies et des hommes transformés en chacals. Et l'artiste, auquel son génie a inspiré tous ces thèmes dignes de son crayon, comprend, en rentrant dans son atelier, que toutes ses horribles impressions ont leur source dans la personne de Jehovah, dont la main s'élève pour maudire, dont le front est voilé de colère et dont la bouche profère ces paroles pleines de mépris : « O genre humain, ô race de Caïn ! »

Mais les toiles de Véréchtchaguine surtout impressionnent fortement ceux qui les contemplent. Ce peintre a pris part, lui-même, à la guerre russo-turque, et il s'est profondément inspiré de tout ce qu'il y a vu de ses propres yeux : les batailles, les dévastations qu'il a fidèlement reproduites dans ses tableaux.

Moritz Brasch écrit au sujet de ceux-ci (1) : « On dirait que la nature entière est pétrifiée à la vue de ces misères humaines et de ce qu'il y a de tragique dans ces tueries en masse. » Peut-on trouver un argument plus puissant en faveur de la paix perpétuelle ?

Et quiconque a vu ces tableaux confirmera l'exclamation de Brasch. Ces œuvres d'art sont au plus haut degré expressives et à la portée de tous les esprits. Elles parlent au cœur du contemplateur et l'entraînent. Ces toiles ne provoqueront pas seulement des larmes d'attendrissement bientôt séchées, elles se graveront profondément dans les esprits, et inspireront des méditations sérieuses sur les tortures auxquelles est exposé le genre humain.

Les hommes peints dans ces tableaux ne sont pas des héros idéalisés, ce sont des gens du peuple qu'on rencontre à chaque pas ; ce sont nos frères, dans la plus simple expression de ce mot, que le peintre nous montre dans les

---

(1) *L'idée de la paix perpétuelle, la politique et le droit des nations.*

conditions les plus terribles, torturés et agonisants au milieu d'une nature indifférente et glaciale. Les vivants sont entourés de cadavres; ces morts ne sont pas les victimes d'une main hostile ou criminelle. Ils ont été tués par des gens indifférents, par des inconnus, des braves et honnêtes gens peut-être.

Toutes ces pensées poursuivent comme un cauchemar quiconque a contemplé les toiles de Véréchtchaguine.

L'une d'elles porte comme légende : *Tout est calme à Schipka*. On voit un paysage couvert de neige, où les flocons qui tombent encore obscurcissent la lumière du jour. Au milieu de cette nature morte, palpite seul le cœur d'un soldat qui monte la garde. Il est hâve et défait, mais il reste debout, malgré le froid qui le transit. Se protégeant comme il peut, il cherche à se réchauffer par le souvenir de son pays natal, des printemps passés, de son nid abandonné. La tourmente fait rage cependant, elle finira bientôt par l'ensevelir. La figure toute simple, toute ordinaire de ce petit soldat fascine le spectateur qui n'en peut détacher ses regards et qui gardera longtemps l'impression de cet homme voué à la mort, au milieu des neiges. Et cependant « Tout est calme à Schipka! »

Au premier plan de certains tableaux de Véréchtchaguine on voit par ci par là des cadavres étendus. Il n'y a plus de lutte. Dans l'herbe gisent les visages paisibles et sévères des morts ; ils sont tournés vers les cieux, il semble que leur dernière pensée fut une imprécation à l'adresse du Très Haut; on dirait qu'ils se plaignent à lui de ce qu'on leur ait pris injustement et sans besoin une vie qui est si nécessaire encore sur la terre.

Voici, par exemple, la route de Plewna, qui porte des traces de civilisation, tels que des poteaux télégraphiques, mais est couverte d'un bout à l'autre de cette terrible poussière soulevée par les convois militaires, de cette poussière que Tolstoï a décrite d'une manière incomparable dans son roman : *La paix et la guerre*. Une longue file de voitures transportant des blessés se traîne sur cette route. On ne saisit pas au premier coup d'œil tout ce que cette interminable procession comporte de tragique. Mais, regardez de près : vous verrez dans ces fourgons des choses qui vous figeront le sang dans les veines.

Vous y verrez des blessures dont le sang coule à flots, des corps humains mutilés, des hommes dans les affres de l'agonie, dans les convulsions qui précèdent la mort. En les regardant vous croirez entendre leurs gémissements vous fendre le cœur. Combien sont plus heureux ceux qui déjà reposent au pied des poteaux télégraphiques, en proie aux corbeaux qui dévorent leurs visages et leurs pieds dénudés ! Ces oiseaux ne sont pas pressés, car ils ne manquent pas de nourriture. Et tandis qu'ils arrachent par lambeaux la chair du malheureux, là-bas, au pays, ses parents supplient Dieu, en pleurant, de le leur rendre sain et sauf...

Ces chefs-d'œuvre sont terribles à voir et ils ne nous montrent cependant que la vérité toute nue. Et nombre de témoins oculaires des événements illustrés par Véréchtchaguine ont confirmé tout cela de leur plus ou moins grande autorité. Ainsi nous trouvons, entre autres, une confirmation de ces tableaux dans l'ouvrage de K. M. Tchitchagoff, publié avec autorisation de l'Empereur, en 1887. Cette œuvre est intitulée : *Le Journal du séjour du Tsar-Libérateur à l'armée danubienne*. On y rencontre la description de scènes semblables à celles qui avaient inspiré le pinceau de Véréchtchaguine :

« Les chemins sont couverts de poussière ou défoncés, à tel point que les roues pénètrent dans la boue jusqu'aux moyeux. Un long convoi de blessés suit cette route. Les chariots diffèrent les uns des autres comme forme et attelage ; les uns sont traînés par des chevaux épuisés au dernier degré, les autres, par des bœufs. Les malades et les blessés sont tourmentés par la fièvre, tandis que le soleil les brûle ; ils meurent de soif. Et quand le temps est humide, ils sont transis de froid, leur linge et leurs pansements sont mouillés de part en part.

« Officiers et soldats sont assis ou couchés par deux et par trois dans chaque véhicule, ils sont pâles comme des cadavres, ils respirent à peine, quelques-uns ont perdu connaissance à force de souffrir. La plupart gémissent, se tordent, et hurlent même, tant sont grandes leurs douleurs, surtout quand le cheval fatigué s'arrête pour un instant et quand, sous l'effet du fouet du conducteur, il recommence à marcher en imprimant une secousse au véhicule enfoncé dans la boue ou arrêté par quelque inégalité du sol.

« Ceux qui meurent en chemin restent couchés à côté des vivants. Certains font, sous l'effet de la fièvre, des soubresauts et profèrent des exclamations et des discours incompréhensibles. Et tous ces bruits se détachent sur un accompagnement produit par le grincement des roues, capable d'exaspérer les nerfs les plus solides.

« Très souvent on ne voit sur le chariot que le manteau sanglant d'un soldat ; sous ce manteau est couché le corps meurtri du blessé qu'on a peine à distinguer d'un mort. Il ne gémit pas ; il ne se plaint pas. Quelques-uns se retournent pour voir les passants. Mais leurs regards sont terribles ! On lit dans leurs yeux le désespoir, la supplication, la terreur, la menace. La douleur les rend muets, l'épuisement les raidit.

« A chaque inégalité du chemin, les blessés s'entrechoquent, se causant mutuellement de terribles souffrances. Quelques-uns d'entre eux étreignent leurs compagnons de douleur pour soulager leur torture, en se maintenant ainsi dans une certaine position.

« Des figures écorchées, couvertes d'ecchymoses, les paupières gonflées, ainsi que les lèvres qui se confondent avec le nez, faisant de tout le visage une masse informe, voilà ce qu'on rencontre à chaque pas. Les blessés ne savent plus à la fin comment s'asseoir ou se coucher; ils se penchent hors de la voiture, ils sortent leurs têtes, leurs bras, leurs pieds. Ceux qui sont blessés à la poitrine ne peuvent se soulever.

« D'autres blessés marchent à côté des voitures. L'un a la main en bandoulière, l'autre est atteint au cou, le troisième a le front bandé.

« Le convoi n'arrive pas toujours aux ambulances avant le coucher du soleil, parfois la nuit le surprend au milieu du chemin. Il faut s'arrêter et ne pas bouger jusqu'au lendemain. Si l'on continuait la route, on risquerait de verser les voitures, ce qui, du reste, arrive assez fréquemment. On s'imagine alors l'état des blessés!

« L'inspecteur, qu'on appelle, trouve parfois que le blessé est couché ou assis à côté d'un mort, qui, dans son agonie, a saisi le vivant quelquefois par la partie même du corps où se trouve la blessure et s'est refroidi dans cette position.

« Mais c'est surtout terrible quand le chemin monte ou descend. Et pourtant c'est encore une chance que d'être recueilli. Certains blessés qui n'ont pas ce bonheur sont obligés de se traîner avec une balle dans la jambe ou dans l'estomac, pendant des kilomètres entiers, pour gagner les ambulances.

« Et tous ces martyrs veulent vivre! Et dans leurs têtes se succèdent des pensées toutes plus sombres et plus terribles l'une que l'autre. Tout ce qui faisait leur bonheur, il n'y a pas longtemps encore, n'est plus qu'un rêve; et seul le pressentiment de la mort serre douloureusement leurs cœurs. Nul espoir dans cet abandon. Personne des leurs ne sait ce qu'ils souffrent. L'un songe à sa mère, l'autre à sa sœur, à sa fiancée, à sa femme. Combien ils seraient heureux de les voir, ne fût-ce qu'un instant, d'entendre encore une fois le son de leur voix!... Mais la réalité est cruelle et terrible; elle ne permet pas de s'attarder à ces visions et à ces souvenirs où l'on cherche un soulagement, une consolation. Chacun, autour de vous, pense à ses propres souffrances, personne ne peut secourir son voisin ni écouter ses gémissements. Et si le sort vous laisse la vie sauve, on a devant soi de longues journées d'hôpital, d'où l'on sortira peut-être mutilé, voué à la misère. Où trouver un secours, un sauveur? »

Et l'on se rappelle, malgré soi, les vers du poète russe :

« Et je pensais tristement : le pauvre homme, que veut-il donc? — Le ciel est clair, sous sa voûte il y a place pour tous!... Mais sans cesse et sans raison l'un combat l'autre... Pourquoi? » (1).

____

(1) Lermontov, _Valérik_.

Le socialisme, l'anarchisme et la propagande
contre le militarisme.

« L'esprit moderne abhorre la guerre ;
il tend vers la liberté qui doit éman-
ciper le travail et le perfectionner.
CASTELAR (*Lettre à Blasco*).

L'histoire du développement du socialisme.

La voix des savants qui s'élèvent contre la guerre et les efforts des philanthropes ont déjà trouvé leur écho dans les masses populaires. Mais on conçoit qu'une idée agisse tout autrement sur une intelligence que la science et le travail intellectuel ont habituée à analyser, à apprécier et à peser toutes les finesses de la pensée, à ne perdre de vue ni les causes des effets, ni les nécessités historiques, que sur l'esprit peu développé d'un ouvrier préoccupé de faire face aux nécessités de chaque jour et qui juge tous les événements de ce monde au point de vue étroit de ses besoins personnels. De même que la lumière du soleil, tamisée par un corps peu transparent, crée des visions fantastiques, de même l'éclair accidentel d'une conclusion scientifique peut, dans des conditions défavorables, engendrer des illusions et des erreurs.

Un esprit inculte n'est pas capable de saisir le sens abstrait des choses ; il n'en voit que les côtés concrets. Ainsi, la guerre et la paix sont, pour une intelligence qui raisonne, les résultats de toute une série de causes, dont la première disparaît dans la nuit des âges, dans un temps préhistorique. Un savant ou un philanthrope considère les deux côtés de la question quand il pense à la guerre ou à la paix ; puis, après avoir formé sa conviction, il cherche à la transmettre aux autres ; il s'efforce de renverser les arguments que, peut-être, il avait tout d'abord lui-même trouvés concluants, et dont il a fini par reconnaître les défauts. Un homme simple, au contraire, ne prend en considération que la conclusion dernière et, après l'avoir admise, il s'en pénètre si bien qu'il ne reste plus de place pour le moindre doute dans son esprit, pour rien qui puisse modifier sa conviction, son désir de réaliser l'idée qu'il a faite sienne. Il ne comprend pas que plusieurs convictions sincères puissent exister côte à côte, et il taxe de mauvaise foi ceux qui ne partagent pas la sienne.

La masse ne comprend pas qu'il existe des phénomènes sociaux nuisibles, dont il faut avant tout chercher l'origine, pour en trouver les remèdes. Quand les masses populaires rencontrent le mal, elles en cherchent aussitôt les auteurs, elles sont capables de juger incontinent ceux qu'elles soupçonnent, de les condamner et de les exécuter immédiatement.

La conviction que la guerre est un fléau, et que ce fléau peut être écarté, a dû soulever dans les peuples des impressions analogues à celles que nous venons de décrire. Il est tout naturel qu'ils demandent impérieusement la restauration du bonheur détruit. Les socialistes ont beaucoup contribué à propager l'idée que le militarisme se met en travers du bien-être général. Le courant purement intellectuel et le courant socialiste se sont, en vertu de leur affinité, confondus et combinés comme deux éléments chimiques. Le socialisme a donné une base aux idées, et le mécontentement résultant du poids des charges militaires lui a fourni un nouvel argument ; argument à la portée de tout le monde et qui, de plus, est très éloquent ; argument auquel on ne peut rien répondre, précisément à cause des sommes énormes affectées de nos jours aux armements.

Puisque nous parlons du mouvement antimilitariste qui se produit déjà dans les masses populaires de l'Europe occidentale et que les unions socialistes exercent une influence considérable sur les affaires politiques de ces régions, en y propageant leur doctrine, il est indispensable que nous jetions un coup d'œil rapide sur cette propagande.

« Le socialisme, dit Émile de Laveleye dans son ouvrage intitulé : *Le Socialisme contemporain,* a pris une grande extension sous toutes ses formes. En poussant à une révolution, il a pénétré non seulement dans les classes ouvrières industrielles, mais jusque dans les villages ; il a transformé l'économie politique à son usage et il règne de ce fait dans la plupart des universités d'Allemagne et d'Italie; le socialisme s'est même introduit dans les cabinets des princes régnants sous le nom de « socialisme d'État »; enfin, sous la forme de « socialisme chrétien », il s'est établi dans les cabinets épiscopaux de l'Église catholique et *a fortiori* dans ceux des pasteurs protestants.

Il est tout naturel que le socialisme, en sa qualité de courant intellectuel ayant, comme le dit un savant belge, pénétré dans toutes les couches sociales, a dû prendre position contre le militarisme. Pour approfondir les rapports qui existent entre ces deux phénomènes, il est indispensable de recourir à l'histoire. Mais il faut examiner aussi ce qu'on désigne par le mot « socialisme », attendu que ce vocable implique des enseignements très différents les uns des autres.

Nous n'entreprendrons pas, on le comprend, d'écrire l'histoire ni de faire la critique du socialisme. Il suffira, pour atteindre notre but, d'expliquer quelques passages de l'histoire du mouvement socialiste en France et en Allemagne. Chacun comprendra pourquoi nous nous bornons à ces deux pays. C'est en France qu'a pris naissance le socialisme moderne, d'abord sous la forme d'une doctrine, puis à deux reprises, en 1848 et en 1871, sous celle d'une terrible force armée envahissant les rues et menaçant de bouleverser l'ordre établi. Rien ne nous dit que ce danger soit à jamais conjuré en France et que les autres pays soient à l'abri de mouvements de ce genre, surtout après une crise provoquée par une guerre ou à la suite d'une défaite. Il nous faut donc examiner la question du socialisme en France par la seule raison que cette contrée est le foyer d'où partent tous les nouveaux courants qui se communiquent ensuite aux autres pays de l'Europe.

Origines
du socialisme
actuel.

Le socialisme allemand offre au point de vue théorique et pratique, c'est-à-dire en tant que doctrine et en tant que parti politique, des traits bien caractéristiques. On peut dire que, sous sa forme la plus récente, la doctrine socialiste est originaire d'Allemagne. Suivant ceux qui la professent, cette doctrine a dans ce pays des nuances très diverses.

Particularités
du socialisme
allemand.

On distingue, en Allemagne, le socialisme révolutionnaire, le socialisme professé (*Katheder-Sozialismus*), le socialisme d'État et le socialisme chrétien. C'est en Allemagne, d'autre part, que le parti socialiste est le mieux organisé et qu'il offre le plus de stabilité. Cette circonstance s'explique par l'existence dans ce pays d'une réelle inégalité de castes, quoique les privilèges y aient été légalement abolis. L'Allemagne étant, en outre, moins riche que la France, se sent plus oppressée par les charges du militarisme ; à quoi s'ajoute cette circonstance que le commandement de l'armée allemande est concentré dans les mains d'une classe jadis privilégiée et qui demeure fidèle à ses traditions de discipline et de despotisme militaire, ce qui fait que le service obligatoire y constitue une redevance très pénible.

Il existe actuellement en Allemagne, un parti socialiste très bien organisé, comprenant, tout à la fois, des députés qui le représentent au Reichstag et des syndicats ouvriers. Et, s'il est permis de croire que le pouvoir législatif passe un jour, dans certains pays, aux mains de la classe ouvrière, c'est certainement en Allemagne, où le nombre des socialistes augmente au Reichstag après chaque nouvelle élection. Ils pourront un jour constituer la majorité au Parlement et, par suite, le dominer. Mais il ne faut pas oublier qu'en dehors du Reichstag, il existe en Allemagne le Bundesrath, ou Conseil fédéral, composé des représentants des États de l'Empire, et que cette Chambre y constitue un frein plus puissant que le Sénat français. Le pouvoir héréditaire et le gouvernement en Allemagne disposent de droits très étendus, aussi ne sont-ils pas, comme l'autorité centrale française qui, elle, dépend aussi des électeurs, réduits à compter avec les partis parlementaires. Voilà pourquoi il est moins probable que les socialistes se rendent maîtres du pouvoir en Allemagne qu'en France.

Nous commencerons donc par examiner le socialisme en France, puis en Allemagne.

I. Le Socialisme en France.

Définitions
diverses
du socialisme.

Cherchons, avant tout, à définir ce qu'on entend par « Socialisme ».

Dans le langage ordinaire, socialisme est très souvent synonyme de communisme et même de toutes tendances subversives.

Littré dit que la dénomination « socialisme » est applicable à tout système comportant des projets de réformes sociales qui sont en contradiction avec les lois naturelles et avec l'ordre social normal.

Mais comme le mouvement est devenu trop puissant pour qu'on puisse le paralyser, on a fini par qualifier de socialistes certains partis conservateurs et même certaines mesures gouvernementales comme nous le démontrerons plus loin ; de ce fait l'idée de socialisme est devenue moins distincte. On considère très souvent comme « socialistes » tous les projets concernant l'amélioration de l'existence des classes ouvrières, que ces projets émanent de l'initiative des ouvriers eux-mêmes ou du gouvernement.

Il y a là, évidemment, deux choses différentes ; voilà pourquoi le mot « socialisme » est défini de tant de façons.

Donnons quelques exemples :

Frédéric Bastiat dit : « Le socialisme est l'incarnation du despotisme. » Et après avoir montré que cette doctrine mène au communisme, ce même savant économiste dit : « Prendre aux uns pour donner aux autres, voilà à quoi aboutissent inconsciemment les socialistes communistes ». Victor Considérant aperçoit dans le socialisme, non pas une théorie déterminée, mais une direction des esprits, un état de l'atmosphère sociale, un courant populaire. Girardin est d'avis que le socialisme est « la civilisation même, dont la science doit constituer l'essence, comme la pitié constitue celle du christianisme ». L'idée qui prévaut chez les savants allemands, tels que Schöffle, se résume simplement dans l'opinion que le gouvernement est obligé d'aider, au point de vue économique, ou de secourir les membres de la société, surtout ceux qui vivent du travail de leurs mains, et qu'il doit leur assurer des rémunérations convenables ainsi que le bien-être.

Pour s'orienter tant soit peu dans ce chaos de définitions d'un mouvement qui peut influer, en Occident, sur le sort même des guerres, et sur les moyens de trouver les fonds nécessaires à leur préparation, il est indispensable de jeter un coup d'œil sur le passé.

Le socialisme dans l'antiquité.

Les idées socialistes et les mouvements qu'elles déterminent ne constituent pas un fait inséparable d'une certaine époque et d'un certain endroit. Ces idées se sont manifestées à l'état endémique à différents échelons de la civilisation. Mais, grâce aux conditions actuelles qui régissent la productivité, la répartition des capitaux et l'instruction, elles ont pris un caractère épidémique qui menace l'humanité tout entière.

Les idées communistes dans toute la force du terme, ainsi que celles du socialisme moderne, se sont manifestées à différentes reprises dans une antiquité très éloignée, mais leur caractère différait évidemment de celui qu'elles ont de nos jours.

Il faut classer dans cette catégorie les lois des anciens Hébreux qui supprimaient périodiquement toutes les dettes et modifiaient la répartition des biens fonciers. L'inaliénabilité des terres concédées et l'obligation imposée au gouvernement d'entretenir ses citoyens, qui caractérisent les lois de Lycurgue, avaient leur source dans les mêmes idées qu'on qualifie aujourd'hui de socialistes. Le gouvernement s'immisçait, en outre, dans la répartition des richesses, afin de rendre les parts égales. Chez les bouddhistes et les esséniens, le communisme se révélait déjà dans les groupes qui vivaient séparément en dehors de la population environnante, travaillant et priant en commun.

Les communes rurales, les associations d'artisans, les métiers et les « guildes », avec leurs diverses tendances, peuvent être considérés comme autant de manifestations pacifiques de l'idée socialiste au moyen âge.

Idée socialiste au moyen âge.

Les anabaptistes et les frères moraves cherchaient, eux aussi, à réaliser pratiquement cette idée, en la couvrant d'un voile religieux. Les uns s'insurgeaient contre les classes riches qu'ils cherchaient à détruire ; les autres organisaient au sein de leur société un système de secours et de contrôle mutuels.

Les acteurs des scènes sanglantes de la Révolution française étaient les disciples des théories pacifiques de Jean-Jacques Rousseau qui préconisait le retour de l'humanité à l'état de nature, à l'égalité, le gouvernement basé sur le « contrat social », et le droit des législateurs de transformer la société elle-même.

Communisme sous la Révolution.

Marat, Saint-Just, Robespierre étaient partisans de l'idée de l'omnipotence de l'État et de la répartition de la propriété. S'inspirant de ces théories, Babœuf proclamait le commencement du communisme absolu. La secte des « égaux », qu'il avait fondée, nous rapproche du communisme moderne, qui nie l'indépendance de l'individu et cherche à abolir l'activité libre.

Doctrines de Saint-Simon et de ses disciples.

Mais après le communisme, tendant à la communauté des biens au nom de l'égalité, est apparue une doctrine nouvelle plus compliquée et dont l'objectif est une organisation plus parfaite de l'ordre social. Cette doctrine s'appelle « le socialisme ». C'est là une dénomination récente. Le premier apôtre de ces théories fut le comte de Saint-Simon, dont Fourrier, Louis Blanc et Proudhon furent les disciples. Les sectes allemandes qui se pénétrèrent de ses idées s'appelèrent également « socialistes ». Le comte de Saint-Simon était un descendant de l'auteur des mémoires du règne de Louis XIV. A dix-neuf ans il combattit pour l'indépendance de l'Amérique du Nord, et fut promu au grade de colonel dans l'armée républicaine de Washington.

Il se consacra à la création d'une école ayant pour but de renouveler l'ordre social. Après avoir sacrifié une grande partie de sa fortune à la propagande et dissipé l'autre, il entra comme employé au Mont-de-Piété où il touchait des appointements de 1,000 francs par an. Saint-Simon publia une série d'ouvrages dans lesquels il développa ses idées : *Lettres d'un habitant de Genève à ses contemporains. — Introduction aux travaux scientifiques du XIX*ᵉ *siècle. — La Science de l'homme. — Le Nouveau Christianisme.* Vers la fin de sa vie, Saint-Simon était très pauvre. Après avoir attenté à ses jours, il vécut de la bienfaisance de ses amis.

Citons les contrastes caractéristiques qu'énumère Saint-Simon. « L'homme, dit-il, exploitait jusqu'à présent son semblable; les souverains et les esclaves, les patriciens et les plébéiens, les seigneurs et les serviteurs, les propriétaires fonciers et les fermiers, les gens qui ne travaillent pas et ceux qui travaillent, telles sont les phases progressives de notre histoire.

« Notre avenir, par contre, doit consister dans l'association générale. Chacun doit être rémunéré en raison de son talent et de son travail. Voici la nouvelle loi destinée à remplacer les droits de conquête et de naissance.

« La propriété et l'héritage sont des privilèges qui doivent disparaître. Le capital sous tous ses aspects et les outils de travail doivent passer dans les mains des travailleurs. »

Saint-Simon plaçait au premier plan l'omnipotence de l'État. L'esprit de ce penseur était synthétique et il faut lui rendre cette justice que c'était, au fond, un esprit profond, bien qu'il se soit laissé entraîner par des mirages absolument fantaisistes. Saint-Simon ne sortait, du reste, jamais du domaine de la théorie; il n'indiquait pas la forme pratique que devaient revêtir ses réformes.

Fourrier a cherché cette forme dans ses « phalanstères », c'est-à-dire dans la commune ouvrière, qui devait constituer une cellule de l'organisme total. La différence entre Fourrier et Saint-Simon consiste en ce que celui-ci demeura grand seigneur jusqu'à la fin de ses jours, tandis que celui-là se qualifiait lui-même de « garçon épicier ».

En les comparant, au point de vue de leurs idées, il faut dire que Fourrier n'était pas un communiste pareil à Saint-Simon. Dans les phalanstères, les revenus devaient être répartis en proportion des apports, de la quantité du travail, et de la valeur de ce travail (des talents individuels et des forces) ; la plus grande portion des revenus était dévolue au travail, une moindre partie au capital, et une partie plus faible encore aux talents individuels.

L'idée économique qui prédominait dans les « phalanstères » consistait dans la communauté du travail, mais sans en écarter les capacités personnelles.

Bien que ces deux écrivains aient été des utopistes, il ont donné une nouvelle impulsion à l'étude plus approfondie et plus générale des questions économiques. Ils ont formulé la plupart des idées qui servirent de point de départ aux théoriciens socialistes postérieurs.

Tous deux, avec Louis Blanc et Proudhon, ont été les précurseurs de la seconde Révolution française et doivent être considérés comme les inspirateurs du mouvement socialiste qui se traduisit, en 1848, par une insurrection sanglante dans les rues de Paris.

Le représentant des idées fondamentales de Fourrier pendant la seconde République fut Considérant ; il quitta la France après le coup d'État et se retira avec un groupe de ses disciples au Texas, où il dirigea longtemps le phalanstère qu'il avait fondé et qui finit par péricliter. Un autre coryphée du socialisme, pendant la seconde République, fut Louis Blanc, qui fut bien supérieur à Considérant en tant que penseur sociologue et historien.

La « cellule » sociale de Louis Blanc était non pas le phalanstère, mais « l'atelier national », c'est-à-dire le groupement de tous les producteurs et ouvriers de chaque branche et leur association générale dans l'État. Il ne demandait pas que l'État contrôlât cette organisation, mais il voulait que les producteurs bénéficiassent du crédit.

La solidarité du travail, avec le concours de l'État et la suppression de la concurrence, voilà ce qu'il rêvait. Suivant lui, la concurrence détermine l'antagonisme mutuel qui règne au sein de la société et qui cause la pauvreté. Voilà pourquoi chaque individu adhérant librement à l'association des travailleurs doit être absorbé par celle-ci, et pourquoi chaque homme, « ayant le droit de travailler », doit, dans cette association, produire d'après ses forces et ses capacités, mais recevoir suivant ses besoins.

Louis Blanc ne demandait pas, il est vrai, que le gouvernement détruisît par la force la concurrence privée; mais il supposait pourtant que la protection directe et l'appui officiel accordés à l'organisation « nationale » des métiers (y compris l'agriculture) finiraient par tuer toute entreprise privée. « Egalité des droits au plaisir et au bien-être... « Si une tentative, faite dans le but d'améliorer l'état des classes ouvrières, a quelque chance d'être couronnée de succès, elle doit avoir pour point de départ la maxime suivante : « A chacun suivant ses aptitudes et à chaque aptitude suivant ses œuvres ». Il faut remarquer que Louis Blanc ne faisait aucune distinction entre un homme intelligent et un homme borné, entre le travail qui consiste à préparer, à répartir et à adapter les matériaux et l'exécution proprement dite. Quant au nivellement du bien-être, même s'il était possible pour la masse, il ne serait pas le bien-être pour les personnes mieux douées et plus développées.

Pour réaliser son programme, Louis Blanc exigeait ce qui suit:

« 1º Qu'on créât un « ministère du progrès », auquel incomberait la tâche de racheter les chemins de fer et les mines, de réorganiser la Banque de France, de centraliser dans les mains du gouvernement les caisses des assurances, et d'organiser un crédit industriel assez compliqué.

« Il faudrait, pour réaliser ce dernier projet, établir des dépôts de produits et de marchandises où l'on délivrerait des reçus-warrants aux producteurs; ces quittances auraient cours sur le marché; elles constitueraient un papier-monnaie entièrement garanti par les marchandises. En dehors de cela il y aurait lieu d'organiser des bazars gouvernementaux pour la vente en détail, tandis que la vente en gros se ferait dans les dépôts.

« 2º Le « ministre du progrès » établirait le budget ouvrier avec les recettes des chemins de fer, des mines, des assurances et de la Banque, qui passent aujourd'hui dans les mains de particuliers et de spéculateurs, et qui deviendraient la propriété de l'État.

« 3º Une fois payés les intérêts et l'amortissement de l'opération susdite, le reste serait affecté au capital servant à commanditer les ouvriers, les associations de producteurs et les entreprises de colonisation agricole.

« 4º Pour bénéficier de la subvention gouvernementale, les associations ouvrières industrielles et agricoles doivent être basées sur le principe de la solidarité fraternelle, afin qu'elles puissent, au fur et à mesure de leur développement, acquérir un capital collectif, inaliénable et augmentant sans cesse. Ce serait là le seul moyen « de supprimer l'usure et d'obtenir en même temps que le capital ne soit plus un élément de tyrannie; la possession des outils de travail perdrait son caractère actuel de privilège, le crédit cesserait d'être une marchandise, le bien-être une exception et la fainéantise un droit. »

Il n'est évidemment pas nécessaire de prouver que la réalisation de la « solidarité fraternelle » serait précédée par une terrible lutte entre les intérêts. Les entreprises projetées ne pourraient, en outre, faute de stimulants assez énergiques, donner des revenus réguliers; elles deviendraient, par conséquent, un simple mode d'imposition, onéreux pour ceux-là mêmes dont elles devraient assurer le bien-être. Toute cette tentative de créer dans l'Etat une nouvelle classe privilégiée, qui serait la classe ouvrière, n'aboutirait donc pas aux résultats voulus.

Le troisième des principaux représentants de l'école socialiste française, dont le rôle fut militant pendant la monarchie orléaniste et la seconde République, est Proudhon.

Proudhon avait un esprit non moins original et profond que Saint-Simon; il ressemblait à ce dernier en ce qu'il ne quittait pas le domaine de la théorie, mais il rejetait le communisme, ainsi que du reste la propriété personnelle; c'était, en somme, un économiste plus érudit que Saint-Simon. Proudhon remplaçait la propriété, qu'il appelait un « vol », par la jouissance personnelle; il proclamait le principe que les producteurs doivent bénéficier du crédit gouvernemental gratuit et que les capitaux particuliers doivent être supprimés au moyen d'un impôt très élevé sur le revenu. L'esprit de Proudhon était surtout polémiste; il n'admettait pas que les femmes eussent des droits égaux à ceux des hommes; il s'insurgeait contre l'idée de nationalité, contre les machines.

Voici ce qu'il dit de celles-ci :

« On peut définir la machine comme il suit : c'est une sorte d'assemblage des éléments du travail, une combinaison de procédés qui simplifient ce travail et diminuent les frais; c'est la production à meilleur marché, le progrès de la production et du bien-être général. Mais la machine a aussi ses mauvais côtés : elle prend d'abord à l'homme son œuvre et le condamne à un travail inférieur; au lieu de rester ouvrier, il devient le servant de la machine; 4.000 kilomètres de chemins de fer créeront en France 50.000 serfs. Placée entre l'hydre à cent têtes de la division du travail et la machine, que deviendra l'humanité? » Question à laquelle un autre écrivain répond : « L'humanité progressera et grandira, pourvu qu'elle n'en soit pas empêchée par ces révolutions sauvages qui ne savent que détruire sans édifier quoi que ce soit (1). »

En groupant les idées libératrices et altruistes formulées à différentes époques, Proudhon s'est efforcé d'en tirer une théorie sociale positive.

---

(1) Guyon, *L'Internationale et le socialisme.*

L'État y est considéré comme un gouvernement chargé de sauvegarder la liberté des individus et d'assurer leur égalité réelle. Le pouvoir n'existe plus, il repose entre les mains de chaque citoyen et ne se manifeste que dans les limites étroites de la communauté territoriale. La division en États disparaît et les nations vivent fraternellement : elles n'ont rien à défendre, puisque la justice, due à l'égalité, règne partout, et que la propriété est abolie.

Un mouvement dans ce même sens s'est simultanément produit en Angleterre. Son représentant fut Robert Owen, qui demandait encore en 1811 que le gouvernement protégeât les ouvriers, en fixant par une loi le maximum des heures de travail par jour. Owen formula son projet dans une supplique qu'il adressa en 1818 aux monarques réunis en congrès à Aix-la-Chapelle. Il appela en même temps l'attention des ouvriers sur les immenses avantages fournis par la collectivité, sur l'utilité des associations ouvrières basées sur le principe de la « coopération ». Puis, passant de l'enseignement à l'action, Owen devint un agitateur et un organisateur des sociétés ouvrières ; c'est lui qui, avec l'aide de ses disciples enthousiastes, donna la première impulsion au mouvement collectif qui détermina la création de tant de sociétés et d'unions ouvrières en Angleterre. Owen trouva des partisans non seulement parmi les ouvriers qui l'avaient surnommé le « Patriarche de la raison », mais aussi chez les membres de l'aristocratie anglaise. Ceux-ci le quittèrent cependant, quand ils eurent reconnu que ses doctrines étaient trop radicales, partant dangereuses, et Owen ne s'adressa plus depuis lors qu'aux classes ouvrières.

Toutes ces théories et tous ces rêves, qui avaient pour but l'amélioration de l'existence des classes laborieuses, exercèrent une forte influence sur l'esprit français durant la période de 1830 à 1850, et contribuèrent à exciter les passions, qui, pendant la République, se manifestèrent malgré la différence des opinions, dans une révolte très sérieuse des ouvriers de Paris. Le gouvernement républicain voulut, dès les premiers mois de son existence, occuper les ouvriers qui manquaient de travail par suite de la stagnation survenue dans l'industrie, et il essaya d'organiser le travail national en créant des « ateliers nationaux » suivant le projet de Louis Blanc. Ces ateliers ne réussirent pas, on le sait, et amenèrent même des épisodes amusants. Il ne faut pas oublier, du reste, que le gouvernement de la République de 1848, composé de républicains modérés, ne vit dans la création des « ateliers nationaux » qu'une concession destinée à satisfaire les socialistes et ne s'en occupa jamais ni sincèrement ni sérieusement. Louis Blanc, du moins, a toujours protesté contre l'essai qu'on fit alors de réaliser ses idées.

Mais, en ce temps, le socialisme était de mode en France, de sorte que des écrivains appartenant à des partis très différents en subissaient l'influence : tels Châteaubriand, Béranger, Victor Hugo, Lamennais, George Sand, Eugène Suë, Lachambaudie, etc... Heine avait raison d'écrire : « Le socialisme a cet avantage que sa doctrine agit sur les grands esprits, tandis que ses adversaires ne lui opposent que des lieux communs et ne croient pas eux-mêmes à leurs arguments. »

Même en dehors de la France, dans les autres États de l'Europe occidentale, les représentants et les propagateurs du socialisme faisaient alors partie de telle ou telle école française ou tâchaient de les concilier entre elles. Tels étaient, en Belgique, Demeure, Castio, Elens, Gérard, Matvée, Spiltorn ; en Suisse, Griss-Traut et Bürckli ; en Espagne, Abréou et de Belley ; en Italie, Lévy ; en Danemark, Dreier.

Les sanglantes journées de juin et l'appréhension de révoltes socialistes futures jetèrent la France dans les bras du prétendant Louis-Napoléon qui était à cette époque président de la République. Le coup d'État et le second Empire anéantirent les socialistes comme parti politique pour un long espace de temps et détournèrent même l'attention du public français de leurs doctrines. Ce fut hors de France qu'on arbora de nouveau le drapeau de ce parti. Le socialisme régénéré eut pour apôtres : Marx, Lassale, Bakounine, Collins, Schœffle, Gaham, Rouskine, et d'autres encore. Sa nouvelle direction le fit descendre des nues humanitaires et de la justice absolue sur le champ de la lutte pratique où il s'occupa d'organiser ses forces.

Le second Empire et les socialistes.

« La France, écrivait Pelletan, dans son ouvrage intitulé : *La Nouvelle Babylone*, a cessé de penser... elle a même oublié ses pensées d'autrefois, le souffle d'un vent passager a presque éteint son âme. » On sait que le second Empire fut le règne de la force brutale, le triomphe de la ploutocratie et de la démoralisation sociale. Mais cela même en sapait l'avenir ; et quand la force brutale fut abattue pour avoir trop auguré de sa puissance, quand l'ennemi triomphant envahit le territoire français, l'Empire perdit pied et tout son édifice s'effondra en un jour.

Et à la suite de l'échec de la « Défense nationale », les socialistes se soulevèrent de nouveau à Paris et la « Commune », c'est-à-dire la municipalité de cette ville, devint le gouvernement du socialisme militant. Mais la « Commune » ne produisit rien, elle n'essaya même pas d'édifier quoi que ce soit. L'histoire démontre en général que chaque tentative de renverser subitement l'état social a toujours trouvé son adversaire et son maître dans la force même de la société. En examinant les phases de la lutte sociale aux différentes époques, on conclut invariablement que les réformes couronnées de succès ont toujours pris pour base l'état de choses existant qu'elles transformaient et perfectionnaient graduellement. Toutes les théories, quel que fût leur principe, ont échoué quand elles ont voulu bruta-

La Commune : triomphe du socialisme militant.

lement changer les conditions sociales, et les esprits profonds s'accordent à dire qu'il en sera de même à l'avenir.

Les conséquences de la Commune. Par contre, les tendances subversives dont la Commune fut la manifestation entraînèrent de cruelles mesures répressives, au point que les socialistes des autres pays éprouvèrent le besoin de témoigner leur sympathie à ceux qui subissaient ces représailles. Et le mouvement socialiste reçut, par là-même, une nouvelle impulsion dans différents pays.

A Paris d'ailleurs, les héros de la Commune furent, en quelque sorte, couronnés de l'auréole des martyrs et l'anniversaire du 1er mai, qu'on célèbre en leur honneur au cimetière du Père-Lachaise, a pris le caractère d'un culte. Ce sont les discours fanatiques prononcés à cette occasion et les articles publiés par les journaux socialistes qui provoquèrent les attentats des Ravachol, des Vaillant et consorts.

Nous donnons, à titre de document, un échantillon de ces protestations fanatiques. Ce sont des passages d'un manifeste publié dans un journal (1), le jour anniversaire de la « Semaine sanglante ».

Le gouvernement des « Versaillais », c'est-à-dire le gouvernement de 1871, y est insulté, de même que celui de 1893, qui avait sévi contre les auteurs des attentats. Ce manifeste ou ce pamphlet se termine par une bordée d'outrages à l'adresse des Versaillais.

« De toutes les épithètes dont l'histoire implacable a stygmatisé les bourreaux de l'humanité, les ennemis de la justice, les castes lâches et cruelles, et la horde embourbée dans les crimes, c'est celui de « Versaillais » qui inspire le plus de mépris et de dégoût.

« Versaillais, c'est un mot qui signifie encouragement à la dénonciation, prostitution physique et morale, honneur à l'espionnage, élévation du lupanar à la dignité de foyer domestique. « Versaillais », c'est la victoire des bandits, c'est la mise hors la loi des honnêtes gens ; c'est le sabre triomphant du livre, l'abaissement de la science devant l'ignorance brutale ; c'est la victoire de l'Église et de la caserne, c'est la retraite de la lumière devant les ténèbres du préjugé, c'est le meurtre et la dévastation prenant la place de la civilisation »...

Suivent quelques dizaines de lignes du même genre ; puis, vient la déclaration portant que « les ouvriers se rendront au cimetière pour célébrer le sanglant anniversaire, pour y témoigner de leur mépris aux Versaillais de l'année 1893, qui ne valent pas mieux que Thiers, Favre, Galliffet et autres Mac-Mahon de 1871 ; ils s'y rendront pour témoigner leur mépris aux ministres de cette lamentable République, à ce tas de crapules qui

---

(1) *Le Parti ouvrier*, 26-27 mai 1893.

siègent au Palais-Bourbon et au Luxembourg, à ces escrocs et à ces
vendus, ennemis de la justice sociale ».

Ce n'est là qu'un échantillon du ton dont parlent les provocateurs qui
poussent les ouvriers à la révolte contre l'ordre établi et contre toute
autorité en général. Mais, à côté de ces orateurs qui attisent les passions
des fauteurs d'attentats, on trouve en France des hommes qui se vouent à
un travail sérieux; il s'y fait un effort méthodique pour propager les théories subversives dans les masses, afin d'assurer aux socialistes la majorité
aux élections, et la haute main dans le gouvernement.

C'est là un résultat que les socialistes français pourront, peut-être,
obtenir plus tôt que leurs confrères allemands. Mais le socialisme est mieux
organisé et mieux établi en Allemagne; aussi ses adhérents enregistrent-ils
dans ce dernier pays des succès plus grands et plus rapides à chaque
élection qu'en France.

C'est surtout maintenant qu'il est difficile de prévoir le résultat des
prochaines élections françaises, depuis qu'un ministère radical a pu se maintenir plusieurs mois au pouvoir, qu'il a pu proposer l'impôt sur le revenu
et n'a été renversé que par le Sénat.

Tout dépendra du cabinet qui présidera aux élections. Si c'est un cabinet radical qui recherche le concours des socialistes contre la bourgeoisie
modérée bien que républicaine, les socialistes pourraient alors obtenir,
dans le nouveau parlement français, une situation que les socialistes allemands n'obtiendront certainement pas de sitôt dans le leur.

C'est précisément pour élucider cette question que nous croyons
nécessaire d'indiquer les différents moyens de combat auxquels ont recours
les agitateurs et d'examiner de plus près, dans les chapitres qui vont
suivre, les différentes formes de la propagande dirigée contre le capital,
contre le système des impôts actuellement existants, contre le patriotisme
et contre le militarisme.

La Commune de 1871 a servi en France à la propagation des doctrines
de Marx. Malon nous indique le fait suivant (1) : « Pendant la répression de
la Commune et dans les premiers temps qui suivirent cette lutte, la presse
et les orateurs versaillais cherchèrent à justifier les cruautés commises, les
fusillades, les tortures infligées aux insurgés, en accablant la Commune
d'accusations souvent gratuites.

« L'un des derniers arguments dont ils se servirent fut d'affirmer que la
Commune avait été l'œuvre des Allemands qui l'auraient suscitée dans le
but d'anéantir la France. Et quand on finit par trouver chez un des
membres de la Commune une lettre de Karl Marx, la presse versaillaise

---

(1) Malon, *Précis du socialisme.*

signala le fait comme une confirmation des relations existant entre les communards et les Allemands. On ne tarda pas à apprendre, dit Malon (dévoilant ainsi involontairement l'ignorance des journaux français en ce qui concerne les questions étrangères), que Marx fut l'un des fondateurs de « l'Internationale » en même temps que l'un de ses délégués les plus zélés, qu'il a, en outre, écrit l'ouvrage le plus savant et le plus original que le socialisme moderne ait jamais produit. Et voilà comment l'auteur et l'ouvrage devinrent tout à coup célèbres — en France.

Le socialisme militant en France partage surtout les opinions formulées par Marx, notamment son. affirmation que la production capitaliste engloutit la production privée ; qu'elle a ruiné aussi bien en Amérique qu'en Europe des millions de petits industriels, de petits commerçants et de petits agriculteurs ; que la machine, outil de travail, est devenue, dans les mains des capitalistes une arme contre la classe ouvrière, arme qui dépouille celle-ci de ses moyens d'existence ; qu'en obligeant les uns à travailler au delà de leurs forces, elle prive les autres de travail et que la grande industrie, en tendant à conquérir le marché du monde par la baisse des prix réduit le salaire des ouvriers au point qu'ils ont à peine de quoi se nourrir et tue le marché intérieur. » De là on tirait la conclusion que « la production capitaliste est mortelle pour la masse des producteurs, c'est-à-dire pour les ouvriers ; qu'elle est ruineuse pour la bourgeoisie moyenne et petite, et qu'elle est incapable de diriger les forces productives qu'elle a créées elle-même ».

Dans ces dernières années, le mouvement socialiste a beaucoup progressé en France. Le nombre des grandes villes, où les socialistes constituent la majorité au Conseil municipal, a augmenté ; ils occupent déjà des places de maire, comme par exemple à Marseille. La force des socialistes et la faible résistance que leur oppose le gouvernement se manifestent chaque fois qu'il y a un conflit entre ouvriers et entrepreneurs.

A titre d'exemple, nous indiquerons le différend qui divise depuis 1892 la Compagnie minière de Carmaux et ses ouvriers.

Cette année-là, l'administration congédia un ouvrier qui, après avoir été élu maire par la majorité socialiste du conseil municipal, avait commencé à négliger son travail. Les ouvriers interprétèrent ce renvoi comme une atteinte aux droits des électeurs et ils se mirent en grève, après avoir préalablement déclaré qu'ils ne rentreraient que lorsqu'on aurait repris l'ouvrier congédié. Des troubles se produisirent et l'un des directeurs faillit être tué.

Les meneurs furent jugés et condamnés, mais les ouvriers exigèrent leur mise en liberté. On finit par inviter le président du conseil des ministres, Loubet, à juger cette cause en qualité d'arbitre. Loubet se prononça dans un sens favorable aux ouvriers ; mais comme il ne trouva pas bon de faire droit à certaines de leurs réclamations, ceux-ci rejetèrent son jugement. Ils obtinrent ensuite, grâce au concours de députés influents, des concessions encore plus considérables.

On força la Compagnie de reprendre à son service l'ouvrier congédié, et ses compagnons, condamnés pour avoir participé aux troubles, furent graciés par le président de la République. Les troubles se renouvelèrent à plusieurs reprises et le directeur fut tué. Cette affaire causa une vive impression, même hors de France.

On est bien obligé d'avouer que les relations entre ouvriers et classes dirigeantes se sont beaucoup tendues en France depuis 1871. Les faits sont encore plus éloquents que les explications fournies par le comte L. Tolstoï, sur les raisons qui déterminent le mécontentement toujours grandissant des classes ouvrières, quoique leur situation ait été bien pire autrefois. Voici ce qu'il dit à ce sujet :

« Ils savent qu'ils sont asservis et plongés dans la misère et les ténèbres pour servir les caprices de la minorité qui les opprime. Ils le savent et ils le disent. Et la conscience de ce fait ne contribue pas seulement à augmenter leur souffrance, elle en est l'essence même.

« Dans l'antiquité, l'esclave savait qu'il était esclave de naissance ; mais notre ouvrier, tout en se sentant esclave, sait qu'il ne devrait pas l'être. Voilà pourquoi il subit le supplice de Tantale : il désire toujours, sans jamais l'obtenir, ce qui, non seulement pourrait être, mais devrait être..... Même si le travail de notre ouvrier était beaucoup moins fatigant que celui de l'antique esclave, si on lui accordait la journée de huit heures et un salaire quotidien de trois dollars, il ne cesserait pas de souffrir. Car en confectionnant des objets dont il ne se servira pas, en travaillant non pour soi, non de son propre gré, mais par nécessité, pour satisfaire les caprices de personnes qui vivent dans le luxe et dans le désœuvrement, ainsi que pour accroître la fortune d'un richard qui est propriétaire d'une fabrique ou d'une usine, il sait que tout cela se pratique dans un monde où non seulement l'on reconnaît que le travail constitue la richesse, que la jouissance de la propriété d'autrui constitue une injustice, une illégalité prévue et punie par la loi, mais où l'on professe la doctrine du Christ, qui a dit que nous sommes tous frères et que la dignité et le mérite de tout homme consistent à servir son prochain et non à l'exploiter. Il sait tout cela et il souffre fatalement de l'immense contradiction qui existe entre ce qui est et ce qui doit être.

« D'après tout ce que je sais, se dit l'ouvrier, et de l'avis de tous, je devrais être libre, l'égal des autres hommes, je devrais être aimé ; or, je suis esclave, je suis humilié et haï. »

Et il hait lui-même et il cherche un moyen de salut.

« Les classes supérieures — dit plus loin le même auteur — pressentent le danger qui les menace et leur peur se transforme en instinct de défense et en colère. Elles savent qu'elles périront elles-mêmes dans cette lutte contre les esclaves qu'elles oppriment, pour peu qu'elles fléchissent ne fût-ce qu'un instant, parce que ces esclaves sont surexcités et que leurs sentiments hostiles augmentent chaque jour. Si les oppresseurs voulaient même cesser d'opprimer, ils ne le pourraient pas. Car ils savent qu'ils succomberont au premier signe de faiblesse. Aussi ne font-ils rien par souci du bien-être des ouvriers; la journée de huit heures, l'interdiction du travail aux mineurs et aux femmes, les pensions de retraite et les indemnités : tout cela n'est que leurre, si ces mesures ont pour seul objet de procurer à l'esclave la force nécessaire pour le travail et si l'esclave reste esclave tandis que le maître, qui ne peut se passer de lui, est moins que jamais disposé à l'affranchir. »

II. Le Socialisme en Allemagne.

Organisation politique du parti socialiste allemand.

Les manifestations du socialisme sont moins bruyantes et moins passionnées en Allemagne qu'en France. L'espoir de conquérir le pouvoir dans un prochain avenir est beaucoup plus faible dans le premier de ces pays que dans le second. Mais l'organisation politique socialiste est plus sérieuse et plus forte en Allemagne.

Le parti socialiste en France est représenté, principalement, par des agitateurs qui s'appuient sur des sociétés secrètes constituées au sein de la classe ouvrière. En Allemagne, au contraire, l'armée socialiste se compose d'un très grand nombre de syndicats ouvriers admirablement organisés et solidaires les uns des autres. Ces sociétés ont pour but de s'entr'aider, de répandre l'instruction; elles poursuivent en un mot des objectifs pratiques qui leur donnent une réelle valeur et relient tous leurs membres par des intérêts communs. C'est une armée très disciplinée et son effectif n'est pas le produit du hasard. Elle compte moins de meneurs, c'est-à-dire moins d'agitateurs professionnels, de socialistes politiciens siégeant dans les conseils municipaux et s'occupant d'organiser des démonstrations. Mais cette armée compte, en revanche, plus de soldats convaincus et dévoués à la cause : bref, elle est plus solidement organisée.

En France, il pourra se reproduire quelque chose dans le genre de la Commune. Mais ce ne serait encore qu'un triomphe passager pour des gens exaltés faisant cause commune avec les fanatiques, avec ceux qui désirent réformer la société immédiatement et de fond en comble. En Allemagne, au contraire, le danger mûrit plus graduellement, conformément au caractère de la nation et plus systématiquement ; et il est certainement plus sérieux.

Dans les manifestes et les discours des chefs du socialisme allemand, il est beaucoup moins question « d'exterminer les ennemis de la justice » et de l'expropriation immédiate de toute propriété. Mais les associations allemandes s'occupent plus sérieusement de la formation de « l'état ouvrier » (*Arbeiterstaat*) et des questions relatives aux réformes sociales. Nous croyons utile de reproduire ici un passage d'un discours prononcé par Bebel, et qui caractérise bien l'esprit du mouvement socialiste allemand.

Lors des fameux débats au Reichstag de 1893, débats au cours desquels les socialistes se virent contraints de formuler les lignes générales de leur programme, on leur répondit que les buts par eux poursuivis ne pourraient être atteints qu'à la suite d'une terrible effusion de sang. Or, Bebel avoua bien qu'au cas d'une résistance extrême de la part des classes riches, cette effusion de sang pourrait, en effet, se produire. Mais il ajouta textuellement: « Nous ne croyons nullement, je le répète, que les choses doivent aller jusqu'à une effusion de sang. Vous l'attendez dans l'avenir, Messieurs, uniquement parce que vos pères, non pas vos pères immédiats, mais vos aïeux, ont agi ainsi dans le passé, et voilà pourquoi vous nous prêtez les mêmes sentiments.

« Ainsi, en France, vos prédécesseurs ont, dans les années qui suivirent 1789, coupé la tête à trente mille aristocrates et prêtres, comme on s'exprimait alors. J'ignore si le nombre est exact et cela m'est même indifférent. Mais s'ils ont agi de la sorte, c'est qu'étant donnée l'éducation de la bourgeoisie de cette époque, ils étaient convaincus qu'en coupant les têtes des gens, on modifierait l'état des choses. Or, l'essentiel n'était pas là. Si la Révolution française n'avait fait que guillotiner des individus sans modifier le *statu quo* par des lois et des réformes sociales, telles que la confiscation des biens du clergé et de la noblesse et la distribution de ces biens aux anciens serfs, elle n'aurait pas triomphé, quand bien même, au lieu de trente mille têtes, elle en eût fait tomber trois cent mille.

« Et je crois, au contraire, que la Révolution aurait réussi tout aussi bien sans couper aucune tête à commencer par celle de Louis XVI. Voilà, Messieurs, en quoi consiste la différence entre les hommes d'aujourd'hui et leurs prédécesseurs d'alors ; nous comprenons très bien, actuellement, que la question capitale n'est pas dans les personnes mais dans les choses (*dass der Schwerpunkt nicht in den Personen, sondern in den Dingen liegt*).

Ce qui témoigne le mieux de la force du parti socialiste en Allemagne, c'est cette constatation que des hommes appartenant à d'autres partis, tels que le prince de Bismarck lui-même, s'empressaient parfois d'emprunter certaines idées aux socialistes pour les appliquer, — naturellement d'ailleurs, — à leurs propres visées.

Socialisme
d'État.

Il existe dans ce pays un « socialisme d'État », dont les partisans raisonnent comme suit : « Faisons nous-mêmes ce qu'ils demandent, et nous serons sauvés. » Et l'empereur actuel, à juger d'après certaines de ses déclarations, approuve cette manière de voir. L'un des premiers actes du jeune monarque fut, on le sait, de convoquer une conférence pour résoudre la question ouvrière.

Socialisme
évangélique.

Il existe également un « socialisme évangélique », ainsi nommé parce que ses apôtres sont des pasteurs. Dans ce parti se manifeste la main du gouvernement; son but est d'utiliser les tendances socialistes pour consolider l'idée monarchique, parce que la monarchie seule peut prendre sur elle le rôle de directeur socialiste collectif, en augmentant la réglementation dans les affaires économiques.

Socialisme
catholique.

Puis nous trouvons encore, en Allemagne, le groupe des socialistes catholiques. Ce genre de socialisme doit son apparition à un ouvrage publié par l'évêque de Mayence, Mgr Kettler, et intitulé *la Question ouvrière et le Christianisme*, qui produisit une grande sensation en Allemagne. Mgr Kettler propose, en marchant sur les traces de Lassale, de créer des associations productives qui pourront faire passer le capital entre les mains des ouvriers et résoudre ainsi la question des salaires à la satisfaction de tous.

Socialisme
de l'école.

Ajoutons encore le socialisme de l'école (*Katheder-Socialismus*).

Ici l'on rencontre des théories très divergentes, dont celle de Wagner, qu'on peut considérer comme la plus radicale, demande la limitation de la propriété personnelle et l'extension de la propriété commune. Mais le socialisme d'école n'est en somme autre chose que le socialisme d'État ; il s'occupe du règlement des rapports entre le capital et le travail et des différents modes d'immixtion de l'État dans les affaires économiques.

Socialisme
de fait.

Vient enfin le socialisme « de fait », c'est-à-dire le socialisme qui ne représente pas une simple théorie, mais une organisation complète appuyée par l'armée des associations ouvrières.

Diverses circonstances contribuent aux succès de la propagande socialiste parmi les ouvriers allemands : 1° les masses sont plus instruites en Allemagne qu'en France, mais pas assez cependant pour comprendre l'injustice de certaines accusations lancées par les socialistes contre la société, ainsi que l'impossibilité de réaliser leurs promesses ; 2° il reste dans les mœurs, en Allemagne, bien des vestiges de l'ancienne féodalité, quoique celle-ci ait entièrement disparu des lois et 3° le militarisme qui n'est, pour ainsi dire, qu'un fait en France et en Italie, mais qui revêt en Allemagne, soumise à l'hégémonie prussienne, le caractère d'un principe. L'union contre les armements et la guerre des progressistes et des socialistes augmente, en outre, la force de ces derniers. Malgré les différences qui existent dans l'organisation et dans l'esprit du mouvement socialiste en Allemagne et en France, c'est de ce dernier pays que ce mouvement est certainement originaire. Le premier apôtre du socialisme en Allemagne fut l'ouvrier tailleur Weitling, qui s'était inspiré, pendant son séjour à Paris, des principes des communistes et des fourriéristes. Il a exposé ses idées dans un ouvrage intitulé : *Garantien der Harmonie und Freiheit* (Les garanties de l'harmonie et de la liberté).

C'est au nom du communisme et des phalanstères que les prolétaires allemands, qui se trouvaient à l'étranger, formèrent des associations où ils manifestèrent une exaltation si grande que les gouvernements français et belge en conçurent de l'inquiétude et crurent devoir les expulser ; le gouvernement fédéral suisse lui-même prit, contre eux, des mesures restrictives (1).

L'année 1848 donna plus tard une forte impulsion à ce mouvement en Allemagne. L'un des manifestes révolutionnaires publiés à cette époque portait les signatures alors inconnues de Karl Marx et de Frédéric Engels. Il était dirigé contre la bourgeoisie. On y exposait d'une manière éloquente le rôle de celle-ci et la révolution qu'elle avait amenée dans l'état social, en remplaçant les liens patriarcaux et féodaux des corporations de métiers par « la froide liquidation des rapports argent comptant ». « Au lieu des anciennes idées et des anciens sentiments religieux, traditionnels, héréditaires et la conception du devoir qui dissimulaient l'antique exploitation des masses, la bourgeoisie a introduit l'exploitation ouverte, éhontée, directe et sèche. Elle a arraché les voiles de toutes les saintes et touchantes illusions qui recouvraient l'état social et les liens de famille en réduisant tout à des questions d'intérêt ; quant aux privilèges qui garantissaient les droits et qui imposaient des obligations, elle les a remplacés par cette chose sans âme ni conscience, qu'on appelle la liberté du commerce. La réaction contemple aujourd'hui avec attendrissement les merveilles de la puissance du passé. Mais les pyramides d'Égypte et les croisades ne sont rien auprès des tours de force exécutés par la bourgeoisie, etc. »

Le socialisme n'eût peut-être pas fait de si grands progrès en Allemagne si le pouvoir s'était montré plus conciliant à l'égard de la bourgeoisie. Mais c'est précisément l'attitude intransigeante du gouvernement

Mouvement
socialiste de 1848
en Allemagne.

---

(1) Malon, *Précis du socialisme.*

T. V. — Jean de Bloch. — *La guerre future.*   7

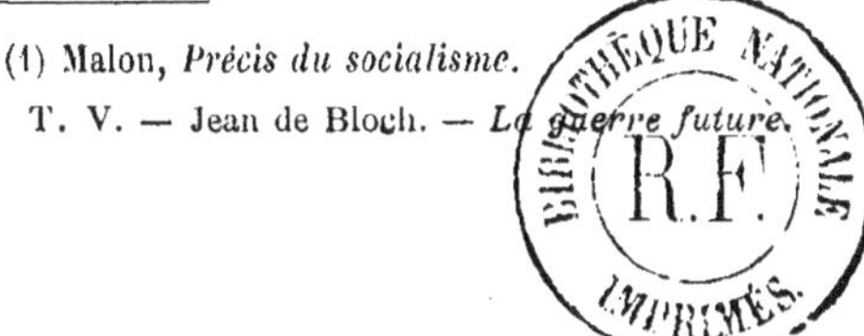

qui a poussé les bourgeois libéraux sinon à s'unir, du moins à frayer avec les éléments subversifs.

L'élément bourgeois qui joua le rôle principal en Allemagne dans les événements de 1848 fut le premier à désapprouver la réaction et les représailles dont ces événements furent suivis et qui augmentèrent le courant de l'émigration.

La plupart des bourgeois prussiens appartenaient au parti libéral, aussi furent-ils mécontents de voir qu'on modifiait arbitrairement la constitution. L'audacieuse envolée de pensée des grands métaphysiciens allemands, eux-mêmes types de bourgeois cependant, les tendances progressistes du « Nationalverein », les sentiments libéraux des étudiants : tout cela s'était manifesté longtemps, sans troubler le cours de la vie journalière. Mais le mouvement de 1848, et la réaction dont il fut suivi, constituèrent dans toute l'Allemagne (sauf dans la Hesse électorale) le premier exemple d'une lutte effective, et apportèrent avec eux l'élément de haine qui depuis divise les classes de la société. La bourgeoisie, qui avait marché en tète du mouvement libéral, devint tout à coup la classe persécutée et soupçonnée.

L'importance réelle de cette classe sociale augmenta cependant beaucoup à cette époque. Le grand mouvement industriel produit par l'application de la vapeur, la découverte de mines de charbon dans les provinces rhénanes, l'augmentation de la demande des produits allemands en Amérique, favorisèrent le développement de la grande industrie allemande qui en engloutit nombre de petites et fit beaucoup de mécontents dans la bourgeoisie même.

L'échec ou le peu de succès de leurs efforts politiques disposèrent les bourgeois eux-mêmes à embrasser des doctrines qui tendaient à pousser les masses vers le progrès.

C'est pourquoi la haute bourgeoisie vit elle-même des tribuns nationaux dans les premiers apôtres de ces doctrines, tandis que la petite les suivit sur la foi de leurs promesses : ne s'agissait-il pas de réformer l'état social dans un sens favorable aux classes indigentes ?

Karl Marx, créateur du socialisme moderne.

C'est Karl Marx qu'il faut considérer comme le créateur du socialisme, tel qu'il est compris aujourd'hui.

Marx était le fils d'un fonctionnaire supérieur de l'administration prussienne des mines ; il termina ses études à l'Université de Bonn et épousa, en 1843, la sœur de Westphalen qui devint, plus tard, ministre dans le cabinet prussien réactionnaire de Manteuffel. Quant à Marx, qui possédait une instruction très étendue et un non moins grand esprit philosophique, il se consacra à l'étude de la question ouvrière et finit par professer des idées extrêmes : il quitta le service de l'État où il aurait pu, grâce à ses capacités et à ses relations, poursuivre une brillante carrière. Après la suppression de la *Rheinische Zeitung*, gazette qui avait paru à Cologne, et dont Marx avait été le rédacteur, il se rendit à Paris où il se mit en relation avec les émigrés allemands. Expulsé de France sur la demande de la Prusse, Marx se rendit à Bruxelles, mais à la suite d'un manifeste communiste qu'il publia, il fut également invité à quitter la Belgique.

A la faveur du mouvement révolutionnaire qui se produisit en 1848, Marx retourna à Cologne, où il commença à publier la *Neue Rheinische Zeitung*, mais en 1849 on l'expulsa de Prusse et, plus tard, une seconde fois de Paris; il se rendit finalement à Londres où il écrivit ses deux principaux ouvrages : *Zur Kritik der politischen Œkonomie* (paru à Berlin en 1859) et *Das Kapital* (Tome I paru à Berlin en 1867).

Dans ces deux ouvrages il expose la même théorie, mais il la donne en entier dans son ouvrage sur le capital, qui, bien que tendancieux, constitue un travail très remarquable; si bien que les économistes, qui s'occupent des rapports entre le capital et le travail, ont dû en tenir compte. Le point de départ de Marx c'est que le travail constitue la source de toute valeur. C'est là un principe emprunté à Ricardo, et d'où Marx conclut à l'absolue illégalité des profits résultant d'entreprises industrielles et dont bénéficient les capitalistes particuliers. Le capital privé, la possession de machines, de fabriques, de terres, est aux yeux de Marx une usurpation, et constitue l'asservissement des producteurs réels de toute valeur. Il demande que tous les outils du travail, y compris la terre et le capital sous tous ses aspects, par exemple les fabriques, les chemins de fer, etc., deviennent le bien commun, la propriété des producteurs, afin que l'asservissement et l'exploitation des ouvriers par le capital soient rendus impossibles.

Le livre en question n'est pas à la portée des masses et même des lecteurs-amateurs à cause de la langue dans laquelle il est écrit. Cet ouvrage n'en constitue pas moins l'évangile du communisme moderne et une grande ressource pour les vulgarisateurs de ses doctrines. C'est grâce à ces derniers que les idées de Marx ont pénétré, en partie, dans les masses populaires qui, par suite de l'impressionnabilité même dont nous avons parlé plus haut, les accueillirent non comme des opinions théoriques, mais comme autant de paragraphes d'un acte d'accusation porté contre toutes les institutions, contre des classes sociales entières, comme des mots de ralliement pour ceux qui voulaient renverser l'ordre établi.

Les économistes contestent l'idée principale de Marx : son affirmation que le travail est la base et la mesure de toute valeur. Ils reprochent à Marx d'ériger en axiome ce qui n'est qu'un sophisme destiné à conduire aux conclusions voulues et non une loi économique démontrée par la science. Si la valeur des marchandises ne devait être calculée que d'après le travail nécessité à leur confection les marchandises qui demandent la même somme de travail auraient une égale valeur, sans prendre en considération l'élévation du capital affecté à leur fabrication. Or, il n'en est rien. Les intérêts du capital sacrifié et les bénéfices des capitalistes sont comptés dans les prix des marchandises et font que ces prix diffèrent beaucoup les uns des autres. Bref, on répondait à Marx que sa théorie sur la quantité du travail ne serait justifiée qu'à la condition d'écarter l'intérêt du capital et le bénéfice des capitalistes.

L'apôtre
socialiste
F. Lassale.

De tous les socialistes-agitateurs allemands, Ferdinand Lassale mit le premier à profit les indications fournies par Marx. Il prêcha les nouvelles idées tant dans ses magnifiques ouvrages que dans des discours qu'il prononçait en se transportant sans cesse d'un endroit à un autre. Son programme différait essentiellement des plus récentes tendances du parti socialiste. Lassale se plaçait sur le terrain national et gouvernemental; il réclamait le suffrage universel qui devait servir de point d'appui à chaque individu isolé et fournir le moyen de grouper d'immenses associations mutuelles auxquelles le gouvernement devrait prêter son concours.

Le résultat principal obtenu par Lassale fut la fondation de l' « *Allgemeine Arbeiter Verein* » (Association générale des ouvriers) qui date de 1863. Ce fut le point de départ des agitations ultérieures des coryphées du socialisme, agitations qui s'écartèrent bientôt du chemin que leur avait indiqué Ferdinand Lassale.

Lassale
et Bismarck.

Pour prouver combien ce chemin différait de celui sur lequel on s'est engagé aujourd'hui, il suffit de rappeler l'amitié qui existait entre Lassale et Bismarck (1), lequel aida indirectement le premier à propager ses idées.

Bismarck favorisait ce mouvement et s'entendit avec Lassale dans le but évident de combattre le libéralisme bourgeois. Aussi ne cherchait-il pas à paralyser la propagande faite par Lassale, qui parcourait l'Allemagne en prononçant partout des discours de nature à exciter la classe ouvrière. Le chevalier de fer estimait probablement que cette agitation déterminerait les libéraux à accepter les réformes militaires auxquelles ils s'étaient montrés si hostiles.

Mais Bismarck a prononcé dans un autre de ses discours les profondes paroles suivantes : « Si les socialistes-démocrates n'existaient pas, s'ils n'étaient pas redoutés par tant de personnes, le peu de progrès sociaux que nous avons faits n'eussent pas été possibles. La peur de la démocratie

---

(1) Bismarck a avoué lui-même, dans un discours prononcé en octobre 1878, qu'il avait été en relations avec Lassale et il se justifiait en disant simplement que Lassale n'était pas socialiste : « C'était un homme bien plus remarquable et important que ses continuateurs. »

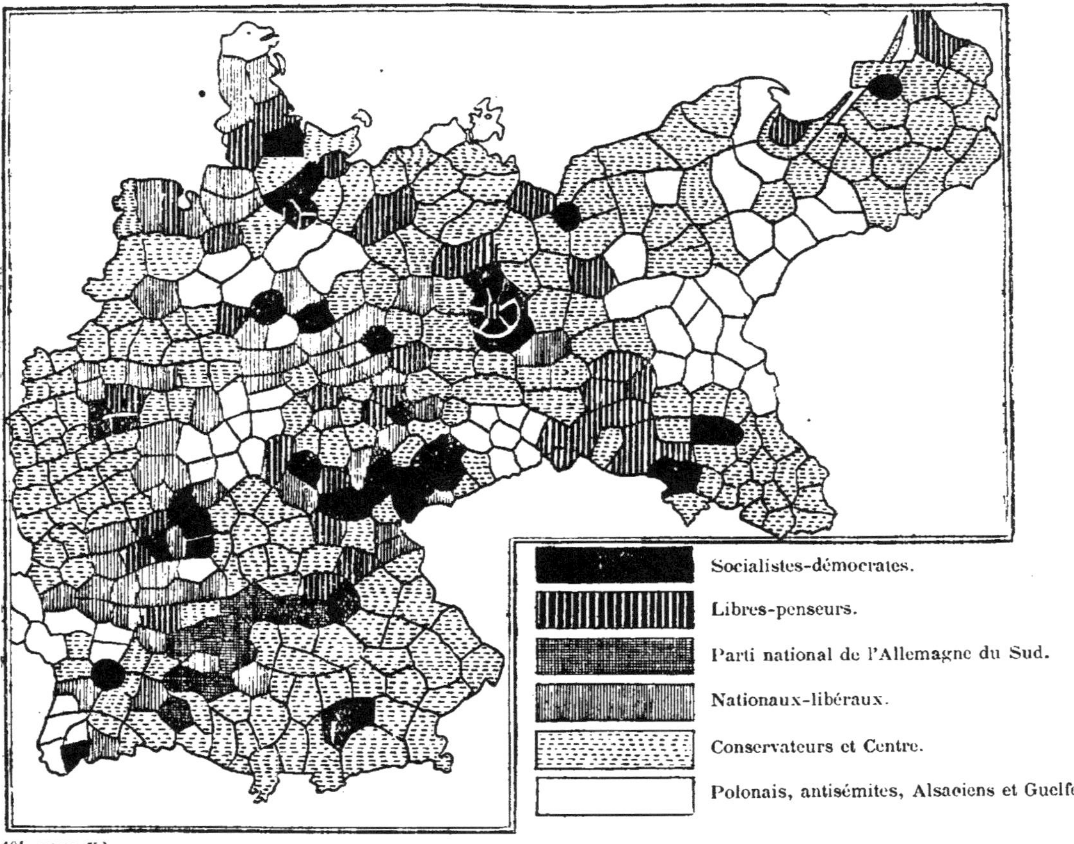

LA GUERRE FUTURE (P. 101, TOME V.)

socialiste est donc un bon remède quand on l'applique à ceux qui n'ont
pas de cœur de compatir aux souffrances de leurs concitoyens. »

Cette façon d'envisager les choses n'a pas empêché le terrible chancelier de sévir avec la dernière sévérité contre les socialistes, dont la propagande faisait des progrès trop rapides. Et ces représailles ont posé, pour
ainsi dire, une auréole de martyr sur le front du socialisme.

Mais revenons au développement du socialisme en Allemagne. Il se
produisit bientôt, après la mort de Lassale, une scission dans la société qu'il
avait fondée. Dans l'organe de cette société, le *Social-Democrat*, parurent
consécutivement cinq articles de fond approuvant la politique nationale de
Bismarck, ce qui provoqua les protestations des principaux collaborateurs
de ce journal, Bebel et Liebknecht. Depuis lors, on distingue entre le socialisme tel que le comprenait Lassale et le socialisme international ou cosmo-
polite. Bebel et Liebknecht, soutenus par Marx, réunirent un nombre d'adhérents toujours croissant et, aux premières élections, ils furent élus députés
à la diète de la Confédération de l'Allemagne du Nord.

Le socialisme s'est répandu par toute l'Allemagne avec une rapidité
foudroyante. Le parti des socialistes-démocrates compte déjà au Parlement et acquiert dans la nation une influence de plus en plus grande. Deux
conditions lui sont favorables : il compte des gens d'une haute valeur intel-
lectuelle parmi ses membres et il dispose de puissants moyens. La preuve
en est dans sa propagande si nourrie pendant les élections, où il tient tête
à tous les autres partis qui disposent pourtant de capitaux énormes. Le
parti subventionne, en outre, ses délégués au Parlement dont, comme on
sait, les membres ne touchent aucun traitement.

Les fonds des socialistes ne sont pas le produit d'offrandes faites par
des adhérents millionnaires, mais proviennent de minimes cotisations régulièrement versées par les ouvriers. Cette circonstance seule prouve la vitalité du parti ainsi que sa stabilité.

Un coup d'œil rapide permet d'apprécier les résultats considérables
auxquels a abouti la propagande socialiste. Le parti en question dispose
actuellement d'environ 60 journaux quotidiens, dont le nombre des ache-
teurs au numéro s'élève à 254,000 et celui des abonnés à 200,000. A quoi
il faut ajouter un grand nombre de livres et de brochures de tout genre
publiés par les soins du parti, ainsi que plusieurs feuilles humoristiques
qui comptent 170,000 abonnés.

Ces chiffres sont empruntés aux comptes rendus publiés lors du dernier congrès socialiste de Halle.

Il est possible que ces données soient quelque peu exagérées, car
tous les partis qui sont au début de leur existence et de leur développement
cherchent à représenter leur situation comme très prospère. Mais en

admettant même qu'il y ait ici quelque exagération, on n'en est pas moins forcé de reconnaître que le parti socialiste agit avec beaucoup d'énergie.

Son activité ne se manifeste du reste pas seulement dans la presse. Il organise des sociétés qui soutiennent les camarades en cas de chômage, il fait des conférences publiques dans ses cercles, et en cas de besoin il prépare des manifestations, etc.

Montrons par des chiffres la rapidité avec laquelle le socialisme se propage en Allemagne.

Au moment des premières élections au Reichstag allemand, le parti socialiste comptait 190,000 électeurs. Il s'accrut bientôt dans les proportions suivantes :

En 1874 . . .	332.000	électeurs.
En 1884 . . .	350.000	—
En 1887 . . .	760.000	—
En 1890 . . .	1.427.000	—

Nous voyons combien ce progrès est rapide. En 1884, il y avait 24 députés socialistes au Reichstag, maintenant ils sont au nombre de 35. Et cela en dépit des lois d'exception que Bismarck a fait voter au Reichstag. Le socialisme est donc une force avec laquelle il faudrait compter en cas de troubles déterminés par une guerre.

Examinons maintenant le caractère de ce parti et le but qu'il poursuit en Allemagne.

L'organisation du parti socialiste démocrate est absolument centralisée. En 1876, la direction des affaires fut confiée à un comité composé de cinq membres ayant un pouvoir presque illimité. Une commission de revision composée de 7 membres était chargée de contrôler les agissements du comité. Les membres de ces commissions sont élus et remplacés par le congrès qui doit se réunir à des intervalles réguliers de quelques années.

Quant au mode d'action, les socialistes-démocrates partagent l'avis de Marx qui s'opposait aux réformes brusques et aux coups de main; ils préfèrent la voie de la propagande jusqu'à s'emparer du pouvoir lui-même, grâce au concours de la majorité électorale.

Il va de soi que le régime parlementaire, pour eux, n'est pas un but, mais seulement un moyen. Ils espèrent que le socialisme disposera un jour de la seule force qui soit invincible : l'opinion publique, sans laquelle une victoire ne serait jamais que passagère.

Cette pensée fut énoncée par Liebkneckt dans un congrès où il combattait les réclamations des partisans trop fougueux de son parti: « Comment, a-t-il dit, la minorité pourrait-elle lutter contre la majorité?

Nous ne disposons que de 20 0/0 de la population ; les autres 80 0/0 ne sont pas de notre côté. »

C'est là une politique très prudente qui a pour but de s'assurer le concours et le dévouement de nombre d'adhérents trop peu convaincus quant à présent et qui, certainement, feraient défection, s'ils voyaient leur parti s'engager dans la voie révolutionnaire. Ces derniers ne votent actuellement avec les socialistes que parce qu'ils les considèrent comme les adversaires les plus puissants du militarisme.

En ce moment les efforts des socialistes, déjà solidement établis dans les grands centres, visent la conquête des communes rurales ; c'est dans ce but qu'ils endoctrinent les paysans et les petits propriétaires. Sans le concours des paysans, une réforme sociale manquerait de stabilité.

C'est le principe de la « nationalisation » de la propriété foncière qui constitue naturellement l'âme de la propagande rurale. Mais les paysans, qui sont propriétaires terriens, tiennent beaucoup à leur propriété particulière, bien qu'elle soit en partie seulement nominale, attendu que la terre est lourdement hypothéquée.

Voilà pourquoi les socialistes agissent avec précaution, mais ils jugent indispensable de « travailler » la population rurale.

Au congrès de Halle on décida de créer un journal spécial pour les paysans (1). Si les socialistes allemands réussissaient à enrôler les paysans

---

(1) C'est pourquoi le programme accepté au congrès de Halle a été conçu en termes très modérés. Indiquons-en les principaux paragraphes : Le travail est la source de la richesse et de la civilisation. Le travail ne peut être utile à la généralité que lorsqu'il est collectif, c'est pourquoi les produits du travail doivent être équitablement répartis entre tous et conformément aux besoins de chacun. Dans l'ordre social actuel, les instruments de travail sont aux mains des capitalistes ; la classe ouvrière dépend, en conséquence, de ces derniers ; de là sa pauvreté et son asservissement. Le travail doit être affranchi de cette servitude, et c'est à l'association des ouvriers qu'incombe cette tâche. Pour cela il est indispensable que les instruments du travail (le capital de roulement, la terre, les fabriques, les machines) deviennent la propriété commune.

En prenant ce principe pour point de départ, les socialistes demandent l'abolition du système actuellement en vigueur sur l'embauchage des ouvriers, l'abolition de toute inégalité sociale et politique.

Le parti socialiste qui agit, aujourd'hui, exclusivement sur le terrain national, suit cependant avec intérêt le progrès que fait le socialisme dans les autres pays ; il est toujours prêt à mettre ses ressources à la disposition des socialistes étrangers, afin que l'union de tous les ouvriers soit une chose réelle et non fictive.

Nous indiquerons maintenant point par point en quoi consistent les exigences des socialistes.

Les associations d'ouvriers socialistes désirent un état social qui ait pour bases :

1° Le suffrage universel avec vote obligatoire et secret ; quant aux élections, elles doivent avoir lieu les jours de fête ; 2° le pouvoir législatif doit être entre les mains du sous leur drapeau, ils ne tarderaient pas à avoir la majorité au Reichstag ; ils pourraient même trouver des appuis dans l'armée.

Les socialistes allemands cherchent donc à conquérir la majorité des suffrages, qui leur est nécessaire, non seulement pour accomplir par voie législative les réformes proposées, mais aussi pour rendre ces réformes durables.

En supposant même que la propagande socialiste se fasse lentement dans les communes rurales, le parti n'en grandirait pas moins dans l'avenir, attendu qu'il a encore des conquêtes à faire dans les villes où le succès lui est assuré.

Il n'existe pas de grande ville en Allemagne où les socialistes n'aient conquis un nombre de voix considérable depuis 1878 jusqu'en 1890.

A Berlin, le nombre de leurs électeurs était de 57,000 en 1878 et il s'est élevé à 126,000 en 1890.

A Hambourg, de 29,000 en 1878 il s'est élevé à 66,000 en 1890.

A Halle, de 1,406 en 1878 à 12,390 en 1890.

A Dusseldorf, de 489 en 1878 à 7,502 en 1890.

Il faut remarquer, en outre, que la proportion numérique se modifie sans cesse en faveur des grandes villes. Cette modification est plus marquée en Allemagne que dans n'importe quel autre pays. Nous trouvons à cet égard les chiffres comparatifs suivants dans l'ouvrage de Brückner intitulé : *Die Entwiekelung der grosstädtischen Bevölkerung im deutschen Reich* :

L'augmentation de la population durant la période de 1876 à 1885 a été :

Dans les grandes villes de.	26,6 0/0.
Dans les villes moyennes de.	23,6 0/0.
Dans les petites villes de	18.3 0/0.
Dans les bourgs de.	9,9 0/0.
Dans les villages de.	2,0 0/0.
Sur l'ensemble de l'Empire de.	8,6 0/0.

---

peuple : seul le peuple aura le droit de trancher les questions de guerre et de paix ; 3° la suppression de l'armée, telle qu'elle existe de nos jours ; elle doit être remplacée par une milice nationale ; 4° la suppression des lois exceptionnelles quelles qu'elles soient ; 5° la justice gratuite pour tous ; l'instruction gratuite et accessible à tous au même degré, c'est-à-dire aux frais du gouvernement ; la religion, suivant ce même paragraphe, est une affaire de conscience. Les paragraphes suivants disent que tous les impôts actuellement existants doivent être remplacés par l'impôt progressif sur le revenu. En dehors de cela on a élaboré les règlements concernant la journée de travail ; aux termes de ces règlements, tout travail quel qu'il soit serait absolument interdit aux enfants ; quant aux femmes, elles n'auraient pas le droit de se consacrer à un travail nuisible à leur santé et susceptible de porter atteinte à leur moralité. (L. Winterer, *Der internationale Socialismus*, 1885-1890).

Ainsi plus un centre est peuplé, plus sa population augmente. La population des villages a commencé à diminuer en Allemagne, dans ces dernières années, au lieu d'augmenter comme par le passé. Pourtant les naissances sont moins nombreuses dans les villes et la mortalité y est plus grande que dans les villages ; l'augmentation de la population urbaine se fait donc au détriment de la population rurale. C'est là une circonstance qui favorise la propagande socialiste, attendu que ceux qui se transportent des villages dans les villes se trouvent souvent dans des conditions difficiles et sont, par là même, tout disposés à accepter des doctrines qui tendent à améliorer les conditions de vie du prolétaire. Les villes jouent, en outre, un rôle beaucoup plus grand que les villages dans tous les mouvements progressistes et civilisateurs. Le socialisme, en conquérant les villes, devient *ipso facto* le maître du pays.

Ainsi, bien que les coryphées du socialisme, tels que, Bebel, Liebknecht, et Marx lui-même soient hostiles à toute révolution, bien qu'ils considèrent comme désavantageux et anticipé tout bouleversement produit par la force en Allemagne, on ne peut, cependant, affirmer que le socialisme soit là un mouvement dépourvu de tout esprit révolutionnaire. La presse et les discours des socialistes entretiennent le mécontentement à l'égard de l'ordre social établi et des hommes qui le soutiennent.

Les socialistes n'admettent pas qu'on puisse de bonne foi repousser leurs principes et leurs tendances, et ils taxent leurs adversaires d'égoïsme et de mauvaise volonté.

Voilà pourquoi les injures et l'ironie reparaissent toujours dans leurs discours et leurs brochures. Ce système entretient le lecteur dans un état d'excitation nerveuse, et fait naître, même dans l'âme d'un indifférent, l'antipathie pour les gens qui ont l'air de ne pas vouloir comprendre la vérité ; et c'est naturellement sur la classe inférieure de la nation qu'il agit le plus fortement.

Il suffit de lire les polémiques de Liebknecht, pour se faire une idée de la manière dont écrivent et parlent les socialistes ; mais il est juste de remarquer actuellement qu'ils font preuve d'un plus grand calme que jadis.

Quand on compare les apostrophes de Liebknecht au Parlement de 1869 et de 1874, où il injuriait et menaçait la bourgeoisie, avec son discours de Halle dont le caractère est presque calmant, on voit qu'il a fait un grand pas dans la voie de la modération. Il s'indignait autrefois d'une manière très bruyante, tandis qu'il parle, actuellement, du ton d'un vainqueur modeste. Malgré cela, il y a bien des éléments *explosifs*, pour ainsi dire, dans ses récents discours, ce qui résulte de l'incompatibilité même de sa doctrine avec tout ce qui caractérise l'ordre établi.

Les socialistes allemands se sont dès le début montrés hostiles au jeune empire allemand. « En Allemagne, est-il dit dans une brochure (1), il n'y a qu'une seule classe qui soit satisfaite de l'état de choses actuel, c'est la bourgeoisie. Elle a reçu tout ce dont elle avait besoin, on lui a accordé la protection nécessaire à l'exploitation des forces de la nation dans tous les sens, partant le droit d'acquérir des richesses et de les augmenter ; il est tout naturel qu'elle se trouve heureuse de ce progrès et remercie maintenant le gouvernement des bienfaits dont il l'a comblée.

« Quant au peuple, il attend toujours et il attendra éternellement la réalisation des promesses qu'on lui a faites pour le dédommager des peines et des privations qu'il a endurées pendant la guerre franco-prussienne. »

Il faut ajouter aussi qu'il existe, à côté de la majorité dirigée par Bebel et Liebknecht, une minorité impatiente d'agir énergiquement.

En 1880, on décida au congrès qui s'était réuni aux environs de Zurich (2), de biffer les mots : « par voie légale » comme ne répondant pas à l'état de choses créé par les lois bismarckiennes.

Trois ans plus tard, en 1883, un congrès socialiste se réunit à Copenhague. Un des orateurs influents émit l'opinion que les socialistes n'étaient pas des politiciens parlementaires, ni des fauteurs de révolutions, mais qu'ils constituent cependant un parti révolutionnaire, attendu qu'ils visent à changer de fond en comble le *statu quo*; et ce serait une illusion de croire que le changement soit réalisable par la voie pacifique.

Les paroles de cet orateur ne paraissent pas séditieuses, quand on en approfondit le sens, mais les masses, peu habituées à peser la valeur des mots, en conçoivent certainement des idées et des désirs révolutionnaires.

Les publicistes qui n'appartiennent pas au camp socialiste, et les hommes politiques de l'Allemagne, comprennent très bien le danger que font naître la propagation et l'organisation du socialisme. Rudolf Meyer (3) dit :

« L'armée de ces prolétaires augmente de jour en jour et son silence même, son attitude expectante en présence de sa résolution dissimulée, indiquent quelque chose de menaçant... Le peuple allemand ne s'est pas montré digne du grand avenir que lui promettaient les guerres de 1866 et 1870. » Les gouvernements allemands ont tous étudié cette question, et,

---

(1) *Die parlamentarische Thätigkeit des deutschen Reichstages und der Landtagen und die social-Demokratie.* — Leipzig, 1873.

(2) Par suite des lois d'exception introduites en Allemagne, les congrès socialistes avaient lieu en dehors des frontières de ce pays. Après la suppression de ces lois, le premier congrès socialiste se réunit ouvertement à Halle.

(3) *Politische Gründer und die Corruption in Deutschland.* — Leipzig, 1877.

sur l'initiative de la Prusse on a essayé de prendre quelques mesures. Mais on n'a trouvé ni en Allemagne, ni dans aucun autre pays atteint de cette maladie, aucun moyen de la combattre méthodiquement.

On voit déjà, par ce rapide exposé, combien nombreuses sont les causes du mécontentement des masses en Occident, causes qui favorisent les tendances révolutionnaires. Les hommes qui ont détenu le pouvoir dans l'empire allemand ont bien eu recours à certains moyens. Mais ce n'étaient que des palliatifs dans le genre de l'assurance des ouvriers contre les accidents, favorisée par le gouvernement dans une certaine mesure, et des subventions accordées aux ouvriers trop vieux ou incapables de travailler.

Ces moyens ressemblent aux efforts qu'on ferait pour arrêter une rivière en opposant par ci par là quelques faibles planches à son courant.

Les socialistes acceptent tout, mais ils ne renoncent nullement à leur agitation anti-gouvernementale.

Il est vrai que le prince de Bismarck avait imaginé encore un autre moyen de défense : les lois d'exception dirigées contre l'un des partis de l'empire, le parti des socialistes-démocrates. Au point de vue du parlementarisme, on trouvait singulières ces lois qui privaient un parti représenté au Parlement du droit de se réunir et d'échanger ses pensées. Au point de vue pratique, ces lois ont fait assurément plus de mal que de bien. Elles n'ont pas, dans tous les cas, survécu à la carrière politique de Bismarck.

Le droit accordé aux socialistes de formuler publiquement leurs désirs et leur profession de foi politique permet aux hommes sensés, au contraire, d'apprécier l'inconsistance de leurs rêves. La force de leur doctrine consiste surtout dans la critique de l'ordre établi et des charges qu'il impose aux citoyens. Mais l'ordre social par lequel ils proposent de remplacer celui qui existe comporte des charges qui, pour être d'une autre nature, n'en sont pas moins lourdes que celles qui affectent actuellement toute la société européenne. Ainsi la réglementation de la production (*planmassige Produktion*), qui fait partie du programme socialiste, aboutirait — sans parler de la difficulté que rencontrerait son application — non seulement à la limitation de la « libre concurrence » qu'ils combattent avec tant d'acharnement, mais aussi à la suppression de toute initiative chez les producteurs, partant, de toute tendance vers le perfectionnement et le développement de la production.

Certaines personnes pensent que la propagande socialiste ne profite qu'à ses adeptes, attendu que les masses ne sont pas à même de raisonner sans parti pris et avec indépendance. Ceux qui partagent cet avis estiment que les théories socialistes, bien qu'irréalisables, ne laissent pas d'être très dangereuses, attendu qu'elles font miroiter aux yeux de la masse un état de choses dans lequel il sera possible de travailler moins tout en vivant mieux.

Les socialistes, il est vrai, ne sont pas avares de semblables promesses.

Citons, pour donner un exemple, quelques extraits empruntés à un ouvrage du socialiste-démocrate Stern, intitulé : *Thesen über den Sozialismus*, et qui ont été lus au Reichstag : « Après avoir fait le travail qui lui était désigné, chacun aura le droit de consommer autant qu'il voudra : on lui fournira les moyens de se procurer des vêtements dans les magasins communs ; des plats de son choix lui seront servis soit au restaurant, soit chez lui ; il habitera un appartement confortable relié par un téléphone et par la poste pneumatique aux hôtels communs, etc. »

Cette lecture a soulevé une bruyante hilarité au Reichstag, mais les socialistes n'en sont pas moins persuadés que cet idéal est entièrement réalisable. Le *Berliner Volksblatt* disait en novembre 1890 : « Nous ne préjugeons pas du menu des repas qu'on servira dans l'État national ; mais nous affirmons positivement que chacun y sera repu. Nous ignorons dans quel style on construira les demeures, mais nous savons pertinemment que chaque famille et chaque individu auront un appartement hygiénique, spacieux et gai (*freundlich und traulich*). »

Il est vrai que l'un des chefs de ce parti, Bebel, s'est prononcé au Reichstag contre les promesses exagérées. Il a déclaré que ni lui ni ses amis n'ont jamais bercé d'illusions les ouvriers : « Nous ne leur disions », déclare-t-il, « que ce qui suit : Votre délivrance ne peut être que votre affaire ; les partis capitalistes lutteront contre vous de telle ou de telle autre manière, ils auront recours à la dictature et aux lois d'exception, ou bien, s'ils n'y recourent pas, ils vous combattront et alors vos conquêtes seront proportionnées à vos forces. C'est pourquoi il importe que vous vous organisiez, que vous formiez des associations. Adhérez donc au parti auquel ont déjà souscrit des millions d'ouvriers, adhérez au prolétariat allemand organisé, qui a conscience de sa force et qui aspire à la liberté : c'est lui qui constitue la démocratie sociale. »

Et quand on démontrait à Bebel l'incohérence de tel ou tel espoir nourri par les socialistes, il répondait qu'il ne pouvait expliquer, d'une manière générale, toutes les mesures auxquelles il faudra recourir pour établir un nouvel ordre de choses : « Vous êtes aujourd'hui au pouvoir, Messieurs, et il vous est impossible, malgré cela, de dire avec précision ce que vous ferez dans cinq ans, car cela dépend des circonstances. Nous sommes absolument dans le même cas. Nous avons un programme bien déterminé, mais il ne comprend que des points généraux. Ces points les voici : les outils de travail cesseront d'être une propriété privée ; la terre, les mines, les matériaux bruts, les instruments, les machines, les moyens de communication constitueront la propriété commune ; la transformation de la production des marchandises vers un but socialiste fera que la productivité cessera, tout en augmentant progressivement, d'être une source de misère et d'oppression pour les classes exploitées ; elle favorisera, au contraire, le développement du bien-être national et apportera de l'harmonie dans les améliorations. Or, nous enlèverons les outils de travail aux propriétaires privés, quand nous serons au pouvoir, et, en agissant de la sorte, nous ne servirons pas seulement les intérêts du prolétariat, mais ceux de l'humanité tout entière. Seul, le prolétariat est en mesure d'accomplir cette réforme, car les intérêts des autres classes de la société sont opposés aux siens ; ils leur imposent la défense du principe de la propriété privée relativement aux outils du travail, et le maintien indéfini de l'état social actuel. »

Le professeur Stammer (1) confirme ainsi ce programme du socialisme : « Ce sont actuellement des particuliers qui produisent les marchandises utiles ou superflues ; ils en jettent sur le marché les quantités que bon leur semble. Les socialistes appellent cela *l'anarchie de la production*. Ils croient pouvoir régler cette production suivant un plan élaboré dans les grands centres. Les instruments de production devront, suivant eux, constituer un bien commun, et seuls les objets de consommation pourront constituer la propriété privée. »

Mais qui réglera la somme de travail, et comment la réglera-t-on ? Voici comment l'un des chefs du parti socialiste, Charles Kotsky, envisage ce point dans la *Revue socialiste* : « Après avoir complètement nationalisé les instruments de production, le gouvernement socialiste procédera au dénombrement des objets à produire. Les commissions statistiques évalueront, à cet effet, les besoins de la nation en produits et autres marchandises pour une certaine période de temps ; cette évaluation comprendra un excédent destiné à assurer les besoins de la nation en cas de mauvaise récolte et à créer une réserve. Ensuite, on établira combien il faut d'heures pour produire la somme de tous les objets nécessaires.

« Connaissant le nombre de personnes capables de travailler, ces commissions détermineront le minimum obligatoire d'heures du travail quotidien pour chaque ouvrier, en même temps que sa part dans la répartition de la richesse qui sera conforme à son nombre d'heures de travail. Cette part s'appellera la *part normale*. Elle dépassera toujours ce qui constitue le strict nécessaire. »

Kotsky complète cette explication par des chiffres qu'il donne à titre d'exemple. Admettons que, pour satisfaire tous les besoins, il faille 30 milliards d'heures de travail et que le nombre des ouvriers s'élève à 20 millions.

Cela signifie que chaque ouvrier sera obligé de travailler pendant 1,500 heures par an, soit 300 journées de travail de 5 heures. Après

---

(1) *Die Theorie des Anarchismus.* — Berlin, 1894.

avoir déterminé la quantité de travail que chacun doit fournir, ainsi que sa part dans le partage, les commissions répartissent le total des commandes entre les différentes corporations des métiers ; celles-ci font la répartition parmi les ouvriers qui les composent et fixent le prix de l'heure du travail dans chaque branche de production. Dans le cas où quelqu'une de ces branches manquerait d'ouvriers, ces derniers toucheraient un prix plus élevé.

Admettons que l'État passe à une corporation quelconque une commande devant être : 1° exécutée en 15 millions d'heures de travail et 2° rétribuée avec 15 millions de billets de consommation. Dans le cas où 10,000 ouvriers se présenteraient pour exécuter cette commande, chacun d'eux travaillera en moyenne 1,500 heures et touchera autant de billets de consommation. De cette manière, chaque ouvrier participera dans une égale mesure au partage de la richesse produite. Mais s'il ne se présente que 5,000 ouvriers dans la localité en question au lieu de 10,000, cela prouvera que le prix du travail y a été fixé à un taux trop bas et qu'il faut élever à 30 millions la somme des bons de travail. Dans le cas où les ouvriers afflueraient en trop grande masse, s'ils se présentaient, par exemple, au nombre de 20,000, cela signifierait que le prix de l'heure du travail a été fixé trop haut et qu'il y aurait lieu de le diminuer. Quand enfin il s'agira d'exécuter des travaux qu'aucune corporation de métier ne voudra entreprendre, on fera appel aux *volontaires du dévouement* qui ne manqueront jamais (1).

Le chef des progressistes au Reichstag, Richter, formulait comme il suit les objections qui se présentent quand on examine l'idéal de production socialiste :

« Un tel ordre de choses enlève au travail l'intérêt personnel qui stimule le progrès individuel ; dans un pareil système, il n'y aurait même pas lieu de faire des épargnes, puisqu'on n'aurait pas la faculté de les léguer à ses enfants. L'individu ne pourrait pas leur assurer une meilleure existence par son travail, la recherche des perfectionnements et des débouchés. Bref, les socialistes veulent remplacer tout intérêt individuel par une sorte d'apothéose du bien-être général. Les hommes n'ont jamais vécu et ne pourront jamais vivre de cette manière. Voilà pourquoi il faut qualifier le socialisme, qui se base sur des aspirations vagues et sur une connaissance inexacte de la nature humaine, de doctrine tendant à égarer (*irreleiten*) les ouvriers. »

Le publiciste français Leroy-Beaulieu fait remarquer avec raison qu'en supprimant le facteur constitué par l'intérêt personnel dans tous les efforts

---

(1) Malon, *Précis du socialisme.*

tendant à perfectionner le travail et l'épargne, on diminuerait la somme même de la production. L'humanité n'y gagnerait donc rien, en admettant même qu'elle eût supprimé, de ce fait, certaines injustices.

Citons encore l'opinion de Schoffle, qui peut être considérée comme intermédiaire et conciliatrice. Voici ce que dit ce personnage qui fut ministre des Finances en Autriche et exerça quelque influence sur Bismarck, dans le sens de la nécessité d'améliorer le sort des ouvriers : « Si le socialisme, dit-il, réussit à établir son principe de solidarité sociale, ainsi que la suppression de l'usure et de tous les monopoles privés, avec les avantages que comporte l'intérêt personnel dans le travail joint au libre contrôle sur l'exécution des fonctions publiques; si le socialisme réussit à conserver, de cette manière, tout ce qu'il y a de bon dans l'ordre actuellement existant, il triomphera certainement, bien que tardivement peut-être.

« Dans ces conditions toutes les acquisitions de la civilisation, la concentration des forces mécaniques et la tendance industrielle à se grouper en de grandes entreprises, les associations des ouvriers de la grande industrie et leur lutte constante contre les entrepreneurs capitalistes, tout cela contribuera dans une très large mesure à réaliser l'ordre de choses et le mode de production préconisés par les socialistes. Mais pour tirer profit de ces forces, le socialisme devrait se développer naturellement, sans prendre une attitude menaçante, sans nourrir des idées de destruction; il devrait simplement utiliser ce que le développement social a produit pour augmenter sa force créatrice. C'est là un idéal éloigné, mais non irréalisable, et que l'humanité a tout intérêt à poursuivre, car il constitue pour elle un problème, non seulement absolument conservateur, mais le plus important de tous (1). »

Il est impossible, en tous cas, de ne pas reconnaître que l'idée du droit que doivent avoir : le travail, comme source de toutes richesses, et l'ouvrier, comme producteur direct de ces richesses, à une part des bénéfices résultant de leur production, n'est pas de celles qu'on peut étouffer par la force; il est impossible de ne pas la prendre en considération; il faut opposer des arguments rationnels aux déductions extrêmes qu'on en tire, et non pas des mesures de coercition.

Les armées se composent de nos jours de jeunes gens qui sortent du peuple pour y rentrer presque aussitôt. Si la masse venait à se pénétrer des idées socialistes, elle disposerait bientôt de la force matérielle.

Il existe même aujourd'hui des penseurs sérieux qui prédisent le triomphe futur du socialisme dont l'importance politique est déjà très considérable. Cela provient de certaines imperfections inhérentes au régime actuel, et

____

(1) *Quintessenz des Socialismus.*

surtout des charges qui résultent du militarisme. La suppression du militarisme changerait immédiatement la face des choses. Pour confirmer cette assertion, il nous faut examiner de plus près les moyens employés par les socialistes pour saper les institutions existantes.

III. Congrès des socialistes.

Les congrès socialistes.

Un des meilleurs moyens de propager les doctrines socialistes, d'augmenter le nombre de ses adhérents et de resserrer les liens qui les unissent, consiste à organiser des congrès où se rencontrent les théoriciens et les partisans de cette doctrine. Ceux-ci sont pour la plupart des représentants d'organisations existantes; ils se donnent rendez-vous pour discuter des questions sur lesquelles ils ne sont pas tous d'accord, pour tracer leur ligne de conduite, et définir les moyens de propager leur enseignement afin de conquérir le terrain politique indispensable à leur action, enfin pour déterminer l'idéal de leurs tendances. Ces congrès attirent sur eux l'attention de toute l'Europe; on en parle partout et ils constituent par là même un puissant moyen de propagande, en raison du caractère solennel qu'ils donnent aux débats relatifs aux intérêts des masses populaires.

Dans ces congrès, les orateurs se s'occupent habituellement que très peu de la réalité, ils cherchent surtout à conquérir la popularité, en émaillant leurs discours de belles figures de rhétorique, en formulant de magnifiques promesses, en dépeignant sous les formes les plus séduisantes le bien-être qui résultera pour les peuples de la conversion générale à leurs opinions.

Dans ces assemblées sont représentées les différentes associations existant actuellement par tous pays, et qui tendent toutes au but même de la doctrine, but qui consiste simplement à substituer l'État à l'individu.

Dans ces conditions, les congrès socialistes ont évidemment plus de succès que les congrès de la paix. Ceux qui participent à ces derniers sont pour la plupart des personnes appartenant à des classes plus élevées de la société, tandis que les congrès socialistes réunissent de simples ouvriers et sont subventionnés par les prolétaires. Si l'on qualifie l'idée de la paix perpétuelle d'abstraite et d'incompatible avec les intérêts de tel ou tel pays, on n'en peut dire autant de l'idée socialiste qui embrasse les questions, les soucis, les besoins quotidiens de la majorité de la population.

C'est cela précisément qui fait la force de l'agitation socialiste en Europe. Les prolétaires ne donneraient pas leur argent simplement pour entendre prononcer de beaux discours. Il est vrai que ces discours les enthousiasment, mais en les écoutant, ils ne perdent jamais de vue leurs intérêts pratiques, le profit que doivent leur rapporter les centimes ou les pfennings sacrifiés. L'action collective de ces éléments homogènes de la population détermine, chez eux, une fièvre qui, de son côté, constitue le meilleur stimulant pour les luttes ultérieures. Les chefs de ce mouvement le savent bien, et ils tirent le meilleur parti possible de la disposition d'esprit des ouvriers qui affluent en foule aux congrès.

Il y a eu beaucoup de congrès socialistes, tant régionaux qu'internationaux. Mais leur histoire n'est pas toujours en rapport avec l'objet qui nous intéresse. Nous ne parlerons donc que de ceux d'entre eux qui se sont occupés de la guerre et du militarisme.

Tous ces congrès peuvent être divisés en deux groupes très distincts au point de vue de leur caractère et de leur importance pratique : 1° le groupe des congrès internationaux, et 2° celui des congrès régionaux. Les premiers sont en quelque sorte des manifestations politiques, des expositions où le socialisme exhibe ses progrès et ses conquêtes. A ces congrès on discute de préférence les questions de principe touchant la ligne de conduite à suivre dans l'avenir. Les congrès régionaux, au contraire, s'occupent principalement des affaires courantes et des questions pratiques relatives à l'action du parti. Les réunions de ce genre sont surtout fréquentes en Allemagne.

Congrès socialistes internationaux.

L'idée d'organiser des congrès socialistes internationaux et la création de l'*Internationale*, c'est-à-dire de l'union générale des ouvriers européens, est attribuée à Karl Marx. Il l'aurait conçue et publiée en 1847, sous forme d'un projet dans lequel il exposait ses principes qui devinrent, dans la suite, le programme de l'action du parti. Ce programme fut approuvé par le congrès de Londres, où siégèrent non seulement des ouvriers anglais, mais aussi des artisans de tous les autres pays européens. C'est à cette réunion qu'on proposa la création de l'union internationale des ouvriers, dont une assemblée, convoquée pour l'année suivante à Bruxelles, n'eut pas lieu d'ailleurs, à cause des événements de 1848. C'est au Congrès de Londres qu'on résolut d'inaugurer la lutte contre le capital qui se produit partout dans les mêmes conditions. De là le désir d'unir toutes les forces pour une action commune, désir qui détermina la création de l'*Internationale*.

En 1862, les ouvriers anglais reçurent une députation des ouvriers français qui s'était rendue à Londres à l'occasion de l'Exposition universelle. Naturellement les chefs du socialisme mirent cette circonstance à profit. C'est aux meetings qui eurent lieu pendant les deux années suivantes que les délégués se mirent définitivement d'accord sur le mode d'organisation de l'*Union internationale des ouvriers*. Cette union avait pour but d'éveiller chez les prolétaires du monde entier le sentiment de l'intérêt commun de leur caste et de faire, de ces intérêts, l'objectif de tous leurs efforts (1).

Au début, les gouvernements ne se défièrent pas de cette union. Il y avait parmi ses membres des hommes très modérés, tels que Miquel, ministre des Finances prussien (2), Jules Simon, Jules Ferry et autres.

Évolution du socialisme.   L'action ultérieure de l'*Union internationale des ouvriers* peut être divisée en trois périodes. Dans la première (1865-1867) prédominait le *mutualisme*.

Dans cette période, la société était sous l'influence des théories de Proudhon. Les représentants des ouvriers français et suisses-français y jouèrent un rôle prépondérant. En 1866, un congrès eut lieu à Genève, où Karl Marx proposa de rétablir la Pologne sur des bases démocratiques et socialistes. Mais les mutualistes français modifièrent ce projet dans le sens d'une proclamation de la lutte contre *le despotisme*. Après le congrès de Lausanne, qui eut lieu en 1867 et constitua un blâme à l'adresse du premier comité parisien, commença la période du *collectivisme*. Jusqu'au congrès de La Haye, c'étaient les idées de Marx, de Collins et de Fourrier qui dominaient dans l'Union et le *Conseil général* de Londres jouissait de la plus grande autorité. Durant la troisième période (depuis le contre-congrès de Saint-Imier en 1872 jusqu'au congrès de Berne en 1876) prévalurent les théories de Bakounine, c'est-à-dire une direction moins *anarchiste*. Puis la défaite de la France et l'échec de la Commune portèrent non seulement à cette direction, mais à l'Union internationale elle-même, un coup dont elle n'a jamais pu se relever. Des désaccords se produisirent simultanément au sein de l'Union, qui précipitèrent sa chute. Le socialisme s'incarna, dès lors, dans les *partis ouvriers* qui se formèrent dans les différents pays. Ces partis

---

(1) Malon, *Précis historique du socialisme*. Faisons remarquer que cette idée fut en premier lieu formulée par une femme. Flora Tristan publia en effet, en 1843, une brochure, *l'Union Ouvrière*, dans laquelle elle démontrait la communauté des intérêts des ouvriers de toutes les nations. Elle prouvait aussi dans cette brochure que la bourgeoisie, qui avait hérité de la noblesse, constituait une caste plus nombreuse et plus utile que cette dernière, mais que l'avenir appartenait à la classe ouvrière qui est encore plus nombreuse et plus utile que la bourgeoisie. Pour acquérir la force voulue, la classe ouvrière doit se concentrer, former une union universelle ; c'est à cette condition seule que se réaliseront ses exigences sur le droit au travail et son organisation.

(2) Dr. Rud. Mever, *Der Emancipationskampf des vierten Standes*, page 118.

sont loin d'être aussi menaçants que l'était l'Union avec sa direction centrale, son caractère international, ses allures mystérieuses, etc.

Les horreurs de la Commune aliénèrent à l'Internationale bien des sympathies et même lui enlevèrent un grand nombre d'adhérents. Lorsque sa direction centrale fut transportée en Amérique, elle cessa bientôt d'exister, quoiqu'on ait cherché à relever le prestige de cette institution, en la remplaçant par des congrès périodiques. Ces congrès nous intéressent en tant qu'ils ont toujours combattu très énergiquement le militarisme qui se développait pendant ce temps avec une énergie toujours croissante.

Après une série de réunions avortées, un congrès international se réunit à Paris, en 1889, pendant l'Exposition. Il y fut décidé, notamment, de faire, le 1er mai de chaque année, une manifestation en faveur de la journée de 8 heures. Ces manifestations causent encore d'assez grands soucis aux polices des pays occidentaux de l'Europe.

Au nombre des diverses résolutions votées par ce congrès, il en est une qui mérite d'être signalée. Elle fut proposée par Vaillant. « Prenant en considération, y est-il dit, que les armées modernes coûtent chaque année environ 4 milliards de francs à l'Europe, et qu'elles servent moins à défendre qu'à ruiner les pays qui les entretiennent, que les classes privilégiées, en faisant des prolétaires des adversaires intérieurs de l'Etat, ont besoin de la force armée moins pour l'employer contre les ennemis du dehors que contre ceux du dedans, que les charges sans cesse croissantes qui résultent des armements constituent elles-mêmes un danger de guerre, parce que celle-ci sera le seul moyen de sortir d'une situation insupportable, le Congrès : 1° flétrit énergiquement toutes les tendances de conquête manifestées par les gouvernements qui pressentent leur fin prochaine; 2° déclare que la paix est la première et la plus indispensable des conditions de l'émancipation ouvrière; 3° réclame le licenciement des armées permanentes et l'adoption du système de la nation armée basé sur les principes suivants : l'armée ne doit être autre chose qu'une école où chaque citoyen valide passera seulement le temps nécessaire pour acquérir l'instruction militaire; au sortir de l'école, la population mâle est classée dans les bataillons territoriaux dont tous les membres se connaissent; ces bataillons doivent être complètement armés, ils ne doivent manquer de rien et pouvoir, en cas de besoin, être mobilisés dans les vingt-quatre heures; les armes et les munitions sont conservées au domicile de chaque militaire, comme cela se pratique en Suisse, pour n'être employées qu'à défendre l'indépendance nationale et à garantir la sécurité de la patrie. »

Conformément à la décision prise à celui de Paris, un nouveau congrès se réunit à Bruxelles en 1891. On y vota des résolutions assez énergiques. La lutte contre les classes dirigeantes de la société y fut érigée en principe.

On reconnut, en outre, la nécessité de recourir aux grèves et aux boycotages pour arriver à contraindre les gouvernements à protéger la main-d'œuvre. On décida de créer un bureau international; enfin le congrès se déclara, comme ceux qui l'avaient précédé, ennemi déclaré de la guerre et du militarisme. Néanmoins, la presse socialiste manifesta son mécontentement des résultats obtenus à ce congrès. Voici une observation que nous empruntons à l'un des organes de ce parti : Il eût fallu (ceci concerne la proposition d'organiser une grève générale en cas de guerre) mettre immédiatement la puce à l'oreille des gouvernements en prenant des résolutions très énergiques.

Voici encore un passage contenu dans ce même compte rendu qui prouve que les socialistes sont toujours soucieux de représenter sous le meilleur jour leurs progrès et leur activité : « Les congrès de Paris et de Bruxelles constituent un nouveau pas fait dans la voie du progrès social, attendu que ces réunions furent les seules assemblées internationales qui se soient occupées de questions relatives à l'humanité tout entière et qui aient examiné ces questions au point de vue de la science, de la logique, de la justice, etc. »

Un congrès socialiste siégea pendant huit jours à Chicago en 1893, au moment de l'exposition. Ce congrès témoigna de tendances anarchistes assez caractéristiques; on y vota par conséquent les ordres du jour proposés par les représentants des partis les plus radicaux, entre autres une motion concernant la proclamation de la grève générale en cas de guerre.

Cette même année fut convoqué à Zurich un congrès qui ne resta pas en arrière des autres en fait de protestations contre la guerre; c'est même sur ce sujet qu'il a concentré toute son énergie. On voit bien que les chefs du parti socialiste comprennent que le militarisme constitue le défaut de cuirasse du *statu quo* actuel et que c'est sur ce point qu'il faut diriger les coups. L'orateur hollandais Nieuwenhuis obtint un grand succès par le discours où il invitait ses auditeurs à susciter des obstacles aux gouvernements qui voudraient recourir à la guerre. « Toutes les révolutions, disait-il comme conclusion, commencent par un refus d'obéissance des simples soldats à leurs chefs. Les soldats qu'on avait envoyés pour s'emparer des canons parqués à Montmartre en 1871 levèrent la crosse en l'air pour montrer qu'ils ne désiraient pas combattre les prolétaires. C'est ainsi que commença la Commune. C'était là un refus d'obéir spontané et qui n'avait été préparé par personne. Notre cause aura d'autant plus de chances de réussir que les soldats se pénétreront mieux de l'idée qu'ils doivent désobéir à leurs chefs. Le prestige de l'armée sera détruit par la jeune génération qui en constitue la base; elle comprendra que quiconque combat le militarisme nous vient en aide dans notre lutte contre le capitalisme. »

On voit, par tout ce que nous venons de dire, que les congrès socialistes ont, dans une certaine mesure, remplacé l'*Internationale*, bien qu'ils n'aient pas réussi à ressusciter son organisation tout entière. On se demande même si l'*Internationale* a eu, en réalité, la puissance qu'on lui supposait. Il y a lieu d'en douter. On s'efforçait d'intimider les gouvernements, mais la force faisait défaut à cette institution. Il est évident que si l'*Internationale* avait eu plus de raison d'être, elle ne se serait pas effondrée au premier obstacle. Elle a non seulement échoué dans son projet de convoquer de nouveaux congrès, mais aussi dans ses essais de rétablir des liens entre les ouvriers des différents pays. On a été très prodigue de paroles, mais chaque fois qu'il s'est agi d'une action commune, de sacrifices à faire pour soutenir les camarades sans travail, de distraire en leur faveur une partie de son salaire pour éviter d'augmenter une concurrence dangereuse, il fut impossible d'obtenir aucun résultat positif.

Le mouvement socialiste grandissait pendant ce temps dans les différents pays; le nombre de ses adeptes augmentait sans cesse et l'esprit qui les animait était imprégné de cosmopolitisme. Les tendances nationalistes étaient tournées en dérision dans ce parti.

Congrès socialistes régionaux.

France. — Le premier congrès de socialistes français s'est réuni à Bordeaux en 1876, mais c'est à celui de Marseille de 1879 que ces réunions ont pris un caractère ouvertement socialiste. Le congrès de Marseille est en réalité considéré comme le commencement d'une ère nouvelle dans l'activité des socialistes français, à cause de son programme très étendu et de l'enthousiasme qu'il éveilla dans leur milieu. A Marseille, on discuta en réalité toutes les questions intéressantes pour le parti. On y trancha par des ordres du jour très hardis des problèmes considérés jusque-là comme hors de la portée de la civilisation européenne, tels que, par exemple, la réglementation de la propriété, l'égalité des deux sexes, etc. Il est vrai qu'au congrès du Havre il fallut en rabattre beaucoup des espérances conçues à Marseille ; parce que la plupart des représentants des syndicats avaient rejeté le programme d'action purement socialiste. Les partisans de ce programme durent se retirer et le discuter entre eux sans le concours de la *fraction ministérielle,* comme ils appelèrent le parti de leurs adversaires.

Le congrès de Saint-Étienne fut un des plus remarquables. Les socialistes s'y réunirent en très grand nombre, bien que les étrangers n'y aient envoyé que des adresses préconisant la fraternité des nations, etc. Les délé-

gués alsaciens et lorrains déclarèrent qu'à eux incombait la tâche très difficile de servir d'intermédiaires entre les prolétaires français et allemands.
Les socialistes français répondirent à leurs confrères d'Allemagne, en confirmant la solidarité existant entre les ouvriers des deux nations et en soulignant la nécessité de développer, de concentrer cette solidarité. « Elle unit
déjà maintenant, grâce aux principes d'égalité et de justice, les intérêts des
ouvriers du monde entier. Nous devons écarter tout ce qui divise encore de
nos jours les nations; nous devons nous donner les mains à travers les
frontières, nous unir à tous les partis qui professent nos idées, nous efforcer
de faire triompher l'égalité absolue, afin qu'il n'y ait plus dans le monde
entier qu'un seul peuple : — l'humanité! »

Congrès
de Charleville.

Nous relevons, parmi les décisions votées au congrès de Charleville,
celle formulée dans le paragraphe 17 où il est dit : « ..... Pour éviter les
conflits armés entre nations, il est nécessaire d'accorder et d'unifier les
intérêts économiques de toutes les contrées. Le jour où les ouvriers comprendront que la politique de conquête ne leur cause que des pertes et qu'on
exploite leur crédulité pour animer leur désir de s'exterminer entre eux,
ce jour marquera la fin des luttes fratricides, du despotisme et de l'exploitation de la population. Le Congrès a résolu, en conséquence, de faire
tous ses efforts pour obtenir la suppression des interdictions concernant
l'union internationale des socialistes... »

Congrès de Paris
(1891).

Le dixième congrès des socialistes français eut lieu à Paris au mois de
juin 1891. On y discuta, entre autres choses, la question antimilitariste,
et l'on cita les opinions des différentes fractions et des différents groupes
socialistes sur ce sujet. Ces opinions étaient pour la plupart très énergiques et très concluantes. Quelques-unes tendaient à démontrer que seule
la révolution pourrait délivrer l'humanité du fléau de la guerre. D'autres
proposaient de combattre le militarisme en organisant la résistance contre
la conscription. D'autres encore étaient d'avis qu'il faudrait exiger que le
gouvernement français proposât à tous les gouvernements l'établissement
d'un tribunal d'arbitrage auquel on soumettrait tous les différends internationaux.

Lutte contre
le militarisme.

La résolution définitive du congrès sur ce sujet fut exprimée en ces
termes : « Prenant en considération : que l'état des nations armées constitue une plaie ouverte et conduit droit à la ruine les peuples civilisés;
que toutes les nations sont sœurs et doivent avoir horreur des fratricides; que l'éducation des jeunes générations, dirigée dans un esprit de
chauvinisme, leur voile l'horizon des intérêts internationaux et les empêche
de saisir les idées seules capables de faire comprendre aux populations
où se trouve leur véritable bonheur, tandis que la discipline militaire ne
sert qu'à développer les instincts sauvages de l'homme ; que les armées

actuelles sont, dans les mains des capitalistes et des classes au pouvoir, un instrument de compression des aspirations libertaires des nations ; que ces armées engloutissent des sommes immenses et arrachent au travail productif la fleur de la population, le congrès réclame la suppression des armées permanentes et l'armement direct de la nation. »

A l'une des séances du congrès de Paris, un groupe socialiste, « la Solidarité des tailleurs », a déclaré (au cours des discussions sur les rapports entre prolétaires agricoles et industriels) qu'il est nécessaire de faire une propagande partout où se trouvent des garnisons, afin d'ébranler, chez les jeunes soldats, la foi dans la nécessité de la discipline et de les persuader qu'il est de leur devoir de faire cause commune avec tous les prolétaires industriels.

Le onzième congrès socialiste français, réuni à Saint-Quentin, s'est également occupé de la suppression des armées permanentes. Le rapporteur de la commission sur ce point fut Jean Clément, qui dit que les socialistes ne devaient se laisser décourager, dans leur tâche antimilitariste, ni par les accusations dont ils seraient l'objet, ni par les calomnies, ni par l'épithète de « Prussien » qu'on leur appliquerait, attendu qu'ils doivent déjà être aguerris contre tous ces moyens imaginés pour les discréditer. La commission a fait ressortir les immenses sacrifices que demandent les guerres. Les statistiques officielles anglaises publiées dans des journaux militaires démontrent, en effet, que les guerres qui se sont produites durant la période de 1859 à 1877 ont coûté la vie de 1,795,000 hommes et la somme de 69 milliards ! « Cette masse d'hommes et d'or qui aurait pu contribuer au développement du bien-être de l'humanité n'a servi qu'à exciter le pire des instincts, celui de la haine non justifiée entre les peuples. » « Et quel terrible tableau, dit Clément, se présente à nos yeux, quand nous passons en revue toutes les armes meurtrières inventées ces temps derniers en vue de la guerre future. Les inventeurs de ces engins de destruction n'ont pas honte de démontrer aux capitalistes et aux acquéreurs de leurs inventions que, désormais, chaque blessure sera mortelle, que les villes et les villages flamberont comme des allumettes et que les champs de bataille seront jonchés de centaines de milliers de cadavres. Qui donc refusera, après cela, de s'unir à nous ; les mères ne s'opposeront-elles pas au renouvellement de ces hécatombes ? »

Le congrès vota ensuite l'ordre de jour suivant : « Considérant que les armées permanentes sont la cause de la ruine et de l'appauvrissement de la population, qu'elles constituent, en outre, une menace constante pour la paix, qu'elles sont à la disposition des ennemis du peuple et forment l'école où se développent les instincts sauvages, où se corrompent les mœurs nationales, que c'est des rangs de l'armée que sortent le plus

Congrès
de
Saint-Quentin.

souvent les factieux et les despotes ambitieux, que jamais elles n'ont su, sans le concours des masses, sauver la patrie d'une invasion ennemie, — le Congrès exprime le désir que les armées permanentes soient remplacées par la nation armée et que toutes les lois interdisant l'existence de l'union internationale des travailleurs soient abolies.

« Pour réagir contre les intentions fratricides des gouvernements des différents pays, le Congrès décide que les socialistes doivent répondre par la déclaration de la guerre sociale à chaque déclaration de guerre. »

Le congrès proteste enfin, comme conclusion, contre le fratricide sous forme de guerre internationale, contre toutes les sortes de haines politiques ; il souhaite la suppression des frontières et déclare que son idéal consiste dans le développement général du travail pacifique à la faveur de la liberté et de la justice, assurées sous la protection de la grande république sociale.

En dehors des congrès dont nous venons de parler, il existe en France des congrès *régionaux* dans l'acception plus étroite de ce mot, auxquels assistent, non les représentants du parti socialiste de la France tout entière, mais ceux d'une partie seulement de ce pays.

C'est à l'un de ces congrès que les représentants de l'*Union fédérative*, réunis à Paris en 1891, s'adressèrent aux producteurs du monde entier (surtout à ceux de l'Allemagne, de l'Autriche et de l'Italie), pour leur demander de résister de toutes leurs forces à toute entreprise militaire de leurs gouvernements.

Congrès
de Leipzig
et
de Nuremberg.*Allemagne.* — Le premier congrès allemand ayant un caractère socialiste fut réuni par Lassale à Leipzig en 1863. Lassale et ses partisans restaient, on le sait, sur le terrain purement nationaliste et s'accordaient avec la politique de Bismarck. Seules, les théories économiques rattachaient leur doctrine à la doctrine socialiste proprement dite ; aussi ce mouvement n'a-t-il point de rapport avec le sujet qui nous intéresse plus spécialement, c'est-à-dire avec la propagande antimilitariste. D'ailleurs, du temps de Lassale déjà, les socialistes allemands gravitaient vers les idées et l'organisation de l'*Union internationale des travailleurs*, et le congrès de Nuremberg, en 1868, fut une manifestation imposante par le grand nombre d'ouvriers allemands qui s'y réunirent, et qui étaient pour la plupart des disciples, non de Lassale, mais de Marx (1). Le congrès de Nuremberg accepta les principes exprimés dans le manifeste de Marx et Engels en 1847 et ce *manifeste* devint le programme de la section allemande de l'*Union internationale*. Le congrès de Nuremberg vota, en conséquence, l'ordre du jour suivant :

____

(1) Les principaux adeptes de la théorie de Marx, en même temps que les principaux chefs du socialisme international en Allemagne, furent Bebel et Liebknecht.

« Pour que les aspirations des peuples à l'émancipation économique ne restent pas stériles, par suite du manque de solidarité, il est indispensable d'avoir un centre où puissent se rencontrer fraternellement les représentants des classes laborieuses de tous les pays. L'émancipation du travail n'est pas une question nationale, mais un problème social qui intéresse les travailleurs de toutes les nations. Cette émancipation doit résulter de la lutte des travailleurs eux-mêmes, et cette lutte ne doit pas avoir pour objet la conquête de certains privilèges, mais la suppression de toute inégalité. La dépendance dans laquelle se trouvent les classes ouvrières de ceux qui détiennent les outils de la production détermine l'asservissement des premiers, leur pauvreté et leur état d'oppression morale. La liberté politique est une condition indispensable de l'émancipation économique, aussi ces deux causes sont-elles étroitement liées. L'*Union internationale* a déjà manifesté son existence en Allemagne, il est donc nécessaire de décider l'*Union générale des travailleurs allemands* (fondée par Lassale) à fusionner avec l'*Union internationale.* »

Ce programme tend à supprimer le prolétariat et à placer toute la richesse nationale et le pouvoir lui-même entre les mains d'une *organisation* agissant suivant les principes du *collectivisme.* C'est dans cette direction que l'organisation socialiste s'est développée depuis en Allemagne.

Il est vrai que le camp des lassaliens a essayé de repousser l'idée de l'émancipation de la classe ouvrière par ses propres efforts et d'opposer son socialisme de dictature, même gouvernemental, au socialisme rationnaliste et républicain. Mais le mécontentement soulevé en dernier lieu par les partisans de Lassale était dû à l'attitude passive et même gouvernementale qu'ils prirent lors de la guerre de 1870, tandis que les membres de l'*Union internationale* protestèrent hautement contre cette guerre, non sans s'exposer par cela même à de grands dangers.

Bebel et Liebknecht votèrent contre l'emprunt de guerre, en déclarant que celle-ci avait été de longue main préparée par le gouvernement prussien *dans le but de rehausser l'éclat de la maison de Hohenzollern.* Ils prédirent aussi que cette guerre entraînerait une alliance franco-russe et la lutte entre les nations germaines et slaves. Avec Marx, ils se prononcèrent résolument contre l'annexion de l'Alsace et de la Lorraine, et pour avoir glorifié ouvertement la Commune de Paris, ils furent accusés de haute trahison et condamnés à deux années de forteresse. C'est dans cette direction que s'engagèrent les socialistes allemands, et les sociétés lassaliennes furent désertées par leurs membres, qui allèrent rejoindre l'*Union internationale.*

En mai 1875, les socialistes allemands se réunirent à Gotha. Les deux partis qui jusque-là avaient existé côte à côte en Allemagne fusionnèrent en un seul qui reçut le nom de *Socialistische Arbeiterpartei Deutschlands*. Le député Hasenklewer fut élu président de cette société. Mais, au mois d'août de cette même année, les partisans de Lassale organisèrent un congrès séparé à Hambourg, et les deux partis n'arrivèrent à s'unir définitivement qu'en 1876.

Le congrès de Gotha occupe une place marquante dans l'histoire du socialisme allemand, car le programme qui y fut formulé est encore en vigueur de nos jours. Les bases de ce programme sont les suivantes : « Seul le travail est la source de tout bien-être et de toute richesse. Puisque son utilité est une conséquence de l'organisation sociale des hommes, tous les produits du travail constituent la propriété de la société, c'est-à-dire celle de tous ses membres individuellement, et chaque travailleur a droit à la partie de ces produits qui lui est indispensable et qu'on peut rationnellement évaluer. Dans la société actuelle, les instruments de travail constituent le monopole de la classe des capitalistes. Cet état de choses entraîne la dépendance des classes ouvrières et leur servitude sous diverses formes. L'émancipation du travail veut que les instruments deviennent la propriété de la société tout entière; celle-ci doit en disposer pour le plus grand bien de tout le monde et répartir ensuite équitablement les produits obtenus. L'émancipation du travail doit résulter des efforts de la classe ouvrière par rapport à laquelle toutes les autres classes constituent la masse réactionnaire.

« Partant de ces principes, le parti ouvrier allemand s'efforcera par tous les moyens légaux de créer un état libre et une société socialiste, de supprimer le système des salaires actuellement en vigueur, et l'exploitation du travail ainsi que toutes les inégalités politiques et sociales existantes. Le parti socialiste allemand n'agit, pour le moment, que dans les limites de la nationalité allemande, mais il considère que ce mouvement doit avoir un caractère international. Ce parti s'engage, en conséquence, à remplir toutes les obligations résultant de l'idée de solidarité et de fraternité entre les ouvriers de tous les pays. »

On indiqua, entre autres moyens servant à atteindre les buts susdits : la possibilité de fonder des sociétés avec le concours de l'État, le suffrage universel et la participation directe des citoyens à la confection des lois; enfin, pour que le peuple fût seul juge dans les questions de guerre et de paix, on réclama la suppression des armées permanentes, l'armement de tous les citoyens, etc. Le congrès exigea, en outre, qu'on prît une part active dans la question du désarmement général.

Conséquences
des
lois d'exception
de 1878.

Les lois d'exception votées contre les socialistes en 1878 les empêchèrent de convoquer de nouveaux congrès en Allemagne. Quelques réunions de ce genre eurent lieu, en conséquence, à l'étranger. La lutte entre le gouvernement allemand et les socialistes devint plus acharnée par suite de ces lois d'exception; le socialisme allemand prit par là même un caractère plus révolutionnaire, et au congrès qui se réunit en 1880 près de Zurich, on résolut de rayer du programme de l'action socialiste ces mots : *Par les moyens légaux.*

Trois ans plus tard, on émettait à Copenhague l'avis que, tout en ne comptant parmi ses adeptes ni politiciens parlementaires, ni révolutionnaires, ce parti devait néanmoins être considéré comme un parti révolutionnaire, puisqu'il aspire à la suppression de l'ordre établi et que ce serait une illusion de croire possible cette suppression du *statu quo* par des voies pacifiques.

Si l'on cherche à pénétrer le sens de ces paroles prononcées par un orateur éminent, on n'y découvre pas l'intention directe de fomenter une révolte; mais dans la masse qui n'est pas habituée à peser la valeur exacte des mots, ce discours a dû réveiller des penchants et des idées révolutionnaires.

Les plus expérimentés des chefs socialistes allemands, Bebel et Liebknecht, ont tout fait pour maintenir dans la voie légale leurs partisans que des mesures de répression menaçaient de précipiter dans l'abîme révolutionnaire. Aussi ces deux tribuns furent-ils violemment pris à parti par Most, l'organisateur des groupes anarchistes allemands, et l'un des membres du congrès international réuni en 1880 en même temps que celui de Zurich. Enfin il se dessina une tendance radicale dans le milieu même des socialistes démocrates, mais la majorité se rangea cependant du côté de Bebel et Liebknecht.

Les lois exceptionnelles ne tardèrent pas, du reste, à être supprimées. Et dès 1890, les socialistes allemands purent se réunir en Allemagne même. Le congrès eut lieu à Halle. Les congrès régionaux des socialistes allemands se tiennent depuis lors dans différentes villes allemandes, et l'on y renouvelle chaque fois les vœux contre le militarisme et la paix armée qui épuise l'Europe.

Le quatrième congrès des socialistes allemands s'est principalement occupé de la propagande à faire dans les campagnes. On y résolut d'organiser des comités *ad hoc*, des conférences publiques, et de publier des brochures. En 1895, le congrès socialiste se réunit à Breslau, où l'on discuta la question de l'organisation internationale du parti et de ses besoins.

Il serait inutile d'examiner le développement du socialisme dans les autres pays. Mais l'esquisse que nous venons de donner ne serait pas complète, si nous ne disions rien des tendances qui se sont développées au sein même du socialisme, et y ont déterminé une scission. Nous voulons parler de l'*Anarchisme*, véritable ferment, selon nous, des troubles qui sont à redouter dans l'avenir. Au point de vue théorique l'anarchisme est moins fort que le socialisme, aussi est-il moins dangereux, pour le *statu quo* social actuel, que la doctrine dont il est sorti. Mais il est impossible de ne pas tenir compte des théories anarchistes, quand on parle des perturbations sociales susceptibles d'être déterminées par une guerre ; car la doctrine en question serait certainement la mèche qui servirait à mettre le feu aux poudres et à réveiller les instincts destructeurs des masses (1).

Esquisse du développement de l'Anarchisme.

La base théorique de l'anarchisme consiste dans la négation du lien obligatoire et juridique qui réunit les hommes et constitue l'État.

L'anarchisme nie, comme l'indique son nom, tout gouvernement quel qu'il soit. Mais les anarchistes ne nient pas la nécessité de tout lien, de toute entente entre les hommes, d'une certaine harmonie dans la vie sociale.

C'est à ce point de vue qu'ils ne s'accordent pas avec les socialistes. Dans leur doctrine, c'est le côté négatif qui est bien déterminé ; quant au côté positif, il est vague et nuageux.

Un ordre social est-il possible sans être basé sur des lois obligatoires ? Les recherches que les anarchistes ont faites dans ce sens ont pris deux directions différentes ; elles se trouvent formulées dans les travaux de

----

(1) Pour compléter ce que nous venons de dire au sujet du socialisme, nous donnons ici le nombre des journaux socialistes paraissant dans les différents pays de l'Europe :

En France.	100	En Hollande		26
En Allemagne.	77	En Suisse		16
En Italie.	47	En Belgique		25
En Autriche	35	En Grèce		3
En Angleterre	11	En Norvège		2
Aux États-Unis.	48	En Suède		3
Dans l'Amérique du Sud.	26	En Serbie		1
En Danemark	7	En Espagne		13
En Roumanie.	4	En Portugal		10
En Bulgarie	4		Total.	458
			Dont : En Europe.	384
			En Amérique.	75

deux initiateurs : Pierre-Joseph Proudhon (1809 à 1865) et Gaspard Schmidt (1806 à 1856). Ce dernier écrivait sous le pseudonyme de « Marx Stirner ».

Proudhon rêvait un lien social formé par un système de « neutralité » économique, c'est-à-dire par la communauté du crédit de la production et de l'échange avec la suppression de l'argent et de tout intérêt. Il appelait cela le « crédit gratuit ».

Dans ce système, les producteurs seraient actionnaires de la banque nationale. Ils lui remettraient leurs produits : vivres, vêtements, meubles, objets de luxe, etc. Les experts de la banque vérifieraient les objets déposés et les estimeraient. Le prix des objets ne comprendrait que les dépenses et le temps affectés à leur production, sans bénéfice.

Pour ses produits et ses confections, le producteur recevrait à la banque des bons d'échange avec lesquels il pourrait acquérir, à cette banque même, des objets d'une valeur équivalente. La banque délivrerait, en outre, sous forme de bons d'échange, des prêts destinés à la production.

Les bons d'échange ne serviraient donc que d'intermédiaires entre la production et la consommation et l'on supprimerait l'argent et le crédit, qui constituent aujourd'hui une puissance indépendante et le facteur principal de l'exploitation de l'homme par l'homme.

Le but de ce système était anarchiste.

« Mon projet de banque, dit Proudhon dans une de ses lettres, est destiné à prouver que le pouvoir gouvernemental n'a plus de raison d'être. J'ai proposé une organisation qui aboutirait à la suppression graduelle de toute la machine administrative : l'État disparaît avec son armée de cinq cent mille hommes et son budget de 2 milliards... »

Mais l'essai, fait en 1849, de créer une banque de ce genre, a complètement échoué (1).

Marx Stirner a fait un ouvrage dans lequel il décrit avec enthousiasme et talent les conditions qui dans l'avenir régiront l'individu. Il y prédit, pour celui-ci, son émancipation complète de la tutelle de l'État et des institutions sociales.

Elles seront remplacées par des communautés libres dont les membres seront absolument indépendants et ne seront astreints à aucun genre de servitude ; chacun aura le droit d'adhérer librement à telle ou telle communauté et de la quitter quand bon lui semblera, sans tenir compte de ce qu'on appelle aujourd'hui l'idée du devoir.

Mais Stirner était plutôt un philosophe qu'un publiciste.

Proudhon et Stirner n'ont pas eu de successeurs, à proprement parler,

____

(1) Stammler, *Die Theorie des Anarchismus*. — Berlin, 1894.

pour poursuivre le développement de leurs idées. Quand, en 1860, l'anarchisme commença de s'établir au sein de la société, ses partisans ont rarement invoqué les théories de Stirner ou de Proudhon. C'est plus tard seulement qu'on se mit à parler d'eux. Il n'existe pas encore d'exposé défini des doctrines anarchistes.

Bakounine compte parmi les propagateurs les plus énergiques de l'anarchisme. Mais, chez lui, la politique occupe une place prépondérante : il nie tout gouvernement qu'il remplace par des communautés libres sans s'inquiéter de leur organisation. Il est d'avis qu'une fois libre, le peuple élaborera lui-même son idéal. Bakounine combattait énergiquement Marx et ses partisans ; c'est le père de l'anarchisme militant et terrorisant.

Voici comment le révolutionnaire badois bien connu Karl Blind caractérise Bakounine : « Il aimait dans ses conversations à faire valoir la philosophie de Hegel, surtout dans ce qu'elle contient de plus compliqué et de plus obscur. On sait que, grâce à cette obscurité, elle a servi aussi bien les conservateurs que les révolutionnaires : les uns y puisent des arguments pour et les autres contre la destruction qui doit précéder l'âge d'or. Bakounine se prononçait toujours pour la destruction et citait volontiers ces vers de Gœthe dont le sens ne laisse pas d'être assez énigmatique :

> Und alles was besteht
> Ist werth dass es zu Grunde geht;
> Drum besser wär's, das nichts entstände... (1)

Pris, les armes à la main, dans une émeute révolutionnaire, Bakounine devait être fusillé ; mais l'Autriche demanda son extradition à cause de sa participation dans un complot ourdi en Bohême. Après une seconde condamnation à mort, il fut cependant rendu à la Russie qui le réclama, et déporté en Sibérie en 1852.

Un tel concours de circonstances fit naître parmi les révolutionnaires allemands un courant d'opinion défavorable à Bakounine. Ce courant s'accentua quand l'anarchiste réussit à s'échapper de Sibérie. Les uns disaient qu'il avait imploré sa grâce, qu'on lui avait accordée, d'autres prétendaient qu'il avait dénoncé ses compagnons de déportation. Les révolutionnaires russes qui vivaient à Londres le désavouèrent solennellement.

Bakounine revint en 1862 dans cette ville, et y publia une brochure où il développait l'idée d'une révolution panslaviste. Il rêvait l'indépen-

----

(1)   Et tout ce qui existe
        Mérite de périr
        Mieux vaudrait donc que rien n'existe...

dance de tous les Slaves et leur union avec les opprimés italiens, grecs
et roumains pour une lutte contre la Prusse, l'Autriche et la Turquie, ainsi
que la création d'une *Grande fédération slave indépendante*. Vers 1864,
Bakounine s'établit en Suisse et se consacra corps et âme à la propagande
révolutionnaire.

En 1865 fut inaugurée l'*Internationale*, c'est-à-dire l'*Union internationale des travailleurs*. Mais il n'y avait pas de place pour Bakounine dans
cette société, où il ne trouvait à jouer aucun rôle propre à satisfaire son ambition — cette *Union* étant inspirée par Marx, assez mal disposé en
faveur de Bakounine. Celui-ci fonda, en conséquence, l'*Union internationale de la démocratie sociale*, d'où sortit, quelques années plus tard, le
parti anarchiste.

Au quatrième congrès de l'*Union internationale des travailleurs*, réuni
à Bâle, Bakounine infligea une défaite à Marx par une déclaration qui fut
votée à une grande majorité. Cette déclaration était basée sur les théories
de Proudhon et de Stirner :

Rivalité entre Marx et Bakounine.

« Nous votons pour la jouissance collective, particulièrement de la
propriété foncière et, en général, de toutes les richesses communes, pour
réaliser la liquidation sociale, par quoi, nous entendons : l'expropriation de
droit de toute la propriété actuelle, par la suppression de l'État politique
et juridique qui constitue l'unique sanction, et le seul soutien de cette
propriété; puis la réalisation effective de cette expropriation partout,
autant qu'elle sera possible et que les événements la rendront réalisable. »

Au sujet de l'organisation sociale, Bakounine développait l'idée que
toute production individuelle est une production sociale, attendu qu'elle
est le produit des générations précédentes réuni à celui de la génération
actuelle. Bakounine proposait, en conséquence, l'union des communautés
libres.

« Je suis, disait-il, un ennemi déclaré de l'État et de la politique gouvernementale bourgeoise. Je demande la suppression de tous les États nationaux et territoriaux et l'établissement, sur leurs ruines, d'un État international de travailleurs. »

Puis, au congrès privé des internationalistes, qui eut lieu en 1870 à La
Chaux-de-Fonds, dans la Suisse française, Bakounine réunit autour de lui
une majorité et força les marxistes à quitter la salle des délibérations. Il
fonda, en 1871, la *Confédération jurassienne*.

Mais Marx convoqua, en cette même année 1871, à La Haye, un
congrès international général auquel Bakounine ne put prendre part; car
il ne pouvait traverser ni la France ni l'Allemagne, ayant été condamné
dans ces deux pays. En choisissant La Haye pour lieu du rendez-vous, Marx
écartait ainsi de son chemin son antagoniste, mais ce dernier ne tarda pas

à prendre sa revanche. En 1873, la *Confédération jurassienne* convoqua le sixième congrès des internationalistes à Genève, et Bakounine y remporta une victoire éclatante sur Marx : le congrès abolit le *Conseil général* de l'Union internationale des travailleurs, ce qui porta le dernier coup à cette puissante organisation et, par suite, à l'union internationale elle-même.

Sur les ruines de l'*Union* s'établirent les partisans du *Fédéralisme* et de l'*Anti-autoritarisme*, c'est-à-dire les partisans de l'anarchisme, qui occupa une place spéciale parmi les différents enseignements socialistes, tels que le collectivisme, la doctrine des possibilistes, etc.

Bakounine mourut en 1876 en Suisse, après avoir fait triompher ses principes et renversé l'*Internationale*. Le nombre de ceux qui s'inspirèrent de ses doctrines fut très considérable.

Progrès de l'anarchisme après la mort de Bakounine. Les disciples de ce révolutionnaire radical se réunirent à Berne à l'automne de cette même année, et c'est à ce congrès que l'anarchisme se dessina d'une manière plus nette.

C'est là aussi que se signala Krapotkine. La Commune de Paris fut flétrie par ce congrès, non pas à cause des incendies et des meurtres qu'on aurait pu lui reprocher, mais parce qu'elle avait eu un gouvernement et qu'elle avait rétabli les organes de l'administration parisienne. La doctrine anarchiste formulée à Berne préconisait la destruction de l'ordre social établi et l'absence de toutes théories permanentes et comprises dans des limites déterminées *a priori*.

Il est évident que cette doctrine, ne visant essentiellement que la destruction, ne pouvait logiquement manquer d'appeler des tentatives dans ce sens. Aussi, à ce congrès, les deux délégués italiens Caffiero et Malatesta donnèrent lecture d'une déclaration où il était fait, pour la première fois, mention d'une propagande par l'action. Ils déclarèrent que « l'union italienne estimait que seuls les faits insurrectionnels ayant pour but d'affirmer les principes socialistes pouvaient constituer un moyen de propagande efficace ».

On tenta, en effet, au mois d'avril 1877, de créer un mouvement insurrectionnel dans l'arrondissement de Bénévent en Italie. Caffiero, à la tête d'un groupe de partisans, brûla les archives de Letino et de San-Gallo ; il s'empara des armes et de la caisse de la trésorerie et distribua tout ce butin au peuple. En 1878, eut lieu un attentat contre la vie du roi Humbert.

En Allemagne, la propagande de Bakounine n'eut point de succès, car on le considérait dans ce pays comme un personnage suspect et ne méritant aucune sympathie. Il faut remarquer, cependant, qu'il y eut deux attentats contre le souverain allemand, en 1878, dont les auteurs étaient Nobiling et

Hödel. Ce dernier avoua au cours de son procès, que son crime lui avait été dicté par ses convictions anarchistes.

Puis une autre circonstance encore valut à l'anarchisme beaucoup de nouveaux adeptes. En octobre 1878, lorsque furent votées en Allemagne les lois d'exception visant les socialistes, supprimées plus tard après l'avènement de l'empereur Guillaume II, le comité *Parteileitung* socialiste-démocrate résolut de suspendre pour un certain temps la propagande ouverte. Alors les partisans des moyens extrêmes accusèrent les chefs de trahison et voulurent déployer immédiatement l'étendard de la révolution.

Ce fut Jean Most, l'ancien député socialiste-démocrate au Reichstag, homme d'un réel talent oratoire et d'un grand courage, qui se révéla comme le plus grand agitateur de cette époque.

Jean Most et les socialistes.

Il commença par publier à Londres, au nom de l'union communiste pour l'éducation des ouvriers, un journal hebdomadaire intitulé *Freiheit*, qui avait pour but de provoquer immédiatement une insurrection. Most envoya les premiers numéros de ce journal à tous ceux dont il connaissait les adresses en Allemagne et en Autriche. Ses articles étaient entraînants ; aussi furent-ils remarqués. La presse socialiste allemande avait été supprimée par la nouvelle loi, et la police dispersait les réunions des socialistes, dont un certain nombre furent exilés à cette époque. Tout cela concourut à donner, dans une très large mesure, de l'importance au journal rédigé par Most ; de sorte qu'il devint dangereux pour la fraction modérée du parti des socialistes-démocrates.

La *Freiheit* fut interdite en Allemagne, et les chefs du parti socialiste parlementaire, Bebel et Liebknecht, crurent nécessaire de répudier les idées de Most, qui couvrit d'injures toute la démocratie sociale allemande.

Alors les principaux membres de ce parti acceptèrent la proposition du libraire Conzetti et fondèrent à Zurich l'organe intitulé : *Social-Demokrat*, destiné à réagir contre l'agitation révolutionnaire de Most. Ce journal parut pour la première fois au mois d'octobre 1879 et, comme il disposait de la liste des abonnés du journal *Vorwärts* qui avait été suspendu par la police, le *Social-Demokrat* ne tarda pas à supplanter la *Freiheit*. Most lança, dans son exaspération, des accusations malveillantes et non justifiées contre son concurrent, qui se borna à lui opposer un ironique mépris. Finalement au congrès de Vienne, au mois d'août 1880, Most fut exclu du parti des socialistes-démocrates par une majorité de 50 voix contre 2.

Jusque-là Most n'avait fait que critiquer la manière de procéder et la tactique des socialistes-démocrates, mais à partir de ce jour il attaqua vigoureusement leur philosophie et leur programme théorique. « Les socialistes-démocrates enseignent, écrivait-il, que la liberté de l'individu est limitée, que chacun ne peut faire que ce qui est conforme aux intérêts de tous (*der Gesammtheit*). Que m'importent tous? Je veux avoir une liberté illimitée, je veux faire ou ne pas faire tout ce qui me plaira. Il n'existe pas de loi pour moi, ni aucun compromis. L'État populaire (*Volksstaat*) des socialistes-démocrates est encore cette même maison de correction qui existe actuellement; son nom seul est changé, parce qu'on l'appelle « populaire ». Ce que nous voulons, c'est une société libre où chacun vivra comme il lui plaira. » Most se révéla donc comme un anarchiste de la plus pure espèce. L'anarchiste désire, comme nous l'avons dit plus haut, la révolution sociale; il veut détruire tout ce qui existe actuellement et inaugurer sur les ruines du *statu quo* une nouvelle forme sociale.

Mais jusqu'à présent ses théories ne sont qu'exclusivement négatives : Il enseigne qu'il ne doit y avoir ni supérieurs ni subalternes, et que, dans ce monde chacun doit se gouverner lui-même. Tel est son idéal. Cette doctrine préconise une vie absolument libre, et qui ne serait soumise à aucune autorité, à aucune restriction.

Il n'existe, en conséquence, aucun pouvoir central dans le parti anarchiste, pas plus de Conseil général comme celui de l'Internationale, que de comité dirigeant comme celui de la Commune. Tout au plus s'y forme-t-il des groupes isolés dont chacun agit comme il l'entend. C'est là, soit dit en passant, ce qui rend si ardue la tâche de la police chargée de surveiller les anarchistes; ils n'ont pas de meneurs attitrés, de sorte que la police ne sait qui elle doit suivre et, même quand elle s'est assuré le concours d'un anarchiste disposé à trahir ses compagnons, elle ne réussit à découvrir aucun plan général ni à prévoir ce que tel ou tel autre groupe est capable d'entreprendre.

Les membres d'un groupe quelconque se rencontrent, échangent leurs opinions, se passent des brochures, des journaux; les compagnons se partagent le travail de propagande, puis fixent l'endroit et l'époque où ils se réuniront publiquement ou clandestinement à l'avenir.

« L'anarchie est la négation du pouvoir qui, basé sur la famille, la propriété, l'Église, etc., a créé des lois, des tribunaux, l'armée, le parlement, l'administration, autant d'institutions que ce pouvoir proclame nécessaires pour justifier sa propre existence. C'est pourquoi les anarchistes doivent attaquer toutes ces institutions. » Telle est la définition de l'anarchisme que Jean Grave nous donne dans son ouvrage intitulé : *La Société mourante*.

La théorie de l'anarchisme comprend encore, à côté de l'idée de destruction, des idées communistes dans le genre de celles que Babœuf propageait il y a un siècle (1795) et qui se résument dans la formule suivante: « De chacun suivant ses capacités et à chacun suivant ses besoins ». Les

saint-simoniens avaient une autre formule : « A chacun suivant ses aptitudes et à chaque aptitude suivant ce qu'elle produit ». L'anarchisme n'a
donc formulé aucune théorie positive. Et le paradis rêvé que nous font entrevoir les auteurs anarchistes, ce paradis plein d'harmonie et de béatitude
qui doit s'établir ici-bas, est tout entier emprunté aux doctrines communistes.

L'ouvrage de Krapotkine intitulé *La Conquête du pain* et celui de Grave
intitulé *La Société au lendemain de la Révolution* nous entretiennent de ce
sujet. « Tout doit appartenir à tous, dit Krapotkine. Des générations entières
qui sont nées et mortes dans la misère et dans l'humiliation, qui ont été op-
primées par leurs maîtres, et ont succombé sous le poids du travail, ont
légué au xix⁰ siècle une succession immense, que ce siècle a encore fortement augmentée. Tout doit être à tous, car tous en ont besoin, tous ont
travaillé suivant leurs forces et il est impossible d'évaluer la part de la
richesse produite qui reviendrait à chaque individu séparément... Tout doit
être à tous! Et du moment qu'un homme ou une femme apportent leur
part de travail, ils ont droit à une partie de tout ce qui a été et sera produit dans le monde entier. Cette partie suffit pour assurer le nécessaire à
chacun. On a déjà colporté assez de formules ambiguës comme : *le droit au
travail* ou bien : *à chacun le total de ce que son travail a produit*. Voici ce
que nous proclamons : le droit au bien–être, le bien-être pour tous. »

Les anarchistes ne souffrent aucune réplique. Quand *tout* aura été
détruit, ils se chargeront d'en distribuer à chacun sa part. Peut-être
auront-ils des paresseux à nourrir? Non, prétendent–ils, les paresseux ne
pourront exister quand personne ne travaillera pour en enrichir un autre ;
seul un fou pourrait renoncer au plaisir que procure le travail. Mais qui
donc entreprendra avec plaisir les travaux pénibles et dégoûtants? On les
exécutera volontairement à tour de rôle. Et que fera-t-on des criminels? Il
n'y en aura pas, quand il n'y aura plus de misère et d'asservissement. —
Les anarchistes ont des réponses pour toutes les objections.

Le travail, qui leur paraît si dur actuellement, deviendra facile et
agréable dans leur ordre social. Labourer la terre, l'ensemencer, récolter,
faucher, tout cela sera jeu d'enfants, simple promenade à travers champs,
gymnastique un peu fatigante mais hygiénique. Et le travail dans les mines,
sera-t-il plus facile dans l'organisation nouvelle? On trouvera certainement
quelque moyen pour le rendre moins pénible. Krapotkine suppose du reste
qu'on pourra peut-être s'en passer. « On imaginera, dit–il, une machine
qui condensera les rayons du soleil et les dirigera où l'on voudra, une machine qui fera travailler les rayons du soleil du temps présent et des temps
futurs ; on n'aura plus besoin d'aller sous terre, pour y déterrer le produit des rayons du soleil des temps passés. »

Le professeur Stammler (1) réserve une place à part à l'anarchisme *individualiste* qui prétend aussi tout arranger sur la base de la mutualité volontaire, mais qui diffère des autres doctrines socialistes tant sur les procédés pratiques que sur les principes mêmes. Ce petit groupe a pour représentants Nekker, l'éditeur du journal *Liberty not the daughter but the mother of order* publié à New-York, et Maccay, l'auteur de talent d'un ouvrage semi-littéraire : *Die Anarchisten*. On peut encore y joindre Ibsen. Voici ce que ce dernier écrit dans une lettre adressée à Brandès : « L'État, c'est la ruine de l'individu. A quel prix est acquise la puissance de la Prusse ? Au prix de la disparition complète de l'individualité au point de vue historique et géographique. A bas l'État ! Je prendrai part à la révolution dirigée contre lui. Il faut saper l'idée de l'État et la remplacer par le principe de l'entente mutuelle volontaire et par l'affinité spirituelle (*die geistige Verwandschaft*); c'est ainsi seulement qu'on peut atteindre une liberté qui ait de la valeur. »

Propagande par l'action.

Pour revenir au camp des anarchistes militants, nous répétons que la doctrine de la destruction a dû nécessairement suggérer l'idée de la propagande par la destruction. Mais les anarchistes ne nous ont pas renseignés sur les moyens qui doivent servir à établir l'*harmonie* et la *félicité*. Seul le comte Tolstoï dit qu'il est nécessaire de perfectionner la nature humaine, tâche bien difficile à remplir quand il s'agit des masses. Les anarchistes ne sont même pas d'accord sur les moyens de propagande. Le journal de Krapotkine, *le Révolté*, dit que l'action ne se proclame ni par la parole, ni par l'écriture, mais qu'elle se fait... Ce journal préconise la propagande *par l'action*, mais il estime qu'il n'appartient pas à la presse de dire aux individus : *faites ceci et ne faites pas cela*. Les hommes en possession de leurs facultés mentales doivent eux-mêmes savoir ce qu'ils ont à faire.

Mais *le Révolté* ne plaisait pas aux anarchistes radicaux. Au mois de mai 1890, on commença de publier à Londres l'organe intitulé *International*, qui prêchait la propagande *par l'action*. Écoutons un instant sa voix : « A côté de la propagande théorique qu'on fait sans cesse, et en présence de la crise que traverse actuellement l'anarchie, il est indispensable de terroriser, par tous les moyens possibles, la bourgeoisie rapace qui est l'objet de notre haine. Le vol, le meurtre et l'incendie deviennent tout naturellement nos moyens légaux et nous serviront à imposer notre ultimatum à tous les dirigeants de la société moderne. Mais nous ajouterons sans hésiter à ces moyens ceux que nous fournit la chimie. Leur voix puissante est indispensable pour faire taire le bruit de la vanité sociale et pour nous rendre maîtres, sans être forcés de répandre notre sang, de la richesse que possèdent nos ennemis. »

---

(1) Stammler, *Die Theorie des Anarchismus*. — Berlin, 1894.

Ce passage est emprunté au premier numéro de l'*International*. Dans un autre article de ce même journal, intitulé : *Les moyens d'émancipation effective*, on recommande de brûler les églises, les palais, les casernes, les édifices de l'administration, les études des notaires, des avocats et des juges d'instruction, les forteresses et les prisons, et « de détruire tout ce qui avait vécu jusqu'alors aux dépens du travail social sans y participer ». — « Étudions la chimie, continue l'article, et fabriquons des bombes, de la dynamite, etc., cela vaut mieux que les barricades et les fusils, cela servira à détruire plus vite l'ordre social actuel et ménagera le sang précieux de nos partisans. » A la fin de ce numéro se trouvait un cours de chimie appliquée à l'usage des anarchistes. Ce cours de chimie parut ensuite dans une brochure intitulée l'*Indicateur Anarchiste*. On y donnait les recettes servant à préparer la dynamite, l'écrasite, la nitro-benzine, la nitro-glycérine, les bombes à gaz asphyxiants, etc.

De la critique de l'ordre établi et de la théorie, les anarchistes ne tardèrent pas à passer à l'action.

Le journal le *Révolté* fut fondé par Krapotkine en 1879 à Genève. Il avait pour associés Dumartezé et Herzig. Krapotkine y préconisait la propagande *par l'action*. En 1879 se réunit également un congrès ouvrier à Marseille, et l'on y vota l'expropriation sans indemnité et la propriété collective, tant de la terre que du capital.

En 1880 eut lieu en Suisse un autre congrès anarchiste, où Krapotkine proposa de remplacer la dénomination de « collectivisme » par celle de « communisme anarchiste ».

Cet agitateur démontra en même temps qu'il était nécessaire de faire de la propagande dans la population rurale, attendu que, sans le concours des paysans, les ouvriers des villes ne pourraient accomplir la révolution. En 1881, il y eut un congrès à Paris. Les anarchistes quittèrent la salle des délibérations en laissant la place aux collectivistes révolutionnaires et aux socialistes, qui désirent, non pas supprimer le pouvoir de l'État, mais s'en emparer. A Londres eut lieu un autre congrès purement anarchiste où l'on préconisa également la propagande par l'action. En raison des discours incendiaires prononcés à cette occasion, Krapotkine fut expulsé de Suisse cette même année.

En 1882, un mouvement anarchiste se produisit à Lyon : des explosions eurent lieu au théâtre Bellecour et dans les bureaux de la commission de recrutement. Puis, en 1883, à Lyon encore, on fit le procès des 66 anachistes qui faisaient partie de l' « Internationale » ; 13 d'entre eux réussirent à s'enfuir. Krapotkine fut condamné à la prison.

Après quelques attentats perpétrés en Espagne et en Allemagne, les anarchistes se tinrent tranquilles. Mais c'est à cette époque qu'on décida de chômer le 1er mai, à titre de propagande active, afin de montrer l'union des ouvriers et la force de l'armée prolétaire. C'est en 1890 qu'on chôma pour la première fois le jour du 1er mai.

Des nombreux manifestes que les anarchistes firent répandre dans Paris, nous n'en citerons qu'un seul, qui fut distribué dans une caserne par un ancien employé télégraphiste : « Soldats ! Les parias de la société, vos frères affamés, descendront dans la rue pour réclamer leurs droits ! Comme toujours, la bourgeoisie autocratique vous enverra pour combattre ses ennemis. N'oubliez pas que, parmi eux, se trouvent vos pères et vos frères... que leurs adversaires seront les vôtres demain quand vous aurez quitté la caserne, cette école du désœuvrement et de la débauche... L'année 1871 est déjà loin de nous, et loin aussi le temps où l'on ne voyait, dans les socialistes, que des rêveurs ou de simples farceurs. L'idée a fait du chemin. Aujourd'hui l'on discute avec eux et leur nombre toujours grandissant inquiète... Vous savez vous-mêmes de quel côté sont vos ennemis : ce sont ces bandits chamarrés et galonnés, ces ignobles parasites qui s'intitulent vos chefs ; ce sont vos geôliers, dont la lâcheté et la cruauté ont si souvent révolté vos instincts d'hommes libres. Souvenez-vous-en, et quand ils vous commanderont : feu ! tirez sur eux... A bas la patrie ! Mort aux chefs ! Vive la révolution ! Vive l'anarchie ! » (1)

En 1891, il y eut à Saint-Denis une protestation réelle de la part de recrues anarchistes, et le soldat Villemejon fut condamné à un an de prison.

A Levallois on promena le drapeau noir le jour du 1er mai, et des explosions de dynamite se produisirent à Charleville et à Nantes ; le journal *Le Père Peinard* fut poursuivi et condamné pour offenses à l'armée.

Une série d'attentats à la dynamite eurent lieu en Italie, en Espagne et surtout en France, où ils se répétèrent jusqu'en 1894. C'est au cours de cette période que se tint le congrès anarchiste de Chicago, que Vallès protesta contre les fêtes franco-russes en tirant un coup de pistolet en l'air, et que Vaillant jeta sa bombe à la Chambre des députés (décembre 1893).

Vaillant fut jugé et condamné à mort au mois de janvier 1894 par le Tribunal de la Seine. Ce même tribunal condamna, en février, à la prison perpétuelle l'ouvrier Léautier qui, après avoir lu toutes sortes de brochures et de proclamations anarchistes, éprouva un violent désir « de crever un bourgeois », et satisfit ce désir en poignardant le ministre serbe Georgiévitch qui, heureusement, n'en mourut pas. Quelques jours plus tard eut lieu la condamnation de l'anarchiste Marpeau qui, après avoir commis un vol, avait tué le gardien de la paix accouru pour l'arrêter.

Attentats
anarchistes.

------

(1) S. Gastine, *Patria*.

Vers la fin d'avril fut condamné à mort le jeune Emile Henry, fils
d'un général de la Commune, et auteur des explosions du café Terminus
et du commissariat de police de la rue des Bons-Enfants ; ce dernier attentat
avait causé la mort de plusieurs gardiens de la paix et de quelques
employés. La Cour d'assises de la Seine condamna également au mois de
juillet, à la réclusion perpétuelle, l'anarchiste Ménier, auteur de l'explosion
du restaurant Véry, où l'on avait arrêté Ravachol.

Enfin, le 3 août, la Cour d'assises du Rhône condamna à mort l'italien Santo Caserio, l'assassin du Président de la République Carnot.

En vertu d'une nouvelle loi contre les anarchistes, on fit 2,000 perqui-
sitions par toute la France, dans les premiers jours de l'année 1894, et l'on
arrêta des centaines de suspects. Le gouvernement anglais reconnut, de
son côté, la nécessité de réagir contre ces sectaires, qui abusaient de
l'hospitalité que leur accordait la Grande-Bretagne, pour y préparer les
coups de main qu'ils exécutaient sur le continent. On poursuivit jusqu'aux
anarchistes théoriciens, tels que Paul Reclus, Jean Grave, Sébastien Faure,
auxquels on imputa toute une série de crimes. Mais on découvrit, au cours
de ces procès, que les instruments inférieurs de l'anarchisme ne connaissaient pas les apôtres de cette doctrine et tous les prévenus, au nombre de
30, furent acquittés.

Après l'assassinat du Président Carnot, on redoubla de sévérité, et
non sans succès, à l'égard des anarchistes. Le nombre des attentats dimi-
nua en France à partir de ce moment.

Plus d'une fois on a cherché à savoir quel était le nombre des anarchistes répandus dans les différents pays. Mais il est impossible de l'évaluer, même approximativement.

Les anarchistes se recrutent dans toutes les professions ; il y a parmi
eux non seulement des ouvriers, mais même des journalistes. On croit encore, en France, qu'ils comptent dans leurs rangs des fonctionnaires et
jusqu'à des officiers de l'armée. Ce qui se prépare dans ce milieu ne se
manifeste d'ailleurs qu'aux congrès dont nous avons déjà parlé.

L'auteur du *Péril anarchiste* donne les renseignements suivants sur
le nombre des anarchistes en France. On en compte environ cent groupes
à Paris, dont chacun est composé de 15 compagnons en moyenne. Sur
le territoire français il y aurait 400 à 500 groupes semblables. Le nombre
des anarchistes militants français s'élèverait donc à environ 10,000 hommes.
A quoi il faut ajouter un certain nombre de compagnons-ouvriers qui crai-
gnent de perdre leur place en avouant leurs opinions ; ces derniers soutiennent le parti en lui fournissant de l'argent. Il y a en outre des anarchistes qui ne fréquentent pas les réunions, les uns à cause de leur âge
trop avancé, les autres en raison de leur situation personnelle. Il y en a

Nombre
des anarchistes
en France.

aussi qui se contentent d'approuver les actes des compagnons militants, etc. Mais ils peuvent tous être considérés comme autant de partisans de cette doctrine. L'auteur précité estime par conséquent que le nombre total des anarchistes français peut être évalué à 20,000 et peut-être même à 30,000. L'organe anarchiste publié à Londres (*International*) disait en 1890, que le parti comptait en tout 50,000 compagnons. Ce chiffre, dit l'auteur du *Péril anarchiste*, était exagéré à cette époque, mais depuis l'idée anarchiste a fait du chemin.

Journaux anarchistes.

C'est la presse qui constitue le lien principal entre les différents groupes. Les journaux du parti consacrent des colonnes entières à la correspondance collective (des groupes) et personnelle. C'est là qu'on apprend à connaître le mieux l'organisation du parti. Les collaborateurs des journaux anarchistes ne sont pas payés; et pourtant ces journaux ne pourraient pas vivre par eux-mêmes; aussi les soutient-on au moyen de quêtes et de souscriptions.

Le premier journal anarchiste parut à Lyon, et leur nombre augmenta dans la suite. Mais ces feuilles ne purent se maintenir. Citons quelques-uns de leurs titres : *Droit social, Étendard révolutionnaire, Drapeau noir, Terre et Liberté, Émeute, Ça ira, International* (à Londres). Relevons encore *Le Conscrit*, édité par un groupe de « libérateurs », recueil d'articles dont les auteurs ne sont pas nécessairement des anarchistes, mais qui tendent tous à discréditer le régime militaire. Environ 50,000 exemplaires de cet organe sont distribués à l'entrée de toutes les mairies, les jours du tirage au sort.

On publiait, en 1894, 8 organes anarchistes en langue française, dont 3 en France, 3 en Belgique, 1 en Suisse et 1 aux États-Unis; 6 paraissaient en langue anglaise, dont 4 en Angleterre et 2 aux États-Unis; dix étaient rédigés en allemand : 1 à Berlin, 2 en Autriche, 1 en Angleterre et 6 en Amérique : huit journaux de ce parti étaient rédigés en italien, dont 5 paraissaient en Italie et 3 au delà de l'Océan. Enfin on comptait à cette même époque 9 journaux anarchistes espagnols, dont 6 en Espagne et 3 en Amérique, 3 autres rédigés à la fois en langue italienne et espagnole, 2 en portugais, 1 en hollandais et 3 en langue tchèque (1).

-----

(1) Voici la liste des publications anarchistes qui paraissaient dans le monde entier en 1894.

Français : *Révolte* (Paris), *Revue Libertaire* (Paris), *Harmonie* (Marseille), *Société Nouvelle* (Bruxelles), *Le Libertaire* (Bruxelles), *XXᵉ Siècle* (Bruxelles), *Avenir* (Genève), *Réveil des Mineurs* (États-Unis).

Anglais : *Freedom, Commonwealth, Torch* (Londres), *Liberty, Solidarity* (New-York), *Worker's Friend* (en caractères hébreux à Londres).

Allemands : *Sozialist* (Berlin), *Zukunft* (Vienne), *Allgemeine Zeitung* (Salzburg),

Les bibliothèques et les cabinets de lecture anarchistes jouent également un rôle très important dans la distribution de ces publications et pour la propagande en général. On y trouve ordinairement les œuvres de Darwin, de Büchner, de Babœuf, des sociologues radicaux et des publicistes anarchistes. Les ouvrages appartenant à cette dernière catégorie ne sont pas encore bien nombreux. Nous pouvons citer : Proudhon, *Qu'est-ce que la propriété? Création de l'ordre ;* Marx Stirner, *L'individu et son avenir ;* Bakounine, *Dieu et l'État ;* Krapotkine, deux recueils intitulés : *Paroles d'un révolté* et *Conquête du pain ;* Jean Grave, *La société mourante et l'anarchie,* et *La société au lendemain de la révolution.*

Ouvrages
anarchistes
et
révolutionnaires.

En laissant de côté un grand nombre d'écrits révolutionnaires, nous citerons encore quelques ouvrages à tendances plus ou moins anarchistes que les jeunes adeptes lisent beaucoup :

Louise Michel, *Le livre des misères ;* Charles Malato, *Révolution chrétienne et révolution sociale ;* E. Leverdé, *Les assemblées parlementaires ;* Menchikoff, *La civilisation et les grands fleuves ;* Tolstoï, *Le salut est en nous ;* Dostoïevsky, *La maison des morts ;* Tchernychevsky, *Que faire? ;* les œuvres d'Isben ; puis Zola, *Germinal ;* Jourdain, *L'atelier Chanterel ;* Floridor Dumas, *Au palais ;* Elysée Reclus, *La terre et les hommes ;* Ragonossa, *Fabrique de pions ;* Letourneau, *Poésies ;* Descaves, *Les sous-off ;* Danvène, *Biribi ;* Hamon, *Psychologie du militaire professionnel ;* Charné, *Catéchisme du soldat.*

On pourrait conclure de tout ce que nous venons de dire au sujet de l'anarchisme qu'il constitue un phénomène très dangereux pour l'ordre social. Pourtant, il n'en est rien. Si nous avons examiné un peu plus attentivement cette doctrine, c'est pour montrer ce qu'elle comporte d'exa-

Conclusions.

Brandfackel (New-York), *Anarchist* (New-York), *Freiheit, Freie Arbeiter Stimme* (en caractères hébreux à New-York), *Vorbote* (Chicago), *Der arme Teufel* (à Détroit, États-Unis).

Italiens : *Sempre Avanti* (Livourne), *Ordine* (Turin), *Uguaglianza Sociale* (Marsala), *Riscatto* (Messine), *Favilla* (Mantua), *Pensiero* (Chieti), *Propaganda* (Imola), *Articolo 248* (Ancone), *Grido degli oppressi* (New-York), *Riscossa* (Buenos-Aires), *Asino umano* (San Paolo au Brésil).

Espagnols : *Corsario* (La Corogne), *Revancha* (Reus), *Rebelde* (Saragosse), *Conquista del Pan* (Barcelone), *Contraversia* (Valence), *Oprimido* (Aljesiros), *Oprimido* (Boron au Chili), *Perseguido* (Buenos-Aires), *Despertar* (New-York).

Italiens-Espagnols : *Demoliamo* (Santa-Fe), *Derecho alla Vida* (Montevideo).

Portugais : *Revolta* (Lisbonne), *Tribuna Operaria* (Para au Brésil).

Hollandais : *Anarchist* (Krolingen en Hollande).

Tchèques : *Volne Listy* (Vienne), *Volne Listy* (New-York), *Pemsta* (typographie clandestine).

géré et de fantaisiste et combien révoltants et répugnants sont les moyens de propagande préconisés par certains meneurs de ce parti.

C'est pourquoi nous ne pouvons admettre que cette doctrine fasse de grands progrès dans toutes les classes de la société, même dans la classe ouvrière. Elle contient trop de choses contraires au bon sens et aux bons sentiments. L'histoire nous enseigne que seules les idées peuvent vaincre les idées ; il s'ensuit qu'on ne pourra pas avoir raison de l'anarchisme par d'autres moyens, et que l'anarchisme ne pourra non plus révolutionner la société par la violence, car il terrorise cette société au nom d'une idée qui n'a pas de sens et qui est impuissante à créer quoi que ce soit.

S'il est vrai qu'il y a dans la société moderne des défectuosités provenant de l'oppression du travail par le capital, il faut songer aussi que la force même du capital diminue graduellement. Les défauts en question disparaîtront donc graduellement et sans troubles aucuns, grâce au progrès de l'instruction parmi les masses, de la facilité croissante avec laquelle elles accèdent au pouvoir dans certains pays, et de la place importante réservée à leurs intérêts dans les autres.

Le temps qui modifie, qui change tout en ce bas monde, se charge lui-même d'améliorer l'état social. Un exemple suffit à le prouver. Il n'y a pas plus de 30 ans, les capitaux en espèces donnaient 6 0/0 d'intérêts par an dans les pays occidentaux et la terre 5 0/0. Que donnent-ils maintenant? L'argent ne produit plus que 3 0/0 ou 2 1/2 0/0 même, et les propriétés foncières ne donnent plus que 2 0/0. On pressent déjà le moment où le capital, quel qu'il soit, ne rapportera pas plus de 1 à 1 1/2 0/0.

L'importance du travail productif augmente donc relativement et le crédit devient meilleur marché, sans toutefois devenir gratuit, comme le voulait Proudhon.

Jules Kirchman calculait déjà en 1866, et sa théorie était juste, que si le taux moyen de l'intérêt existant alors en Prusse, soit 4 1/2 0/0 par an, diminuait seulement de 1 0/0 par suite de l'augmentation moins rapide de la population ouvrière, les caisses des capitalistes perdraient 150,000,000 de thalers sur le revenu provenant de la production annuelle nationale, et que cette somme serait acquise à la classe ouvrière dont elle contribuerait, par conséquent, à majorer le revenu. Or, comme il existe environ 3 millions de familles ouvrières dans le pays, le revenu de chacune d'elles serait augmenté de 50 thalers en moyenne.

Et non seulement les revenus de la production se déplacent en faveur des ouvriers et au détriment du capital, mais le fardeau même du travail suit une marche analogue. Les gens aisés, même les gens riches, travaillent beaucoup plus de nos jours qu'il y a cent ans, et la baisse de la rente les oblige à consacrer de plus en plus d'heures au travail.

L'avenir est évidemment à ceux qui produiront le plus et non à ceux qui entreprendront de détruire ce qui existe. Le créateur de la première société de consommation a certainement mieux mérité des indigents que l'auteur de la proclamation intitulée : « Vive l'anarchie! »

D'autre part, on observe que les récriminations de plus en plus bruyantes et parfois passionnées soulevées par les immenses dépenses militaires, que l'opinion publique juge de moins en moins utiles, déterminent dans la société un mouvement antimilitariste pacifique, mais qui va grandissant. Et bien que ce mouvement ne se soit pas encore montré très puissant jusqu'ici, il y a tout lieu de croire qu'il rendra dans l'avenir de grands services au progrès réel.

LA PROPAGANDE CONTRE LE MILITARISME

Théories des antimilitaristes

Les sacrifices imposés au peuple et destinés à entretenir et à perfectionner sa force armée sont justifiés, car ils sont la conséquence naturelle de l'existence de l'État, qui demande avant tout à être défendu. A cela les propagateurs des idées antimilitaristes opposent une théorie qui nie la nécessité de toute guerre, même de la guerre défensive. Ils tendent à prouver que les classes pauvres, qui se désintéressent complètement de cette défense, en supportent presque tout le poids; attendu qu'on ne se contente pas de leur imposer des sacrifices matériels pour entretenir les armées, mais qu'on arrache à leurs familles et à leurs occupations pacifiques, pour les enrôler sous les drapeaux, les jeunes gens les mieux portants.

Or, en niant la nécessité de la guerre, les adversaires du militarisme nient aussi celle d'entretenir des armées. Ils vont jusqu'à renier le sentiment du patriotisme dont on se sert pour justifier la guerre et l'entretien des armées permanentes, qui en est la conséquence.

Le patriotisme, à leur avis, n'est pas un sentiment inné, mais suggéré artificiellement. Ils propagent leurs idées dans les masses du peuple et même dans les rangs de l'armée en distribuant des journaux, des livres et des brochures.

I. La propagande contre l'armée.

Leurs opinions sur le service militaire.

Pour faire connaître au lecteur les idées spéciales des adversaires déclarés du militarisme, nous produirons quelques exemples de leurs raisonnements sur le service militaire. Nous empruntons ces citations à différentes publications récentes, en réservant la place d'honneur à deux ouvrages d'un célèbre écrivain russe.

Commençons par l'auteur français de : « *Ai-je mon compte* (1)? »

« Je suis né dans une société qui s'est organisée sans ma participation. Elle me dit : Tu es membre de la société; voilà tes droits et voici tes devoirs. Très bien; mais cela doit signifier que, dans une société pareille, j'ai les mêmes droits que tous les autres intéressés. Si le contrat me convient, je le signe, mais s'il ne me convient pas, je proteste. Et voici ce que je découvre après vérification : on demande que je donne, à titre d'impôts, une partie de mes revenus (dans l'intérêt de tous, partant dans le mien) et que je sois prêt à sacrifier même ma vie pour la défense de la société!...

« Supposons que la société ait admis, en leur accordant des droits identiques, celui qui possède 20,000 francs de rente et celui qui gagne quinze sous par jour. Dans ce cas, la société doit exiger que ce dernier sacrifie une partie de ce qu'il gagne proportionnellement égale à ce que le premier sacrifie de ses rentes et elle doit assurer dans la même mesure tout ce que l'un et l'autre peuvent acquérir, elle doit fournir à tous deux les mêmes instruments de travail et les mêmes armes pour la lutte pour l'existence. Or, il n'existe rien de semblable. Le second paie, en proportion, 5 fois plus d'impôts que le premier, et la plus grande partie de son travail sert à enrichir celui qui ne fait rien.

« Et si je me trouve dans la situation du second membre de cette association fictive, quel est mon avantage? Que le riche aille combattre, qu'il se fasse tuer pour sa patrie, c'est tout naturel : il défend ses biens, la terre dont il est et sera toujours le seul propriétaire, il défend l'indépendance qui est son partage, les agréments matériels dont il est seul à jouir. Mais le pauvre, que doit-il défendre? Il ne possède et ne possédera jamais la terre, jamais il ne sera indépendant, et jamais il n'aura de jouissances. L'ennemi extérieur peut tout prendre au riche, mais que prendra-t-il au pauvre? — Rien. L'ennemi peut réduire le riche à la nécessité de travailler, mais le pauvre, qui n'a que son travail, n'a rien à perdre. Quelle que soit la situation dans laquelle se trouve une nation, le travail sera toujours nécessaire : il faudra des paysans pour produire les aliments, des tailleurs et des charpentiers pour nous habiller et pour construire des habitations, etc. Il faudra toujours nourrir les ouvriers pour qu'ils travaillent. Or, est-il possible de les nourrir plus chichement qu'on ne le fait actuellement? Non. Peut-on les traiter avec moins d'égards? Impossible. Ils n'ont donc rien à perdre, tant sous le rapport du bien-être que sous celui de la dignité.

---

(1) Léon Bienvenu, *Almanach de la question sociale pour 1892.*

« Eh bien ! si on me dit que le service militaire affecte tous les citoyens dans une même mesure, j'affirme que ce n'est pas vrai ; il est nécessaire pour les riches, mais il ne m'offre, à moi, aucun avantage. On voudra me faire honte, on dira que ma façon de raisonner est lâche, antipatriotique, que mes paroles décourageantes sont un appel à l'invasion... —Pas du tout : je fais simplement appel au bon sens. Vous seuls, patriotes de l'égoïsme et de l'inégalité, patriotes de l'exploitation, vous seuls contribuez à étouffer votre fameux patriotisme dans les cœurs de la masse... Les hommes ne sont, après tout, que des hommes, et il est impossible que les *membres de l'association*, qui s'épuisent éternellement en sacrifices et qui ne reçoivent rien en échange, ne se disent pas finalement : Y trouvons-nous notre compte ? Et c'est là ce qui tue le patriotisme. »

Dans un autre ouvrage du même genre (1), on répond naturellement par la négative, et de la façon suivante, à la question de savoir si le service militaire obligatoire est juste : « Il est injuste de demander à celui qui ne possède rien et qui ne jouit d'aucun droit, de défendre un ordre de choses qui ne l'intéresse nullement. »

L'auteur se demande ensuite : « Comment intéresser toute la nation à la défense de la patrie ? » — « Il faut, répond-il, accorder à tous le droit d'existence par le travail. C'est alors seulement que la nation deviendra réellement invincible, car chacun saura qu'en risquant sa peau, il défend ses moyens d'existence matérielle et morale et ceux de ses proches. Tant qu'il n'en sera pas ainsi, la patrie n'aura aucun droit d'imposer le service militaire à ceux qu'elle abandonne à leur sort. La patrie ? Mais l'affamé n'a pas de patrie. De même que le fils ne veut pas connaître sa marâtre, de même les parias de la société désavouent leur patrie. Voilà l'ordre de choses qu'il faut changer. »

Ces appels n'auraient peut-être pas une grande importance, s'il ne se rencontrait dans les classes supérieures de la société bien des personnes qui trouvent que les socialistes n'ont pas tort de réclamer la suppression des guerres et de l'exploitation, pendant que l'Europe civilisée s'épuise en armements dans l'attente d'un événement qui rappellera les exterminations accomplies par les Mongols.

Ce que nous venons de dire se trouve confirmé par ce fait qu'un grand écrivain russe, appartenant aux hautes sphères sociales, et qui fut soldat lui-même pendant la guerre de Crimée, réclame la suppression de l'Etat au nom des principes de la morale et de l'amour.

Il est évident qu'un publiciste qui se place sur le terrain de la réalité ne saurait admettre un ordre social où les malfaiteurs jouiraient de l'impu-

Le comte Tolstoï et l'anti-militarisme.

---

(1) *Catéchisme des revendications nécessaires*, par Beumont. — Paris, 1890.

nité, où l'on n'opposerait que le blâme de l'opinion aux mauvaises actions, et où l'éducation et l'amour seraient les seuls moyens préventifs contre le crime. Mais bien que certains raisonnements formulés par le comte Tolstoï nous paraissent fantaisistes, ils ont pour nous une importance réelle, parce qu'ils caractérisent les moyens auxquels on a recours aujourd'hui pour propager les idées antimilitaristes.

Nous parlerons, en conséquence, de deux ouvrages de cet auteur, où il énonce non seulement ses propres idées, mais aussi celles de certains autres apôtres de l'antimilitarisme et de la fraternité qui doit unir les hommes.

Dans un de ses ouvrages (1), l'auteur dit que « si des individus venaient trouver un de nos contemporains qui vit tranquille et livré à ses occupations, pour lui proposer de se soumettre à eux en tout, de leur donner une partie de son gain en échange de son propre asservissement, et de vouloir bien croire qu'en participant aux élections il participe au gouvernement de l'État; puis de prendre part à la punition des « égarés et des débauchés » et aux guerres contre des hommes qu'il aime, mais qui sont d'autre nationalité que lui — « tout homme de bon sens » ne pourrait, semble-t-il, que décliner ces offres. « Pourquoi participerais-je aux élections, du moment où je sais très bien que le pouvoir est entre les mains d'une certaine caste? Pourquoi siègerais-je dans les tribunaux et prêterais-je mon concours aux punitions et aux exécutions capitales dont seront victimes des hommes « égarés » ? Et pourquoi, surtout, contribuerais-je personnellement ou indirectement à entretenir une force armée destinée à asservir nos frères et nos pères? Pourquoi fournirais-je la verge pour me fouetter ? Je n'ai besoin de rien de tout cela, que je considère comme nuisible et immoral à tous les points de vue. » Il semblerait que non seulement le sentiment religieux, mais le bon sens, l'esprit pratique devraient dicter à notre contemporain la réponse que je viens de faire et lui commander d'agir en conséquence. Il n'en est rien : les hommes trouvent qu'il faut continuer à se battre et ils se consolent par la pensée que tout ce que nous tournons en dérision dans les parlements et dans les assemblées s'accomplira; qu'à force de rendre les choses de plus en plus inextricables, nous aboutirons bientôt à l'émancipation. En attendant, rien ne retarde autant cette émancipation qu'une erreur aussi bizarre ».

Dans ce même ouvrage, l'auteur résume l'enseignement d'un pasteur américain, Balou, mort en 1890, qui démontre les contradictions dans lesquelles tombe invariablement tout chrétien et tout bon citoyen des États-

---

(1) Comte L. Tolstoï, *En nous est le royaume céleste.*

Unis. En restant fidèle à la constitution, il est obligé de trahir la foi chrétienne, et *vice versa*. On cherche à pallier ces contradictions en affirmant que la guerre est aussi un devoir chrétien. Tuer ses semblables, brûler des villes, c'est la meilleure manière de pardonner les offenses et d'aimer ses ennemis. Pourvu qu'ils soient dictés par l'esprit de l'amour, ces meurtres entrepris collectivement sont tout ce qu'il y a de plus chrétien. Mais ce même Balou pose la question :

« A combien faut-il se mettre pour transformer un crime en une action vertueuse ? Un seul homme n'a pas le droit de tuer; deux, vingt, cent hommes sont considérés comme meurtriers s'ils s'avisent de tuer. Mais un État ou une nation peuvent tuer tant qu'il leur plaît et les massacres qu'ils commettent ne sont pas des meurtres, mais de bonnes actions ; il suffit de former une grande réunion d'hommes pour que l'extermination de quelques milliers de leurs semblables devienne chose parfaitement innocente. »

Le principe de la « non-résistance au mal » a été développé d'une manière très catégorique par Balou dans un catéchisme spécial qu'il a publié pour ses ouailles : « Il ne faut opposer aucune résistance par le mal ; il faut combattre le mal par tous les moyens pacifiques, mais jamais en faisant mal soi-même. » Balou a beaucoup travaillé dans ce sens pendant cinquante ans, mais il est resté inconnu, fait où le comte Tolstoï voit la preuve de « l'existence d'une entente tacite en vertu de laquelle on passe sous silence les tentatives de ce genre. »

Plus loin, le comte Tolstoï résume l'ouvrage intitulé : *La Lumière de la foi*, que le tchèque Kheltchitzky a écrit au xv° siècle. Cet auteur enseignait ce que nous enseignent actuellement les mennonites qui, eux aussi, réprouvent la résistance, ainsi que les quakers, et, dans le passé, les bogomiles (aimés de Dieu), les pauliciens et autres. Il dit que le christianisme qui enseigne la soumission, l'humilité, l'indulgence, le pardon, qui veut qu'on tende la joue gauche à celui qui vous frappe sur la joue droite, est incompatible avec l'arbitraire et les violences que comporte nécessairement le pouvoir. L'auteur russe dit que les hommes de tous les partis font sciemment le silence autour de cet ouvrage, comme autour de tant d'autres de même nature.

A cette catégorie appartient aussi l'ouvrage de Deymond, publié à Londres en 1824, *On War* (De la guerre) et un autre ouvrage de l'américain Messer, *No resistance assented. Kingdom of Christ and Kingdom of this world separated.* (Pas de résistance. Le royaume du Christ est indépendant du royaume de ce monde.) Ce livre a été publié en 1864. Dans les deux ouvrages on pose la question : « Que doit faire celui qui croit que la guerre est incompatible avec sa religion, et que l'État oblige à faire le service militaire ? » Deymond répond : « Ce citoyen doit simplement, mais résolûment, refuser de faire ce service. »

Ce même Deymond réfute la thèse suivant laquelle toute la responsabilité de la guerre repose sur les gouvernants et non sur le soldat qui ne fait qu'obéir. Il demande : « Et si votre chef vous ordonne de tuer l'enfant de votre voisin, votre père, votre mère, lui obéirez-vous ? Si vous refusez d'obéir dans ces cas spéciaux, tout votre raisonnement tombe ; l'homme ne peut s'affranchir de la responsabilité de ses actions... Quiconque est persuadé que la guerre est incompatible avec sa religion doit simplement, mais résolûment, refuser de faire le service militaire. »

Il est dit dans le livre de Messer, écrit au sujet de l'enrôlement de volontaires dans les États du Nord et du Sud pendant la guerre civile américaine, qu'il y avait en Amérique à cette époque beaucoup d'adversaires conscients de la guerre ; on les appelait « non resistant » ou « defenceless », c'est-à-dire chrétiens non résistants ou sans défense.

Voici comment Léon Tolstoï reproduit les paroles de l'auteur américain : « Cette raison religieuse a été jusqu'ici respectée par le gouvernement, et ceux qui appartenaient à cette catégorie ont été affranchis du service. » Il s'agit, évidemment, du gouvernement de Washington. Mais comme les troupes des deux partis se composaient de volontaires et qu'il n'existait point d'enrôlement obligatoire, le gouvernement de Washington n'a jamais été dans ce cas de libérer du service militaire les « non resistant », puisque les hommes s'enrôlaient, naturellement, de leur plein gré.

En parlant des mennonites, des quakers, des doukhobortsy et des molokans qui refusent de faire le service militaire, le comte Tolstoï cite des exemples où ces sectaires ont été emprisonnés ou déportés par mesure de discipline. Les soldats ne sont plus actuellement ce qu'ils ont été dans le passé, alors qu'ils « renonçaient au travail pour se consacrer à la destruction, comme les légionnaires romains, ou comme les soudards de la guerre de Trente Ans ou, tout au moins, comme nos anciens soldats qui servaient vingt-cinq ans ; les soldats actuels sont sortis de leurs familles depuis peu, aussi marcheront-ils à la guerre et surtout à la répression des troubles intérieurs avec des sentiments bien différents de ceux de ces guerriers professionnels d'autrefois. « Il est vrai qu'ils ont tous subi ce dressage terrible, legs de tant de siècles, qui annihile toute volonté chez l'homme, qu'ils sont si bien exercés à l'obéissance passive qu'au commandement : « Feu par peloton, etc. », les fusils partent tout seuls. Mais quand on commande « feu », cela ne signifie pas qu'il faut tirer à blanc, mais cela veut dire : « Tue ton père, ton frère, etc. » Le comte Tolstoï décrit d'une manière saisissante comment on emmène les recrues des villages, comment elles partent, comment elles se transforment graduellement dans les casernes et par l'effet du dressage.

Quoique le grand écrivain russe tire ses arguments contre la guerre et en faveur de la « non-résistance » directement de la doctrine chrétienne, il est impossible de lui opposer l'argument suivant : Le citoyen ne peut pas se soustraire au service militaire, au nom de la religion chrétienne, du moment où la société qui reconnaît la nécessité de la guerre est chrétienne, ne fût-ce que de nom. L'auteur dit que la guerre doit être condamnée non seulement comme antichrétienne, mais aussi comme antihumanitaire. Or, au fur et à mesure que progresse l'instruction, doit se dessiner le triomphe de l'idée humanitaire.

On peut considérer comme extrèmes les idées de Tolstoï et celles des auteurs cités par lui : la « non-résistance », dans le sens de l'impunité des « égarés », des voleurs et des meurtriers, n'est guère réalisable. Il faut aussi remarquer qu'on ne peut baser tout sur l'amour dans la société humaine. Quel que soit le degré de la civilisation, la société n'aura jamais qu'une idée relative de la *justice*, c'est là ce dont l'apôtre du pardon ne tient pas assez compte.

Quoi qu'il en soit, en admettant que l'idée de la « non-résistance » ne soit jamais réalisée et que le désarmement n'ait pas lieu de sitôt, les enseignements de ces écrivains ont leur valeur incontestable, parce qu'ils répandent tout au moins dans la société européenne cette conviction qu'il faut diminuer le fardeau que lui impose le militarisme et, par cela même, les dangers qui la menacent dans l'avenir.

II. La propagande contre le patriotisme.

Dans un second ouvrage (1) le comte Tolstoï non seulement flétrit la guerre au nom de la doctrine chrétienne, mais critique jusqu'à l'idée et au sentiment du patriotisme, dont on se sert pour justifier cette guerre. Cet ouvrage est moins entraînant, moins émaillé de beautés artistiques ; c'est plutôt l'œuvre d'un grand publiciste. Il est caractérisé par une critique mordante et une méthode de démonstration simple et très calme, au point que certaines de ses pages rappellent, dans leur excellente traduction française, les pamphlets de Paul-Louis Courier, si célèbre à son époque.

« On a soustrait deux provinces à la France ; on a enlevé les enfants à leur mère, » dit le comte Tolstoï. « La Russie ne peut admettre que l'Al-

Tolstoï critique le patriotisme.

_____

(1) *L'Esprit chrétien et le patriotisme.*

lemagne lui impose sa volonté, qu'elle l'empêche de remplir sa mission
historique en Orient; souffrira-t-elle qu'on lui prenne ses provinces bal-
tiques, polonaises et caucasiennes comme on a pris à la France l'Alsace-
Lorraine? Et l'Allemagne, d'autre part, ne peut renoncer aux avantages
acquis au prix de si grands sacrifices... Et l'Angleterre abandonnera-t-
elle sa domination sur les mers?... » En présentant ces considérations,
l'auteur démontre que toutes les nations sus-mentionnées sont prêtes à
l'avance à tout sacrifier pour atteindre leurs visées prétendues patriotiques.

On considère en même temps comme incontestable, ajoute Tolstoï,
« que le patriotisme est un sentiment inné à tous les hommes et que c'est
un sentiment si élevé, si moral, que s'il s'affaiblit chez certains individus,
il faut le relever artificiellement. Ces deux opinions sont erronées. J'ai vécu
un demi-siècle au milieu des populations rurales et je n'ai jamais, à aucun
moment, surpris une seule manifestation de ce sentiment, à l'exception des
phrases patriotiques toutes faites empruntées aux livres ou apprises dans
les casernes. Je n'ai jamais entendu le peuple proclamer l'idée de patriotisme; mais j'ai souvent vu les personnes les plus sérieuses et les plus
respectées de la population affecter, non seulement de l'indifférence, mais
même du mépris pour les manifestations de toute nature. J'ai remarqué
qu'il en était de même dans les autres nations et mes observations ont été
confirmées par des Français, des Anglais, des Allemands instruits, avec
lesquels j'ai eu l'occasion de m'entretenir.

« La population qui travaille est trop absorbée par ses occupations pour
s'intéresser aux questions qui excitent le patriotisme... Un homme simple
ne s'inquiétera jamais de savoir par où passera telle ou telle frontière, à
qui appartiendra la ville de Constantinople, etc. Il lui sera indifférent de savoir qui bénéficiera des impôts et au service de qui il faudra envoyer ses
fils. Ce qui l'intéresse beaucoup, c'est la somme des contributions qu'il
devra payer, le temps que durera le service militaire, la valeur de la terre
et le salaire du travail. Toutes ces questions n'ont aucun rapport avec la
politique. Voilà pourquoi les masses sont, malgré tout, portées à se pénétrer des idées de réorganisation sociale; voilà pourquoi elles sont réfrac-
taires au patriotisme qu'on cherche à leur inoculer. Ce sentiment se loca-
lise dans les classes instruites auxquelles il procure des avantages.

« S'il arrive parfois, comme cela s'est vu à Toulon et à Paris, que le
patriotisme s'empare de la masse du peuple, ce n'est jamais que l'effet
d'une sorte d'hypnose venant d'en haut; aussi ces sentiments ne persistent-
ils dans la foule que pendant la durée de cette hypnose... L'homme simple
n'a pas l'idée de la patrie; il ne connaît que « son coin »; il ne connaît
pas ses concitoyens, mais ses « pays » dans le sens étroit du mot. Ainsi
que les émigrants russes se rendaient autrefois en Autriche et en Turquie,

de même ils iraient maintenant volontiers n'importe où : en Turquie, en Chine, tout aussi bien que dans quelque autre endroit de la Russie... Qu'on donne à choisir au *moujik* entre l'amour de la patrie, les traditions nationales, les cendres sacrées des ancêtres et quelque autre pays étranger meilleur où il trouverait de plus vastes terrains à cultiver, il optera sans le moindre doute pour le pays étranger. »

Tolstoï explique les manifestations telles que celles de Toulon et de Paris, lors de l'arrivée des marins russes, celles qui ont eu lieu à Berlin en l'honneur de Bismarck ou en Lorraine en l'honneur de Guillaume II, par les puissants moyens dont disposent les gouvernements et qui leur permettent de publier des articles de journaux, d'éveiller la curiosité de la population, de l'attirer dans tel ou tel endroit par des spectacles de tout genre. « La profonde indifférence des masses pour le patriotisme est prouvée par la nullité de l'impression faite sur les idées du peuple par les entraînements prétendus irrésistibles du sentiment national... C'est ainsi que procèdent les maquignons qui mettent du poivre sous la queue du cheval destiné à être vendu, puis, après avoir bien fouetté la bête, la montrent à l'acheteur, tout en se pendant au bridon, pour montrer qu'ils sont incapables de maîtriser la fougue de l'exubérant coursier. En France, on a salué avec le même délire Napoléon Ier se rendant en Russie, et Alexandre Ier faisant son entrée à Paris, puis encore Napoléon, puis les Bourbons, les d'Orléans, la République, Napoléon III et Boulanger. On a accueilli en Russie avec une égale chaleur nos frères slaves, le roi de Prusse et les marins français. Des phénomènes semblables se produisent en Angleterre, en Amérique, en Allemagne, en Italie, partout en un mot. »

En parlant de l'essence du patriotisme, l'auteur dit qu'elle est bien caractérisée dans l'hymne allemand : « *Deutschland, Deutschland über Alles in der Welt* (Allemagne, Allemagne, par-dessus tout au monde). Il n'y a qu'à changer le nom de la nation et l'on trouvera en quoi consiste dans chaque pays le patriotisme, que le gouvernement a tout avantage à entretenir. L'auteur nie que ce soit là un sentiment élevé, il dit qu'il n'est pas sage de considérer sa nation comme supérieure à toutes les autres ; il trouve aussi qu'il est immoral de faire du tort à autrui quand on y trouve son intérêt, qu'en tout cas cette façon d'agir n'est pas chrétienne. On peut même dire que le patriotisme n'est pas chose naturelle dans les États modernes qui se composent de tant de nationalités ; il est inutile au surplus, car le christianisme enseigne qu'il faut aimer ses semblables et qu'il n'est pas permis de leur faire du tort même pour faire du bien à ses proches. »

« Le patriotisme ressemble à l'échafaudage qui a permis d'élever un édifice et qui obstrue l'entrée de cet édifice une fois achevé. Si on n'enlève pas cet échafaudage, c'est que certaines personnes trouvent leur compte à le conserver... Il ne doit pas exister de causes de luttes entre les nations chrétiennes... Pourquoi le paysan de Kazan doit-il haïr les Allemands auxquels il envoie son blé et qui, en revanche, lui fournissent les faux qui lui permettent de faire la moisson? Quant aux savants et aux artistes qui vivent tous d'une vie commune et indépendante de l'idée de nationalité, il serait ridicule d'admettre qu'ils doivent professer les uns pour les autres des sentiments hostiles.

« Mais on entretient cette haine : *Divide et impera*... Les Russes et les Français, qui se sont battus autrefois, s'apprêtent maintenant à combattre les Allemands, et ces derniers se préparent, toujours au nom du patriotisme, à se battre sur les deux frontières. Et le patriotisme ne se borne pas à provoquer les guerres, il justifie l'oppression d'un peuple par un autre quoique faisant partie du même État. »

L'auteur fait remarquer que les progrès de l'instruction, qui sont dus, dans une grande mesure, à l'imprimerie, auraient dû favoriser la connaissance mutuelle des nations et ensuite écarter les préjugés qui les divisent, mais qu'en attendant l'imprimerie a fourni aux gouvernements et aux classes dirigeantes un moyen de propager le patriotisme dans les nations.

D'autre part, le nombre des gens qui bénéficient de l'entretien du patriotisme est beaucoup plus grand de nos jours qu'autrefois ; c'est pourquoi ce préjugé singulier trouve actuellement tant de propagateurs. Plus il est difficile aux gouvernements de se maintenir au pouvoir, plus ils invitent de monde à le partager.

Tolstoï classe parmi les personnes qui se solidarisent avec le gouvernement pour entretenir et exciter le patriotisme dans la nation, non seulement les fonctionnaires et le clergé, mais aussi les propriétaires fonciers, les banquiers, les rentiers, les professeurs, les savants et surtout les journalistes. « Sciemment ou non, tous ces gens propagent cette illusion qu'on appelle le patriotisme et qui leur est nécessaire. Même ceux qui ont quitté la charrue pour les études ont subi à l'école l'hypnose venant d'en haut ; on leur a fait tant de menaces d'une part et tant de belles propositions de l'autre, qu'ils ont fini par se ranger, eux aussi, du côté des gouvernements. On peut dire qu'il se trouve à la porte de l'école un filet dans lequel tombent tous ceux qui se dégagent de la masse écrasée par le travail quotidien pour se livrer à l'étude.

« La puissance des gouvernements a pour base l'opinion publique. Mais comme ces gouvernements disposent de la force matérielle, ils peuvent, avec l'aide de leurs instruments, fonctionnaires, clergé, juges, professeurs et journalistes, créer le courant d'opinion qui leur convient et qui sert à entretenir leur pouvoir : de sorte que l'opinion publique engendre la force et celle-ci, à son tour, l'opinion publique. C'est là, évidemment, un cercle vicieux. » Toutefois, le comte Tolstoï explique plus loin que « l'opinion publique réelle n'est pas celle que commandent les dirigeants et qui s'exprime toujours par les mêmes formules patriotiques, mais celle qui résulte des impressions libres, indépendantes, individuelles, celle que les individus expriment dans des cercles intimes. C'est là une opinion qui subit bien moins les influences d'en haut et qui ne se résoud pas en formules toutes faites et stéréotypées; c'est une opinion qui se modifie continuellement, qui progresse. Grâce à cette opinion indépendante, la société entière et même les sphères officielles se sont pénétrées de certaines vérités qui, récemment encore, passaient pour des absurdités et des songes creux. C'est ainsi qu'on s'est convaincu de la nécessité d'abolir le servage, la bastonnade et les tortures. C'est devant ces convictions insaisissables, qui s'élaborent et grandissent au sein des nations, que le patriotisme faiblit, malgré tous les efforts faits pour le maintenir et le réchauffer. Ces convictions intérieures et indépendantes ne tarderaient pas à devenir une force irrésistible si chacun s'y conformait dans ses actions, s'il renonçait à faire ce qui ne s'accorde pas avec elles. Aucune force ne peut vaincre celle de la masse, quand la masse comprend bien ses intérêts.

« Pour cela il est nécessaire d'être toujours fidèle à ses convictions, même dans les petites choses, et de le dire toujours avec clarté. Est-ce donc si grande affaire de crier « Vive la France! » ou bien « Hourrah! » en l'honneur d'un conquérant? Est-ce un crime que de participer à des fêtes patriotiques et de dire du bien de personnes qu'on ne connaît pas et avec lesquelles on n'a aucune relation?...

« A coup sûr ces deux choses prises séparément sont de peu d'importance. Mais c'est précisément en renonçant à des actions qui nous paraissent dépourvues de toute importance et en exprimant, chacun dans la mesure de nos forces, notre opinion à ce sujet, que nous parvenons à faire valoir notre force, cette force invincible constituée par l'opinion publique vraie, non fardée, l'opinion qui progresse sans cesse et qui détermine le progrès de l'humanité. »

Certains auteurs allemands antimilitaristes s'appliquent également à faire une propagande contre le patriotisme qu'ils jugent être la source du militarisme. Citons, pour compléter notre exposé, les réflexions sur ce sujet d'un écrivain allemand. « En augmentant sans cesse le poids des énormes budgets affectés aux armements on excite le patriotisme national, c'est-à-dire le désir qu'éprouvent les hommes de faire de leur nation, quelle qu'elle soit, la nation dominante, celle qui commande aux autres nations. Ce patriotisme est de nos jours aussi pernicieux pour les peuples, que l'étaient antérieurement l'ambition et la rapacité des princes qui ne rêvaient que de conquêtes. » Il est à remarquer qu'en parlant des dangers que le patriotisme peut faire courir à la paix, l'auteur antipatriotique allemand ne rappelle ni les agressions de la Prusse et de l'Autriche contre le Danemark, ni l'agression de l'Autriche contre la Prusse, mais ne fait mention que de la guerre de 1870 — qui fut cependant l'œuvre de Bismarck — pour souligner l'absurdité du cri : « A Berlin ! » proféré par les Français. Il parle, en revanche, des guerres de Napoléon Ier, de l'élection de Napoléon III au nom du patriotisme, du panslavisme russe, de l'annexion de l'Alsace-Lorraine qui constitue pour la paix un danger permanent.

My country, right or wrong ! (Pour mon pays qu'il ait tort ou raison !) voilà la devise des patriotes qui pensent que la justice doit se taire partout où le patriotisme est engagé.

Les mêmes actions que le patriote considère comme criminelles quand elles sont l'œuvre de particuliers, il les trouve justes et bonnes si elles sont commises par sa nation, sur l'ordre de son gouvernement et quand elles sont dirigées contre une autre nation. Le pillage et le meurtre deviennent alors des actes d'héroïsme.

Le même auteur combat l'opinion des *patriotes* qui estiment que leur pays s'humilierait en acceptant l'arbitrage pour régler ses différends avec d'autres pays ; il fait remarquer que cette manière de vider les querelles constitue le signe caractéristique d'une civilisation plus avancée.

En recourant aux armes, les patriotes désirent non la justice, mais l'injustice qu'ils pensent devoir leur profiter. En attendant l'esprit humain progresse, il écarte les préjugés les uns après les autres, et il finira bien par avoir raison de cette erreur, qui consiste à [ne pas admettre que la justice soit la même pour les individus et pour les nations. L'auteur dont nous parlons estime que le temps est proche où les hommes comprendront que le vrai patriotisme est analogue à la liberté civile qui permet à chacun de garder son indépendance et de se développer sans violer les mêmes droits chez qui que ce soit. Il énumère une série d'abus commis au nom du faux patriotisme et indique les dangers qui en résultent pour la paix de l'Europe ; il parle du « A Berlin! », du panslavisme russe, du refus des Anglais d'accorder le *home rule* aux Irlandais, de l'expédition des Italiens en Abyssinie, ainsi que de l'annexion de l'Alsace-Lorraine et du Schleswig, et il déclare que ces derniers actes d'arbitraire sont non seulement contraires au patriotisme bien compris, mais nuisibles au bien-être de la nation allemande.

Certains écrivains, comme Calvo, désapprouvent l'arbitrage quand il s'agit de différends où se trouve engagé l'honneur de la nation, tandis que d'autres auteurs, tels que Bulmerink, l'admettent même dans ces cas. Sur quoi Revon (1) dit : « Nous nous rangeons, sans hésiter, du côté de ces

____

(1) Revon, *l'Arbitrage international*, p. 505.

derniers. » Le diplomate anglais sir Stafford Northcote dit que « ce sont précisément les questions relatives à l'honneur d'une nation qui peuvent être tranchées avec le plus de facilité par l'arbitrage ».

Il y a déjà eu plusieurs exemples de cas où la susceptibilité anglaise s'est inclinée devant des jugements de ce genre ; et cela se comprend, car le fait même de consentir à soumettre un différend à l'arbitrage sauvegarde l'amour-propre de la nation dans l'hypothèse où le jugement lui serait défavorable.

Émile Beaussire (1) raisonne comme il suit : « Le point d'honneur justifie rarement un acte aussi important et aussi terrible qu'une déclaration de guerre. L'Autriche était prête à se dessaisir de la Vénétie ; seulement, d'après la manière de voir propre aux États de l'Europe, l'honneur ne lui permettait de le faire qu'après une guerre (2). Mais est-ce là un vrai point d'honneur? Il arrive souvent que, de deux hommes qui se sont querellés, l'un reconnaît qu'il devrait faire des excuses, et qu'il ne juge pas bon de le faire sans avoir préalablement prouvé son courage en mettant en péril sa propre vie et celle d'un autre. Mais dans les duels les adversaires ne risquent au moins que leur existence, tandis qu'à la guerre les gouvernants sacrifient des milliers de vies humaines. »

Voilà le langage que tiennent les hommes de science. Mais les agitateurs les plus radicaux du socialisme s'expriment d'une manière plus simple. Citons, à titre d'exemple, une résolution votée par le huitième congrès socialiste français tenu à Paris, du 30 septembre au 7 octobre 1883 : « Considérant que l'idée de patrie est une conception bourgeoise et surannée, que les ouvriers des différents pays ne sont nullement des ennemis naturels, mais qu'ils ont, au contraire, des intérêts communs et qu'ils luttent contre leurs exploiteurs internationaux, etc... »

Donnons encore deux échantillons d'appréciations formulées par les socialistes français : « L'Internationalisme (c'est-à-dire l'Union internationale des ouvriers) détruira les frontières, ce qui entraînera la suppression des armées permanentes et des budgets militaires. Dans l'ordre social plus que barbare actuel, la fleur de la population, les jeunes gens bien portants restent dans les casernes et sont destinés à être mitraillés, tandis que les faibles et les contrefaits ont mission de perpétuer l'espèce, ce qui fait que cette espèce dégénère (3). »

---

(1) E. Beaussire, *Les principes du droit*, X.

(2) Rappelons qu'en 1866, l'issue de la guerre entre l'Autriche et l'Italie n'était pas encore décidée après la victoire des Autrichiens à Custozza, puisque l'armée italienne poursuivait l'armée autrichienne qui battait en retraite.

(3) P. Argyriades, *Essai sur le socialisme scientifique*.

Ce même auteur écrit : « Le socialisme n'admet pas en principe l'idée de patrie ni de patriotisme, attendu que les guerres se font exclusivement dans l'intérêt des dynasties et du capitalisme... Si les bourgeois font si grand état de leur patriotisme, c'est simplement parce qu'ils veulent défendre, grâce à l'armée, les privilèges qui leur permettent d'exploiter le peuple... »

Il fait également remarquer que, précisément, de nos jours la guerre n'est ni logique, ni avantageuse, attendu qu'elle ruine non seulement les vaincus, mais aussi les vainqueurs. Autrefois, le vainqueur pillait les villes, s'emparait du bien des vaincus et les emmenait en esclavage. Puisque nos mœurs n'admettent plus cette manière d'agir, la guerre n'a plus de raison d'être. Dans l'antiquité, les vainqueurs procédaient avec plus de cruauté, mais ils étaient plus logiques que de nos jours. Bien plus ratio-nelle serait une guerre entre les opprimés et les oppresseurs où, comme dit Souetre, dans son *Chant du soldat socialiste :*

> « Une guerre plus légitime
> « C'est la guerre à qui nous opprime,
> « Celle que nous ne faisons pas. »

L'auteur reconnaît cependant le patriotisme français, mais seulement dans le sens de cette lutte, car Karl Marx a dit que la « révolution sera annoncée par le « coq gaulois ». Que les socialistes se solidarisent lors de la première guerre déclarée par un monarque, qu'ils se rendent maîtres du pouvoir et qu'ils procèdent immédiatement à l'expropriation du capital, tout en proclamant l'égalité sociale. Alors se produiront des révolutions au sein des nations belligérantes, et la victoire sur les classes dirigeantes et les capitalistes sera certaine. »

Un autre socialiste, le député Antide Boyer, écrit : « Nous sommes un groupe de fous, convaincus que la civilisation réclame la suppression de cette barbarie que sont les guerres, qu'elle veut qu'on désarme, qu'on inaugure l'arbitrage et la fraternité des peuples. Mais les savants, qui nous gouvernent contre notre volonté, démontrent qu'il est beaucoup plus humain et plus sage que les peuples s'entre-dévorent et sacrifient à cet effet des sommes fabuleuses qui ruinent les contribuables. Que les Slaves mangent les Allemands, comme conséquence de ce que les Germains mangent les Franco-Gaulois, les Anglo-Saxons, les Slaves (? !), les Hongrois, les Roumains, les chrétiens, les mahométans, les bouddhistes, les féti-chistes ! Il n'y a rien à dire : la société a fait de grands progrès dans la voie de la sagesse. »

Il est évident que des provocations de ce genre et même des raison-nements scientifiques sur ce thème ne seraient ni très significatifs ni très dangereux en eux-mêmes, n'était la présence de complications très graves en Europe. L'accroissement de la population, qui n'est pas proportionné à celui de ses ressources, empêche les marchés européens d'absorber les produits de l'industrie développée, au point que les gains de la population toujours croissante sont insuffisants sous ce rapport.

L'Europe commence à devenir trop exiguë et une émigration énorme prouve déjà combien cet état de choses est anormal.

Les impôts, destinés à la construction de cette tour de Babel moderne qu'est le militarisme, augmentent, en attendant, sans cesse et sans qu'on puisse prévoir les dimensions définitives de la construction. Jusqu'à quel point même le sol social actuel est-il capable de supporter cet édifice gigantesque ?

Telle est la question en présence de laquelle les argumentations les moins fondées au point de vue de la logique, et parfois très fantastiques, des apôtres de l'antimilitarisme, acquièrent de la valeur, et qui fait que le « chant du coq gaulois », prédit par Marx, cesse de constituer une agréable perspective.

III. La propagande dans les armées.

On comprend que les adversaires de l'État et de l'ordre social établi cherchent à gagner les armées à leur cause. Ici nous répéterons ce que nous avons déjà dit ailleurs, que les efforts des tribuns radicaux trouvent un soutien dans les opinions propagées par les gens pacifiques, les hommes de science et les artistes, et qui fournissent à la propagande pratique une base essentielle.

En exposant le développement des idées du socialisme et de l'anarchisme, nous n'avons pas parlé des procédés qui servent à les propager, mais nous nous proposons d'examiner dans le présent chapitre les moyens, pour ainsi dire moraux, auxquels ont recours les pontifes des idées subversives. C'est là un point qui a son importance dans la question de la guerre future. Le nombre des adhérents aux idées antigouvernementale augmente très rapidement en Occident; c'est une circonstance qui pourra réagir de deux manières sur la probabilité d'une guerre : ou elle rendra la guerre tout simplement impossible, ou elle déterminera des catastrophes, dont les résultats seraient incalculables dans le cas où la guerre éclaterait en dépit du grand nombre de ses adversaires.

Essaierait-on d'établir ensuite un autre ordre social, ou bien l'anarchie triompherait-elle ? Personne ne saurait le prédire. Une chose, cependant, est vraisemblable : c'est que le retour au *statu quo* actuel serait impossible après une pareille crise. La prophétie de Montesquieu, prédisant que l'Europe périrait par le militarisme, pourrait bien se réaliser.

Nous ne relaterons pas les épisodes de la lutte engagée, et qui sont déjà inscrits dans l'histoire, car cela ne servirait pas à expliquer la chose principale. Or, cette chose principale consiste, pour nous, dans les moyens employés pour saper l'ordre établi. Les exemples que nous citerons ne serviront qu'à confirmer nos remarques générales.

Les privations, les difficultés du service militaire, les mauvais traitements infligés aux soldats.

Critiques du service militaire. La propagande antimilitariste cherche, avant tout, à persuader à la masse que le service militaire est aussi mauvais pour les soldats que pour leurs proches, tout à la fois au point de vue économique, hygiénique, politique et moral. Au lieu de travailler comme auparavant pour soi-même et pour les siens, le soldat est forcé de travailler pour ses chefs, et ses parents sont souvent obligés de travailler pour lui. Il perd, de plus, la possibilité de se consacrer à un travail productif au moment même de sa vie où ce travail serait pour lui du plus grand profit.

Mais les apôtres de l'antimilitarisme vont jusqu'à prétendre qu'on impose aux soldats des travaux trop pénibles, hors de proportion avec leurs forces et sans rapport avec les besoins de la vie. Dans les anciens temps. les masses vivaient dans des conditions plus précaires, de sorte que cette différence n'était pas aussi grande entre la vie au foyer domestique et la vie à la caserne. Mais le bien-être général s'étant accru, les conditions de l'existence sont devenues plus douces dans la famille et dans la société. Or, en présence de ce changement, en présence aussi de l'égalité juridique et de l'inviolabilité des individus, les exigences de la sévère discipline militaire effraient les hommes, en même temps que la vie de caserne et les exercices militaires incessants imposés par la courte durée du service, ont souvent une influence défavorable sur la santé des recrues (1).

La vie du soldat s'est compliquée ; il est obligé de faire non seulement des efforts physiques, mais aussi des efforts intellectuels, pour apprendre tout ce qui entre dans le programme de son éducation militaire. C'est une école très dure pour la plupart des jeunes gens. Voilà les conditions que les antimilitaristes mettent à profit pour rendre le service militaire odieux.

---

(1) Dr. Seeland, *Zur Aetiologie der Sterblichkeit der Soldaten*, paru dans la *Vierteljahrschrift für offentliche Gesundheitspflege*, 1871.

Au sein même des parlements on mène ouvertement une campagne en faveur de la suppression des armées permanentes.

Et l'on peut voir, par le fait suivant, combien cette idée est déjà populaire : en 1880, Bebel a donné lecture au Reichstag d'une réponse de de Moltke à un ouvrier de Kanstadt qui suppliait le maréchal de demander à l'empereur tout au moins une réduction d'effectif de l'armée permanente. « Chacun — écrivait de Moltke — partagera ce désir d'alléger ce fardeau qui pèse sur la nation par suite de l'obligation où se trouve l'Allemagne, placée entre des voisins puissants, d'entretenir une puissante armée. Mais cette modification ne sera possible que quand les peuples auront reconnu qu'une guerre même victorieuse est un fléau pour eux-mêmes et pour toute l'humanité. » (*Volkszeitung*, 1890. N° 251.)

Voilà comment de Moltke envisageait cette question, et sa manière de voir est celle d'un grand nombre d'hommes d'Etat et de savants, qui s'adressent au peuple dans des termes analogues. Mais les masses considèrent la chose plus simplement; elles estiment qu'il appartient à la nation elle-même de trancher cette question si les hommes au pouvoir ne se hâtent pas de le faire.

La chute de Bismarck et la suppression des lois exceptionnelles contre les socialistes, ainsi que les succès remportés par ceux-ci aux élections, ont quelque peu calmé les passions en démontrant qu'on peut obtenir quelque chose même par la voie légale. La popularité de Bebel et de Liebknecht a repris ses anciennes proportions et les socialistes modérés ont conçu plus de confiance en leurs propres forces.

Tandis que l'importance du parti socialiste augmente dans la nation, le gouvernement considère ses membres comme des ennemis.

Sans parler de Bismarck qui fut de tous temps un ennemi déclaré du socialisme (1), nous pouvons indiquer le comte Caprivi, qui dit au Reichstag, en 1891 : « Je demande que vous augmentiez le nombre des sous-officiers; j'en ai besoin, moins pour la guerre contre l'ennemi extérieur que pour nous garantir contre l'éventualité d'une guerre civile. »

Le comte Tolstoï dit à ce sujet : « Caprivi n'a dit que ce que chacun sait, bien qu'on le cache soigneusement au peuple; il nous explique pourquoi les rois de France et les papes s'entouraient de gardes suisses et écossais. Traduit en termes ordinaires, le discours de Caprivi signifie : « l'argent est nécessaire non pour combattre l'ennemi du dehors, mais pour acheter les sous-officiers, afin qu'ils soient prêts à agir contre le peuple opprimé ».

------

(1) Ses coquetteries avec Lasalle ne furent qu'une des ruses de sa politique « de franchise ».

Le comte Tolstoï fait aussi remarquer qu'en Amérique, où il y a peu de troupes, au fur et à mesure que les ouvriers se solidarisent, on insiste pour que l'armée soit augmentée, bien que le pays n'ait à redouter aucune invasion venant de l'extérieur. C'est que l'on comprend, dans les classes dirigeantes, qu'avant peu une armée de cinquante mille hommes ne suffira plus ; et, comme on ne compte plus sur les troupes de Pinkerton, on désire que l'armée nationale soit accrue.

Les succès de l'opposition antimilitariste ont été très bien résumés dans un discours que Bebel prononça au Reichstag après les élections. Il y fit ressortir que les députés qui avaient voté contre la nouvelle loi militaire, c'est-à-dire les socialistes, le centre, les démocrates, les Allemands du Sud, les Danois et les Guelfes représentaient 4,233,000 voix d'électeurs, tandis que les partisans de la loi militaire n'en avaient obtenu que 3,225,000 ; de sorte que la nation a véritablement rejeté cette loi avec une majorité de 1,097,000 voix, bien que la majorité parlementaire se soit rangée du côté du gouvernement.

Il n'est pas douteux que le développement de l'opposition antimilitariste dans l'armée allemande, qui comprend toute la nation, n'ait été favorisé par les conditions de la vie sociale. Si les officiers maltraitent les soldats, c'est principalement parce qu'ils appartiennent à une autre classe sociale qu'eux ; quant aux sous-officiers, ils imitent leurs supérieurs.

Les socialistes ont toujours relevé ces abus et s'en sont servi pour exciter les passions antimilitaristes dans les masses.

Ainsi, dans une brochure, on qualifie l'armée de horde de crève-la-faim (1), et, dans une autre, on dit que le militarisme est un Moloch qui se repaît de vies humaines (2).

Il est certain que l'antimilitarisme allemand ne se manifeste pas dans toutes les classes, mais il n'en est pas moins très répandu. Au Congrès de Halle, on interpella Bebel au sujet de son attitude passive, même conciliante, en ce qui concerne le militarisme, en lui signifiant que cette attitude n'était pas conforme à l'esprit du parti socialiste.

Il répondit que sa voix serait une voix clamant dans le désert et qu'il ne jugeait pas le moment venu de réclamer utilement le désarmement. « La bourgeoisie, dit-il, n'y consentira jamais pour bien des raisons, entre autres parce qu'elle sacrifierait la possibilité de caser avantageusement ses fils dans l'armée. » Ces paroles soulevèrent une tempête d'applaudissements.

Les socialistes démocrates, sachant bien que leurs voix se feraient entendre inutilement, comme l'a dit Bebel, ont recours à d'autres moyens.

____

(1) Fluschein, *Auf friedlichem Wege*. — Brunswick, 1848.
(2) Gilles, *Demokratie und Bismarck*.

Ils sapent par des brochures et par des articles de journaux le prestige de l'armée, en relevant les injustices qui s'y commettent et en propageant leurs idées parmi les soldats eux-mêmes.

C'est ainsi que dans une brochure intitulée *Die parlamentarische Thätigkeit*, et que nous connaissons déjà, il est question des énormes gratifications données aux généraux et aux officiers supérieurs, tandis que les soldats n'ont rien touché et que les familles des morts et des blessés n'ont reçu que de maigres pensions.

En mentionnant, entre autres, la nouvelle loi militaire, la même brochure flétrit énergiquement la sévérité avec laquelle on punit la moindre faute dont se rend coupable un soldat, et elle oppose à cette sévérité l'extrème indulgence qu'on témoigne aux chefs.

« Si *par hasard*, y est-il dit, un sous-officier ordonne en plaisantant de pendre un soldat, comme cela s'est produit à Oldenburg en 1872, ou bien si un officier éteint son cigare sur le nez de son ordonnance, comme c'est arrivé à Dantzig, ou s'il lui ordonne de gifler un civil qui ne lui a rien fait, le soldat doit obéir, s'il ne veut faire plus ample connaissance avec le code pénal militaire. Le soldat allemand ne doit être qu'une machine, voilà le but du nouveau code. »

Il est évident que la divulgation de pareils faits impressionne le public. On se demande, en même temps, dans quelle mesure on peut compter sur l'obéissance passive du soldat devant l'effervescence qui se produit dans les masses.

Dans les sphères militaires allemandes, on ne considère pas comme impossible une défection de la part des troupes en présence d'un ennemi intérieur; la preuve, c'est qu'on y a déjà examiné l'éventualité d'une insurrection militaire en même temps que celle d'une guerre civile; on a arrêté des plans stratégiques en conséquence et discuté la question du bombardement des villes insurgées, etc. Le ministère de la guerre a constitué deux corps d'armée spécialement chargés d'entretenir l'ordre dans l'intérieur du pays en cas de guerre. Mais qui nous dit qu'il y aura, dans ces deux corps, moins de socialistes que dans les autres? Bebel démontrait au Reichstag combien on a tort de croire que l'armée sera « éternellement » fidèle au gouvernement. Il estime que « le socialisme pénètre dans les troupes au fur et à mesure qu'il envahit les masses du peuple ». . . . « En faisant le service militaire, les socialistes démocrates remplissent leur devoir comme tous les autres. Mais vous ne devez pas compter avoir toujours dans l'armée un instrument docile et passif à votre service contre qui bon vous semblera. C'est là une question à laquelle je ne saurais répondre une fois pour toutes. »

La distinction dont l'empereur Guillaume II honora une sentinelle pour avoir tué deux personnes qui l'avaient insultée montre, en quelque sorte, que, de l'avis du monarque, tous les soldats n'auraient pas agi de même façon en pareille circonstance.

L'objection, que le socialisme ne se manifeste actuellement d'aucune façon dans l'armée allemande, ne prouve rien du tout. D'abord ce sont bien moins les jeunes gens de 20 à 23 ans, que les hommes déjà plus âgés dont est formée la « landwehr », qui subissent la contagion du socialisme. Puis les manifestations socialistes sont contenues par la terrible discipline qui règne dans l'armée allemande : les hommes peuvent penser bien des choses sans vouloir s'exposer aux punitions qu'ils s'attireraient en formulant leur pensée, mais à la guerre leur attitude pourra changer (1).

Le temps du service militaire a été réduit au minimum, comme nous l'avons dit, et les exigences ont augmenté ; ce qui soumet les recrues à toute la tension possible et même impossible de leurs facultés morales et physiques. L'un de ceux qui ont passé par la caserne allemande a dit qu'elle est la caserne de ce Moloch qui se nomme militarisme. Il prétend qu'il s'y passe des choses horribles et que, tout comme dans l'état civil, on ne punit que les criminels les moins habiles et les moins dangereux. Il est cependant nécessaire de divulguer ces abus, bien que ce soit de plus en plus difficile. Le député Richter a dit, dans un discours prononcé en 1893, que les places d'exercice autrefois visibles pour les passants sont maintenant entourées de hautes murailles, où même on instruit les recrues dans les manèges : la vie militaire devient de plus en plus cachée.

Les familles des sous-officiers logent dans les casernes, où l'on a construit pour elles des habitations spéciales. C'est en Allemagne qu'on se plaint le plus des mauvais traitements infligés aux soldats. Un grand nombre de brochures en avaient parlé, et longtemps le public ne voulait pas croire à ces révélations qu'il taxait d'exagération. Mais voici que, pareille à la foudre éclatant dans un ciel sans nuage, retentit la voix du prince de Saxe, commandant le XIIe corps d'armée, qui dans un rapport dénonçait les cruautés des chefs, surtout des sous-officiers. Quelques-uns de ces cas sont d'autant plus révoltants qu'il s'agit de persécutions systématiques dirigées contre certains individus et que le soldat n'a pas la possibilité de porter plainte contre ceux qui lui font subir ces injustices. Des abus ont été surtout signalés

----

(1) Liebknecht a dit au parlement, au sujet de la « propagande dans les casernes », qu'elle « est absolument inutile, attendu que chaque recrue apporte au corps l'esprit socialiste démocratique. C'est de la même façon qu'en 1848 chaque soldat apportait à la caserne l'esprit de la démocratie bourgeoise « qui avait gagné » toute l'armée badoise. Nous nous trouvons actuellement dans l'ère de la démocratie sociale, dont les germes remplissent l'atmosphère qui, en 1848, était saturée des bactéries de la démocratie bourgeoise. Faites ce que vous voudrez, envoyez quelque professeur Koch aux casernes pour détruire ces microbes, vous n'en aurez pas raison : vous n'empêcherez pas la contagion. »

dans le 11ᵉ régiment d'artillerie à pied et dans le 6ᵉ d'infanterie : le sous-officier Zwar a ordonné d'échauder le visage d'un soldat avec du café bouillant ; le sous-officier Zahme a, par une nuit de janvier, fait sortir ses hommes en chemise pour leur faire faire l'exercice ; un autre jour, il les a obligés à se mettre à genoux devant lui un nombre de fois incalculable ; le gefreit Liebing a frappé un soldat avec des courroies au point de lui faire perdre connaissance ; le feldwebel Lochel ordonnait de saisir à bras-le-corps les recrues qui lui déplaisaient et de frapper leurs têtes contre la muraille ; il obligeait ceux dont il trouvait les chaussettes sales, à les mâcher pendant cinq minutes ; le sous-officier Heilsdorf ordonnait aux soldats de monter sur une armoire et de s'y mettre à genoux neuf cent fois, inondant le plancher de leur sueur ; quiconque désirait éviter la punition lui donnait de l'argent ; le sous-officier Kuhjahn inspirait, par ses cruautés, une telle crainte à ses hommes qu'un d'eux, en l'apercevant inopinément, fut atteint de diarrhée : Kuhjahn obligea le malheureux à manger ses excréments assaisonnés de sel.

Très caractéristique est la conclusion de M. Haussmann, lors de l'interpellation faite au Reichstag à ce sujet : « Le chancelier a dit hier que si la moralité baisse d'année en année dans l'armée, c'est parce qu'elle baisse dans la population ; c'est l'inverse qui est vrai : la brutalité et la barbarie qui règnent dans les casernes, et que subit toute la nation, contaminent ses mœurs ; et voilà le triste résultat de notre progrès des vingt dernières années. »

A la suite des débats soulevés par cette interpellation, le Reichstag réclama, à la majorité de 143 voix contre 100, la suppression du huis clos et la publicité des procès militaires. Mais ce moyen suffira-t-il pour enrayer les abus, dont la plupart demeurent inconnus et par suite impunis ? Nous en doutons.

Il était impossible de démentir un témoignage aussi autorisé que celui du prince de Saxe. Les adversaires du militarisme en profitèrent pour l'attaquer plus à fond. Ils démontrèrent qu'en dehors des tortures directes, les chefs disposent d'un autre moyen terrible, la salle de police, une peine contre laquelle personne n'a le droit de protester. Les détentions dans ces chambres obscures et froides et le régime du pain et de l'eau sont, disent-ils, nuisibles à la santé et déterminent souvent des maladies et des suicides.

En France, la propagande est encore plus énergique. Empruntons à un écrivain français ses opinions sur l'armée et sur la guerre : « Les armées actuelles, dit-il, sont surtout destinées à étouffer les réclamations du prolétariat. Le général Changarnier l'a dit ouvertement dans sa proclamation aux troupes de Lyon en 1849, en déclarant que l'armée moderne sert moins à combattre l'ennemi du dehors qu'à défendre l'ordre établi contre les insurgés de l'intérieur. Mais, d'autre part, l'existence même d'un organe en provoque le fonctionnement ; il est donc tout naturel que la création d'armées menaçantes a exalté le nationalisme que les gouvernements protègent, parce qu'ils y voient un dérivatif contre le danger ; ces armées ont mis l'Europe au régime *du fer et du sang* et créé la terrible situation internationale actuelle. Nous vivons maintenant sous l'éternelle menace d'un conflit qui sera le prélude d'une guerre à laquelle prendront part des millions de combattants, pourvus d'armes foudroyantes. Dans les temps anciens, les guerres parfois n'étaient peut-être pas inutiles. De même que, suivant la légende, Jupiter suscita la guerre de Troie pour délivrer le monde des innombrables petits tyrans qui l'opprimaient, de même Pierre l'Hermite a rendu un service à l'humanité en prêchant les croisades où périrent les féroces et rapaces potentats et chevaliers féodaux qui chez eux exploitaient et opprimaient leurs serfs. Aujourd'hui, les choses ont tout à fait changé : le conflit n'affectera plus les hautes sphères, mais bien les masses du prolétariat ; et il fera dans ce milieu des victimes innombrables, bien que le prolétariat ne demande que la liberté et la justice et que, tout en ayant pour lui le nombre, il ne soit pas à même de l'obtenir. Telle est la triste ironie de la situation actuelle (1). »

Citons encore, à titre de document, quelques lignes empruntées au dernier chapitre d'un ouvrage d'Hamon qui eut un grand retentissement (2) :

« La guerre est le but de la profession militaire ; or, toute guerre entraîne des abus comme le meurtre, le viol, le pillage, les incendies. Les hommes qui embrassent cette carrière n'écoutent que leur intérêt personnel : l'idée du dévouement à la patrie, à la collectivité, n'entre pas dans leurs combinaisons. Leurs vrais mobiles sont : la vie et le pain assurés, les gages régulièrement payés comme ceux des employés avec l'avantage d'une situation honorifique et l'uniforme qui leur ouvre les portes des salons ; le vain besoin de commander à d'autres qui sont obligés de se conformer à tous leurs ordres sous peine de punitions très sévères ; la paresse ou l'incapacité de se faire une situation dans les lettres, les sciences, les arts, le commerce, les finances. »

Hamon démontre que quiconque est investi du pouvoir a la tentation d'en abuser.

« Chaque personnage officiel est, de nos jours, investi du pouvoir une fois pour toutes ; il en use à l'égard de tous sans autres limites que sa propre volonté. Car les limites que supposent les lois qui établissent l'égalité et la liberté des hommes sont étouffées par la solidarité même de tous ceux qui

---

(1) B. Malon, *Précis historique du socialisme.* — Paris, 1892.
(2) Hamon, *Psychologie du militaire professionnel,* 1894.

détiennent ce pouvoir... L'abus du pouvoir est dans la nature humaine ; il augmente à mesure qu'on l'exerce, car les sentiments de justice et de délicatesse s'émoussent par l'habitude qu'on prend de se sentir supérieur aux autres. Cet abus de pouvoir se manifeste plus brutalement dans l'armée que partout ailleurs, car l'arbitraire est le trait caractéristique de l'état militaire. Même les médecins militaires, que leur profession devrait rendre philanthropes, subissent l'influence de leur milieu au point de devenir très militaires et très peu médecins. Bref, ces abus s'expliquent par les motifs suivants : l'idée du pouvoir identifiée avec celle de la faculté illimitée d'en user ; la passion de commander accrue par la force de l'habitude et par l'humilité des subalternes ; la solidarité professionnelle et l'imitation qui dégénère en émulation ; enfin le caractère arbitraire, inhérent à la profession des armes. »

Les maladies, la mortalité et le suicide dans les armées.

Les exigences parfois exagérées auxquelles le soldat est soumis doivent nécessairement réagir sur l'état sanitaire des troupes, ainsi que sur la mortalité qui s'y produit et qu'exploitent les adversaires du militarisme.

Mortalité exagérée dans l'armée.

C'est ce que confirment les chiffres ci-dessous, qui montrent séparément la mortalité des soldats durant leur première année de service. Dans l'armée française sont morts :

	En 1889	En 1890
Sur 1.000 officiers.	5,49	4,94
— sous-officiers	4,56	4,38
— simples soldats de plus d'un an de service.	5,49	6,21
— simples soldats dans leur première année de service.	8,27	8,19

Dans cette même armée, durant la période de 1880 à 1885, la mortalité annuelle a été, sur 1.000 hommes des différentes armes :

Dans l'artillerie	7,4
— la cavalerie	8,8
— l'infanterie.	10,2
— les ateliers de travaux publics	18,2
— les compagnies de discipline	31,0

Ces chiffres sont surtout significatifs si on les compare avec ceux relatifs à la mortalité des deux sexes et de tous les âges dans la population civile, puisque l'armée contient la fleur de la population, tandis que la mortalité des enfants augmente à elle seule très sensiblement le pourcentage de la mortalité générale. Et pourtant il est permis de douter que ces chiffres officiels correspondent bien à la mortalité totale de l'armée française.

Vallin (1), cherchant à établir quelle serait la mortalité dans les troupes s'il n'y avait pas de conseil de revision pour éliminer les malades et si l'on ne congédiait pas les soldats atteints de maladies incurables, aboutit au chiffre énorme de 18,60 0/00, et cela en se basant sur les calculs suivants :

Le nombre des cas de mort qui se sont produits dans les troupes cantonnées à l'intérieur du pays durant la période de 1862 à 1869 s'est élevé à. . . . .   9,11 pour 1000

Les cas de morts, qui seraient survenus si l'on n'avait pas congédié les malades, sont de   3,59   —

Les chances éliminées par le conseil de revision représentent   3,60   —

Les chances éliminées par l'examen médical des rengagés représentent   2,00   —

                Total. . . . .   18,60 pour 1000

En 1874, Morache évaluait encore la mortalité de l'armée française durant la période de 1862 à 1869, en se plaçant dans les conditions susindiquées, et trouvait également 18 0/00 de l'effectif.

Dans le récent ouvrage de Marvo : *Les maladies des soldats*, où il est tenu compte du nombre des soldats réformés pour cause de maladie, il se trouve également un tableau comparatif des cas de maladie et de mort dans les différentes armées européennes.

---

(1) E. Vallin, *De la salubrité de la profession militaire*. (*Annales d'hyg. et de méd. légales*, 1868, 2ᵉ série, vol. XXXI.)

(2) A. Marvo, *Les maladies des soldats*, traduit par Vérigo. — Saint-Pétersbourg, 1895.

TABLEAU.

Voici ce tableau :

ARMÉES	NOMBRE des soldats qui ont passé dans les infirmeries et dans les hôpitaux sur 1000	PERTES		NOMBRE TOTAL des pertes	REMARQUES
		déterminées par la mort	déterminées par les congés		
Française, intérieure, en 1888	500	6,1	21,0	27,1	1° En comptant les malades soignés chez eux.
Allemande, 1883 à 84. .	849	3,9	29,0	32,9	
Autrichienne, 1887. . .	995 (¹)	6,9	15,0 (²)	21,9	2° Plus de 27 %,
Italienne, 1887.	760	8,7	28,0	36,7	de l'effectif est
Anglaise, intérieure, en 1884-85.	877	5,2	20,0	25,2	en permission. 3° Il n'y a pas
Belge, 1887 à 1888. . . .	338 (³)	3,9	17,0	20,0	d'infirmeries régimentaires.
Russe, 1880 à 1884. . .	845	8,9	31,3	40,2	
Espagnole, 1886.	?	13,5	30,8	44,8	

Nous voyons combien l'armée française est favorisée au point de vue sanitaire, puisque seule l'armée belge se trouve dans des conditions meilleures. Il est vrai que la mortalité est en apparence moins grande dans les troupes allemandes que dans les françaises, mais cela résulte du plus grand nombre de congés·temporaires et définitifs accordés aux malades, plus de 27 0/0 de l'effectif de l'armée allemande étant réformés.

La mortalité dans la population civile ne s'élève, par contre, qu'à 8 0/00 (pour le même sexe et le même âge).

On voit donc que la mortalité militaire dépasse de beaucoup celle de la population civile de même sexe et de même âge, malgré les améliorations hygiéniques récemment introduites dans presque toutes les armées et dues, en grande partie, au mouvement antimilitariste. Mais comme la statistique comparée de la mortalité exige des calculs très compliqués et qu'elle ne peut être mise à la portée de tous, elle échappe nécessairement aux masses mieux informées, par contre, des souffrances et des mauvais traitements qu'endurent les soldats.

Le peuple sait combien est pénible le service militaire, et c'est pour cela que tant de jeunes gens s'infligent volontairement des mutilations pour échapper à la conscription. Le docteur Wagner, médecin en chef de la section chirurgicale de l'hôpital militaire à Przemysl, en Galicie, parle de ces cas fréquents de mutilation volontaire dans une publication périodique viennoise intitulée : *Clinische Zeit und Streitfragen.*

On se sert de préférence, à cet effet, d'instruments tranchants. Le docteur Wagner raconte que, durant une période de deux ans, ces cas ont été très nombreux. Deux hussards se sont mutilé les doigts avec des rasoirs, d'autres soldats de la cavalerie et de l'infanterie ont eu recours à la cognée, à différentes espèces de couteaux, à des pioches, quelques-uns ont mis leurs doigts entre les mâchoires de leurs chevaux, tout en les frappant, afin de se faire mordre. Un fantassin s'est transpercé la main avec une baïonnette Mannlicher, un autre s'est écrasé un doigt entre la porte et le chambranle, etc. Les cas où les soldats se blessent volontairement avec des armes à feu sont plus rares, mais il s'en produit cependant. Sur 14 soldats qui ont eu recours à des armes à feu, 11 ont avoué sans hésitation leur intention de se faire réformer et 3 ont prétendu vouloir se suicider ou bien avoir agi par maladresse.

De pareils cas se produisent aussi dans les autres armées. Si, en Galicie, ces mutilations volontaires sont plus fréquentes qu'ailleurs, c'est que les soldats de cette province vivent au milieu de camarades et sont commandés par des chefs d'une autre nationalité qu'eux.

Il serait intéressant de connaître la mortalité dans l'armée russe, parmi les soldats de nationalité polonaise. Le docteur Seeland (1), qui a eu entre les mains la statistique de la mortalité dans les troupes cantonnées en Pologne, dit qu'elle s'est élevée à 10 0/00. Mais c'est là un chiffre général et qui ne donne pas d'indication sur la mortalité des Polonais se trouvant dans les rangs; nous présumons que celle-ci est plus grande surtout dans les provinces orientales et même centrales de l'Empire.

En dehors des mutilations que s'infligent les soldats ou les recrues pour se soustraire au service militaire, on constate que les crimes sont plus fréquents dans l'armée que dans la population civile. C'est là aussi une preuve des mauvaises conditions dans lesquelles vivent les soldats.

Suicides.

Suivant le docteur Seeland, la criminalité dans l'armée serait 2,5 fois aussi grande que dans les autres sphères sociales, les suicides surtout y sont nombreux. A ce sujet, Bebel disait dans son discours au Reichstag du 13 mars 1891 :

« Si, dans une localité quelconque, il se produisait autant de suicides dans la population civile, parmi les hommes âgés de 20 à 30 ans, qu'il s'en produit dans l'armée, vous en seriez émus, messieurs, et vous en chercheriez la cause. Les suicides dans l'armée constituent le quart des décès. Cette proportion se maintient depuis longtemps avec une précision étonnante dans nos troupes, et l'on n'a rien fait, jusqu'à présent, pour la diminuer. J'ai noté, pour aider ma mémoire, les causes de suicides signalées par les

____

(1) *Vierteljahrschrift für öffentliche Gesundheitspflege*, 1871, article intitulé : *Zur Aetiologie der Sterblichkeit der Soldaten.*

médecins dans un rapport officiel. La plupart de ces raisons officielles sont transparentes au point qu'elles permettent de deviner les causes réelles C'est ainsi qu'on cite 23 soldats auxquels la vie était à charge. A-t-on jamais vu, messieurs, que dans un milieu d'hommes âgés de 20 à 23 ans, il y ait tant de désespérés? Nous trouvons plus loin 21 individus qui se sont donné la mort à cause de souffrances physiques et 97 déséquilibrés au point de vue moral. Où est la cause de ces maladies cérébrales et physiques? Il faudrait croire que le recrutement choisit les hommes prédisposés à ces maladies psychiques et qu'elles se développent sous l'effet du traitement trop sévère subi dans l'armée au point qu'ils finissent par devenir fous. Les suicides passionnels se chiffrent par 43. De quelles passions s'agit-il ? Puis 15 hommes se seraient suicidés sous l'influence de vices. Et l'on ne nous dit pas quels sont ces vices? Mais voici 35 soldats qui ont mis fin à leurs jours à cause des mauvais rapports avec leurs proches ou de revers de fortune. D'où proviennent ces mauvais rapports avec les parents? Quels sont enfin les causes de la honte, des remords de conscience qui auraient officiellement déterminé 14 autres suicides? La rubrique intitulée : *Offenses à l'honneur* contient 61 victimes et ceux qui ont préféré mourir qu'encourir une punition sont au nombre de 314. Cette dernière rubrique est compréhensible et instructive. La peur des peines disciplinaires, messieurs, détermine les hommes à se donner la mort. Voilà qui prouve bien la cruauté du Code militaire. »

La statistique des suicides dans les autres armées n'est pas moins alarmante. Les chiffres diffèrent d'ailleurs beaucoup suivant les pays. Ainsi, sur 10,000 hommes, voici le total des suicides annuels :

Dans l'armée autrichienne. 12,53
—   allemande 6,33
—   italienne. 4,07
—   française. 3,33
—   belge. 2,44

Les suicides dans l'armée russe se sont chiffrés par 2,33 sur 10,000 hommes d'effectif par an, durant la période de 1873 à 1890, non comprises les années de 1876 à 1878, pour lesquelles on n'a pu recueillir de données exactes. C'est en 1882 que le nombre des suicides a atteint le maximum, soit 3,10, et en 1887 le minimum, soit 1,57, sur 10,000 soldats.

Comparons ces chiffres avec ceux relatifs à la population civile (1).

On ne doit parler, pour faire utilement cette comparaison, que de la

---

(1) *Militär Wochenblatt : Die Selbstmorde in der preuss. Armee*, 1894.

population masculine comprise entre 20 et 30 ans ; car on sait que, parmi
les femmes, les suicides sont plus rares et que les chiffres totaux augmentent au fur et à mesure qu'ils s'appliquent à des catégories d'hommes
plus âgés. Or, on constate, en opérant ainsi, que dans l'armée prussienne
les suicides sont presque deux fois (exactement 1,8) aussi nombreux que
dans la population civile. Les suicides sont également plus fréquents dans
les autres armées que dans la population civile, autant qu'on en peut juger
par les études publiées à ce sujet : en Autriche, cette proportion serait de
1 à 8 ; en Italie de 1 à 3 ou 4 ; en France de 1 à 1,3 et en Angleterre
de 1 à 2,2 (1).

Les suicides constatés en Prusse, durant la période de 1876 à 1890,
ont été déterminés par les causes suivantes :

	Dans l'armée.	Dans la population.
Dégoût de la vie.	2 %	9 %
Souffrances physiques.	1 »	7 »
Maladies mentales	7 »	29 »
Passions.	4 »	3 »
Vices.	1 »	8 »
Deuil ou regrets occasionnés par des pertes	1 »	5 »
Soucis.	5 »	11 »
Remords et honte.	1 »	8 » (2)
Peur de punitions	31 »	» »
Colère, querelles.	12 »	2 »
Mauvais traitements	1,5 »	» »
Autres causes et causes inconnues.	32 »	18 »

On voit que la peur des punitions constitue le mobile principal des
suicides commis par les hommes de troupe ; cela permet de conclure à la
sévérité excessive de beaucoup de punitions usitées dans l'armée. On trouve
le chiffre 1,5 dans la catégorie des suicides occasionnés par les mauvais
traitements. Mais comme la rubrique des causes inconnues porte 32 0/0
pour l'armée, tandis qu'elle n'indique que 18 0/0 pour la population civile,
il est probable qu'elle comporte beaucoup de suicides attribuables aux mauvais traitements.

---

(1) Suivant Adolphe Wagner il y aurait eu, pour 100 suicides, dans la population civile :
253 suicides dans l'armée française (de 1856 à 1860), 293 dans l'armée prussienne (en
1849) et 643 dans l'armée autrichienne (de 1851 à 1857). Les chiffres plus récents prou-
veraient, en conséquence, que la situation s'est améliorée en France et en Autriche, mais
qu'elle aurait empiré en Prusse.

(2) Ce chiffre comprend les suicides déterminés par la peur de punitions.

Il est à remarquer que les suicides sont relativement très fréquents parmi les sous-officiers. Sur un effectif de 10,000 sous-officiers et soldats il s'est produit, durant la période de 1876 à 1890 :

	Suicides.
Parmi les sous-officiers.	11,4
Parmi les *gefreite* et les simples soldats.	5,6

Les suicides commis par les sous-officiers de l'armée prussienne sont, par conséquent, deux fois aussi nombreux que ceux commis par les simples soldats. Dans l'armée française la proportion susdite est même de 3 à 1 et dans l'armée italienne la proportion des suicides parmi les sous-officiers se maintient également au-dessus de 10, c'est-à-dire assez voisine de celle établie pour l'armée prussienne.

Les suicides commis par les simples soldats durant la même période sont, pour la première, la deuxième et la troisième année de service respectivement, dans les proportions de 3 à 1,5 et 1,5 à 1. Mais les effectifs, pour ces trois années, n'étant pas les mêmes, ces chiffres ne donnent pas une idée exacte de la proportion qui nous intéresse. Il est toutefois absolument prouvé que c'est durant la première année de service, même durant la première moitié de celle-ci, que les suicides sont le plus fréquents — presque deux fois plus que dans les années suivantes.

Nous avons donné jusqu'à présent les chiffres moyens pour l'armée allemande. Mais, dans cette armée, ces chiffres diffèrent beaucoup suivant les corps d'armée. L'auteur de l'article du *Militär Wochenblatt*, cité plus haut, explique cette différence par les dispositions plus ou moins prononcées au suicide qui règnent dans certaines régions de l'Empire. Quoi qu'il en soit, un fait essentiel reste acquis, c'est que, dans l'armée, les suicides sont beaucoup plus fréquents que dans la population civile.

Il importe ici de faire ressortir cette circonstance très caractéristique, que les circonscriptions électorales, où les socialistes sont les plus nombreux, donnent le plus grand nombre de suicides.

Les données ci-dessus relatives aux mauvaises conditions où se trouvent les jeunes gens qui font leur service militaire fournissent aux socialistes d'excellents arguments contre ce service. Ils décrivent dans leurs brochures, dans leurs journaux et dans leurs discours, les privations que subissent les soldats, les mauvais traitements qu'ils endurent, l'arbitraire complet et impuni qui règne dans les troupes; ils citent les chiffres des maladies, des décès et des suicides qui se produisent dans l'armée et ils présentent ces chiffres sous le jour qui leur convient, ils révèlent en un mot tous les tristes côtés de la vie de caserne.

Ces révélations, faites dans une langue simple, accessible à tous, ne laissent pas d'impressionner vivement la population, en l'indisposant contre un ordre de choses qui comporte de tels abus et contre les hommes qui le créent et le soutiennent. Tout cela continue à étouffer le sentiment du devoir chez les jeunes gens bien avant qu'ils n'entrent dans l'armée et affaiblit leur dévouement au pays, en un mot, leur patriotisme. Puis les recrues, nourries de ces lectures, apportent ces idées dans les casernes, de sorte que toute propagande spéciale dans ce sens y devient superflue, comme l'a dit avec raison Liebknecht au Reichstag.

La propagande des socialistes ainsi basée sur les abus qui se produisent dans les casernes et que nous avons exposés plus haut, ajoutée à d'autres arguments défavorables au militarisme, hâte le progrès de la doctrine socialiste et son extension sur toute l'Allemagne où elle envahit même les régions dans lesquelles prédominaient jusqu'à présent d'autres partis politiques.

Nous avons déjà montré plus haut par des chiffres que le nombre des électeurs socialistes augmente chaque année en Allemagne.

Conclusions.

Extension
du socialisme.

Ainsi donc, en tant que doctrine, le socialisme a, dès aujourd'hui déjà, influencé dans une certaine mesure la théorie de l'économie nationale, dans le plus large sens de ce mot. Les économistes et les législateurs portent leur attention sur les questions touchant à l'amélioration de la situation des ouvriers et à la juste répartition des impôts.

En tant que parti politique, le socialisme a pris en Occident une grande importance, grâce aux succès qu'il a remportés aux élections.

Le socialisme, enfin, et c'est là un point très important pour notre ouvrage, tire parti du fardeau que les armements imposent aux nations pour activer sa propagande antigouvernementale et renforce, par cela même, le mouvement dirigé contre la guerre; — mouvement provoqué par des savants et des penseurs avant que le socialisme n'eût manifesté sa présence.

Le rôle pratique du socialisme consistant à saper la popularité dont jouissait la guerre dans les masses, il devient ainsi un allié du progrès qui tend à adoucir les mœurs du peuple au moyen de l'éducation.

Dans notre ouvrage nous avons consacré des chapitres spéciaux à la description des tendances hostiles à la guerre qui gagnaient graduellement les sphères supérieures et inférieures de la société, ainsi qu'aux efforts spontanés faits par des écrivains et des poètes pour ébranler et dé-

NOMBRE DES VOIX SOCIALISTES DANS LES PARLEMENTS DES PRINCIPALES PUISSANCES, EN MILLIERS.

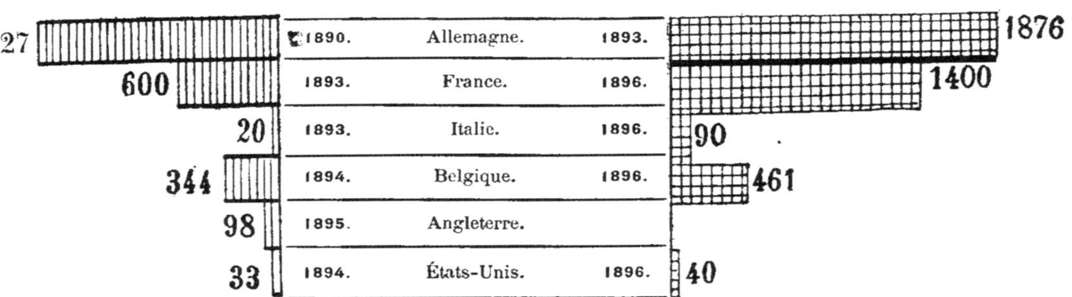

NOMBRE DES ORGANES DU PARTI SOCIALISTE.

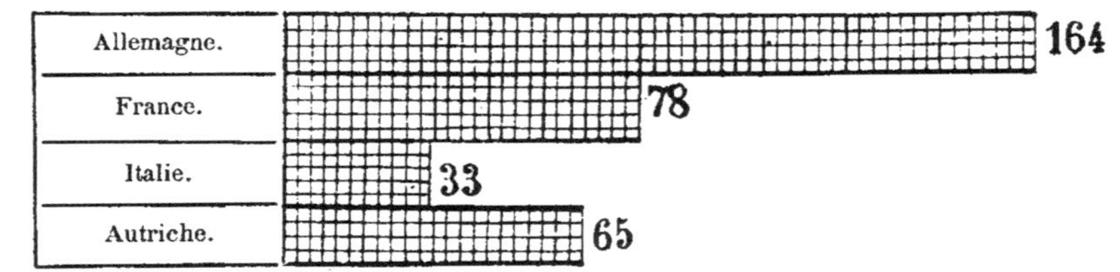

LA GUERRE FUTURE (P. 168, TOME V.)

truire l'admiration, dont, depuis les temps les plus reculés, la guerre et les exploits guerriers étaient l'objet. Nous avons également indiqué le progrès qu'a fait l'idée de l'arbitrage international et énuméré les congrès de la paix qui se sont réunis. Un chapitre spécial traite de la propagande des socialistes dirigée contre le service militaire et contre le patriotisme.

Nous voulons ici, pour achever de caractériser le développement du socialisme, exposer dans les grandes lignes le rôle particulier que le socialisme a joué, en se révélant l'ennemi de la guerre et du militarisme, et en se rangeant ainsi du côté du progrès, de la civilisation, des savants, des congrès de la paix et de la transformation des armées. *Rôle particulier du socialisme contre la guerre.*

Tout cela a préparé le terrain pour la lutte ultérieure contre les armements et contre le but en vue duquel on les développe.

Les socialistes, comme nous l'avons déjà dit, se servent du poids même du militarisme comme d'un bélier pour détruire, dans les esprits, les idées de gouvernement, de devoirs civiques et de patriotisme. Mais le résultat le plus pratique qu'ils obtiennent c'est d'alimenter et d'augmenter dans les masses le mécontentement déterminé par le militarisme et l'aversion que leur inspire la guerre.

La propagande socialiste ridiculise le patriotisme, en le représentant comme un moyen d'exploitation qui ne sert qu'à défendre les intérêts des classes dirigeantes. Les socialistes, en procédant ainsi, ne se font aucun scrupule d'exagérer les faits, d'insulter grossièrement leurs adversaires et même de les calomnier. Ils n'admettent pas que ces derniers puissent jamais être de bonne foi; ils voient, dans chaque réplique qu'on leur oppose, l'égoïsme de caste, l'hypocrisie, la mauvaise volonté.

Ils aiment à s'étendre sur les abus commis dans l'armée, sur les mauvais traitements infligés aux soldats: ils représentent toujours l'armée comme un troupeau d'affamés, bien que Bebel ait déclaré à plusieurs reprises que si l'ennemi envahissait l'Allemagne les socialistes défendraient pourtant l'ordre de choses qui leur est si antipathique. Quand, au congrès de Halle, on demanda à Bebel pourquoi il faisait cette concession diamétralement opposée à l'esprit socialiste, pourquoi il n'insistait pas plutôt pour qu'on supprimât immédiatement le militarisme, ce démagogue répondit « qu'à l'heure actuelle ce serait peine perdue; que la bourgeoisie ne consentirait à aucun prix à sacrifier l'armée, dans laquelle elle voit, premièrement, le défenseur de ses intérêts, ensuite une source de richesses grâce aux fournitures qu'elle exige, enfin une profession pour ses fils. »

Il est manifeste que la propagande socialiste affaiblit dans les masses la popularité de la guerre et des exploits militaires. On a tout lieu de croire que cette propagande fait des progrès dans l'armée et cette circonstance aurait certainement quelque importance lors d'une grande guerre et de la

L'augmentation inégale de la population dans les différents pays est une cause de guerre.

La force
d'un pays dépend
de
l'accroissement
de sa population.

Le souci d'entretenir ce qu'on appelle « l'équilibre politique » pourra, comme par le passé, déterminer des complications internationales très graves à l'avenir ; ces complications, à leur tour, pourraient amener une guerre.

L'équilibre politique est à la merci des changements inattendus qui se produisent dans la vie historique d'une nation, tels qu'une révolution, ou bien un agrandissement de territoire par voie d'héritage, etc., qui déterminent des collisions entre voisins. Il faut ranger, parmi ces causes, l'accroissement anormal de la population dans tel ou tel pays.

En prenant deux États presque également civilisés, nous constatons que leurs forces vitales dépendent plus ou moins directement du chiffre de leurs populations ou que, pour parler le langage des mathématiciens, elles lui sont proportionnelles.

Il est évident que plus il y a de travailleurs dans un pays, plus est grand son bien-être en même temps que sa force militaire, puisque celle-ci dépend uniquement du nombre d'individus susceptibles d'être enrôlés sous les drapeaux.

De deux nations dont l'une sera sensiblement plus civilisée que l'autre, la première pourra avoir tous les avantages de son côté, même si sa population n'égale pas celle de sa rivale. Mais ces différences provenant de l'inégalité de la civilisation s'effacent avec le temps, tandis que l'avantage numérique subsiste et augmente même, attendu que la population croît dans une plus grande mesure chez les nations moins civilisées.

La question de l'augmentation de la population intéresse, pour les raisons que nous venons d'indiquer, les savants aussi bien que les hommes d'État.

Nous examinerons et comparerons les données concernant l'augmentation des populations dans les différents pays en tant que cela se rapporte la question de la guerre. Cette question destinée à rétablir l'équilibre, compromis par la croissance démesurée de la population de telle ou de telle nation, fournit depuis longtemps un sujet d'étude aux théoriciens du droit international.

En marchant sur les traces de Hugo Grozius, Kant a formulé comme suit l'opinion de la majorité de ces penseurs : « Les peuples ont le droit de défendre leur existence par tous les moyens et de chercher à se développer autant que possible, sans, toutefois, menacer le développement des peuples voisins. »

Mais le fond de la question est dans l'impossibilité d'accorder le droit de se renforcer dont bénéficie une nation avec le droit identique de ses voisines et dans la difficulté de caser le surplus de la population; voilà pourquoi cette question ne laisse d'être litigieuse au point de vue pratique.

Les hommes d'Etat sont bien forcés de ne point tenir compte des opinions des savants; ils évaluent, en conséquence, le danger résultant pour leur pays du fait que la nation voisine se renforce pacifiquement, grâce à la croissance rapide de sa population, car ils voient dans ce phénomène une cause pouvant déterminer une guerre. Ils apprécient la totalité des conditions, c'est-à-dire non seulement la probabilité d'une guerre victorieuse ou d'une défaite, mais aussi les conséquences désavantageuses capables d'infirmer l'importance d'un succès et d'augmenter *ipso facto* la mesure du désastre; ils examinent aussi les facteurs eux-mêmes qui déterminent la différence dans la croissance des deux populations.

En approfondissant les questions qui se rattachent à une guerre future ou à sa probabilité plus ou moins grande, nous devons tenir compte, non seulement de la perspective de cet événement, mais aussi des soucis et des appréhensions que suggère sa vision à telle ou à telle nation. C'est là un élément qui n'est pas dépourvu d'importance, attendu qu'il influence les États intéressés, dans ce sens qu'il stimule la résolution chez les uns et la refrène chez les autres.

I

Augmentation de la population en France.

La population de la France augmente très peu, au point qu'elle n'augmente presque pas du tout : en 1890, par exemple, le nombre des décès a dépassé de 38,446 unités le nombre des naissances. De là la conclusion directe que la puissance de la nation française est en baisse, comparativement à la puissance d'autres contrées où la population augmente d'une manière plus normale. Mais ne perdons pas de vue qu'un pareil état de choses est, bien que passagèrement, salutaire à un certain point de vue.

Quand la population augmente dans une mesure aussi faible, le travail trouve un champ d'application plus vaste, il y a plus de place pour les forces productives et moins de lutte. La nation dépense, en outre, moins pour l'éducation et l'instruction des jeunes générations, elle épargne plus de ce fait; les capitaux ne s'éparpillent pas, comme dans les autres pays plus peuplés, et le bien-être matériel augmente par cela même.

Il est évident que les hommes clairvoyants constatent malgré cela que les forces de la France s'épuisent et s'affaiblissent, en comparaison de celles des nations voisines. Mais pour la masse qui ne vit que par le présent, le bien-être actuel voile de son éclat trompeur le sombre avenir.

L'Autriche n'est guère mieux partagée à ce point de vue. La monarchie des Habsbourg est, on le sait, une conglomération d'éléments très hétérogènes, non seulement au point de vue des langues, des religions, des mœurs et des coutumes, mais aussi au point de vue des qualités physiques des nationalités qui la composent. C'est pourquoi les populations y augmentent dans des proportions très différentes. *En Autriche.*

En Hongrie, par exemple, et en Bohême, la population augmente de 0,6 0/0 à 0,9 0/0 chaque année, tandis qu'elle augmente de 1 0/0 à 11 4 0/0 en Galicie. Dans toute l'Autriche, sauf en Galicie et en Bohême, la population augmente dans la proportion de 0,7 0/0 à 0,8 0/0, c'est-à-dire dans la même mesure qu'en Hongrie et en Bohême. Mais le gouvernement autrichien ne porte pas jusqu'à présent son attention sur ce sujet. *En Hongrie.*

Le gouvernement allemand, tout au contraire, s'occupe beaucoup de cette question bien que la population y croisse dans des proportions assez considérables. Voici des chiffres officiels sur la population de l'Allemagne et son augmentation : *En Allemagne.*

		Augmentation annuelle.
En 1835.	23,635,000	» %
En 1850.	29,934,000	1,8 »
En 1870.	38,891,000	1,5 »
En 1880.	44,564,000	1,5 »
En 1890.	49,418,000	1,1 »
En 1894.	51,758,000	1,1 »

On peut dire, par conséquent, que l'augmentation de la population allemande n'est pas peu considérable, mais son pourcentage diminue graduellement. Le gouvernement allemand s'inquiète en dehors de cela d'un autre phénomène, de l'émigration. En examinant les chiffres officiels touchant ce sujet, nous voyons que l'émigration allemande a atteint de très grandes proportions dans certaines années : *L'émigration
allemande.*

En 1871, ont émigré.	. . . .	75,912 personnes.
En 1870, —	. . . .	125,650 —
En 1875, —	. . . .	30,773 —
En 1879, —	. . . .	33,327 —
En 1880, —	. . . .	106,190 —

C'est-à-dire 0,3 % de la population totale.

En 1881, ont émigré.	. . . .	210,547 personnes.
En 1882, —	. . . .	193,869 —
En 1885, —	. . . .	107,238 —
En 1886, —	. . . .	79,875 —
En 1889, —	. . . .	90,259 —
En 1890, —	. . . .	91,925 —

C'est-à-dire 0,2 % de la population totale.

En 1891, ont émigré.	. . . .	115,000 personnes.
En 1892, —	. . . .	112,000 —
En 1893, —	. . . .	84,000 —
En 1894, —	. . . .	39,000 —

C'est-à-dire 0,08 % de la population totale.

Il faut ajouter que ces chiffres ne sont pas très exacts, car ils ne fournissent que le nombre des émigrants qui se sont embarqués dans les ports allemands, et qu'on n'a pas contrôlé le nombre de ceux qui se sont embarqués dans les ports français, anglais, belges, italiens et russes. Nous ne nous trompons donc pas en affirmant que l'émigration a été plus forte durant ces dernières années qu'il y a 20 ans. Le maximum a été atteint durant les années de 1881 et 1882, après quoi l'émigration a diminué; elle a de nouveau augmenté en 1889 et durant les années 1893 et 1894 elle a de nouveau diminué dans une proportion appréciable.

Les causes d'un phénomène aussi singulier au premier coup d'œil sont multiples. Les races peuplant l'Allemagne jouent un rôle prépondérant dans cette question, mais il faut aussi prendre en considération d'autres circonstances telles que la stérilité du sol dans certaines contrées, leurs mauvaises conditions économiques résultant de ce que leur population est trop dense et trop imposée; d'autres attribuent en grande partie l'émigration au service militaire obligatoire. Il y a lieu de supposer que les conditions politiques et religieuses ne sont pas étrangères à ce phénomène.

L'émigrant allemand est très bien vu en dehors des frontières de son pays. Il s'assimile vite dans certaines contrées au milieu dans lequel il est appelé à vivre, de sorte que son travail profite entièrement à sa patrie adoptive.

C'est pourquoi on se plaint depuis longtemps en Allemagne de ce que les forces de cette contrée servent à enrichir d'autres pays, parfois même des pays ennemis. On demande aussi qu'on règle l'émigration de telle façon qu'elle ne soit pas entièrement perdue pour l'Allemagne et qu'elle se produise dans de moindres proportions. La race slave se multiplie, en attendant, très rapidement, sans quitter le sol natal et il est difficile de mesurer la perspective qui s'ouvre devant elle.

La race anglo-saxonne accapare graduellement des continents entiers, elle domine déjà la moitié de l'Amérique, toute l'Australie, un immense littoral du continent africain dont elle vise le cœur même. Voilà pourquoi bien des personnes affirment que, si le gouvernement n'entreprend rien pour enrayer l'émigration, ou tout au moins pour faire qu'elle ne soit pas perdue pour l'Allemagne, cette race risque, malgré ses brillantes victoires, de passer dans la catégorie des races de second ordre.

Le prince de Bismarck s'était, en son temps, beaucoup occupé de cette question. Il voulait au moins organiser l'émigration. C'est dans ce but qu'il décida de conquérir une partie de l'Afrique, d'y créer une colonie allemande en y offrant à ses nationaux des conditions avantageuses et de nature à les y attirer. Mais les meilleures contrées de l'Afrique étaient déjà occupées, celles qui restaient ne pouvaient rivaliser avec les autres.

Les Allemands, en outre, gravitent de temps immémorial vers l'Orient, c'est-à-dire vers la Pologne et la Russie. Or, quand on eut échoué dans la tentative de créer une colonie libre allemande en Afrique, le mot de ralliement : *Drang nach Osten* retentit plus fort que jamais. Mais simultanément l'Orient résolut de s'opposer à un nouvel afflux de l'élément étranger. La Russie, qui avait antérieurement accordé des privilèges aux Allemands qui venaient s'établir chez elle, limita tout à coup la faveur d'acquérir des terres, d'y séjourner, ainsi que les droits concernant le service militaire, etc.

Les émigrants
allemands
repoussés
de Russie.

Ce fut pour l'Allemagne un véritable coup de massue, d'autant plus dur qu'il lui était absolument impossible de protester, attendu que cette politique était en tous points conforme à celle de Bismarck qui montra à ses voisins qu'il ne faisait point de façons, avec les étrangers affluant en Allemagne.

Les restrictions concernant les droits des Allemands en Russie furent une réponse aux répressions exercées contre les étrangers venus en Allemagne. L'émigration allemande se retourna dès lors vers l'Amérique et l'Australie, emportant des multitudes de gens robustes et jeunes dont le travail eût été très utile à la patrie. Les Allemands, qui venaient antérieurement peupler les provinces limitrophes de la Russie, restaient sujets allemands et demeuraient, par conséquent, attachés à leur pays; ils étaient en quelque sorte les pionniers de la germanisation dans ces contrées voisines. Mais du moment que, par suite des lois restreignant les droits des Alle-

Ils se retournent
vers
l'Amérique
et l'Australie.

mands en Russie, le torrent de l'émigration allemande fut refoulé au delà de l'Océan, tout ce qu'il emportait était perdu pour la mère-patrie, pour son armée et pour sa puissance. Les lois restrictives concernant les Allemands en Russie émurent, par conséquent, l'opinion publique allemande; on commença à dire que, malgré son armée composée de tant de millions de soldats, l'Allemagne risque de s'affaiblir complètement du fait de sa population trop nombreuse.

Il faut avouer que ces appréhensions étaient fondées dans une certaine mesure. Mais le mal ne gît pas uniquement dans les nouvelles lois restrictives russes touchant les émigrés allemands.

S'il en était ainsi, on aurait tenté d'obtenir l'abolition de ces lois par la voie diplomatique, on aurait cherché à rendre à l'émigration allemande un débouché en Orient, à la détourner des pays d'outre–mer. On n'aurait pas reculé devant une guerre au besoin. Mais les hommes d'État doivent tenir compte des avantages relatifs que les émigrés trouvent dans les différentes contrées et qui déterminent surtout la direction des courants de l'émigration.

Avantages que présente l'Amérique aux émigrants. L'Amérique du Nord ne cessera jamais d'attirer les Allemands, même dans le cas où l'Orient serait largement ouvert à leurs émigrés; il suffit, pour s'en convaincre, de lire les conditions exposées dans la statistique officielle des États-Unis.

Citons ici un extrait du rapport sur le dénombrement de la population (1). « Il faut avouer — dit ce rapport — que l'absence du service militaire et de l'armée permanente constitue chez nous une situation très avantageuse; cela permet à la population d'appliquer ses épargnes à des buts productifs. Cet état de choses donne de bons résultats malgré le mauvais système économique qui subsiste dans plusieurs de nos grandes villes et dans certains États du Midi. Notre armée n'est autre chose qu'une police de frontières. Nous avons de bons officiers, mais peu de gens embrassent cette carrière et le petit nombre de nos troupes n'enlève pas les forces nécessaires à la production. En cela, nous sommes beaucoup mieux partagés que les peuples du continent européen.

« Nous n'avons donc rien à redouter de la concurrence allemande et il nous est facile d'évincer les produits allemands des marchés neutres qui sont pour nous aussi accessibles qu'à l'Allemagne. Dans le commerce universel, une différence minime dans le prix d'un produit est d'une grande importance et le fardeau des dépenses affectées à l'entretien d'une armée permanente doit nécessairement peser sur la productivité d'une contrée.

---

(1) Tenth Census, *Statistics of manufacture.*

« Les pertes que nous occasionne la concurrence allemande sur les marchés neutres ne sont du reste pas si grandes que celles que nous infligeons à l'industrie allemande, en attirant chez nous une partie de ses forces productives. Les ouvriers allemands connaissent déjà le Texas. Nous pouvons leur donner l'hospitalité sur 60,000 milles carrés au Texas, qui seul dépasse par son étendue tout l'empire allemand ; ils y trouveront de l'espace et de bonnes conditions d'existence. Si les ouvriers allemands se transportent chez nous en nombre suffisant, ils pourront récolter sur la superficie présentée par le seul Texas autant de coton qu'en produit tout notre Midi, c'est-à-dire 5,000,000 de balles ; ils pourront, en outre, y récolter autant d'orge que produit notre Nord, c'est-à-dire 400,000,000 de bushels, en ne comptant que les terrains qui sont encore à défricher à l'heure actuelle. »

Nous avons encore sous les yeux un autre document qui prouve à quel point les avantages des émigrés en Amérique sont meilleurs qu'ailleurs. On a récemment publié un rapport très intéressant d'une commission spéciale relevant du *Department of Labor* de Washington (département du travail). On compare dans ce rapport les conditions matérielles dans lesquelles se trouvent les ouvriers, qui s'appliquent aux États-Unis à extraire et à travailler le charbon, le fer et l'acier, à celles dont jouissent leurs confrères anglais, français, allemands et belges.

Examinons les chiffres de ce rapport en mettant en regard ceux qui ont trait aux États-Unis et ceux qui concernent l'Allemagne; cela nous édifiera au sujet d'autres branches d'industrie.

Salaires ouvriers aux États-Unis comparés à ceux payés en Allemagne.

Le gain annuel moyen d'une famille ouvrière, travaillant dans l'une ou dans l'autre de ces branches, s'élève :

	Extraction du charbon.	Fer.	Acier.
Aux États-Unis, à.	2,751 fr.	3,920 fr.	3,317 fr.
En Allemagne, à	1,957 fr.	1,411 fr.	1,250 fr.

Il faut remarquer qu'en Amérique le gain d'une famille est dû surtout au travail du mari, tandis qu'en Allemagne la femme et les enfants s'appliquent dans la mesure de leurs forces à augmenter les moyens d'existence. Il faut également prendre en considération qu'aux États-Unis une famille se compose de 4 à 5 personnes et qu'en Allemagne elle comprend 6 à 7 âmes.

Conditions d'existence dans les deux pays.

	Dépenses.	États-Unis.	Allemagne.
Logement.	16,0 %'	6,2 %
Nourriture , ...	41,9 »	51,2 »
Vêtements.	18,4 »	19,8 »

Dépenses.	États-Unis.	Allemagne.
Journaux	1,2 »	0,8 »
Boissons spiritueuses	3,7 »	5,1 »
Tabac.	2,0 »	1,4 »
Autres dépenses.	15,0 »	16,0 »

Encore plus instructif est le tableau comparé des dépenses en pour cent des revenus.

Prenons, pour base de nos explications, une famille américaine et allemande travaillant dans une des branches principales de l'industrie. On appréciera plus haut les chiffres que nous empruntons textuellement au rapport sus-indiqué.

Il faut remarquer qu'après avoir pourvu aux premiers besoins, l'ouvrier américain garde en poche 562 francs dont il peut disposer comme il l'entend, tandis que l'ouvrier allemand ne garde que 232 francs dont il doit distraire une forte partie pour payer des impôts.

S'il faut en croire le rapport, l'ouvrier américain est en mesure de faire des économies, tandis que l'ouvrier allemand joint à peine les deux bouts.

On aboutit à des résultats encore plus frappants, en comparant certains détails concernant les conditions de vie des familles ouvrières dans différentes contrées. Ainsi, il est intéressant de constater que la famille ouvrière américaine, qui est cependant moins nombreuse que l'allemande, occupe en moyenne 6 chambres, tandis que celle-ci n'en occupe même pas deux (1).

Environ 20 0/0 des familles ouvrières américaines habitent leurs propres maisonnettes, en Allemagne 5 0/0 seulement ont leurs immeubles. L'ouvrier américain a consacré à sa nourriture une moindre proportion de son gain que l'ouvrier allemand, mais la somme qu'il dépense n'en est pas moins beaucoup plus considérable que celle que dépensent ses confrères de tous les autres pays. Il faut aussi prendre en considération que les vivres sont meilleur marché en Amérique qu'en Allemagne, de sorte qu'en dépensant autant que l'Allemand, l'Américain est beaucoup mieux nourri que ce dernier. La viande en Allemagne est de 23 0/0 plus chère qu'aux États-Unis, où le beurre, le coton, la laine, le cuir et d'autres objets sont également bien meilleur marché.

Le rapport en question nous prouve, en outre, que les émigrés allemands ont un bien meilleur sort que les Yankees ; la moyenne de leur gain dépasse les moyennes des gains des ouvriers de toutes les autres nationalités.

____

(1) La famille ouvrière française occupe 4 chambres, la famille anglaise 4,2 chambres et la famille belge 3,5 chambres.

Si telle est la rémunération du travail en Allemagne, il faut en conclure que la population est trop dense dans ce pays.

Plus la population augmente, plus les conditions de l'existence deviennent difficiles.

Le premier symptôme de la surpopulation consiste dans le fait que le sol de la contrée ne suffit plus à nourrir ses habitants.

Il faut alors importer des vivres, surtout du blé, des pays qui en produisent plus qu'ils n'en ont besoin, mais cette importation est coûteuse et l'on n'est jamais sûr qu'elle se produira régulièrement et en temps voulu.

Le savant économiste et géographe Ravenstein a calculé qu'en cultivant rationnellement toute la surface du globe terrestre, on parviendrait à nourrir 6 milliards d'hommes (5,991 millions), tandis que la population globale de la terre ne comprend guère plus de 1 milliard 1/2 en ce moment. Dans chaque période de 10 ans, la population augmente de 8 0/0; il en résulte que le chiffre de 6 milliards sera atteint vers l'année 2072, c'est-à-dire dans 173 ans environ.

Dans les contrées où la terre est encore bon marché et où elle n'est pas encore défrichée en majeure partie, la population ne court, quant à présent, aucun danger. A ce point de vue sont favorisés la Russie et les Etats-Unis. La première de ces deux contrées est peuplée principalement de Slaves, la seconde d'Anglo-Saxons. Voilà pourquoi les relations actuelles entre les peuples du monde civilisé ainsi qu'entre ceux où la civilisation est en train de se développer ne peuvent subsister longtemps.

Le Dr Hübbe Schleiden a calculé (1), en se basant sur les données concernant l'augmentation de la population durant les dernières années, par combien d'hommes chaque race sera représentée vers la fin du siècle prochain. En voici le tableau :

La population de l'Europe à la fin du siècle prochain.

NATIONALITÉS EUROPÉENNES : PAR MILLIERS D'AMES

	1850.	1875.	1980.
Allemande.	52,930	64,470	146,000
Russe.	63,010	83,790	275,000
Anglaise.	55,817	90,564	927,000
Latines	113,142	127,588	212,200
Néerlandaise	7,500	9,202	20,500
Scandinave	6,272	8,134	24,000

Ainsi la race allemande, qui égalait encore en 1875 71 0/0 de la popula-

____

(1) Dr. Hübbe Schleiden, *Deutsche Colonisation.*

tion russe et 77 0/0 de la population anglaise, n'égalera dans 100 ans que 53 0/0 de la première et 15 0/0 de la seconde.

Charles Dilke dit dans son célèbre ouvrage intitulé : *Problems of Greater Britain :* « La force principale qui a élevé notre puissance au premier plan et qui l'y maintient consiste dans la situation prépondérante de notre peuple, dans sa solidarité et son homogénéité. Les résultats auxquels aboutira sa colossale activité ne sont pas douteux. Les grandes nations du Vieux Monde, excepté les Anglais, seront forcées de se confiner dans certaines limites déterminées par le climat. Le rôle de la France et de l'Allemagne sera très restreint au siècle futur et l'avenir appartiendra à la race anglo-saxonne et à la race russe qui, seule, parmi les races continentales, dispose d'immenses espaces de terre fertile, situés en dehors de l'Europe, et dont le climat se prête à toutes les cultures. »

La population de la France comparée à celle de l'Allemagne.

Levasseur a récemment publié une étude comparative sur la population de la France et celles des autres pays. Voici les conclusions auxquelles il aboutit : sous Louis XIV, la population de la France constituait 38 0/0 de la totalité des populations en question ; après la Révolution, elle n'en formait plus que 25 0/0, après Waterloo 21 0/0, après Sedan 15 0/0, et en 1891 seulement 12 0/0. Un autre savant, le Dr Richer, prévoit avec tristesse qu'en 1930, la population de la France ne constituera plus que 7 0/0 du total susdit.

D'où la question : quel sera le sort de la France s'il lui devient impossible, plus tôt qu'à ses voisines, de maintenir son armée au niveau des autres ? C'est au gouvernement qu'incombe la tâche de détourner ce « danger national », comme le dit très bien Frary.

Le statisticien très connu de Foville propose certaines réformes qui tendent à augmenter le nombre des naissances en moyenne de 2 par commune et par an et à diminuer la mortalité dans les mêmes proportions. Alors on retrouverait la progression d'il y a 25 ans.

Tant que l'Allemagne était divisée, on n'y envisageait pas le danger résultant de la vitalité de la race anglo-saxonne. On rêvait alors l'unification de l'empire qui devait assurer le bonheur de ce pays.

Or, la marche fatale et naturelle des choses, c'est-à-dire l'affaiblissement de la race allemande par rapport aux races anglo-saxonne et russe, ne saurait être arrêtée que par suite de circonstances inattendues. Si l'on parvenait, par exemple, à préparer des aliments par des procédés très différents de ceux qu'on emploie de nos jours, on éloignerait certainement de beaucoup la crise. On ne peut dire que ce soit là une utopie, car les chimistes s'appliquent déjà maintenant à extraire l'azote de l'air, mais il est, évidemment, impossible de compter sur des faits aussi problématiques.

Dans un des chapitres précédents (1), nous avons dit que l'Allemagne demande à l'étranger une grande quantité de blé, de viande et d'autres produits, et qu'elle cherche à exporter le plus qu'elle peut d'articles confectionnés et manufacturés. L'exportation des objets fabriqués en Allemagne est considérable, grâce à leur bon marché ; leurs principaux débouchés sont la Russie et l'Amérique. Mais cet état de choses ne peut être considéré comme stable. L'industrie des Etats-Unis se développe dans des proportions gigantesques ; ce pays songe dès aujourd'hui à la conquête du marché universel. Et quant à la Russie, on y éprouve de moins en moins le besoin des produits allemands.

D'après les derniers comptes rendus, la situation n'est pas brillante. Le dénombrement du 1er décembre 1890 a accusé la présence de 49,423,000 âmes en Allemagne. Il en résulte que la population allemande s'est accrue de 4 millions durant les 10 dernières années, ce qui nécessite une augmentation notable des moyens d'existence. Nous savons, grâce aux calculs du célèbre statisticien Fischbach, qu'un homme a besoin, pour vivre pendant une année, de 362 livres de blé (2), 51 livres de viande, 360 litres de lait, 60 œufs, 2 livres 1/2 de laine, 5 archines (3) de toile et 16 de lainage. Il faut ajouter à cela les frais de logement, de chauffage, d'éclairage, d'ameublement, etc.

Ce qu'exige l'existence de la nation allemande.

Il faudra donc, pour 4,000,000 d'hommes, les chiffres suivants :

<pre>
      14,4 millions de quintaux de pain ;
        2   —   —   de viande ;
    1,440   —   de litres de lait ;
      240   —   d'œufs ;
Environ 9 millions de livres de laine ;
      — 20   —   d'archines de toile ;
      — 64   —   d'archines de lainage.
</pre>

Ces chiffres montrent de combien les besoins ont augmenté en 10 années : il faut une surface d'environ 700,000 hectares de terre pour récolter 14 millions 1/2 de quintaux de blé ; et pour produire 1 milliard 1/2 de litres de lait, il faut 1 million de vaches. Où donc les trouvera-t-on, et comment satisfera-t-on à ces besoins qui vont toujours en augmentant ?

(1) Voir tome IV, *La guerre et son influence sur les besoins quotidiens de la population.*

(2) Les derniers calculs donnent même le chiffre de 570 livres, mais nous nous en tiendrons au chiffre de Fischbach pour ne pas faire figurer nos propres évaluations dans une question aussi délicate.

(3) L'archine vaut 0m,71.

Les réponses des savants qui s'occupent de cette question, se réduisent à ceci :

« Un État qui ne peut se passer du blé et de la viande importée de l'étranger est à la merci des fluctuations très variables des cours du commerce international. Nous ne pouvons admettre qu'une puissance telle que l'Allemagne se résigne à des conditions d'existence aussi précaires. Il faut — c'est là un problème que doit résoudre chaque nation civilisée — nous affranchir de ces embarras, et subvenir à nos besoins au moyen de nos propres ressources (1) ».

II

Population des puissances européennes et de leurs colonies.

Les calculs établis par Hübbe Schleiden, d'après les données fournies par Ravenstein, sur les puissances et leurs colonies dans leurs limites actuelles, sur la progression de leur population et leur faculté de la nourrir sur leur territoire, aboutissent aux chiffres suivants, qui nous permettent de comparer la densité de ces populations, dans un passé récent, dans le présent et dans un avenir prochain :

POPULATIONS (EN MILLIONS D'AMES)

	En 1788.	En 1888.	En 1950.	En 2000
Allemagne	15,5	48	70	80
Russie d'Europe.	25,0	90	200	300
Suisse. . . ⎫				
Autriche. . ⎪				
Suède . . . ⎬	11,5	26	33	40
Norvège. . ⎪				
Hollande. . ⎭				
États-Unis	3,5	60	200	400
Grande-Bretagne	12	37	50	60
Canada . . ⎫				
Australie . ⎬	»	10	59	140
Le Cap . . ⎭				
France	25	38	44	50
Espagne	13,3	21	24	30
Italie	16,5	30	40	50

Ces chiffres nous montrent combien sont variables les relations numériques des populations entre elles et par suite les forces respectives des puissances.

Il y a cent ans, la population de l'Allemagne était égale aux 3/5 de la population de la Russie, maintenant elle n'en est plus que la moitié ; dans 50 ans, elle n'en sera que le tiers et, dans 100 ans, seulement le quart.

---

(1) Dr. Zacharias, *Die Bevölkerungsfrage in ihrer Beziehung zu den sozialen Nothständen der Gegenwart.* — Iéna, 1892.

Pour rendre plus tangible ce phénomène si important, nous empruntons quelques graphiques à un article publié dans la *Deutsche Kolonial Zeitung* et intitulé : *Blicke in die Zukunft.*

LES POPULATIONS EN 1788 ET 1888 ET LEUR AUGMENTATION PROBABLE EN 1950 ET 2000

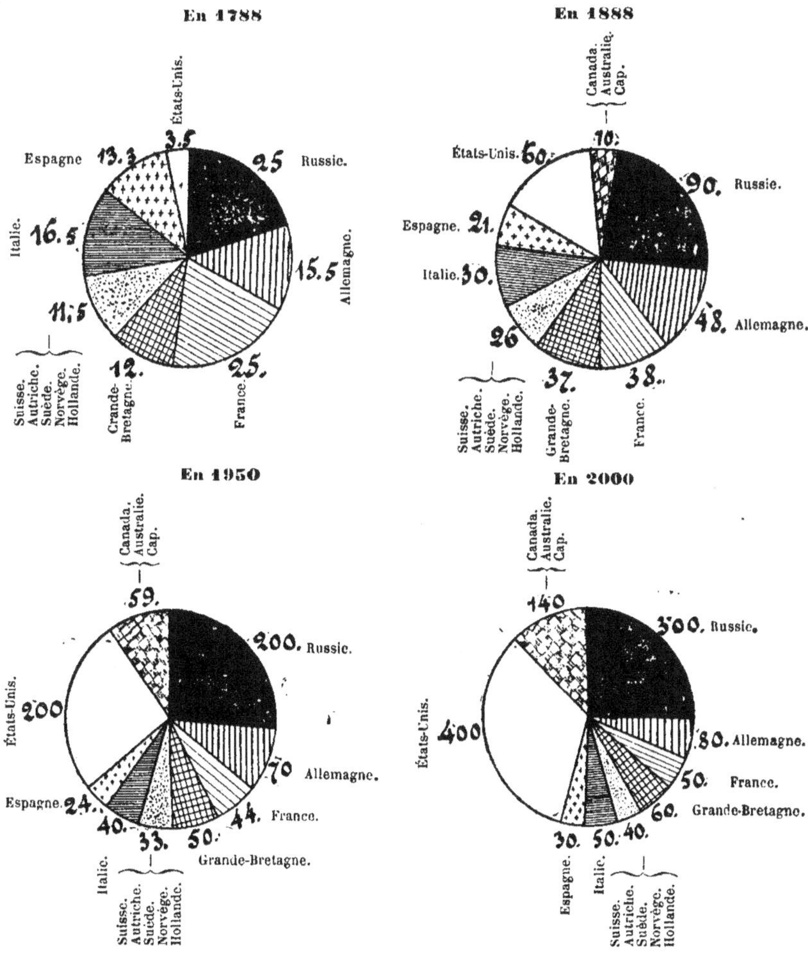

Si nous considérons non seulement la Russie d'Europe, mais la Russie d'Asie, nous obtiendrons, pour l'année 2000, non pas 300, mais 340

et même 350 millions, changement qui ne peut, en aucune façon, être avantageux et faire plaisir à l'Allemagne.

En admettant que la population de celle-ci augmente chaque année de 11,7 âmes sur 1,000, nous trouvons que dans 100 ans elle pourra compter 170,000,000 d'habitants. Mais c'est à la condition de ne pas tenir compte de l'émigration, ni de ce qu'une population aussi nombreuse représenterait 300 personnes par kilomètre carré. Or, aucune terre ne pourrait nourrir une masse semblable. Il y a bien des optimistes qui prétendent qu'en cas de besoin, un second Justus von Liebig viendra enseigner à la nation allemande comment elle doit s'y prendre pour augmenter le rendement de ses terres. Mais il est évident qu'on ne doit pas tenir compte d'espérances aussi fantaisistes quand on traite de sujets aussi sérieux que celui qui nous occupe. On peut admettre, en revanche, que le mouvement de progression diminuera dans les pays menacés de surpopulation, soit par suite de l'affaiblissement de leurs forces productives, soit sous l'effet de quelque influence d'ordre moral comme cela se produit actuellement en France, ou encore à la faveur de l'émigration, comme c'est le cas en Allemagne. Il est même possible qu'après avoir atteint un *maximum* la population cesse d'augmenter. Dans ce cas l'Allemagne compterait moins de 80,000,000 d'habitants en l'an 2000.

Il en est autrement de la Russie et de l'Amérique qui ne sont et ne seront pas de sitôt menacées de surpopulation et qui pourront facilement étendre leurs territoires quand elles en éprouveront le besoin.

Tout cela inquiète évidemment l'Allemagne, mais à un degré très différent. Les progrès rapides de l'Amérique, c'est-à-dire de la race anglo-saxonne, n'affectent que l'amour-propre des Allemands, mais sans constituer pour eux un danger; d'abord parce que c'est là un développement purement industriel, puis parce que les États-Unis se trouvent au delà de l'Océan, et qu'enfin il n'existe point de haine séculaire entre les Allemands et les Américains.

Dangers pour l'Allemagne de l'accroissement de la population de la Russie. Pour la Russie, c'est autre chose. L'absence de toute frontière naturelle entre ces deux pays, limitrophes sur une ligne très étendue, est un sujet d'inquiétudes et peut amener des causes de guerre.

L'empire allemand comprend en outre, dans ses limites, de vastes régions qui ont appartenu aux Slaves. On compte même aujourd'hui, dans ses provinces orientales, 7,410,000 habitants parlant la langue slave et qui ne sont pas satisfaits de leur situation politique actuelle. En admettant même que ce mécontentement ne se traduise jamais par des faits, les Allemands n'en sont pas moins forcés de toujours surveiller cet élément, qui leur est hostile.

La force croissante de la Russie est, pour l'Allemagne, une question qui ne saurait être négligée par ses hommes d'État et qui doit les pousser, sinon à briser cette force, au moins à essayer de l'atténuer.

Un autre fait doit aussi être pris en considération. Le nombre des ouvriers augmente sans cesse en Allemagne, et celui des cultivateurs y diminue, au grand désavantage de la défense du pays. Le cultivateur, en effet, est plus endurant; il supporte mieux les intempéries et les conditions de l'existence à la guerre ; il s'oriente mieux aussi, dans la campagne, que le citadin.

Horgen a publié à ce sujet, dans la *Militär Zeitung*, un article très apprécié, où il dépeint sous des couleurs très sombres les conséquences de ce changement. Il dit que, d'après les dernières données officielles, les circonscriptions agricoles fournissent à l'armée 11 hommes sur 1,000 habitants, tandis que les circonscriptions industrielles n'en fournissent que 3 sur 1,000. Ces chiffres sont éloquents. La population des villes comprend actuellement 12,000,000 d'âmes en Allemagne. La proportion des contingents fournis par les campagnes et par les villes est par conséquent comme 1 est à 1 1/2. Il y a trente ans elle était comme 1 est à 2 ; dans trente ans elle sera donc comme 1 est à 1 ; la population urbaine, en d'autres termes, aura égalé la population rurale.

Horgen dit, en prévision d'un tel résultat : « Toute notre population doit devenir plus rurale (*sich verbauern*); le cultivateur doit s'attacher plus fortement à sa glèbe et le fabricant chercher à devenir propriétaire, ne fût-ce que d'un petit lopin de terre, d'un petit potager ou d'un jardinet, dont la culture entretiendra sa santé. » Le projet préconisé par de Moltke qui tendait à empêcher l'aliénation des tout petits lots de terre (*home stead*), poursuivait ce même résultat.

Il résulte des considérations précédentes que les peuples, surtout les Allemands, qui courent risque de s'affaiblir par la surpopulation, doivent être prêts à faire la guerre immédiatement pour conquérir des territoires sur leurs voisins, mieux partagés pour l'avenir. Mais le fait est que certaines circonstances ne le permettent pas, ou même s'y opposent directement.

Dans l'état actuel des choses, une guerre de conquête, à laquelle l'Allemagne ne prendrait point part, est impossible. Or, une guerre, si heureuse qu'elle puisse être pour l'Allemagne, ne changerait en rien, par suite de certaines circonstances spéciales, la situation défavorable que lui fait la densité de sa population.

Cette situation politique de l'Allemagne ne s'améliorerait pas, même au cas des plus brillantes victoires qui lui vaudraient la conquête de provinces en Orient ou en Occident. Pour nous en convaincre, il faut examiner cette situation.

Probabilité d'une guerre
examinée au point de vue politique.

En tenant compte des conditions dans lesquelles s'est faite l'unification de l'Allemagne, des dangers et des alliances qui en sont résultés, nous allons rechercher quelles causes pourraient amener la guerre et, par suite, quels désordres cette guerre pourrait occasionner.

Mais nous ne pouvons naturellement que jeter un coup d'œil rapide sur les points essentiels et seulement sur les pays de la volonté desquels dépend surtout la question de paix ou de guerre. Cela suffira pleinement pour l'objet de nos recherches.

I. ALLEMAGNE

1. Les alliances empêchent les conflits de se produire subitement.

Les armements poussés à outrance constituent par eux-mêmes un danger. De même qu'une seule étincelle peut mettre le feu aux poudres accumulées, de même un petit incident peut déterminer la mise en œuvre des immenses moyens de combat que les nations ont fait tous leurs efforts pour accumuler.

En Prusse le corps des officiers se compose surtout d'hommes qui suivent la carrière de leurs pères et de leurs aïeux ; il constitue, en quelque sorte, une caste. Les sphères militaires prussiennes sont toujours disposées à honorer les traditions de cette caste. Les jeunes gentilshommes pauvres voient dans la guerre un moyen de s'ouvrir une brillante carrière et les officiers d'obtenir l'avancement qu'ils attendent depuis si longtemps.

Il est certain que l'esprit qui anime le corps des officiers prussiens et la grande influence qu'exercent sur la nation les sphères militaires constituent un danger pour la paix. La classe des officiers est nombreuse en

Prusse, et toutes les innovations récemment introduites dans l'armée tendent à l'augmenter.

Même si l'Allemagne ne prenait pas l'initiative de la guerre, on pourrait l'accuser de l'avoir déterminée, en créant un ordre de choses dont elle peut sortir à tout moment. Montesquieu a dit que « l'auteur de la guerre n'est pas celui qui la déclare, mais celui qui la provoque ». Or, il est indiscutable que la guerre qui menace d'éclater serait le résultat de l'unification de l'Allemagne ; d'abord parce que toutes ses forces ont été, de ce fait, mises à la disposition de la classe des conquérants traditionnels prussiens, ensuite parce que l'annexion de l'Alsace-Lorraine semble calculée pour entretenir en Europe le feu des éternelles discordes.

Ce n'est pas sans motif que Jean Scherr, philosophe-historien bien connu, et grand admirateur de Bismarck, donne à son héros le nom de *Packan* qu'on pourrait traduire par *Attrape !* C'est un nom que les sportsmen allemands donnent fréquemment à leurs chiens de garde. Bismarck, au début, se jetait, en effet, furieusement sur quiconque se montrait réfractaire à l'idée de l'unification de l'Allemagne et, par suite, « ennemi de l'Empire », comme il appelait tous ceux qui ne partageaient pas ses opinions et ne voulaient pas se soumettre à ses caprices ; et il finit par montrer cette mauvaise humeur jusque dans ses rapports avec les cabinets étrangers.

Mauvaise foi de Bismarck. Depuis qu'il a quitté les affaires, on a découvert dans les archives une foule de documents prouvant la mauvaise foi de Bismarck ; on s'est convaincu de son manque de sincérité et de l'arbitraire qui guidait le plus grand nombre de ses actions. Bref, le prestige de cet homme d'État a beaucoup diminué. On ne croit plus à ces sentiments héroïques, à ce dévouement qu'il paraissait offrir en sacrifice sur l'autel de l'unification de l'Allemagne. De nombreux Allemands jugent même très sévèrement, aujourd'hui, l'attitude que Bismarck avait prise à l'égard de la Russie. L'ex-chancelier, comprenant la portée de ces accusations, s'est efforcé de les réfuter dans ses conversations avec ceux qui l'approchaient et dans un petit nombre de journaux qui lui sont restés fidèles. On entend de plus en plus souvent les Allemands rappeler des souvenirs dans le genre des suivants : « que leur levée de 1813 contre la France avait été fortement soutenue par la Russie, et que leurs victoires de 1870 sont dues en grande partie à la neutralité observée par cette même nation. » — « Nos relations étaient alors si amicales, dit à ce sujet un auteur, qu'il est avéré qu'en 1870, on autorisait les prêtres officiant dans les églises allemandes en Russie, à prononcer publiquement des prières en faveur du succès des armes allemandes (1). »

---

(1) Grenzboten, *Der Deutschenhass bei unsern Nachbarn*, 1893.

De semblables attestations ont plutôt de l'importance pour l'histoire de Bismarck que pour permettre de juger les sentiments internationaux. Toute l'histoire de la Prusse atteste que la politique de ce pays, à l'égard de n'importe quelle nation et dans n'importe quelle circonstance, fut toujours prête à les sacrifier tous à sa grandeur. Mais il ne faut pas, non plus, juger avec trop de pessimisme les dispositions de la nation allemande.

Il n'y a certainement pas à compter sur la reconnaissance des Allemands. Renan (1) n'a-t-il pas dit que l'histoire ne nous fournit pas la preuve que le bien reçoive sa récompense ici-bas, qu'elle nous prouve tout au contraire que la vertu y est châtiée et le crime glorifié ?

Cela ne nous autorise pourtant pas à croire que les Allemands se soient pénétrés d'une haine aveugle contre les Russes, et que cette haine puisse donner naissance à une guerre.

Nous avons déjà dit combien le peuple allemand, grâce aux progrès de sa civilisation, est peu disposé à faire la guerre ; aussi un conflit provoqué par cette haine ne pourrait-il être déterminé que par des fautes très graves commises par d'autres nations. Les alliances conclues à la suite et à cause de l'unification de l'Allemagne donnent à penser, il est vrai, qu'il y aurait lieu d'en profiter dans le cas où une rupture deviendrait inévitable, mais elles constituent un obstacle à cette guerre, par cela même qu'un cabinet seul ne peut désormais la déclarer sans le consentement des puissances qu'il y entraînerait avec lui.

Le chancelier comte Caprivi a dit au Reichstag :

« Pour qu'une nation soit prête à faire la guerre, il faut qu'elle ait cet élément qu'on peut appeler « l'enthousiasme national » ; or, il est difficile de trouver à cet enthousiasme une source commune dans trois nations différentes, de même qu'on ne peut facilement leur imposer un commandement supérieur commun et les déterminer à se conformer à un même plan d'action. Les ambitions de l'Italie et de l'Autriche ne sont pas bien grandes, mais, en revanche, elles n'ont pas grand'chose à perdre ; l'Allemagne, elle, ne demande rien et cependant elle risque tout, c'est-à-dire son unité ! »

2. Quel bénéfice pourrait retirer l'Allemagne d'une guerre contre la Russie ?

L'Allemagne ne convoite rien, et, dans une guerre, elle risque tout, c'est-à-dire son unité. S'il en était ainsi, on aurait la certitude, en raison

La nation allemande ne désire pas la guerre.

_____

(1) *Histoire du peuple d'Israël.*

du sens politique si développé de la nation allemande, que cette nation ne désire pas la guerre.

Il est impossible de supposer que le gouvernement prussien ne soit pas obligé de compter avec les dispositions de la nation. L'exemple de l'année 1866 prouve, il est vrai, que les sentiments du peuple n'exercent pas une influence décisive sur les sphères dirigeantes berlinoises. Mais quelles seraient les espérances du cabinet prussien? La Prusse ne saurait être actuellement aussi sûre de sa supériorité militaire qu'en 1870, même par rapport aux Français seuls, — à plus forte raison en présence des forces réunies de la France et de la Russie.

Les conditions géographiques suffiraient pour inspirer aux Allemands des appréhensions et des doutes que l'on trouve exprimés dans les brochures consacrées à la « guerre avec la Russie ».

L'Allemagne ne peut espérer, dans l'hypothèse d'une victoire, se faire payer une indemnité de guerre pareille à celle qu'elle a reçue de la France. La guerre future imposera à toutes les puissances des sacrifices tellement énormes que l'épargne nationale sera épuisée, que le crédit sera ébranlé, même dans les contrées où il est le mieux établi. Les nations victorieuses elles-mêmes verront leur crédit compromis, à plus forte raison ne pourra-t-on plus compter sur celui des peuples vaincus.

Quant aux conquêtes, il est peu probable que les hommes d'Etat allemands nourrissent l'espoir — malgré toutes les suppositions que les Sarmaticus et autres auteurs ont formulées à ce sujet — de prendre des provinces à la Russie.

Les rêveurs qui admettent la possibilité pour l'Allemagne de s'emparer de toute la zone actuellement limitrophe avouent que cette conquête ne profiterait pas à la confédération entière, mais seulement à la Prusse ; et même seulement si celle-ci réussissait à germaniser en peu de temps ces nouvelles provinces orientales, en y envoyant un très grand nombre d'Allemands.

Mais les hommes d'État de l'Allemagne peuvent-ils croire à une pareille éventualité? Le progrès de la germanisation des provinces orientales de la Prusse justifie-t-il cette supposition, et serait-il possible de faire coloniser par des Allemands de vastes territoires nouvellement conquis?

Nous devons nous poser ces questions, si nous voulons apprécier le degré de probabilité d'une guerre provoquée par l'Allemagne. Toute guerre se termine nécessairement par la victoire ou par la défaite. La victoire pourra être du côté des Allemands, comme elle pourra se ranger de celui des Russes. Mais puisque le chancelier a dit lui-même que son pays risquerait tout dans cette guerre et qu'elle mettrait l'Empire en jeu, il est évident que l'Allemagne ne se déciderait à la faire que si elle avait la presque certitude de vaincre ou, tout au moins, l'absolue conviction de tirer d'énormes avantages de sa victoire éventuelle.

Or, c'est précisément cette conviction que ne peuvent avoir les hommes d'État allemands. Nous allons chercher à indiquer les raisons qui les empêchent d'envisager les choses sous un jour favorable.

Raisons qui poussent l'Allemagne à désirer la paix.

La presse russe croit savoir que la germanisation des provinces polonaises incorporées à la Prusse se fait rapidement, et que les petits îlots slaves qui ont échappé jusqu'à ce jour aux flots de l'inondation allemande ne tarderont pas à être engloutis comme le reste.

De cette supposition on tire souvent des conclusions qui ne sont pas sans importance. Or, la presse russe est dans l'erreur. Les progrès de l'assimilation allemande ont deux côtés qu'il faut savoir distinguer. L'un consiste dans l'aliénation des terres qui constituaient la propriété des premiers habitants de ces régions, l'autre dans la germanisation proprement dite.

Germanisation des provinces polonaises.

Au premier point de vue, la germanisation progresse réellement, mais moins vite cependant que ne le croient certains écrivains qui n'ont pas examiné cette question d'assez près. La propriété des paysans polonais n'a que très peu diminué au bénéfice des Allemands.

Quant à la germanisation proprement dite de l'élément polonais en Prusse, non seulement elle n'a pas fait le moindre progrès, mais l'on constate que la population polonaise s'est accrue par rapport à la population allemande, dans la Pologne prussienne. Voici à ce sujet des chiffres publiés par le bureau statistique impérial de Posen :

On comptait dans cette province :

En 1867	684,790	habitants	allemands
—	844,020	—	polonais
En 1890	700,000	—	allemands
—	1,050,000	—	polonais.

La population polonaise s'est donc accrue de 24,5 0/0 dans l'espace de 23 ans, tandis que la population allemande n'a augmenté que de 2 0/0.

Dans les autres provinces prussiennes où la population est mélangée, comme la Silésie et les provinces occidentales et orientales de la Prusse, même dans certaines contrées tenues pour définitivement germanisées, on a observé au cours du dernier quart de siècle un retour au slavisme qui ne laisse pas d'impressionner très désagréablement les Allemands. Et les résultats de ce mouvement sont tels, que non seulement on a vu paraître des journaux polonais dans ces régions et s'y constituer des associations polonaises, mais qu'on y a commencé à élire des députés polonais au

Reichstag au lieu d'y envoyer des Allemands, comme cela se faisait antérieurement. A noter, comme très humiliant pour les Allemands, le fait que le parti polonais est en train de prendre une nouvelle vigueur en Silésie, province qui se trouve depuis près de 500 ans sous la domination allemande, et où il n'y a ni grands propriétaires fonciers polonais, ni classe lettrée de cette nationalité.

Ce fait est d'autant plus remarquable que la germanisation avait commencé là à une époque barbare, au temps de l'arbitraire féodal, et qu'elle s'exerçait sur des serfs qui, bien heureux déjà d'avoir la vie sauve, ne cherchaient point à revendiquer leurs droits de nationalité.

En présence de pareils résultats obtenus dans des contrées incorporées à la Prusse depuis 100 ans et même séparées de la Pologne depuis cinq siècles, il n'est guère permis de supposer qu'on parvienne à germaniser rapidement des régions nouvellement conquises et très étendues. Aucun homme influent en Allemagne ne se fait d'illusions à ce sujet, surtout après les dernières expériences de la politique restrictive de Bismarck, qui n'a fait qu'exciter les Polonais prussiens dans leur lutte pour la défense de leur nationalité et de leur langue.

Mais si la germanisation des provinces nouvellement conquises offrait des difficultés, l'Allemagne n'aurait-elle pas la possibilité d'en venir à bout en y envoyant un flot de colonisateurs allemands? Cette question mérite un examen plus attentif. La surpopulation existe en Allemagne, cela n'est pas douteux; il serait donc tout naturel de voir un grand nombre d'habitants des provinces occidentales allemandes se transporter dans les provinces orientales nouvellement conquises. Mais nous voyons l'émigration allemande se diriger de préférence au delà de l'Océan. Et les raisons de ce phénomène sont nombreuses.

Nous avons déjà parlé ailleurs des avantages que l'émigré allemand rencontre aux Etats-Unis (1). Ceux qui veulent s'adonner aux travaux de labour y trouvent de vastes étendues de terre très fertiles, des salaires très élevés et les choses de première nécessité à très bon marché. La vie y est pour tous plus large et plus facile que dans n'importe quel pays d'Europe.

Pourquoi
l'ouvrier
allemand préfère
l'Amérique
au
duché de Posen.

Nous avons aussi démontré par des chiffres que l'émigré allemand y est favorisé entre tous, qu'il y jouit de meilleures conditions que l'Américain lui-même, puisque la moyenne de son gain dépasse celle des ouvriers de toutes les autres nationalités.

Mais si l'existence des émigrés allemands est meilleure aux États-Unis qu'en Allemagne, même au point de vue moral, elle y est surtout meilleure qu'elle ne le serait dans n'importe quelle contrée nouvellement conquise;

____

(1 Tome **V**. _Influence sur la guerre de l'accroissement de la population_, p. 177 et suiv.

car l'absence d'une armée permanente en Amérique permet à l'ouvrier allemand d'épargner ce que dans sa patrie il est forcé de payer en impôts militaires.

La situation de l'ouvrier, enfin, est plus honorable en Amérique qu'en Europe où le travail manuel est méprisé, grâce à des préjugés que n'ont pu déraciner encore les théories égalitaires qui tendent à les remplacer. En Amérique, c'est l'inverse : quiconque s'est distingué dans une branche de l'activité humaine peut, même s'il était fendeur de bois, devenir gouverneur, sénateur, voire président de la République ; et non seulement on ne lui reprochera jamais son passé, mais on l'estimera d'autant plus qu'il aura dû son succès à son énergie personnelle et à ses propres capacités (1).

Les Allemands, enfin, qui affluent en grand nombre dans une région non encore cultivée, ont la faculté d'y régler leur existence et même leur gouvernement comme il leur convient. Les autorités des États-Unis s'appliquent avant tout, dans ces contrées nouvelles, à sauvegarder la sécurité des particuliers ; ce n'est que lorsque la population a atteint un chiffre considérable et que les communes y sont assez rapprochées, qu'on envisage ce territoire comme un État soumis aux mêmes lois que tous les autres États de la fédération.

Ce sont là des conditions que l'émigré allemand ne trouvera nulle part dans son pays, ni dans aucune province nouvellement conquise. Voilà ce qui explique les résultats insignifiants que la commission de colonisation allemande a obtenus dans la province de Posen, malgré la réserve de 100 millions de marks dont elle dispose. Les colonisateurs allemands s'y font chaque année de plus en plus rares, en dépit des avantages qu'on leur offre et des promesses qu'on leur prodigue ; ils sont moins nombreux même que les ouvriers polonais qui se transportent dans les provinces rhénanes.

Or, si l'on a tant de difficulté à implanter l'élément allemand dans le duché de Posen, comment pourrait-on espérer mener à bien la germanisation de provinces plus éloignées et conquises par les armes ?

Le royaume de Pologne et quelques autres gouvernements voisins sont déjà peuplés à un tel point que beaucoup de personnes ont quitté ces contrées pour le Brésil et l'Amérique du Nord. Ce mouvement d'émigration n'a diminué que par suite de certaines mesures prises par le gouvernement. Si les colonisateurs allemands ont pu s'établir dans certaines provinces du sud-ouest de la Russie, c'est d'abord parce que ces provinces sont moins peuplées que le royaume de Pologne, et ensuite parce qu'ils ont été favorisés par les lois, qui limitent le droit de propriété des Polonais. C'était là, du reste, une affluence trop peu considérable pour permettre de croire que

____

(1) Frantz, *Die Weltpolitik*, 1ʳᵉ partie, p. 82.

les Allemands parviendraient à germaniser, dans l'espace de quelques dizaines d'années, — c'est-à-dire avant qu'il se produise une nouvelle guerre ou bien une série de nouvelles guerres, — les pays qu'ils auraient conquis, ou tout au moins à changer dans une mesure appréciable la composition de la population de plusieurs gouvernements voisins de la Prusse. A défaut de terres disponibles dans les provinces avoisinantes, les flots des émigrés allemands devraient se porter à l'intérieur de la Russie ; mais là, ils trouveraient des conditions beaucoup moins favorables, attendu que le sol y est moins fertile, les salaires moins élevés et l'écoulement des produits moins facile.

Les terres sont même actuellement plus chères dans les régions dont nous parlons qu'aux États-Unis, et leur prix augmenterait nécessairement si l'on entreprenait de les coloniser en masse.

Si telles sont les conditions économiques et sociales, que dire de la situation politique ? Les hommes d'État de l'Allemagne unifiée doivent considérer comme nuisible à leurs intérêts l'annexion à la Prusse de pays peuplés par des Slaves. Ils ne peuvent désirer que la Prusse devienne une puissance germano-slave ; car avec le régime parlementaire de ce pays, cela pourrait, sinon créer une majorité slave au parlement, du moins y renforcer assez l'opposition anti-allemande pour que le gouvernement se vît obligé de compter avant tout avec elle. Il est impossible d'admettre qu'il se forme actuellement au Reichstag une majorité capable d'appuyer utilement les intérêts exclusifs de la Prusse. Mais dans le cas où la Prusse deviendrait une puissance germano-slave, il ne pourrait plus être question de lois exceptionnelles tendant à favoriser la germanisation ; il est probable au contraire que les lois de ce genre, décrétées antérieurement à cette transformation, ne pourraient se maintenir.

Il résulte de ce qui précède qu'une guerre avec la Russie serait périlleuse pour l'unité de l'Allemagne et que, même si cette guerre était couronnée du plus grand succès, elle créerait une situation très embarrassante pour la Prusse et peu désirable pour l'Allemagne.

Nous ne nous occuperons pas ici des projets fantastiques forgés par certains chauvinistes allemands qui parlent de créer, au moyen des provinces conquises sur la Russie, un État politique indépendant. Les idées de ce genre se trouvent développées dans des brochures dont les auteurs appartiennent à la catégorie des Sarmaticus.

L'opinion publique, s'il faut en croire la presse périodique, les hommes d'État et les députés de ce pays, ne se complaît nullement dans ces rêves, elle n'y voit tout au contraire que des inconvénients ; il n'y a donc pas lieu de croire que de pareils projets puissent influencer cette opinion en faveur d'une guerre.

3. Hypothèse de nouvelles conquêtes de l'Allemagne à l'Ouest.

Mais s'il est invraisemblable que la nation allemande puisse s'enthou-siasmer pour une guerre contre la Russie, il est permis de lui supposer un certain engouement pour de nouvelles conquêtes du côté de l'Ouest ; et on peut croire qu'en raison des relations internationales actuelles, elle se déciderait à faire la guerre avec la Russie, pour infliger une nouvelle défaite à la France, — en d'autres termes : qu'elle serait partisan d'une guerre « sur les deux fronts ».

On ne saurait évidemment affirmer que la politique d'une puissance, et surtout celle de la Prusse, ne vise pas de nouvelles conquêtes d'un côté ou d'un autre. On constate simplement que le cabinet de Berlin n'a point laissé voir, jusqu'à présent, d'intention de ce genre à l'égard de la France. Toutes les déclarations officielles ont invariablement tendu à dissiper ces appréhensions. Comme nous l'avons déjà dit, il est impossible, pour une puissance de l'Europe centrale, d'entreprendre une guerre sans s'assurer préalablement les sympathies de l'opinion publique. Les déclarations pacifiques dont nous parlons sont, en conséquence, très significatives parce qu'elles montrent que le gouvernement prussien n'éprouve pas le besoin de persuader la nation de la nécessité d'une nouvelle guerre avec la France.

L'ex-président de la chambre italienne, Crispi (1), a divulgué une conversation qu'il eut avec Bismarck en vue de la conclusion d'une alliance entre l'Italie et l'Allemagne (en octobre 1887). Il était question des difficultés élevées au sujet de la fixation de l'indemnité qu'il y aurait lieu d'exiger de la France dans le cas où l'Allemagne l'aurait vaincue de nouveau avec l'aide de l'Italie. « Comme lors de la guerre de 1870, a dit Bismarck, on décidera bien des choses quand le moment en sera venu. Il n'y a pas place pour une forte compensation territoriale en notre faveur ; seuls nos alliés trouveront facilement des indemnités réelles de ce genre. — Et la Hollande et la Belgique ? demandai-je. — Pour la Belgique, répondit-il, il existe en Allemagne un parti qui songe au partage de ce pays, et son aberration va jusqu'à en octroyer une partie à la France.... Or, la Belgique ne pourra nous rendre qu'un seul service, et elle nous le rendra bon gré, mal gré ; c'est de laisser nos troupes traverser son territoire. Mais j'estime que la meilleure politique à suivre serait de maintenir l'indépendance de ce pays. »

Crispi demanda ensuite à Bismarck s'il n'admettait pas la possibilité d'agrandir la Belgique au détriment de la France. Il répondit que « c'était là

____

(1) Pierron, *Les méthodes de guerre*. — Paris, 1893.

une combinaison qui lui souriait; que si, après avoir distrait l'Alsace-Lorraine de la France, on pouvait annexer à la Belgique la partie française de la Flandre et même un peu plus, sans parler de ce qu'il y aurait lieu de faire au Sud (nous entendons pour l'Italie), on rétablirait l'état de choses d'autrefois. Mais il ajouta qu'on ne pourrait régler ces questions qu'après la guerre, qui donnerait peut-être à l'Allemagne le moyen de s'arrondir géographiquement en annexant les ports néerlandais. Bismarck disait du reste que tout cela demeurait encore dans le domaine de l'inconnu. Quant à l'indemnité, l'Allemagne pourrait de nouveau exiger la valeur de 5 milliards, payables en matériel naval et en colonies, mais il était impossible de songer à l'annexion de nouveaux territoires français. Tout au plus pourrait-on arrondir un peu l'Alsace-Lorraine en vue de la renforcer offensivement et défensivement. »

Cette conversation est instructive, en ce sens qu'elle nous indique les différents changements qui pourraient être amenés par la guerre. Ceux dont il est question dans cet entretien n'ont, cependant, rien d'attrayant pour l'Allemagne, surtout l'annexion de la Belgique catholique, où le clergé exerce une grande influence et où les tendances socialistes sont très répandues dans la classe ouvrière. Quant aux acquisitions coloniales dont il est fait mention, il est à retenir que la politique coloniale du prince de Bismarck fut un insuccès complet, de sorte que l'Allemagne ne songe probablement pas à acquérir de nouvelles colonies.

De quelque côté qu'on envisage la question, on aboutit invariablement à conclure que l'Allemagne est peu disposée à tenter de nouvelles conquêtes par les armes.

4. Le caractère énigmatique de l'empereur Guillaume II et la crainte d'une guerre.

Dispositions de Guillaume II envers la France.

On a aussi prétendu que l'omnipotence de l'empereur pourrait permettre à ce monarque de provoquer une guerre pour éviter des troubles à l'intérieur du pays ou bien, le cas échéant, pour venger une injure infligée à l'Allemagne. On raconte, par exemple, qu'à l'époque où l'impératrice douairière se vit contrainte d'abréger son séjour à Paris par suite des sentiments hostiles qu'on lui témoignait, Guillaume II aurait dit que si ces démonstrations avaient été plus éclatantes, il se serait vu forcé de recourir aux armes. C'est là un cas d'autant plus instructif qu'il nous édifie sur les dispositions de ce souverain.

Quand on apprit, au mois d'avril 1891, que l'impératrice douairière se disposait à visiter Paris, on accueillit cette nouvelle avec méfiance. Mais quand la *Vossische Zeitung* eut publié le 10 février un article dans lequel elle disait qu'il fallait considérer cette visite comme un premier pas vers la réconciliation, et quand on sut que cet article était officieux, toute l'attention du public se tourna de ce côté.

On avait souligné dans cette note l'importance du fait que Ferdinand de Lesseps, Jules Simon et d'autres représentants de la France avaient été très bien accueillis à Berlin lors de la conférence sur la question ouvrière, de même que les médecins français qui assistèrent au congrès médical; que l'empereur avait, en dînant chez M. Herbette, ambassadeur de France à Berlin, exprimé l'espoir que les peintres français se rendraient en grand nombre au jubilé de la société des artistes berlinois et que le secrétaire de l'ambassade française serait présent à la première réunion de cette société; que l'empereur Guillaume avait, dans une lettre à M. Carnot, exprimé les regrets que lui causait la mort de Meissonnier, et que le savant Helmholtz avait reçu du gouvernement français la rosette de la Légion d'honneur. Le journal en question voyait dans tous ces faits des indices que la tension des relations entre les deux pays s'était quelque peu relâchée et disait que l'impératrice douairière se rendait à Paris avec le consentement de l'empereur qui, en sa qualité de *directeur politique*, avait apprécié la portée de ce voyage. Le journal continuait, en parlant de l'impératrice : « Comme feu son mari, elle aime la paix et les arts; elle est donc la personne qui convient le mieux pour cette expérience destinée à nous apprendre si la culture et la civilisation ne sont pas en état de primer la haine des races. Espérons que sa confiance dans les meilleurs côtés de la nature humaine ne sera pas déçue. »

Voyage
de l'Impératrice
douairière
d'Allemagne
à Paris en 1891.

Ce voyage fut décidé subitement par l'empereur et sans qu'il ait préalablement pressenti le gouvernement français à ce sujet, ce qui était absolument contraire à tous les usages. Le comte de Munster, ambassadeur d'Allemagne à Paris, se trouva mis par là dans une situation difficile; il ne sut comment il devait annoncer cette arrivée au gouvernement français.

Il prit le parti de se rendre chez M. Ribot, ministre des affaires étrangères, qu'il entretint d'abord de différentes choses sans aucun rapport avec celle qui l'amenait, pour, à la fin de l'entrevue, prier sans préambule le ministre de donner des ordres pour que les bagages de l'impératrice, qui devait franchir la frontière française dans quelques heures, fussent exemptés des droits d'entrée. Ribot témoigna de l'étonnement de n'avoir pas été plus tôt averti de ce fait et il se tint sur une certaine réserve, car il lui était impossible de se porter garant de la sécurité de la souveraine.

L'impératrice arriva à Paris. Elle y resta plus longtemps que ne l'avait annoncé M. de Munster, c'est-à-dire plus de 2 ou 3 jours. La presse française prit fortement à partie M. Herbette qui n'avait pas eu connaissance de ce voyage, et réclama énergiquement sa révocation. M. Herbette eût certainement été révoqué si M. Marschall, secrétaire du ministère des affaires étrangères à Berlin, ne lui avait pas confié que sa révocation serait considérée comme une offense personnelle par l'empereur et qu'elle risquerait d'entraîner les plus graves complications. Marschall demanda officiellement à l'ambassadeur d'en référer à son gouvernement et le pria officieusement d'insister pour qu'on écartât les causes de malentendus qui pouvaient avoir des suites funestes pour les deux pays. Les cabinets de Vienne et de Rome intercédèrent dans cette affaire en suppliant le gouvernement français de céder. L'impératrice, entre temps, quitta Paris pour se rendre en Angleterre d'où elle écrivit à son fils « afin de le calmer et de l'informer de tous les détails de la réception qui lui avait été faite en France (1) ».

Traits distinctifs
du caractère
de l'empereur
d'Allemagne.

Il faut, pour apprécier la probabilité d'incidents ultérieurs de ce genre, prendre en considération les traits distinctifs du caractère de l'empereur d'Allemagne. Shakespeare a dit que la nature et le caractère d'un homme se révélaient dans sa vie quotidienne. L'éducation que reçut l'empereur Guillaume II tendait, suivant son précepteur Hinzpeter, à faire de lui un homme moderne.

Au lieu, conformément à la tradition des Hohenzollern, de stimuler avant tout ses qualités militaires, on désirait développer plus particulièrement en lui le goût pour la vie civile. Après avoir terminé ses études au lycée de Cassel, il entra en 1877 à l'université de Bonn. Il fit ensuite des stages dans tous les ministères pour se familiariser avec les affaires. Son précepteur nous apprend que le prince fréquentait en même temps les fabriques, les ateliers, les mines pour se rendre compte des conditions du travail allemand et pour juger de l'état presque désespéré dans lequel se trouve la classe ouvrière; ce n'est qu'ensuite qu'on donna au prince différentes fonctions dans l'armée.

Il commandait une brigade quand la mort de son père l'appela au trône. Il faut remarquer que l'empereur ayant exprimé clairement son désir de prendre le commandement de l'armée en cas d'une guerre, on éprouve quelque inquiétude à ce sujet en Allemagne, attendu précisément que le monarque a sacrifié plus de temps à l'étude des questions civiles que des choses militaires.

L'empereur se complaît dans le souvenir de sa vie d'université. Même après avoir terminé ses études, il fréquenta les réunions de la corporation « Borussia », qui avaient lieu à l'hôtel « Kaiserhof », à Berlin, et il se rendit même à Rome pour assister au jubilé de cette corporation. Étant déjà empereur, il honora encore de sa présence la réunion annuelle de gala de la

____

(1) *Aus der Berliner Gesellschaft unter Kaiser Wilhelm II.*

« Borussia », qui eut lieu à l'hôtel « Kölner Hof ». L'empereur y fit son entrée à neuf heures du soir en compagnie de son beau-frère le prince de Schaumburg et après avoir fait annoncer qu'il présiderait lui-même la solennité ; revêtu du pourpoint de la corporation et armé de sa rapière, il porta le toast à la prospérité de l'assemblée. Au moment voulu, il perça son bonnet de sa rapière comme l'exige la coutume et mêla sa voix à celles des autres convives qui chantaient le serment traditionnel par lequel ils s'engageaient à demeurer toujours de « *braves bourches* ». Après minuit, l'empereur dit : « Silencium ! la cérémonie officielle est terminée » et, « maintenant, c'est la réjouissance (*fidelität*) qui commence » ; puis, après avoir remis la présidence à qui de droit, il quitta la salle.

Mais, à côté de cette simplicité de mœurs, de cette excentricité qui le caractérisent, le vrai Hohenzollern reparaît parfois subitement dans Guillaume II. Ainsi, tandis que son père et son grand-père signaient leurs lettres d'une manière très simple (par exemple « votre très sincère Guillaume » — ainsi est signée la lettre adressée par le premier empereur, en 1874, à lord Russell), l'empereur actuel signe une de ses lettres à de Moltke, qui fut le vrai fondateur de l'unité de l'Allemagne, « votre bienveillant roi Guillaume » (1).

Guillaume II sait diriger les débats et il possède le talent d'improviser de beaux discours, c'est pourquoi il recherche les occasions qui lui permettent de produire son éloquence, même si ces occasions ne sont pas en rapport avec sa haute situation. Guillaume dirigea, par exemple, très bien les débats de la conférence internationale sur la question ouvrière qui s'était réunie à Berlin. L'ambassadeur des États-Unis Felpo disait, dans le discours qu'il prononça à l'occasion de l'anniversaire de la déclaration de l'indépendance américaine : « J'ai vu un empereur Hohenzollern convier le monde dans le but d'améliorer l'existence des pauvres. » Guillaume ne se contentait pas de diriger les débats, mais il provoquait pendant le déjeuner des discussions entre les représentants de la grande industrie et les délégués des ouvriers ; il prenait part lui-même à ces discussions qu'il résumait ensuite.

Citons ce que l'auteur français Lavisse, écrivain impartial, a dit au sujet de ces séances : « Le jeune empereur attire l'attention générale au plus haut degré.... En s'adressant à Jules Simon, il employait cette expression : « ..... faire du bien aux hommes et non leur faire peur... » Mais dans les moments difficiles, il ne cède pas, ses yeux reflètent l'assurance. C'est un guerrier idéologue qui s'avance vers l'inconnu. » Cette dernière phrase est une critique involontaire, mais méritée. Le guerrier, évidem-

____

(1) Wilhelm II, *Romantiker und Socialist*, 1892.

ment, ne doit pas être idéologue, mais Guillaume n'est pas seulement un guerrier et son « idéologie » peut embrasser des pensées très sérieuses sur l'avenir.

On n'a pas encore bien compris ce jeune monarque en Allemagne. Son précepteur, le conseiller secret Hinzpeter, s'est efforcé d'expliquer ce caractère et lui a consacré une petite brochure, mais en raison des sous-entendus et circonlocutions inévitables dans un ouvrage de ce genre, il n'y a guère réussi. Hinzpeter insiste surtout sur la puissante individualité de son élève développée au point qu'elle a résisté à toutes les influences extérieures, et qu'elle est demeurée intacte à travers toutes les phases de son éducation.

Côté fantaisiste du caractère de Guillaume II.

Mais cela ne nous explique point les surprises que Guillaume II nous prodigue à chaque instant; et dont la plus forte est qu'étant prince, il portait Bismarck aux nues, tandis qu'une fois empereur, il s'en débarrassa sans scrupule. Bismarck avait commencé par interdire aux ministres de présenter personnellement leurs rapports au souverain. Celui-ci demanda qu'ils reprissent cette habitude. Puis, dans la question ouvrière, les vues de l'empereur étaient trop larges pour être partagées par Bismarck. Les intentions de l'empereur, tendant à améliorer la situation des ouvriers allemands, se trouvaient exprimées dans les fameux rescrits du 5 février. Dans l'un de ces rescrits, il était dit qu'on ne pouvait améliorer la situation ouvrière en Allemagne sans, en même temps, l'améliorer partout ailleurs; car, autrement il pourrait en résulter une augmentation des prix qui diminuerait l'exportation des produits allemands, ce qui aboutirait à rendre l'existence des ouvriers du pays encore plus critique. Par ce rescrit, l'empereur chargeait en conséquence le chancelier d'inviter les gouvernements étrangers à participer à la conférence sur la question ouvrière qui devait se réunir à Berlin.

C'est seulement plus tard qu'on apprit que ces rescrits, dont l'idée même ne convenait pas à Bismarck, avaient été rédigés par ce dernier de façon à en atténuer l'esprit et les intentions du souverain et qu'il avait, dans ce même but, proposé lui-même la convocation d'une conférence internationale.

« J'y avais ajouté la conférence internationale, a dit Bismarck dans la suite, espérant qu'elle servirait à brider dans une certaine mesure les velléités humanitaires de notre empereur en faveur des ouvriers. J'espérais que cette conférence mettrait de l'eau dans son vin... Mais elle ne fit rien du tout, son résultat fut nul. Personne n'osa contredire, indiquer les dangers. Toutes les discussions ne furent que pure phraséologie... C'est du reste pure illusion de croire qu'on puisse créer pour les ouvriers une tutelle internationale (1). »

____

(1) *Wie Bismarck entlassen wurde.*

Or, c'est le chancelier lui-même qui proposa cette « illusion » à l'empereur. Il est vrai qu'il ne la proposait pas parce qu'il y croyait, mais parce qu'il y voyait toute autre chose : un moyen de mettre de l'eau dans le vin, un antidote contre l'enthousiasme du jeune monarque.

Bien des personnes ont accusé Bismarck d'avoir donné à l'empereur des conseils auxquels il ne croyait pas pour son compte, et l'empereur a bien pu lui en vouloir.

Guillaume II dirigea en personne la discussion du projet sur la question ouvrière dans les sections du conseil d'Etat, il dressait lui-même la liste des orateurs, etc. La dernière séance eut lieu le 28 février, et l'empereur dit, en remerciant les membres, qu'il s'agissait de résoudre les questions relatives aux besoins légitimes des ouvriers et non pas d'entrer en lutte avec la démocratie sociale. « Pour la démocratie sociale, ajouta-t-il, c'est une autre question ; j'en viendrai à bout tout seul, au besoin, sans recourir à vos conseils ni à votre concours. »

L'irritation que fit éprouver à l'empereur l'échec de la conférence internationale et son mécontentement de ce que le chancelier avait entamé des pourparlers avec Windhorst, le leader du centre catholique, furent les causes qui déterminèrent le renvoi de Bismarck. Ce dernier a dit lui-même : « Sa Majesté est très active, elle se sent une surabondance de forces déborder et désire être elle-même son propre chancelier (1). »

Lors de la révocation de Bismarck, on disait dans les sphères bien informées que le nouveau programme de gouvernement serait un mélange d'initiative individuelle, sous la forme de *rescrits de cabinet*, dans le genre de ceux de Frédéric le Grand, et de parlementarisme ; de sorte que l'empereur imprimerait la direction aux affaires et que les ministres ne seraient que les exécuteurs de sa volonté.

Quand Caprivi fut appelé à remplacer Bismarck, ce dernier dit : « L'empereur a exécuté un singulier chassé-croisé : il a fait de son meilleur général un chancelier, et de son chancelier un maréchal. » S'il y a lieu de croire ce que disent les partisans de Bismarck, Guillaume II aurait appelé Caprivi dès le 1er [février, c'est-à-dire deux jours avant la promulgation des rescrits rédigés par Bismarck (2), pour lui dire qu'il occuperait le poste de chancelier quand il serait vacant, car son grand-père déjà avait songé à faire succéder Caprivi à Bismarck quand ce dernier serait mort. « Seulement, ajouta l'empereur, je crois bien que je me séparerai plus tôt de Bismarck. Il n'approuve pas du tout mon idée sur la question ouvrière, et il

---

(1) *Bismarck im Ruhestande*, page 37 (entretien avec le correspondant du *Novoïé Vrémia*).

(2) *Wie Bismarck entlassen wurde.*

est si peu conciliant à ce point de vue que nous ne pouvons continuer à marcher côte à côte. »

Et quand Caprivi répondit que, seul, l'ordre du monarque le déciderait à occuper ce poste, pour lequel il ne se sentait pas suffisamment préparé, le monarque l'interrompit, en disant : « Point n'est besoin que vous le soyez, vous suivrez mes indications. » Bismarck témoignait, du reste, beaucoup de respect pour son successeur : « Je suis persuadé que cette nomination a dû être une surprise pour Caprivi lui-même, disait-il, qu'il a accepté ce poste en obéissant à son sentiment du devoir, et que son ambition n'est pour rien dans cette nomination. C'est un esprit lucide, c'est un bon cœur, une nature magnanime, une vraie force ; bref, c'est un homme de premier ordre (*ersten Ranges*) » (1).

Quant au rôle des ministres, l'empereur aurait dit à un dîner parlementaire chez Caprivi, au mois de novembre 1890 : « L'ancienne génération disait toujours : « oui, mais » et la génération actuelle dit : « oui, donc... »; le ministre des finances Miquel appartient à notre génération. »

Le nouveau chancelier se révéla homme beaucoup plus indépendant qu'on n'aurait pu le supposer. On doit, du moins, avouer que ses actions étaient peu en rapport avec les discours publics et les déclarations de l'empereur, ce qui du reste n'est pas étonnant en présence des contradictions dont Guillaume est coutumier.

En visitant les usines d'Essen, il dit aux ouvriers de Krupp : « Vous savez que notre maison impériale s'occupe depuis longtemps du sort des ouvriers. J'ai fait connaître au monde le chemin dans lequel je compte m'engager et je vous confirme maintenant mes instructions de marcher dans cette direction. J'ai été heureux de constater vos bonnes dispositions qui me prouvent que nous sommes dans la bonne voie et que vous me suivrez. » Le malheur est que Guillaume parle trop facilement, sans peser ses paroles, aussi tombe-t-il dans des contradictions.

Il est, cependant, plus conséquent dans ses actions que dans ses discours. — Ses actions sont plutôt hésitantes que brusquées, et l'on y découvre une suite, l'idée qu'il faut abandonner la politique de Bismarck et qu'au lieu d'entamer la lutte tantôt sur un point, tantôt sur un autre, il faut tendre autant que possible à l'apaisement. Dans la question de la réforme scolaire dont le projet est imprégné de cléricalisme, l'empereur se montra plus disposé à se ranger du côté de la majorité parlementaire que ses deux ancêtres.

----

(1) *Bismarck im Ruhestande.*

Dans la question militaire, ce fut une autre affaire ; là il se révèle aussi roi de Prusse que pas un de ses aïeux.

Mais ses déclarations sont toujours pleines de contradictions. Ses discours en général sont peu conformes à ses actes. C'est ainsi qu'en Bavière il écrit dans un album : « *Volontas regis suprema lex* », tandis qu'en sa qualité de roi de Prusse sa volonté est limitée par le Landtag prussien et qu'en sa qualité d'empereur, elle l'est également par le Reichstag. La « *suprema lex* » résulte donc d'un compromis entre la volonté du monarque et celle du peuple. Le 24 mai 1891, d'autre part, Guillaume dit aux membres du Landtag rhénan : « Il n'y a qu'une seule autorité dans le pays, c'est moi ; je n'en souffrirai aucune à mes côtés. » Ces paroles étaient prononcées à l'adresse de Bismarck, cela n'est pas douteux ; mais il n'en est pas moins vrai qu'au point de vue de leur sens absolu, elles étaient en contradiction avec les pouvoirs du conseil fédéral et du Reichstag.

Des paroles de ce genre peuvent faire naître des appréhensions, même au sujet de la politique extérieure, d'autant plus que Guillaume II a d'autres boutades de ce genre à son actif. Une autre fois, il donne à Gossler, le ministre de l'instruction publique, son portrait avec la dédicace suivante : « *Sic volo, sic jubeo.* » A la diète de la province de Brandebourg, le roi disait : « Ainsi que mon grand-père, je considère ce peuple et ce pays comme un legs que Dieu m'a remis ; et ainsi qu'il est écrit dans la Bible, je suis appelé à augmenter ce *talent* et à en répondre. J'ai l'intention de gouverner ce pays de manière à le rendre plus prospère. J'accueillerai cordialement ceux qui désirent me prêter main-forte à cette occasion, mais ceux qui me seront un obstacle, je les briserai. »

Dans ce même discours, Guillaume II engageait les critiques mécontents (*Hörgler*) à « secouer la poussière allemande de leurs chaussures et à fuir les lamentables conditions de notre existence ». Le lendemain, les députés se montraient en riant la quantité de poussière dont leurs bottines étaient couvertes, et l'on assurait à la Bourse que les actions des sociétés de transport allaient monter dans de fortes proportions.

On ne pourrait garantir que, sous l'effet d'un de ces entraînements passionnés et empreints de partialité dont il est coutumier, l'empereur Guillaume II ne fût capable de violer un traité et de prendre la responsabilité d'une chose autrement dangereuse que la violation d'une forme constitutionnelle ; qu'il ne fût, en d'autres termes, capable de provoquer une guerre dont les suites échappent à toute appréciation.

Mais il est nécessaire d'ajouter que grâce, précisément, à l'insistance de l'empereur, le Reichstag a voté la loi du service militaire de deux ans ; une loi qui assure, suivant les auteurs militaires, à l'empereur d'Allemagne, la possibilité juridique de commencer une guerre sans proposer au parlement les mesures extraordinaires destinées à mettre l'armée sur le pied de guerre. C'est là un sujet tellement important que nous croyons nécessaire de l'examiner de plus près dans le chapitre suivant.

5. Les dangers résultant de la nouvelle loi militaire allemande.

Force numérique et répartition des armées de la Triple Alliance. — L'Allemagne avait-elle réellement besoin d'augmenter son armée dans la mesure où cette augmentation s'opérera grâce à la nouvelle loi militaire ? Pour en juger, nous devons jeter un coup d'œil sur la force numérique et sur la répartition des armées de la Triple Alliance.

Nous utiliserons à cet effet les données qui ont été produites au Reichstag, lors de la discussion de cette nouvelle loi.

Nous trouvons ces données dans une brochure anonyme, écrite sans doute par un militaire, et destinée à réfuter celle publiée par le major Keim qui cherchait à prouver la nécessité de voter la loi en question. L'auteur anonyme dont il s'agit parle contradictoirement; il est donc probable qu'il opposait son optimisme peut-être quelque peu exagéré au pessimisme tendancieux de Keim. Il voulait, dans tous les cas, montrer combien était puissante la Triple Alliance.

Il suppose donc que les armées allemande et autrichienne pourraient envahir le territoire russe, avant que la Russie fût prête à repousser ces forces combinées. Aux 14 corps d'armée russes, dit-il, qui se trouvent disposés dans les circonscriptions militaires de Varsovie, de Vilna, de Kieff et d'Odessa, on pourrait opposer 11 corps d'armée allemands et 10 autrichiens, de sorte qu'une partie des forces allemandes pourrait facilement se porter sur la frontière occidentale pour opérer de concert avec l'armée italienne.

L'auteur est persuadé que les forces austro-allemandes prendraient l'offensive contre la Russie, par cette seule raison que l'Autriche et la Prusse disposent d'un réseau ferré beaucoup plus développé que cette puissance.

L'armée russe qui, dans ces conditions, ne pourra être renforcée aussi vite par les troupes cantonnées à l'intérieur du pays, sera forcée de se confiner dans les places fortes, c'est-à-dire de se tenir sur la défensive. L'Allemagne pourrait en faire autant au début sur sa frontière occidentale. L'auteur estime, en outre, que, pour l'action offensive en Lorraine, l'armée allemande pourra être renforcée par une grande partie de l'armée italienne; car celle-ci, pour couvrir ses propres frontières, n'aura besoin que de peu de soldats, grâce aux fortifications disposées dans les Alpes et à l'excellente flotte italienne, la troisième au point de vue de la force numérique et bien pourvue de bâtiments très perfectionnés et très rapides. L'Italie peut, du reste, compter sur l'Angleterre pour la défense de ses côtes.

Cette répartition des forces est conforme à l'opinion de de Moltke. Celui-ci prétendait que tout dépendrait des premiers chocs décisifs à l'Est, qui permettraient ensuite d'utiliser convenablement les fortifications naturelles et artificielles dont l'Italie et l'Allemagne disposent à l'Ouest. Les forces des puissances présentent, d'après l'auteur en question, la composition suivante : la Russie dispose de 20 corps d'armée prêts à entrer en campagne, la France en a 19, ce qui fait en tout 39 et représente un total de 88 divisions d'infanterie. L'Allemagne dispose de 20 corps d'armée, l'Autriche-Hongrie de 15, l'Italie de 12, de sorte que les forces totales de la Triplice s'élèvent à 47 corps d'armée, représentant 100 divisions de troupes actives. L'auteur tire de cette comparaison la conclusion qu'il était inutile d'augmenter l'armée allemande.

Ce même écrivain dit aussi que la réduction de la durée du service militaire à deux ans ne répond pas du tout aux exigences actuelles. Il y a peu de temps, aucun gouvernement n'aurait pris sur lui de réduire la durée du service en présence des qualités meurtrières des armes actuelles et du temps qu'il faut pour enseigner au soldat à bien manier son fusil.

A quelle circonstance est dû ce changement d'opinion ? L'auteur examine cette question et dit : « La France, qui a 38 millions d'habitants en Europe, 5 millions en Afrique et 19 millions en Asie, étonnera peut-être encore le monde par les moyens de défense qu'elle opposera à l'invasion allemande ; quant à la Russie, qui a 98 millions d'habitants en Europe seulement, y compris le Caucase, on a tout lieu de croire que l'augmentation de ses forces n'est qu'une question de temps et de moyens. » Les vrais motifs de l'augmentation de l'armée allemande sont en réalité impossibles à saisir au premier coup d'œil.

Rappelons que le chancelier Caprivi démontrait, dans son discours au Reichstag du 27 novembre 1891, qu'on avait tort de juger de la valeur d'une armée uniquement d'après sa force numérique : « On dit que les Français ont 5,400,000 soldats, tandis que nous n'en avons que 4,500,000 et que, par conséquent, nous avons lieu de nous inquiéter. Mais il n'existe pas de chef capable de nourrir, de mouvoir et de mener au combat des forces aussi énormes ; je suis persuadé que c'est l'unité, la personnalité de l'individu adhérant volontairement à la masse, qui joueront le plus grand rôle dans les guerres futures. Aux moments décisifs, quand il ne restera que quelques officiers dans les premières lignes et qu'ils ne pourront imposer partout leur volonté, les hommes, individualités isolées, seront abandonnés à eux-mêmes et c'est alors qu'on verra s'ils sont capables d'agir volontairement sous l'effet de l'impulsion commune et s'ils sauront agir convenablement. » Ce n'est donc pas pour disposer de réserves plus nombreuses qu'on a augmenté les effectifs de l'armée, mais pour quelque autre raison.

Sans connaître ces raisons, il est difficile de comprendre la nécessité de cette augmentation nouvelle, bien que d'ailleurs on en puisse dire autant de quelques augmentations antérieures des effectifs, qui furent toujours toujours inattendues et se succédèrent à de courts intervalles.

Ainsi, vers la fin de l'année 1889, lors de la discussion des crédits militaires pour le septennat, on inscrivit déjà 20 corps d'armée dans les nouveaux états, au lieu de 18. Beningsen demanda à la commission et au ministre de la guerre von Verdy, si cette augmentation était de nature à satisfaire définitivement le département de la guerre et, ayant obtenu une réponse affirmative, le rapporteur de la commission déclara au Reichstag que l'addition des deux nouveaux corps d'armée couronnait l'œuvre de réforme que le ministère de la guerre avait depuis longtemps entreprise. Néanmoins, cette même année encore on demanda une nouvelle augmentation des effectifs. Ensuite parut le projet de loi sur le service militaire de deux ans, qui rencontra une forte opposition même dans les sphères militaires, où on l'appréciait au point de vue technique.

Le journal officieux de Munich, l'*Allgemeine Zeitung*, disait que les cinq sixièmes des officiers et même plusieurs généraux de l'armée active très estimés désapprouvaient les principaux points de la loi proposée par le chancelier Caprivi.

Il est vrai que le comte Caprivi s'exprimait au Reichstag de tout autre façon. Il prétendait que : « sur trente et un questionnaires, dix réponses avaient été reçues pour réclamer, tout à la fois, l'augmentation des effectifs et le maintien du service de trois ans, ce qui serait excellent au point de vue militaire, mais impossible au point de vue des finances ; les autres vingt et une réponses étaient favorables au projet qu'il proposait. » Suivant la *Schlesische Zeitung*, le *Hamburger Korrespondent*, la *Nationalliberale Korrespondenz*, et d'autres journaux, l'empereur aurait dit, à sa réception du nouvel an, qu'il ne souffrirait pas l'opposition au nouveau projet militaire manifestée par certains officiers. On croit généralement qu'un grand nombre de sommités militaires désapprouvèrent la loi dans sa forme actuelle et que cette dernière ne fut soutenue que par les officiers de carrière (*Streber*) et par les courtisans de l'entourage immédiat de l'empereur.

Les chiffres seuls peuvent élucider ce sujet. L'effectif permanent de l'armée allemande s'est accru de 83,894 hommes, grâce à la nouvelle loi. (Ce chiffre ne comprend que les simples soldats, sans compter les volon-

taires d'un an). L'effectif permanent a par conséquent été fixé à
570,877 hommes pour la période du 1er octobre 1893 au 31 mars 1899.

Le nombre des sous-officiers a été augmenté de 11,857 hommes, de
sorte qu'au lieu de 66,952, l'armée permanente allemande en compte maintenant 78,809.

Cette augmentation des effectifs a déterminé une nouvelle dépense
annuelle de 64 millions de marks et il en a fallu dépenser 62 millions d'un
seul coup pour réaliser ce mouvement au cours des années 1893 et 1894.
Cette réforme a ensuite exigé un crédit supplémentaire de 6 millions de
marks.

Ce qui précède et certains renseignements émanant de la commission
parlementaire permettent de supposer qu'en augmentant ainsi les effectifs
de paix, on se souciait moins d'aligner 20,000 hommes de plus au moment
où il faudrait mobiliser toutes les forces du pays, que d'avoir au début
même de la guerre 840,000 hommes prêts sous les armes. En retenant
sous les drapeaux le contingent d'une année, ce que les autorités sont
en droit de faire sans requérir l'autorisation du Parlement, on obtiendrait
en effet, rien que pour l'armée active, un effectif de 850,000 hommes.

Nous avons déjà dit plus haut que les sommités militaires contemporaines s'accordent à dire que, dans l'état actuel des choses, il est plus
sage de compter sur les jeunes soldats qui font moins de cas de leur
vie. Quand on aura convoqué les classes qui ont quitté l'armée depuis des
dizaines d'années (en cas de guerre, la France pourra convoquer vingt-cinq
classes et l'Allemagne vingt-quatre), une partie de l'armée sera composée
d'hommes âgés de quarante à quarante-cinq ans. Ces derniers ne rendront
probablement pas de grands services. Le chancelier Caprivi a formulé son
opinion à cet égard ; il a dit que l'armée se trouvera renforcée par des soldats dont un grand nombre seront non seulement des pères, mais même
des grands-pères.

Voilà pourquoi il est très important, pour une puissance militaire,
d'avoir à sa disposition, au début même de la guerre, 850,000 hommes
jeunes, bien entraînés, plus indifférents à la vie, et 80,000 bons sous-
officiers. Nous jugeons utile de citer ici les paroles de Bismarck, déjà
rappelées antérieurement, et qui sont d'autant plus significatives, que cet
homme d'État connut, pendant vingt-cinq ans, tous les secrets et tous les
projets de l'état-major prussien : « Il se produira, peut-être, au début de la
guerre, simultanément trois ou quatre batailles sur différents points. Leur
issue pourra décider du résultat final. Dans chacune de ces batailles seront
engagés des deux côtés 200,000 à 250,000 hommes. Ainsi, pour commencer l'action la plus périlleuse, sinon décisive, il faut, au total, un million
de soldats. Il sera impossible d'en conduire au feu un plus grand nombre. Le

Supériorité
des
jeunes soldats
sur les réserves.

reste ne pourra servir qu'à constituer des réserves en prévision de batailles ultérieures qui n'auront peut-être pas lieu. »

Nous avons plus d'une fois cité l'auteur militaire von der Goltz, d'après lequel on lèvera pendant les guerres futures des contingents plus nombreux que par le passé. En discutant dès 1884 l'ouvrage du colonel Blume, *Strategie*, von der Goltz parlait de réformes pareilles à celles qui ont été accomplies en vertu de la nouvelle loi militaire allemande. A ce sujet, il demandait, soit dit en passant, qu'on popularisât l'enseignement des choses relatives à la guerre, sauf les détails purement techniques, et qu'on les exprimât dans une langue plus compréhensible pour tous que celle employée jusqu'à présent. Cette pensée de populariser la stratégie peut nous paraître singulière, mais l'auteur allemand avait certainement ses raisons pour la formuler.

Il est évident que si de fortes pertes se produisaient dans les premières rencontres des armées composées de jeunes gens, les conséquences économiques en seraient, malgré les larmes et le désespoir des frères, des mères et des sœurs, moins terribles que si l'on avait sacrifié des pères de famille.

Ces derniers seront peut-être même épargnés, car il est probable que les batailles les plus sanglantes auront déjà été livrées sans eux.

Le but de la nouvelle loi militaire allemande était par conséquent d'augmenter dans l'armée le nombre des jeunes gens (*Verjungung der Armee*). On désirait n'avoir besoin de convoquer que les huit à dix classes les plus jeunes pour s'assurer une armée suffisamment nombreuse au moment des chocs décisifs.

Ce n'est pas que l'on considère les hommes âgés de trente ans et au delà comme moins vaillants, mais parce qu'on désire épargner les pères de famille, dont la présence est plus précieuse pour l'économie générale du pays.

L'augmentation des effectifs de paix fut déterminée par quatre motifs : augmenter les forces destinées à essuyer le premier feu, faciliter la mobilisation des troupes qui devaient prendre part aux premières actions, accroître les effectifs de l'armée et la proportion dans les rangs des éléments les plus jeunes (1).

Augmentation des cadres d'officiers et de sous-officiers.

Un fait digne de remarque, c'est la disproportion entre l'augmentation du nombre des officiers et des sous-officiers. Les paroles que Bismarck a prononcées en 1881 nous l'expliquent : « Au point de vue numérique nos voisins nous égalent, mais ils ne peuvent se mesurer avec nous sous le rapport de la qualité. Le Russe et le Français sont aussi braves que l'Alle-

---

(1) *Die Militärvorlage und der Antrag Bennigsen.*

mand ; mais nos 700,000 hommes sont réellement bien exercés et ils n'ont encore rien oublié. Personne, en outre, ne peut rivaliser avec nous quant aux officiers et aux sous-officiers, qui sont nécessaires pour mener les soldats au feu. »

On comprend que les Français suivent attentivement tout ce qui se passe en Allemagne. Le fait que le nombre des officiers et des sous-officiers a été augmenté dans une si forte mesure chez leurs voisins, a fait naître en France la supposition pessimiste que l'empereur Guillaume désirait augmenter ses effectifs dans les mêmes proportions (1).

On se disait que l'empereur d'Allemagne pourrait songer un jour à déclarer la guerre, sans observer les formes légales, et il faudrait qu'il eût alors la possibilité de prolonger la lutte assez longtemps sans convoquer les pères de famille et, en général, ceux qui travaillent pour gagner leur vie : ce qui détermine toujours des troubles très graves dans un pays.

Sans apprécier l'exactitude de ces explications ni la valeur de la dernière loi militaire allemande, qui rencontra de l'opposition même dans les sphères militaires, nous nous permettrons de faire remarquer une circonstance qui met bien en relief la différence des caractères des deux nations. La jeunesse et le tempérament du jeune empereur allemand constituent bien un danger ; mais, pourtant, les Gaulois ont un caractère plus aventureux que les Teutons.

Quoi qu'il en soit, nous avons cru devoir examiner non seulement les circonstances dont dépendraient les conséquences techniques et économiques d'une guerre, mais aussi celles qui feraient supposer que cette guerre pût être déclarée par l'Allemagne.

II. L'AUTRICHE

Nous concluons, par conséquent, qu'il est peu probable que l'Allemagne provoque la guerre. Et pourtant une circonstance extérieure pourrait modifier cette conclusion favorable. Cette circonstance, nous la trouvons dans les relations de l'Allemagne avec l'Autriche. Celle-ci possède la plus grande partie du cours du Danube, dont l'embouchure est en Roumanie ; et la monarchie des Habsbourg a de nombreux intérêts dans la péninsule balkanique. L'Autriche-Hongrie est en grande partie peuplée de Roumains et de Serbes ; c'est pourquoi la question d'Orient préoccupe beaucoup cette puissance.

L'Autriche pourrait amener l'Allemagne à déclarer la guerre.

---

(1) *Revue Militaire de l'Étranger* et *Revue Militaire* du *Journal des Débats.*

Or, depuis que l'Autriche a été exclue de la fédération germanique, le centre de gravité de sa politique s'est, pour ainsi dire, transporté en Orient. Là, elle est devenue la rivale naturelle de la Russie, qui a affranchi certaines nationalités chrétiennes, et qui joue le premier rôle dans la résolution de la question d'Orient. L'Autriche fut de tous temps plus faible que la Russie, mais le rapport entre leurs forces respectives a bien varié avec le temps, toujours au préjudice de l'Autriche, et continuera encore à se modifier dans le même sens. Comme la population de la Russie s'est beaucoup accrue, comme le réseau de ses voies ferrées s'est beaucoup étendu et développé, que le pays s'est civilisé dans une large mesure, il en est résulté une très sensible augmentation de la force offensive que la Russie pourrait montrer dans une guerre avec l'Autriche. Cette guerre éclaterait le jour où, l'Homme-Malade du Bosphore étant arrivé au dernier degré de son agonie, on ne pourrait plus ajourner la répartition de son héritage. Un cas semblable pourrait, en outre, se produire à la suite de certaines complications imprévues en Bulgarie, en Serbie, en Roumanie, ou de crises qui obligeraient à régulariser de nouveau la situation de l'un ou l'autre de ces pays.

Nous posons la question de la probabilité d'une guerre provoquée par l'Autriche pour cause de rivalité avec la Russie. Nous demandons, en conséquence, si l'Allemagne pourrait, dans le cas d'une guerre déterminée par la rivalité de ces deux puissances, abandonner l'Autriche à son propre sort, c'est-à-dire à une défaite assurée. Une chose certaine à notre avis, c'est que l'Autriche ne provoquera jamais de son propre gré cette guerre si périlleuse.

Nous avons déjà démontré, dans les autres parties de notre ouvrage où nous parlions des troubles économiques, qu'une guerre déterminerait en Autriche, qu'en raison de l'état intérieur de la monarchie des Habsbourg, il n'est pas probable que cette guerre soit jamais provoquée par elle. Il suffira de retracer ici les grandes lignes de la situation de l'Autriche-Hongrie. Les nations composant cet empire poursuivent des intérêts opposés les uns aux autres et ne sont réunies que par le lien dynastique, — lien infiniment plus fragile que l'homogénéité nationale qui fait la force de la France, de la Russie et de l'Allemagne.

Le dualisme sur lequel est basé l'édifice politique de l'Autriche-Hongrie est un système artificiel qui suppose la présence dans cette monarchie de deux nationalités dirigeantes auxquelles toutes les autres sont soumises en ce qui concerne les affaires de l'État en général. Pour que ce système devînt solide et définitif, il faudrait que la nationalité dirigeante fût prépondérante dans les deux moitiés de la monarchie, et que chacune d'elles fût le mortier servant à cimenter toutes les autres, c'est-à-dire que la Cisleithanie se germanisât et que la Transleithanie se magyarisât graduellement. Mais si l'on n'a pu obtenir ce résultat sous l'ancien régime, du temps de Metternich, Schwarzenberg et Bach, comment pourrait-on y arriver sous le gouvernement constitutionnel actuel?

L'opposition contre la magyarisation augmente de jour en jour dans les limites du royaume de Saint-Étienne ; et quant à la germanisation, il n'en est plus question dans l'Autriche proprement dite. Les choses en sont venues à ce point que les Allemands y constituent l'opposition.

L'autonomie très large concédée aux provinces et les diètes provinciales poussent l'Autriche dans la voie du fédéralisme qui remplacera fatalement un jour le système du dualisme. Jusque-là toute la vie politique de la monarchie ne sera qu'une série de luttes entre les nations qui la composent. Cette lutte, bien que légale, est passionnée au point qu'on ne saurait garantir qu'en cas de guerre toutes ces nationalités eussent, au même degré, le souci de faire triompher la cause de l'Autriche.

Si cette lutte est jusqu'à présent restée légale, n'a pas donné lieu à des conflits constitutionnels, et n'a pour champ d'action que les diètes provinciales et la presse, la cause en est dans le grand prestige personnel de l'empereur François-Joseph, dans la bienveillance que ce monarque témoigne à toutes les nationalités, dans la modération et le tact dont il fait preuve à chaque difficulté qui se produit. Mais que deviendra l'Autriche-Hongrie sous le sceptre de son successeur? — il est difficile de le prévoir. L'héritier est peu connu dans le pays jusqu'à présent, et il est probable qu'il lui faudra bien longtemps pour se créer une popularité égale à celle de François-Joseph.

Ainsi que nous l'avons déjà fait remarquer ailleurs, les nations de l'Autriche ont, outre le lien dynastique, un autre lien : la conviction que leur sort ne saurait nulle part être meilleur que dans la monarchie des Habsbourg; car il est évident qu'aucune d'elles ne saurait conserver, d'une façon durable, son indépendance absolue. Ce n'est là, il est vrai, qu'une conviction négative, mais elle pourra cependant réprimer, dans une certaine mesure, les tendances séparatistes dans l'armée autrichienne. Il n'existe plus, en ce moment, dans cette armée, d'éléments disposés à passer directement à l'ennemi, comme l'ont fait en 1866 les régiments recrutés dans la circonscription de Venise. La situation intérieure du pays était tout autre à cette époque : on conduisait les Vénitiens contre les Prussiens, pendant que l'Italie était en guerre avec l'Autriche et que cette guerre avait pour objet l'affranchissement de la province de Venise; la constitution hongroise était suspendue, tandis que les Polonais et les Tchèques étaient opprimés par les Allemands. Il n'y aura plus, comme en 1866, dans aucun régiment autrichien, d'animadversion aussi directe contre le gouvernement. Les différends politiques qui divisent les nations de l'Autriche n'excluent plus leur loyauté dynastique depuis qu'elles sont soumises à des conditions beaucoup plus douces. Citons ici un passage tiré d'une brochure dont l'auteur, croit-on, était au service de la Russie : « L'Autriche a des officiers dévoués et pénétrés du sentiment de l'honneur, c'est pourquoi son armée constitue un organisme solide, animé de l'esprit de camaraderie et de solidarité; il est possible que l'unité de ses éléments hétérogènes ne résiste pas à la défaite, mais on peut être certain qu'ils marcheront solidairement [contre n'importe quel ennemi, tant que le succès sera de leur côté (1). »

Quoi qu'il en soit, il y a lieu de croire que l'Autriche est, moins que toute autre puissance, disposée à se jeter dans une politique d'aventures et à déclarer la guerre. On sait d'ailleurs combien l'empereur François-Joseph y est opposé.

III. LA RUSSIE

Aspirations pacifiques de la Russie.

Il est aussi des pessimistes qui prétendent que la guerre peut éclater inopinément en Europe, parce que la paix est à la merci des monarques allemand et russe. Tant que la parole décisive ne sera prononcée ni à Berlin, ni à Saint-Pétersbourg, les nations alliées à l'Allemagne et à la Russie ne se décideront pas à faire la guerre.

Pour prouver que ce dernier pays est capable de mettre le feu aux poudres, on rappelle l'exemple de la guerre de Crimée; alors que l'empereur Nicolas Ier envoya brusquement, sous l'effet d'une invitation soudaine, ses troupes à la frontière ottomane. Ceux qui font valoir des arguments de ce genre ne connaissent évidemment pas l'histoire du progrès intérieur de la Russie; ils ignorent que la Russie moderne et réformée s'est développée au point de vue économique dans une direction diamétralement opposée à celle où elle avait persisté pendant trente ans jusqu'en 1853, et d'où cette guerre était sortie tout à coup, par de simples considérations d'amour-propre.

La Russie occupe la sixième partie du continent terrestre et, par suite, n'éprouve aucun besoin d'étendre ses possessions. La guerre de 1877-1878, qui fut victorieuse et non malheureuse comme celle de Crimée, puisque les troupes russes arrivèrent presque sous les murs de Constantinople, a prouvé que la Russie ne songeait plus à faire de nouvelles conquêtes, du moins en Europe. On peut nous répondre, sans doute, que cette dernière guerre n'exclut pas la possibilité de luttes ultérieures. Mais n'est-il pas inutile de parler d'impossibilité?

---

(1) *Beiträge zu einer psychologischen Entwickelungsgeschichte der oesterreichischen Armee.*

Nous avons dit aussi qu'à notre avis l'Allemagne ne se décidera probablement pas à déclarer la guerre. Et cela n'exclut pourtant nullement la possibilité d'une nouvelle guerre franco-allemande, dans le cas par exemple où la France désirerait annexer la Belgique.

Il s'était produit, en 1876, un cas analogue par rapport à la Russie. Les terribles massacres de Bulgarie avaient alarmé l'opinion publique jusqu'en Angleterre, et la Serbie, qui entama une lutte inégale, eût été noyée dans le sang, si la parole du monarque russe n'avait arrêté la marche des Turcs sur Belgrade. Seule la diplomatie, si elle s'était montrée solidaire, eût pu prévenir l'effusion du sang. Mais ce résultat n'ayant pu être obtenu à la conférence de Constantinople, la guerre dut fatalement s'ensuivre et l'on aurait tort de l'attribuer à des projets ambitieux et longtemps caressés. Il est certain qu'on aurait pu, même en 1876, éviter la guerre, grâce à différentes considérations très sérieuses, mais on ne saurait, en aucun cas, prétendre que la campagne de Turquie eût été préméditée.

Vingt ans se sont écoulés depuis lors, et la Russie a maintes fois prouvé ses sentiments pacifiques durant cette période; elle n'a pas profité des crises intérieures survenues en Bulgarie; elle a même renoncé à conserver par la force les droits que lui assurent les conventions internationales. Après avoir conclu avec la Turquie, à San Stefano, un traité définitif et ratifié par les deux parties, la Russie a permis que ce traité fût modifié au congrès de Berlin; elle a même abandonné une grande partie de la Roumélie occidentale, et ne s'est pas opposée, plus tard, à l'occupation temporaire de la Bosnie et de l'Herzégovine par les Autrichiens, non plus qu'à la permanence de cette occupation qui s'est transformée en annexion définitive.

Le gouvernement russe n'a même pas menacé de rétablir par les armes son influence en Bulgarie, bien que la diplomatie européenne lui eût accordé, sur ce pays, des droits aussi étendus que ceux consentis à l'Autriche sur la Bosnie et l'Herzégovine.

Les monarques et les hommes politiques européens ont plus d'une fois rendu justice aux aspirations pacifiques de la Russie. Ces dispositions sont garanties par les conditions qui régissent l'empire des Tsars, par la grande étendue de cet empire, qui exclut tout besoin d'agrandissement territorial, ainsi que par l'immense travail entrepris par le gouvernement russe dans le sens du développement des forces organiques du pays, de l'exploitation de ses richesses naturelles et du perfectionnement de son état économique.

Le souci de la grande et de la petite culture occupe une place très marquée dans ce pays foncièrement agricole, car l'agriculture y est la source principale des revenus de la population et du fisc, ainsi que de l'exportation russe. La population de la Russie augmente dans de très fortes proportions, ce qui donne encore de l'importance à cette question et à celle du développement général de la production de ce pays.

Par suite de certaines particularités du caractère national, du manque d'esprit d'entreprise, du défaut de capitaux et d'épargnes particulières, ces questions ne peuvent être résolues en Russie par la seule activité privée; il faut que celle-ci soit protégée et même directement soutenue par le gouvernement. Ce dernier porte toute son attention sur l'état économique de la nation. La construction du Transsibérien et la régularisation du système monétaire l'obligent à conserver intactes toutes ses ressources.

La Russie ne peut désirer la guerre qui, si elle venait à éclater sous peu, forcerait de suspendre ces entreprises, absorberait toutes les ressources du pays et déterminerait une nouvelle émission de papier-monnaie dont on ne peut prévoir les limites.

La Russie a maintes fois prouvé ses sentiments pacifiques, et les conditions mêmes où elle se trouve ne permettent pas de la soupçonner de vouloir déchaîner l'orage; car en présence des événements qui pourraient se manifester chez son alliée la France, la Russie risque d'être réduite à supporter toute seule le poids de la guerre.

A l'étranger, on craint l'initiative de la Russie à cause de sa politique traditionnelle au sujet des Slaves méridionaux. Il est, comme nous l'avons dit, impossible d'affirmer qu'elle n'entreprenne pas de guerre si elle s'y voyait forcée par des causes extérieures. Mais la politique qu'elle observe par rapport aux Slaves du Sud a prouvé, pendant les dix-huit dernières années, qu'elle ne désire pas la guerre et qu'elle cherche, au contraire, à écarter tous les sujets de conflit.

Si l'on admet du reste que la Russie poursuit réellement les visées panslavistes qu'on lui attribue à l'étranger, il faut reconnaître qu'elle peut attendre tranquillement l'accomplissement de ses désirs, qui résultera fatalement de la marche naturelle des choses.

La population russe augmente de presque 1 million et demi chaque année et, pour la contenir et la nourrir, le pays dispose d'espaces immenses encore vierges de toute culture; son organisme prend des proportions formidables et sa force d'attraction, pareille à celle des corps célestes, augmente avec chaque nouvel atome qui vient la grossir. Ce n'est donc pas une politique d'aventures et de risques, mais une politique intérieure conséquente et faite pour assurer, aux nouveaux venus, l'équivalent de leurs apports, qui fera naturellement graviter les nations slaves vers la Russie.

Des tentatives prématurées pour réunir ces nations sous le sceptre russe pourraient, tout au contraire, compromettre l'œuvre de l'avenir. Le jardinier ne cueille pas de fruits verts, car il sait que la récolte se fera plus facilement quand ces fruits auront mûri et qu'il en tirera alors un plus grand profit. D'ailleurs, si l'union slave s'accomplit d'une manière pacifique, en vertu de la gravitation naturelle, les autres nations n'auront pas lieu d'y voir un danger ; car cette unification marquera un progrès immense dans la résolution des problèmes internationaux, du moment qu'elle sera due non pas à la guerre, mais à des moyens dignes du progrès intellectuel et des idées morales de l'humanité moderne.

IV. LA FRANCE

Le grand prix qu'on attache en France à l'alliance franco-russe suffit à prouver que cette puissance ne se décidera jamais à faire la guerre sans le consentement de la Russie. Mais si l'on est persuadé que la Russie ne tirera jamais l'épée pour réaliser des visées personnelles quelconques, on est, à plus forte raison, certain que la Russie ne se laissera pas entraîner dans une guerre offensive ayant pour but de rendre à la France ses provinces perdues.

Le parlement français ne prendra pas la responsabilité d'une déclaration de guerre.

L'esprit qui anime actuellement la France, son régime politique et l'expérience acquise en 1870, permettent de croire qu'elle n'entreprendra pas non plus sous sa propre responsabilité une guerre européenne. La perte de l'Alsace-Lorraine constitue, il est vrai, une plaie non encore cicatrisée. Mais la douleur qui en résulte n'est pas insupportable au point que les millions d'hommes qui seraient appelés à reconquérir ces provinces puissent entraîner le parlement, et l'amener à se lancer dans une lutte si terrible et si hasardeuse.

Quant aux Chambres et aux ministères qui se suivent à des intervalles si courts en France, ils ne se décideront jamais à faire la guerre de leur propre gré. Le sort du pays n'est plus entre les mains d'un seul homme ambitieux, d'un usurpateur, qui ne saurait se maintenir au pouvoir que moyennant une série de guerres. Le parti républicain qui constitue actuellement la grande majorité dans les Chambres et dans l'administration française n'a aucun intérêt à faire la guerre. Les radicaux et les socialistes sont les ennemis déclarés de la lutte armée, et les républicains modérés ne peuvent la désirer, car la défaite serait une catastrophe terrible et la victoire un danger qui menacerait directement le gouvernement lui-même. Le sort de la République serait à la merci du général qui aurait vaincu les Allemands. Et en cas de défaite, la République serait menacée d'une insurrection socialiste, capable de ramener quelque chose dans le genre de la Commune : insurrection qui forcerait peut-être de recourir à une dictature militaire.

Conséquences d'une guerre pour l'existence de la République.

Il est vrai qu'on ne saurait encore affirmer définitivement que la

Chambre des députés actuelle et que les groupes des hommes d'État de premier et de second ordre qui s'y succèdent par voie d'élection, répondent complètement aux désirs de la majorité des électeurs et représentent exactement leurs aspirations. Les résultats absolus des élections ne répondent pas à cette question. Il y a en France 10 millions et demi d'électeurs, mais près de 3 millions et demi s'abstiennent de voter. Sur 10,446,000 électeurs inscrits, on n'a obtenu, en 1893, que 7,427,000 votes. Si, en outre, on compare le nombre de voix émises en faveur des députés élus, avec le nombre de celles réparties entre les candidats non élus, on trouve que le premier nombre n'égale pas la moitié du total. Ainsi, en 1893, les députés élus avaient recueilli ensemble 4,513,000 voix et les non-élus 5,930,000 voix. Ces derniers n'ont pas été élus parce que ce dernier total (5,930,000) a été réparti entre un plus grand nombre de candidats que le premier (4,513,000) (1).

Or, si un tiers des électeurs n'a pas retiré ses bulletins de vote, et si sur les deux autres tiers, la plus grande partie, ont voté pour des candidats qui n'ont pas été élus, on peut dire que la majorité au parlement ne représente pas la majorité dans la nation. En se basant sur ces données, on est autorisé à supposer que, dans le cas où les électeurs obéiraient à quelque entraînement subit, le résultat des nouvelles élections pourrait être tout à fait inattendu et ne ressemblerait pas à ceux obtenus aux élections antérieures.

Mais on ne saurait, nous le répétons, supposer que les millions d'hommes qui participeraient eux-mêmes à la guerre se laisseront entraîner par le désir de la faire. La guerre réunirait d'autant moins de suffrages en France, que sur les 38,000,000 d'âmes qui composent sa population, il y a 14,000,000 (13,957,000) de propriétaires fonciers (cotes foncières) et que ce pays compte un plus grand nombre de petits rentiers que n'importe quel autre en Europe. La classe indigente pourrait peut-être s'enthousiasmer pour la guerre, mais elle trouverait son contrepoids dans la classe ouvrière urbaine et dans celle des fabriques, dans ce milieu où sont fortement développées les tendances socialistes, c'est-à-dire à la fois antimilitaristes et antinationalistes.

Quant à la bourgeoisie française plus ou moins instruite, elle a aussi secoué plus complètement que n'importe quelle autre bourgeoisie européenne, sauf l'italienne, peut-être, le joug des anciennes traditions et de tout esprit romantique. Ce qui en Allemagne repose encore sur les traditions de la classe militaire et sur le principe dynastique n'a plus rien en France sur quoi s'appuyer. La bourgeoisie est gouvernée par l'esprit de réalisme, et ne

____

(1) Maurice Block, *Annuaire de l'économie politique.* — 1895, p. 72-73.

se préoccupe que de droits et d'intérêts individuels. Chez les membres de cette partie de la société qu'on est convenu d'appeler la classe intelligente, on constate des tendances cosmopolites; les questions militaires, l'enthousiasme pour la guerre et la gloire militaire même n'y intéressent plus personne; on est blasé sur ces sujets, legs suranné du passé.

Tout le monde se souvient combien, en 1870, on était peu disposé en France à faire la guerre, tant dans les sphères sociales instruites que dans le bas peuple. Cette disposition générale fut cause du manque de discipline constaté dans l'armée après les premières défaites.

A la série de preuves que nous avons fournies sur ce sujet, nous ajouterons encore la suivante : « Après la capitulation de Strasbourg, dit Claretie (1), la garnison de cette ville quitta la place en armes et avec les honneurs de la guerre. Les Prussiens étaient rangés sur le talus des fortifications; et quand apparurent les premiers détachements des assiégés, les tambours battirent aux champs et les ennemis présentèrent les armes. On put constater que seuls les artilleurs, les marins et les douaniers avaient l'air triste et l'attitude de gens qui n'ont pas perdu leur dignité ni leur énergie. Les autres offraient l'aspect d'une foule désordonnée; ils montraient leurs fusils brisés et invectivaient leurs vainqueurs et leurs généraux. Je me trouvais dans cette foule à côté du consul des États-Unis. Je n'oublierai jamais l'indignation de cet Américain : « C'est la seconde fois, me dit-il, que j'assiste à une capitulation. J'étais présent quand les troupes du général Lee se sont rendues à l'armée du Nord. Ces hommes défilaient devant nous, le fusil baissé comme s'ils suivaient un corbillard, mais ils marchaient en bon ordre, silencieux et concentrés. Nous les saluâmes comme des héros. Ici... » Je ne répéterai pas l'expression qu'a employée le consul. »

Il faut bien admettre que les hommes d'État de ce pays ont apprécié la valeur de la compensation qui résulterait pour la France d'une défaite décisive infligée à l'Allemagne, de la reprise des provinces perdues et même d'un agrandissement du territoire français aux dépens du territoire allemand d'outre-Rhin; ils doivent savoir si cette compensation serait proportionnée aux sacrifices qui constitueraient l'enjeu d'une partie aussi risquée. Peut-on admettre que la France remporte sur l'Allemagne une victoire assez complète, pour empêcher de longtemps celle-ci de reprendre la lutte? Si l'Allemagne retournait toutes ses forces contre la France avant que la Russie eût terminé sa mobilisation, il se produirait, au début même de la guerre, de terribles batailles, des batailles qui seraient peut-être décisives, avant que la Russie eût pu lui venir en aide par une diversion. La versatilité française pourrait

Résultats
probables d'une
guerre franco-
allemande.

---

(1) Claretie, *La guerre nationale.*

alors susciter les plus grands obstacles à la continuation de la guerre (1).

Si, au contraire, les forces principales des Allemands se jetaient d'abord sur la Russie, l'armée française serait obligée de faire une guerre offensive, ce qui lui serait très difficile en présence des puissantes fortifications qui garnissent la frontière allemande.

Cela exigerait de grands sacrifices de la part des Français et l'opinion publique pourrait ne pas s'y résigner, étant donné son manque de patriotisme et de dévouement. Un tel état de choses déterminerait, probablement, les complications les plus inattendues.

Malgré la haine indiscutable que les Français nourrissent à l'égard des Allemands, et qui n'a pas encore eu le temps de disparaître, aucunes raisons sérieuses ne permettent donc de supposer que la France soit capable de provoquer la guerre. Il est certain que les Allemands se préoccupent beaucoup plus de la revanche des Français que ne le font ces derniers.

Conclusions.

Si nous jetons un coup d'œil sur les questions litigieuses internationales qui pourraient occasionner une guerre actuellement, nous nous convaincrons qu'elles existent depuis longtemps et que toutes ont été plus menaçantes dans le passé qu'elles ne le sont en ce moment. Les armements étaient moins équilibrés autrefois. Et pourtant la guerre a, depuis bien longtemps, épargné l'Europe; on se demande donc pour quelle cause elle devrait se produire prochainement?

Examinons, par exemple, la période des dix dernières années.

Si la Russie n'est pas intervenue à main armée dans les affaires de la

---

(1) Ces observations font songer involontairement à l'état d'âme des Français en 1870, tel que le décrit George Sand dans son « Journal » (21 décembre) :

« Le peuple ne témoigne point d'héroïsme dans un tel moment. Il désire ardemment la paix et ne se soucie point de la gloire. Il répudie, en grande partie, son patriotisme. Pour se justifier, le peuple allègue la manque de discipline dans l'armée et les exactions des francs-tireurs qui font que la défense n'est pas moins désastreuse et révoltante que l'invasion ennemie... Entre deux fléaux, la nation veut choisir le moindre, sans le trouver. Le bas peuple blâme l'opiniâtreté avec laquelle nous défendons l'honneur du pays; il voudrait que Paris se rendît et il ne voit dans le patriotisme qu'un obstacle à la conclusion de la paix. Si nous étions dans les mêmes draps que lui, si nos moyens d'existence étaient aussi précaires que les siens, qui sait combien il nous serait difficile d'être patriotes ! Pauvre Jacques Bonhomme, dans ce moment de misère et de deuil, l'enthousiasme te révolte naturellement, et si l'on te consultait aujourd'hui, tu n'opterais ni pour l'Empire qui a provoqué la guerre, ni pour la République qui la continue. T'accuse et te méprise qui voudra, moi je te plains et, malgré tes défauts, je t'aimerai toujours. »

Bulgarie, lors des crises aiguës de cette principauté, si elle n'a pas pris parti dans la guerre bulgaro-serbe de 1885, ou dans l'élection du prince Ferdinand, pourquoi profiterait-elle de la première occasion analogue pour entreprendre une guerre ?

Il en serait autrement, sans doute, si les intérêts de la Russie venaient à être lésés. Mais semblable éventualité ne peut venir que du dehors. Et si l'Allemagne n'a pas entrepris la guerre contre la France et la Russie, alors que la première n'était pas prête à la faire et que les armements de la seconde n'étaient pas encore suffisants, pourquoi supposerait-on cette puissance disposée à provoquer cette lutte, maintenant que la Russie et la France sont aussi bien armées qu'elle?

Il y a dix ans, on n'avait pas achevé en Russie les grands travaux de défense ni les lignes stratégiques qui existent aujourd'hui, et l'on n'avait pas introduit dans l'armée le fusil à tir rapide. Les troupes russes se servaient encore du fusil *Berdan* et de la poudre au salpêtre.

Dans ces conditions d'inégalité d'armements, la défaite était d'autant plus sûre que l'attaque eût été plus énergique. Si donc l'Allemagne n'a pas profité de la supériorité qu'elle avait à cette époque, il est peu probable qu'elle provoque la guerre maintenant que, des deux côtés, on dispose d'armes également meurtrières et qu'on peut appeler des millions d'hommes sous les drapeaux.

Les pertes probables en hommes dans la guerre future.

Il importe évidemment, pour caractériser la guerre future, d'étudier la question du nombre des victimes humaines qu'elle exigera. Avec les moyens actuels dont on dispose pour s'entre-détruire, on arrive involontairement à se demander : Est-il probable que les guerres de l'avenir puissent être menées jusqu'à l'obtention de ce résultat, que les victoires remportées fassent disparaître, même en partie, les circonstances qui auraient amené tel ou tel conflit — ainsi qu'il arrivait autrefois ?

Si l'on applique à l'art militaire la simple logique, sans se laisser entraîner par cet argument, que les guerres du passé semblèrent tout aussi terribles à l'époque que nous semble aujourd'hui la guerre future, ce qui ne les a pas empêchées de conduire au but poursuivi, — le doute de la possibilité d'obtenir le résultat qu'on cherche semble pleinement justifié.

De fait, la guerre future ne présente de trait commun avec les précédentes que d'avoir comme elles, pour objectif, d'obliger le vaincu à se soumettre aux lois du vainqueur. Pour en arriver là, il faut briser la puissance de l'ennemi et lui rendre impossible de continuer la lutte.

Mais pour obtenir ce résultat, depuis l'adoption générale du service militaire obligatoire, il faut des efforts tout autres qu'auparavant ; et il est impossible de déterminer le moment où les ressources de l'adversaire seront épuisées. — Et comme les deux partis disposeront de puissants moyens d'attaque et de défense, les victimes seront incomparablement plus nombreuses que par le passé.

Il y a vingt ans encore, il était relativement facile d'évaluer approximativement à l'avance le chiffre des pertes. D'après l'effectif des troupes susceptibles de prendre part à une guerre déterminée, en notant la valeur de leur armement et les changements survenus dans les règles tactiques, on pouvait calculer le pour-cent de pertes probable.

Les questions qui se rattachent à l'existence économique de la nation n'entraient nullement en ligne de compte. Il n'était pas nécessaire d'étudier les conséquences que pouvaient avoir, à ce point de vue, les conflits internationaux, ni d'évaluer numériquement la puissance financière dont les belligérants pouvaient disposer l'un contre l'autre, pour tirer de ces données, d'après certaines formules, des conclusions d'une certitude approximative sur la possibilité d'assurer aux troupes mobilisées, et à plus forte raison à la population civile, les vivres nécessaires.

Changements nombreux dans l'art militaire.

Mais depuis quelque dizaines d'années, il est survenu dans l'art militaire des changements complets sous tous les rapports. — D'abord une modification entière est survenue dans les éléments mêmes qui prennent part à la guerre et desquels dépendent, d'un côté, la marche même de cette guerre, de l'autre, son influence sur toutes les fonctions de l'organisme social. Sur le champ de bataille, au lieu d'un effectif déterminé et facile à estimer d'avance, de troupes actives avec leurs réserves, marchant sous le commandement d'officiers de profession, on verra s'avancer maintenant des nations entières, dont les membres seront appelés successivement par rang d'âge ; de sorte qu'en cas d'extrême besoin, on pourra mettre sous les armes tous ceux qui, dans la population mâle, sont capables de les porter, jusqu'à l'âge de 45 ans, et même dans certains pays jusqu'à 50 ; le tout sous la conduite d'un corps d'officiers composé pour les trois quarts d'hommes provenant de la réserve, ayant déjà presque oublié l'art militaire.

Ces masses énormes de troupes disposeront d'armes incomparablement plus meurtrières et de plus longue portée que celles d'autrefois, mais qui n'ont pas encore été expérimentées dans une seule grande guerre régulière. Les champs de bataille ne seront plus couverts par la fumée de la poudre.

On comprend que, dans ces conditions, la façon même de conduire une campagne en général et chaque combat en particulier s'est sinon modifiée complètement, au moins extrêmement compliquée ; et il y a lieu de craindre que les pertes subies ne soient incomparablement plus sérieuses qu'au cours des guerres passées. A quoi certains auteurs objectent, non sans vraisemblance, que la quantité de sang versé dans les combats ne dépend pas seulement de la puissance des armes employées, mais aussi des règles tactiques appliquées par les troupes, précisément en raison des changements survenus dans l'armement. Les fusils à silex et les canons à âme lisse n'avaient relativement qu'une faible puissance meurtrière. Mais les formations en ordre profond et compact, employées à cette époque, rendaient les combats livrés avec les fusils à silex plus sanglants que ceux des dernières guerres. On a même prétendu qu'au fur et à mesure du perfectionnement des armes, les pertes en hommes avaient diminué et diminueraient encore à l'avenir (1).

____

(1) Dr G. Roloff, *Der Mustenverbrauch in den Hauptschlachten der letzten Jahrhunderte* (La consommation d'hommes dans les principales batailles des derniers siècles).

Et dans la combinaison de nouveaux procédés tactiques, d'une part pour neutraliser la puissance croissante des armes, en même temps que d'autre part dans les inventions techniques continuelles pour augmenter les effets meurtriers du feu, se montre la flexibilité de l'esprit humain qui, pour ainsi dire, lutte avec lui-même quand, à ses propres inventions, il en oppose d'autres destinées à diminuer l'importance des premières.

Les écrivains militaires ne nient pas, en général, la probabilité de grandes pertes dans la guerre future. Seulement certains d'entre eux admettent que ce grand nombre de victimes ne peut ni empêcher la guerre d'éclater ni servir de prétexte pour la supprimer.

Mais cette opinion rencontre aussi des adversaires qui répondent qu'avec les idées plus humaines aujourd'hui régnantes, les colossales hécatombes des champs de bataille ne pourraient pas rester sans influence sur la continuation des hostilités, et que la composition même des armées actuelles ne permettrait pas de les prolonger.

L'écrivain militaire allemand Hœnig dit (1) : « Autrefois on ne se préoccupait nullement, au moins dans les sphères militaires, de la question des mesures à prendre pour éviter les pertes à la guerre ; tandis que, maintenant cette préoccupation se manifeste dans tous les écrits. »

« Plus d'une fois je me suis demandé — écrit le même auteur, — d'où vient cette attention pour les pertes à venir : Est-ce parce que nous ne voyons pas toujours les choses sous le même aspect, ou bien parce que nous sommes décidément plus efféminés que nos pères ? Faut-il chercher les causes de ce phénomène dans la plus grande valeur que la vie humaine a prise de nos jours et qui fait que les pertes causées par une bataille nous arrachent des cris d'horreur ? Ou bien, enfin, est-ce la preuve d'un progrès moral de notre siècle ? »

L'examen de ces questions entraînerait à trop d'hypothèses. La seule chose évidente, c'est que la civilisation, arrivée à un certain degré, complique à ce point l'organisation sociale, la vie des États et des citoyens soumis à l'appel en cas de guerre, que celle-ci doit amener de terribles embarras. En outre, la lutte plus vive pour l'existence, avec l'accroissement simultané du bien-être, a affaibli les nerfs et amené l'amollissement des âmes. Tout cela rend les hommes moins disposés à faire le sacrifice de leur vie.

Pour calmer un peu les imaginations, certains écrivains s'efforcent d'atténuer l'idée qu'on se fait des pertes éprouvées dans les combats, en insistant sur la vaste étendue des champs de bataille; étendue nécessitée tout à la fois par l'énorme effectif des troupes et par la grande portée des

____

(1) Hœnig, *Taktik der Zukunft* (Tactique de l'avenir). — Berlin, 1890.

T. V. — Jean de Bloch. — *La guerre future.*   15 nouvelles armes. D'après eux, la dispersion même des corps de troupe leur facilitera la retraite dès que les pertes deviendront trop sensibles.

Mais, tout en admettant la justesse de cet argument, on ne peut oublier les conséquences favorables et défavorables qui résultent de ces conditions mêmes de la guerre et qui s'équilibrent sensiblement. L'immense étendue du théâtre des hostilités et des champs de bataille, les difficultés que rencontrera l'attaque dans les divers retranchements, obstacles et travaux de fortification, comme enfin dans les abris naturels offerts par le terrain et dont maintenant les hommes ont appris à se servir, — ce qu'ils ne manqueront pas de faire en présence de la terrible puissance du feu, — tout cela rendra plus pénible et plus lente la marche même des opérations militaires.

Il deviendra tellement difficile de faire vivre les troupes et de les abriter que, dans les rangs de l'armée, les maladies feront plus de victimes que les batailles les plus sanglantes.

Ainsi donc, de quelque côté qu'on envisage la guerre future, toujours on se heurte à cette question : La guerre est-elle possible, avec l'extraordinaire puissance des engins de destruction déjà réalisée de notre temps, et en présence de ce fait indéniable que notre armement actuel est encore loin de représenter le dernier mot de ce qu'on peut réaliser, puisque constamment surgissent des inventions nouvelles ?

Et si, — nous souvenant de la parole de Bacon, qu'« au milieu de la frivolité du monde il y a toujours plus de place pour la bêtise que pour l'intelligence, et que l'étourderie y a toujours plus d'influence que le raisonnement », — nous répondons affirmativement sur la question relative à la possibilité de la guerre, alors se présente encore celle de savoir si, dans l'état actuel de l'art militaire, on pourra atteindre des résultats assez importants pour permettre de voir réellement et définitivement réglés par la guerre les conflits qui viendront à éclater entre les peuples.

C'est là, pour la vie sociale et privée en Europe, une question d'intérêt capital. Les gouvernements sont constamment obligés de demander, aux forces productives des nations, de nouveaux et de nouveaux milliards. Les peuples sont courbés sous le fardeau du militarisme et une partie importante de la population réprouve nettement la guerre ; les agitateurs se font de son fantôme un engin de combat pour exciter dans les masses la haine des institutions existantes.

C'est à élucider toutes ces questions que sont consacrées les pages qui vont suivre. Mais ces questions sont très complexes, et nous n'y pourrons répondre qu'après avoir résumé, dans la présente partie de cette étude, tout ce qui, dans les chapitres précédents, se rapportait à l'augmentation des pertes causées par les armes, conséquence des progrès techniques réalisés, et par les maladies, en raison de la difficulté de fournir les vivres et le logement nécessaires aux énormes armées d'aujourd'hui.

Pour apprécier l'importance des changements survenus, nous prendrons, comme unité de mesure, l'effet de facteurs qui sont restés entièrement comparables entre eux pour les guerres de l'avenir comme pour celles du passé. Et quant à la valeur des facteurs tactiques entièrement nouveaux, nous l'apprécierons d'après l'utilité qu'ils auront au cours de la lutte, mais en restant toutefois dans les généralités, car autrement cela nous entraînerait à trop de répétitions.

C'est seulement après la comparaison des pertes probables de la guerre avec celles des guerres précédentes que nous pourrons formuler une opinion au sujet de l'influence que ces pertes exerceront sur les sociétés européennes.

I. Impossibilité de déterminer les pertes de la guerre future d'après les résultats des luttes du passé.

Au sujet de la question des pertes dans les guerres de l'avenir, il se manifeste dans la littérature militaire deux tendances différentes. Les partisans de la première, — qu'on pourrait appeler conservatrice — s'efforcent de présenter la guerre future comme très peu différente de celles du passé, ils supposent que ni les nouvelles armes ni la nouvelle tactique ne modifieront sensiblement le nombre des hommes mis hors de combat. Ils présentent à l'appui de leurs assertions des données statistiques d'où il ressort que, jusqu'à présent tout au moins, plus les armes se sont perfectionnées et moindre a été le pour cent des pertes subies par les troupes.

Il est à remarquer que la plupart des écrivains de ce parti — autant que nous avons pu le constater par les nombreux ouvrages, brochures et articles qui paraissent continuellement — sont des militaires appartenant aux grades supérieurs de la hiérarchie, depuis celui de colonel. Au point de vue psychologique on devrait plutôt s'attendre à voir cette thèse soutenue par les officiers subalternes; mais, au contraire, dans les ouvrages de ces derniers, on cherche surtout à montrer combien il est contradictoire de préparer des engins de destruction de plus en plus puisants et d'appeler en même temps sous les drapeaux, presque jusqu'au dernier homme, la population adulte tout entière.

Peut-être cela provient-il de ce que les officiers subalternes étant plus près du soldat savent mieux ce qu'on peut attendre des hommes qui constituent les armées actuelles. Mais il est possible aussi que l'im pressionnabilité de la jeunesse les porte à s'exagérer les conséquences des progrès de la technique militaire.

D'ailleurs nous devons ajouter que, ces temps derniers, on s'est également demandé, dans les hautes sphères militaires, si, dans les conditions actuelles, il ne serait pas presque impossible de conduire une guerre jusqu'à l'obtention de résultats décisifs.

Afin que le lecteur puisse se faire une opinion personnelle, nous devons, avant tout, en présence des divergences de vue des spécialistes, examiner quelles ont été les pertes éprouvées dans les guerres d'autrefois ; après quoi, pour faire une comparaison, nous n'aurons qu'à jeter un coup d'œil sur l'histoire militaire des derniers siècles.

Nous commencerons par observer qu'en général, jusqu'au siècle actuel, les guerres, toutes longues qu'elles fussent, comportaient un bien moins grand nombres de batailles, et surtout de grandes batailles, qu'on n'en rencontre dans celles du siècle présent. Cela provenait, en grande partie, du faible effectif des armées régulières. Partout ces armées étaient composées d'hommes enrôlés à prix d'argent, tant étrangers que nationaux, c'est-à-dire d'hommes qui servaient moyennant une paye, — *la solde* — d'où venait leur nom même de soldats. L'entretien de ces troupes mercenaires était très coûteux et ce n'est pas sans raison que Montecuculli disait que, pour faire la guerre, il fallait « de l'argent, de l'argent et encore de l'argent ». La guerre finie, la plus grande partie des troupes étaient licenciées et il ne restait qu'un très petit nombre d'hommes sous les drapeaux.

Les pertes causées par les combats coûtaient très cher, car il fallait remplacer à prix d'argent les hommes tués. C'était déjà une raison pour qu'on s'efforçât d'éviter les batailles décisives, en comptant sur les efforts de la diplomatie pour conclure de nouvelles alliances et sur diverses circonstances imprévues.

En outre, la stratégie — imposée par l'emploi qu'on faisait alors pour faire vivre les troupes du « système des magasins » — et la tactique étaient tout autres que dans les guerres du présent siècle. Le cercle d'opérations d'une armée était déterminé par l'emplacement même des magasins établis en certains points et d'où les troupes tiraient leurs vivres. D'où il résultait que ce cercle d'opérations n'était pas très étendu et que les armées étaient peu mobiles.

Dans ces conditions, une armée tout entière constituait comme une sorte d'unité de combat, et, dès qu'une affaire s'engageait, tous ses éléments marchaient au feu, sans laisser derrière eux, comme cela eut lieu plus tard, de fortes réserves. La lutte comportait une action préparatoire de l'artillerie après laquelle les fantassins s'approchaient de l'ennemi jusqu'à la portée de la mousqueterie d'alors, c'est-à-dire jusqu'à 200 ou 300 pas ; puis, si les effets du feu ne forçaient pas l'ennemi à la retraite, on l'attaquait à la baïonnette pour briser sa résistance par la puissance du choc.

On comprend qu'avec le peu de mobilité des formations d'alors, on ne parvenait que rarement à réunir une force supérieure en un point donné, pour rompre la ligne ennemie, en disperser les éléments, jeter le désordre dans ses rangs et mettre ainsi l'adversaire dans l'impossibilité de continuer la lutte.

Il est vrai que, dans l'attaque mutuelle de deux masses se lançant l'une sur l'autre, le choc à la baïonnette aurait pu se transformer en une mêlée susceptible de causer des pertes réellement énormes des deux côtés, et qui n'eussent été guère moindres pour le vainqueur que pour le vaincu. Mais les choses n'allaient pas jusque-là ; par cette raison que le parti le plus faible, soit comme effectif, soit comme moral, ne soutenait pas l'attaque à la baïonnette et tournait promptement le dos, sans même avoir éprouvé les grandes pertes qui l'eussent forcé réellement à se retirer.

Voilà pourquoi la poursuite était ordinairement faible, et pourquoi ne pouvaient se produire les grandes pertes qu'aurait dû amener une mêlée prolongée à l'arme blanche.

Une des plus puissantes armées du xvi⁰ siècle fut celle avec laquelle Charles-Quint vint assiéger Metz, et qui compta jusqu'à 100,000 hommes. Les armées de Louis XIV atteignirent parfois le même effectif, mais c'était là une force tout à fait exceptionnelle. En outre, ces armées opéraient rarement d'un seul bloc, parce qu'elles laissaient une bonne partie de leurs troupes pour tenir garnison dans les places fortes qu'elles avaient prises. Au cours de la guerre de Sept Ans, l'effectif des armées en présence ne dépassa jamais 60 à 70,000 hommes ; l'armée de Moreau, en 1800, comptait 108,000 hommes (1).

En étudiant les pertes éprouvées des deux côtés, et la rapidité avec laquelle elles se sont produites aux principales batailles du siècle dernier dans les pays d'Occident, on recueille des données instructives (2).

Dans seize affaires, prises comme type de cette époque, le nombre des combattants a été en moyenne de 85,000. Rien que pour cette cause, toute comparaison est impossible avec les batailles de l'avenir auxquelles, de l'avis des spécialistes, prendront part à peu près un demi-million d'hommes.

En outre, les différences, comme effectif, entre les armées opposées, étaient tout autres qu'elles pourront l'être dans l'avenir.

------

(1) A. Redigher, *Komplektovanié i oustroïstvo vooronjennoï cily.* — Saint-Péters-bourg, 1892.

(2) C. von B. K., *Geist und Stoff im Kriege*, 1896.

Ainsi, aux batailles énumérées ci-dessous, l'effectif engagé se trouvait réparti entre les deux adversaires, dans les proportions suivantes :

A Chiari,	Autrichiens. . .	44 %	Français	56 %
A Hochstœdt,	— . . .	48 »	—	52 »
A Malplaquet,	— . . .	50 »	—	50 »
A Chotousitz,	— . . .	50 »	Prussiens. . . .	50 »
A Zoor,	— . . .	64 »	—.	36 »
A Kesseldorf, Saxons. . . .	51 »	—	49 »
A Rossbach, Français. . . .	70 »	—	30 »
A Leuthen, Autrichiens. . .	71 »	—	29 »
A Hochkirch,	— . . .	64 »	—	36 »
A Jemmapes,	— . . .	22 »	Français	78 »
A Fleurus,	— . . .	37 »	—	63 »
A Arcole,	— . . .	60 »	—	40 »
A Stokach,	— . . .	63 »	—	37 »
A La Trébie, Russes. . . .	46 »	—	54 »
A Novi,	—	59 »	—	41 »
A Marengo, Autrichiens. . .	54 »	—	46 »

Jusqu'à la Révolution française, la durée des batailles variait de 1 h. 1/2 à 10 heures, tandis que, du jour où les Français s'avisèrent de porter leurs premières lignes en avant en ordre dispersé pour faire ensuite exécuter le choc décisif par les réserves, les luttes devinrent bien plus longues et se prolongèrent parfois jusqu'à 36 heures.

Mais le trait plus spécialement caractéristique de l'avenir, c'est que cette prolongation même des batailles permettra d'amener en ligne toujours et encore de nouvelles réserves et que les pertes augmenteront avec une grande rapidité.

Jusqu'au Grand Frédéric les pertes, à l'heure, variaient entre 2 et 4 0/0 ; mais de son temps les combats devinrent plus courts, l'action plus énergique et les pertes à l'heure ainsi que leur total général pour chaque affaire augmentèrent fortement. Au contraire, à l'époque des guerres de la Révolution, les pertes éprouvées en une heure diminuèrent beaucoup, tant à cause de la prolongation de la lutte que par suite de la forte diminution, relativement à l'effectif des troupes, de la perte totale elle-même.

Nous prévenons d'ailleurs que les données ci-dessus rapportées ne doivent être utilisées qu'avec prudence. Les recensements de la population en ce temps-là étaient inexacts et il n'existait pas de statistiques, mais les chefs d'armée grossissaient les pertes de l'ennemi et diminuaient les leurs ; — à moins que parfois ils n'augmentassent au contraire celles-ci en vue de certains résultats à obtenir par leurs rapports —. Enfin, avec l'effectif relativement faible des troupes engagées dans chaque affaire, il suffit d'une

EFFECTIFS DES ARMÉES ACTIVES DANS LES GUERRES DU XIXᵉ SIÈCLE.

Armée (gauche)	Effectif	Année	Événement	Effectif	Armée (droite)
Français	84	1800	Fin mai, Marengo, Italie.	70	Autrichiens.
	126		Novembre, en Allemagne.	135	
	220		1805. Premiers jours de décembre à Austerlitz.	191	Russes, Autrichiens.
	285		1806—1807. Fin mai 1807.	170	Russes, Prussiens.
	198		1809. Théâtre de guerre allemand.	190	Autrichiens.
442		1812	Fin juin, au début de la guerre.	220	Russes.
	213		Commencement d'octobre, armée principale à Moscou.	250	
	68		Fin novembre, Bérézina.	154	
	205	1813	Fin avril, Allemagne.	130	Russes, Prussiens.
	310		Mi-août, Allemagne.	490	Alliés.
	120		1814. Commencement de la guerre en France.	360	Alliés
	123		1815. En Belgique, au commencement de juin.	219	Anglais, Prussiens, Allemands.
Russes	65,2	1828—29	Au commencement de la guerre en 1828.	80	Turcs.
	68		Au commencement de 1829.	80	
	15		Avant la conclusion de la paix.	60	
	120	1831	Fin janvier, avant les opérations russes.	55	Polonais.
	100		Fin mars.	80	
	135		Commencement de Juillet.	65	
Autrichiens.	60	1848—49	En juillet 1848, Custozza.	75	Sardes.
	75		Mi-mars 1849.	100	
Prussiens, Autrichiens.	56		1864. Premiers jours de février.	45,2	Danois.
	60	1853—56 / En Crimée	Premiers jours d'octobre au Danube.	130	Turcs.
Russes.	35		Mi-septembre.	65	Alliés : Turcs, Sardes, Français, Anglais.
	82		Novembre 1854, avant Inkermann.	70	
	170		Mai 1855.	174,3	
Français, Sardes.	176,2	1859 / En Italie	21 mai, Lourslin.	137,3	
	193,8		24 juin, Solférino.	189,8	Autrichiens.
	195,6		Premiers jours de juillet.	203,6	
Prussiens.	291,7	1866 / Au Nord	20 juin.	261,4	Autrichiens, Saxons.
	218		Fin juillet sur le Danube.	223,7	
Italiens.	210	En Italie	24 juin.	143,8	Autrichiens.
	264		Mi-juillet.	84,2	
Français.	250	1870—71	Premiers jours d'août.	384	Allemands.
	534,3		1er mars 1871.	630	
Russes.	135	1877—78	Fin avril, début des opérations.	167	Turcs.
	250		1er août, après la 2ᵉ bataille de Plevna.	260	
	410		11 décembre, après la prise de Plevna.	180	
Bulgares.	39,4		1885. Au début des opérations.	46,8	Serbes.

La Guerre Future (p. 230, tome V.)

petite erreur dans l'indication des pertes de tel ou tel parti, pour entacher d'une grave inexactitude les pour cent qu'on en déduit.

Avec les guerres de la Révolution française apparaissent les premiers principes fondamentaux de l'organisation militaire actuelle et même de la nouvelle tactique. Les troupes de l'armée permanente que possédait la France étaient trop peu nombreuses pour la défendre contre des États militaires puissants tels que l'Autriche et la Prusse. En conséquence, il lui fallut avoir recours à la conscription, c'est-à-dire constituer l'armée au moyen d'hommes appelés par le tirage au sort et non plus enrôlés à prix d'argent. Mais ces soldats manquant d'instruction militaire, il était impossible de les conduire dès le début à l'ennemi en rangs serrés et par colonnes profondes. On fut obligé de les disperser en chaines de tirailleurs, et on le pouvait d'autant mieux que la désertion était moins à craindre de la part de citoyens appelés par le sort — et dont beaucoup s'étaient d'ailleurs engagés volontairement — que de la part de mercenaires parmi lesquels il se trouvait même un nombre assez important d'étrangers.

En se formant en ordre dispersé, tant pour attendre le moment de l'attaque que pour attaquer, les conscrits étaient moins exposés au feu d'artillerie par lequel commençait la bataille. En engageant le combat, les chefs français profitaient de l'indécision, de la lenteur ou de tout autre faute de l'ennemi, puis ils faisaient alors serrer les rangs et conduisaient leurs hommes à l'attaque avec pleine confiance dans le succès. Cela explique en partie la longue durée des batailles d'alors. Et la conscription fournissant des soldats autant qu'on en voulait sans qu'on eût besoin de dépenser de l'argent pour s'en procurer, les chefs français purent ne plus lésiner sur les pertes et se lancer contre l'ennemi au moment favorable.

Cette facilité de recruter les troupes et la diminution des craintes de désertion permirent aussi de renoncer au système d'approvisionnement par les magasins, en le remplaçant par des réquisitions que chaque corps exécutait pour son compte. Ce qui donna aux armées beaucoup plus de mobilité et permit d'en augmenter l'effectif.

Les armées de Napoléon, en 1805, atteignent déjà 107,000 hommes, — en 1806 : 177,000, — en 1809 : 150,000, — en 1812 : 500,000 — et, en 1813, en rase campagne : 300,000. — Ainsi le début du siècle actuel nous montre un grand acroissement de l'effectif des armées (1).

Mais l'armement était très médiocre. L'infanterie n'avait en ce temps-là que des fusils à canon lisse; dans l'armée anglaise seulement, les tirailleurs avaient des carabines. Les cartouches étaient en papier. Pour charger on en déchirait l'extrémité avec les dents, on versait une partie de la poudre dans

____

(1) A. Redigher, ouvrage cité plus haut.

le bassinet du fusil, on secouait le reste dans la bouche du canon de l'arme placée entre les jambes, après quoi on y enfonçait avec la baguette, la balle entourée de papier ou d'une bourre.

En opérant ainsi les meilleurs tireurs n'arrivaient pas à tirer plus de 2 à 3 coups par minute. La puissance du choc de la balle se trouvait diminuée par le fait que son calibre était notablement moindre que le diamètre de l'arme : — autrement l'accumulation de la crasse dans le canon aurait promptement rendu impossible le chargement du fusil malgré l'emploi de la baguette. La force développée par la charge de poudre était elle-même variable, car elle dépendait de la quantité de poudre qu'on avait versée dans le bassinet — ou jetée à côté — ce qui se faisait parfois pour diminuer le recul. Azemar, dans sa *Tactique du feu d'infanterie*, rapporte qu'au combat de Caldiero (1805) un bataillon autrichien resta pendant une demi-heure exposé au feu d'un bataillon français, sans perdre plus de 6 hommes (1).

En outre, l'humidité influait sur la communication du feu à la charge, par la poudre du bassinet, des étincelles produites au choc du silex. Ainsi à la bataille de Dresde, le 27 août 1813, par suite des pluies prolongées des jours précédents, les fusils donnèrent beaucoup de ratés.

La précision du tir du fusil d'alors, — exprimée en pour cent de coups au but — était le 1/9 de celle du fusil modèle 1874 (200 coups bons au lieu de 1800). — Et comme, depuis cette dernière époque, grâce à l'emploi de la poudre sans fumée, la précision du tir a encore à peu près doublé, on peut dire que l'efficacité du fusil employé du temps des guerres napoléoniennes ne représente guère qu'environ le dix-huitième de celle du fusil actuel.

Non moins faible était l'action de l'artillerie d'alors, quoiqu'elle employât déjà dans une certaine mesure les obus et la mitraille. Voici à ce sujet quelques indications (2). Les canons de campagne envoyaient leurs projectiles entre 2,000 et 3,000 pas. — Mais le tir n'avait quelque précision, pour les canons de 6, que jusqu'à 1,800 pas, et pour ceux de 12, jusqu'à 2,000. On considérait même comme limites d'un tir quelque peu efficace, les distances de 900 à 1,100 pas. — Enfin, c'est seulement jusqu'à 750 ou 800 pas qu'on admettait la possibilité d'un tir ajusté.

Les canonnades prolongées s'exécutaient à la distance du tir efficace, mais non à celle du tir ajusté, parce que si courte était cette dernière, que l'artillerie eût risqué de se faire prendre. D'après le même auteur, il arrivait rarement à une batterie à pied de pouvoir tirer plus de 6 à 8 coups, en restant dans les limites du tir ajusté. On se servait rarement de la mi-

----

(1) Skougarevsky, *L'Attaque de l'infanterie.*
(2) C. V. Decker, *Das Schiessen und Werfen* (Le tir direct et le tir courbe.)

traille : l'expérience ayant prouvé qu'une moitié des balles décrivant de courtes trajectoires allait frapper le sol, et qu'un tiers passait par dessus la tête de l'ennemi, de sorte qu'un dixième seulement des balles étaient vraiment lancées dans la direction visée.

Nous ajouterons encore quelques données sur les résultats du tir à obus de cette époque (1). Quand on tirait de front contre une ligne ennemie, avec des obus qui produisaient 12 éclats, on ne parvenait, à 150 pas, avec 10 obus du calibre de 10 livres, à atteindre qu'un *seul homme*, et neuf hommes, si on se servait d'obus des calibres de 20 à 36 livres. Mais avec ces derniers même, à 200 pas, on n'atteignait encore qu'un *seul homme* avec 10 projectiles : « Voilà le meilleur résultat » dit l'auteur, « qu'on puisse attendre des obus, car généralement ils éclatent, par rapport à l'ennemi, dans des conditions dont on n'est jamais sûr d'avance ».

On voit par là que l'effet des projectiles de l'artillerie de ce temps-là semble une plaisanterie comparativement à la puissance de ceux d'aujourd'hui. Alors aussi, d'ailleurs, l'effet du choc des boulets était très faible. D'après une expérience du général Meunier, un boulet de 24 livres, à la distance de 300 pas, ne s'enfonçait, dans du bois de chêne, qu'à 43 pouces de profondeur.

Toutefois, malgré la faible efficacité des fusils et canons d'alors, les pertes à la guerre étaient fort importantes, mais plutôt à cause des maladies et des fatigues que par suite des blessures. Au commencement de la Révolution, la France avait une armée de 120,000 hommes, et au cours de l'année 1793 elle en appella successivement sous les armes 1,380,000, dont 1,200,000 furent réellement employés sur les différents théâtres des hostilités. Or, en 1798, il en restait à peine un tiers du total. Deux ans plus tard, c'est-à-dire après les campagnes en Belgique, sur le Rhin, les Alpes et les Pyrénées, en Vendée et en Egypte, l'armée française ne comptait plus que 667,588 hommes (2). D'après Thiers, les guerres de 1800 à 1815 inclusivement ont coûté 2 millions de vies humaines : « On entrait au service, on n'en revenait pas », a dit le général Foy.

La guerre de Crimée, en laissant de côté les opérations sur le Danube et en Asie, ainsi que la bataille de l'Alma, s'est concentrée autour de Sébastopol et s'est passée, on peut le dire, dans des conditions exceptionnelles qui ne peuvent guère se renouveler. Et d'ailleurs l'armement d'alors, aussi bien pour une bonne partie de l'infanterie que pour l'artillerie, ne différait pas encore beaucoup de celui qu'on avait au temps des guerres napoléoniennes, dont, en 1837, Médème appréciait le tir comme il suit: « A 300

(1) Hoyen, *Militärische Encyclopedie*, 1808.
(2) *Annales d'hygiène publique.*

pas, la plupart des coups sont sans effet ; à 200, l'effet est encore assez faible, et ce n'est qu'entre 100 et 150 qu'il est meurtrier » (1). Les fusils russes, pendant la guerre de Crimée, ne portaient pas à plus de 300 pas, mais une partie de l'infanterie française était armée de fusils rayés qui portaient à 1,200 pas. Les Anglais aussi avaient des fusils rayés. C'est ce qui explique les pertes relativement élevées des troupes russes. Il faut ajouter que les canons de ce temps-là, non plus, n'étaient pas satisfaisants.

Les chiffres donnés par les différents écrivains, relativement aux pertes causées par les combats et les maladies pendant la guerre de Crimée, sont loin de concorder. Les indications les plus dignes de foi sont les suivantes qui se rapportent, non pas à une formation accidentelle de forces réunies en un moment quelconque, mais à l'effectif général des troupes successivement envoyées sur le théâtre de la guerre. On n'a pas de renseignements sur les pertes de l'armée turque (2). Mais sur un total de 428,000 hommes de troupes alliées, il y eut 2,5 0/0 de tués, 13,6 0/0 de blessés — soit ensemble 16 0/0 de tués et blessés ; les troupes russes, sur un total de 324,000 hommes, eurent 6,4 0/0 de tués et 28,4 0/0 de blessés — ensemble 35 0/0 de pertes. Mais si ces pertes par le feu furent deux fois plus considérables que pour les troupes alliées, par contre, le nombre des hommes morts de maladie se présente sous un aspect tout différent : les troupes alliées eurent 16 0/0 de morts par la maladie, et les troupes russes 11 0/0 seulement.

Il est à noter que la proportion totale des pertes en tués, morts ou disparus, fut la même partout, sauf chez les Sardes. Cette proportion fut en effet de 22,5 0/0 de l'effectif chez les Russes, 22,6 0/0 chez les Français et 22,7 0/0 chez les Anglais.

Mais la grande différence à noter, c'est que ces pertes furent subies par les troupes russes dans un laps de temps moitié moindre que celui auquel se rapportent les données ci-dessus pour les troupes alliées. Les troupes sardes éprouvèrent des pertes plus faibles parce qu'elles prirent moins souvent part aux combats.

Il faut encore signaler un fait qui prouve l'endurance des soldats russes : Chez les Anglais et les Français, le nombre des tués fut, par rapport au nombre des morts de maladie, comme 1 est à 4 ; chez les Russes, comme 1 est à 1. C'est-à-dire que les pertes des alliés furent dues pour une bien plus grande part à la maladie qu'au feu ; tandis que les Russes perdirent juste autant de monde par les armes que par la maladie.

Campagnes de 1859 à 1870. La guerre franco-italo-autrichienne de 1859 dura en tout deux mois et ne comprit que cinq batailles : Montebello, Palestro, Magenta, Marignan,

---

(1) Skougarevsky, *L'attaque de l'infanterie.*
(2) Dʳ Myrdacz, *Sanitäts-Geschichte des Krimkrieges,* 1854-1856. — Vienne, 1895.

Solférino. Elle est donc, au point de vue des pertes, particulièrement instructive pour nous. Ces pertes se décomposent ainsi :

Troupes.	Effectifs.		Tués.	Blessés.
Françaises	128,225 hommes.		2,536	17,054
Italiennes.	59,731	—	1,010	4,922
Autrichiennes.	217,324	—	5,400	26,000

La guerre civile aux États-Unis, de 1863-1865, s'est passée dans des
conditions exceptionnelles, et les renseignements sur les pertes qu'elle a
causées, surtout en ce qui concerne les armées sudistes, ne présentent pas
de certitude suffisante. Mais dans l'armée du Nord, d'après Mulhall, il y eut,
sur un total général de 2,336,000 hommes :

Tués	1,9 %
Morts de leurs blessures	1,5 »
Morts de maladie	6,4 »
Disparus	2,9 »
C'est-à-dire qu'il en resta.	87,7 »

La guerre autro-prussienne de 1866 fut aussi trop courte pour donner
quelque idée des pertes qu'on éprouvera dans la guerre future. L'armement
d'alors était encore trop imparfait et, de plus, n'était pas le même de part
et d'autre. A la campagne qui finit à Sadowa prirent part : 309,000 Prussiens, dont il fut mis hors de combat 21,000, et 330,000 Autrichiens qui
perdirent 84,000 des leurs. Les pertes en officiers furent : chez les Prussiens,
de 1 pour 21 hommes de troupe, et chez les Autrichiens, de 1 pour 18.

Les Prussiens, comme on sait, avaient de meilleurs fusils que les Autrichiens, et le rapport des pertes éprouvées s'accorde bien avec cette circonstance. Les Autrichiens eurent 4 fois plus d'hommes tués sur le coup et
deux fois plus de blessés. Les chiffres ci-dessous montrent aussi jusqu'à
quel point la supériorité d'armement influe sur l'élévation des pertes :

Les pertes causées aux deux armées furent :

	Autrichiens.	Prussiens.
Par les projectiles de l'artillerie.	3 %	16 %
Par les balles de fusil.	90 »	79 »
Par les armes blanches.	4 »	5 »
Non déterminées.	3 »	» »

Parmi les données recueillies sur les pertes éprouvées, tant dans la
guerre de 1866 que dans celle de 1870-71, celles-là seules sont entièrement

exactes qui se rapportent à l'armée prussienne et en général, à l'armée allemande. Dans cette armée prussienne, dès le temps de la campagne de Bade en 1849 (1), il fut prescrit d'envoyer, après chaque affaire, au ministère de la guerre, des listes des tués et des blessés établies d'après un modèle déterminé, avec indication des corps de troupes, du nom et du lieu de naissance des hommes frappés. Avant cette époque, dans l'armée prussienne, et jusqu'à présent même dans toutes les armées, sauf l'armée allemande, on trouve les pertes évaluées d'après les rapports mêmes fournis sur les combats, ce qui probablement est loin d'être exact.

Guerre
de 1870-1871. Il est également impossible de prendre les pertes éprouvées pendant la guerre de 1870-71 comme une indication de celles que causera probablement la guerre future. D'abord les forces étaient inégales. Le second Empire « avait fait de la France une machine sans ressort, désorganisée, détraquée et couverte de poussière » (2). Les troupes françaises au premier moment s'élevaient, au total, à 336,000 hommes, tandis que les Allemands en mirent successivement en campagne 1,183,389. De plus, l'armée française n'était, à aucun point de vue, prête à la guerre. D'après l'attestation de Laguerre, les soldats, dès le jour même de la mobilisation, manifestaient de la répugnance pour une guerre entreprise, disaient-ils, « pour la satisfaction d'un seul homme ». Dès les premiers combats, on put constater parmi les chefs une sorte d'abattement et même de panique.

L'artillerie prussienne avait des canons d'un meilleur modèle et plus précis que les canons français.

Ainsi l'armée française était plus mal armée, plus mal conduite et plus faible numériquement que son adversaire. Grâce à son effectif de beaucoup supérieur, l'armée allemande eut l'avantage du nombre dans la plupart des combats.

Ce qui témoigne de la démoralisation de l'armée française, c'est qu'elle se laissa faire prisonniers 21,308 officiers et 702,407 soldats. Néanmoins, les pertes totales des Allemands, dans cette guerre, s'élevèrent, d'après leurs propres indications, à 127,897 hommes. Si l'on compare ce chiffre au total des forces mises sur pied pendant la campagne, il ne représente pas un pour cent très élevé. Mais il est autrement significatif si l'on tient compte de ce que, sur ce total de pertes, 87,730 hommes furent mis hors de combat en un mois et demi, au cours des opérations contre l'armée française régulière. Tandis que, dans les opérations ultérieures contre les armées françaises improvisées par le gouvernement de la Défense nationale, —

----

(1) *Jahrbücher für die deutsche Armee und Marine* : Die Verlustlisten aus dem Kriege, 1870 *bis* 1871. (Les listes des pertes de la guerre de 1870-71.)

(2) Claretie, *Histoire de la Révolution de 1870.*

armées de Paris, de la Loire, du Nord, de l'Ouest, de l'Est et des Vosges, dont l'effectif fut double et même triple de celui de l'armée régulière, — les Allemands ne perdirent, en cinq mois, que 40,167 hommes.

Or, comme au début de la guerre il n'y avait que six corps d'armée français, il faudrait admettre que 180,000 Français mirent, en un mois et demi, 87,730 Allemands hors de combat (1), et cela surtout à coups de fusil, car l'artillerie française était mauvaise. Imaginons donc ce qui fût arrivé si, au lieu de mitrailleuses et de canons médiocres, et même de fusils Chassepot, les Français avaient été armés des canons actuels et des fusils à petit calibre d'aujourd'hui !

Les données qu'on possède sur les pertes éprouvées par les Français dans cette guerre sont loin d'être complètes.

---

(1) Voici comment, d'après l'État-major français, se répartit entre les différents com · bats ce chiffre de pertes :

A Vissembourg.	700 dont	52	officiers.
A Wœrth	10,530 —	439	—
A Forbach.	4,000 —	101	—
A Borny.	6.000 —	374	—
A Rezonville.	14,820 —	581	—
A Gravelotte.	20,577 —	819	—
A Beaumont.	3,700 —	203	—
A Sedan.	9,032 —	422	—
Au siège de Metz.	5,482 —	193	—
Au siège de Strasbourg	889 —	39	—

D'après les données officielles dès le 1er septembre, les Allemands avaient eu hors de combat 74,000 hommes dont 14,000 tués. Les pertes en officiers s'élevaient à 2,997 restés sur le champ de bataille ou morts de leurs blessures. — En y joignant les pertes éprouvées au blocus et jusqu'à la capitulation de Metz, on arrive au chiffre de : 3,083 officiers, 7,111 sous-officiers et 66,571 soldats — soit au total : 76,765 hommes, ce qui fait plus de la moitié des pertes subies pendant les sept mois qu'a duré la guerre. Moins importantes furent les pertes éprouvées par l'armée allemande dans sa lutte avec les nouvelles armées françaises de la République : en septembre et octobre : 2,600 hommes pendant le premier mois — sans compter Metz — et 4,800 pendant le second. Ensuite quand l'armée française prit l'offensive en novembre, les pertes des Allemands s'élevèrent à 8,700 hommes et, en décembre, dans les combats au Sud-Est de Paris et près d'Orléans, Beaugency, Vendôme — à 20,000 hommes. Plus tard, les combats livrés en janvier, dans le Nord, l'Ouest et l'Est de la France, coûtèrent encore aux Allemands 14,000 hommes, et les opérations dans l'Est, en février, y compris le siège de Belfort, environ 6,000 hommes (Dr Engel, *Die Verluste der deutschen Armeen*).

	Tués ou disparus, et morts de leurs blessures.	Blessés.	Malades.
Armée de terre.	136,540	131,100	328,000
Armée de mer	2,331	6,526	» »
	138,871	137,626	328,000

Guerre russo-turque (1877-78). La guerre russo-turque de 1877-78 ne peut donner aucune indication quant aux pertes que causera dans l'avenir une grande guerre européenne, ne fût-ce qu'en raison de l'inégalité des forces entre un pays à demi-civilisé comme la Turquie et la puissante Russie.

Les fusils de l'armée russe, comme on sait, n'étaient pas satisfaisants. Les corps armés de fusils Berdan constituaient environ 34 0/0 de l'effectif de l'armée qui opérait sur le théâtre européen de la guerre ; les autres corps avaient des fusils Krnka. Mais les troupes qui opéraient en Asie avaient des fusils Karl. Les uns et les autres étaient d'anciennes armes à chargement par la bouche, transformés au chargement par la culasse. Il résultait de leur faible portée que le feu de l'infanterie turque faisait éprouver déjà des pertes sensibles aux troupes russes à des distances où celles-ci ne pouvaient atteindre l'ennemi, ce dont les tirailleurs maugréaient fortement. Le conseil donné par les feldwebels : « Vise donc plus haut, puisque tu n'atteins pas. Cinq coups manqueront le but, mais le sixième, tu vois, est arrivé » montre mieux que tout ce qu'on pourrait dire quel degré de confiance les troupes avaient dans leurs armes.

La plupart des corps d'infanterie turque avaient reçu à la veille même de la guerre un fusil plus perfectionné, du système Martini Peabody; les soldats le maniaient pour la première fois et par suite ne surent pas assez tirer partie de ses avantages.

Quant aux canons, aussi bien dans l'armée turque que dans l'armée russe, ils ne satisfaisaient point aux conditions techniques d'aujourd'hui.

Il faut encore songer que cette guerre, comme celle de Crimée, avait sur son théâtre européen un caractère exceptionnel; les opérations gravitant uniquement autour du siège d'une forteresse, Plewna, dont la prise décida de l'issue de la campagne.

On n'a pas de renseignements sur les pertes de l'armée turque. Quant aux troupes russes employées sur le théâtre européen des hostilités, leur effectif s'élevait à 592,000 hommes, parmi lesquels il y eut, en 1877, 106,000 malades ; 118,000 hommes furent évacués. En y ajoutant les tués, les morts de leurs blessures et les disparus, soit 36,000 hommes, on arrive à un total de pertes de 154,000 hommes, ce qui fait près du quart de l'effectif en trois mois (1).

Mais les chiffres des pertes, relatives à l'effectif général, ne donnent pas une idée de l'importance de celles subies dans les principales affaires ; car une grande partie des troupes n'arrivèrent sur le théâtre de la guerre qu'à l'époque du siège régulier de Plewna et ne prirent point part aux premiers assauts livrés à cette ville.

Cependant ces assauts doivent être comptés parmi les plus sanglantes affaires du XIXe siècle. Les pertes des troupes russes, en tués et blessés, s'élevèrent :

```
Le  8 juillet, à . . . . . , . . . . . . . . .    36 °/₀ de l'effectif
    18   —     à . . . . . . . . . . . . . . .    21  »      —
    30 août    à . . . . . . . . . . . . . . .    20  »      —
```

Voici du reste les pertes éprouvées par quelques régiments dans les journées des 30 et 31 août.

	Effectif avant le combat	Pertes pendant le combat	°/₀ de pertes éprouvées
	Hommes	Hommes	
6ᵉ Régiment d'infanterie de Libau .	1,860	645	35 °/₀
8ᵉ — — d'Esthonie.	1,713	1,075	62 ›
62ᵉ — — Soudalska .	2,163	1,239	57 »
63ᵉ — — d'Ouglitz .	2,915	1,081	37 »
64ᵉ — — de Kazan .	2,708	687	25 »
117ᵉ — — de Yaroslaff	2,185	1,041	48 »
118ᵉ — . — de Chouïa.	2,128	471	22 »

Observons que les assauts furent exécutés contre des fortifications improvisées, comme il en pourra s'élever en quantité dans la guerre future ; et imaginons que de tels ouvrages, au lieu d'être défendus par des soldats turcs peu instruits et armés comme on l'était alors, le soient par des troupes allemandes ou françaises, munies de fusils à petit calibre et de canons modernes, capables en outre, après avoir repoussé une attaque, de passer à l'offensive. On se demande ce que les pertes seraient alors? Resterait-il, des troupes ayant pris part à l'action, seulement assez d'hommes pour servir de cadres à d'autres soldats?

Ainsi toute la série des guerres les plus voisines de notre temps ne sauraient nous donner même une idée approximative des pertes que doivent

Conclusions.

____

(1) *Voïennïi Sbornik.*

entraîner les batailles futures, livrées avec des engins de destruction différents.

Mais une autre circonstance, plus essentielle encore, influera sur les
chiffres de ces pertes.

« Les forces militaires de tous les États augmentent constamment
en quantité. Les armées d'opérations, composées non-seulement de troupes
de campagne, mais aussi de troupes de réserve, atteindront désormais
des effectifs qu'on n'avait jamais vus. Toutefois, il ne faut pas oublier que,
pour réaliser cette quantité, on sacrifie la qualité de l'armée, puisqu'on est
obligé d'admettre au service tous ceux qui s'y trouvent seulement à peu près
aptes, puis d'abréger la durée du séjour sous les drapeaux et d'introduire des corps de réserve dans la composition des troupes d'opérations. Et
cependant les armées actuelles, en raison de leur énormité même, de la difficulté qu'on éprouve à les mouvoir, les cantonner et les faire vivre, seront
exposées à de terribles privations » (1); ce qui les exposera à subir, par
suite de maladies, des pertes considérables. Aussi, pour nous représenter
quelque peu nettement le tableau qu'offrira la guerre future, avons-nous dû
recourir à un autre mode d'études, c'est-à-dire rechercher quels sont les facteurs qui, dans l'avenir, contribueront à augmenter les pertes ou à les diminuer.

II. Données fondamentales pour l'appréciation des pertes.

Imperfections
des statistiques
actuelles.

Les considérations qui précèdent montrent assez clairement qu'il est
impossible de se faire une idée des pertes qu'entraînera la guerre future,
d'après les totaux de celles éprouvées par les partis opposés dans l'ensemble
des combats de l'une quelconque des guerres passées.

Il faut ajouter que la statistique, sous ce rapport, est très imparfaite.
Les chiffres qu'elle donne ne comprennent pas toutes les pertes réellement
éprouvées. C'est ce que reconnaît même l'auteur de renseignements remar-
quablement établis sur les pertes de l'armée allemande pendant la guerre
de 1870-71, l'ancien Directeur du bureau de statistique prussien Engel (2),
dont voici les propres paroles : « Nous devons, à notre grand regret, reconnaître que les résultats par nous obtenus n'ont pas récompensé nos efforts.
Tout ce que nous avons pu faire, c'est de déterminer d'une façon à peu près

---

(1) Redigher, *Le recrutement et l'organisation de la force armée.*
(2) *Les pertes des armées allemandes pendant la guerre de 1870-71.* — Berlin, 1872.

digne de foi le nombre d'hommes perdus dans les combats par les troupes allemandes. Mais quel a été le nombre des blessés restés estropiés et de quelle nature ont été leurs mutilations? Jusqu'à quel point leurs blessures ont-elles abrégé la durée vraisemblable de leur vie? Ce sont là des questions auxquelles la statistique devrait répondre pour faire connaître le nombre réel des victimes de la guerre. Mieux encore. Il faudrait aussi déterminer dans quelles mesures s'est accrue, par rapport à l'état normal des choses, la mortalité dans les familles abandonnées par les soldats, comme conséquence des privations auxquelles elles ont dû être exposées ».

Pour notre compte, nous ne pousserons pas aussi loin nos investigations. Mais en présence des divergences d'opinions des spécialistes sur les pertes probables qu'entraînera la guerre future, et pour que le lecteur puisse se former lui-même une opinion à ce sujet, il nous suffirait d'apporter ici des données sur les pertes éprouvées dans les guerres récentes, alors que déjà les armées étaient nombreuses et les armes perfectionnées, afin de prendre le chiffre de ces pertes comme point de départ pour en tirer des conclusions quelque peu fondées.

Malheureusement on n'a pas, sur les dernières guerres, d'indications assez précises et établies avec assez d'uniformité. Parmi les matériaux qui nous peuvent être les plus utiles, sont les données relatives aux pertes éprouvées en 1870 par l'armée française dite du Rhin, ou de Metz, jusqu'au moment où elle fut enfermée dans cette place. Cette armée comptait 63 régiments d'infanterie et 12 bataillons de chasseurs (1), tandis que les troupes allemandes, qui se concentrèrent ensuite autour de Metz, comprenaient 62 régiments d'infanterie et 9 bataillons de chasseurs. Nous laisserons, pour le moment, de côté la cavalerie et l'artillerie. Un écrivain allemand comme le major Kuntz (2), qui s'est spécialement occupé d'études sur les pertes subies par les troupes en 1870-71, a fait, en s'appuyant sur des données récemment établies, des calculs dont nous allons nous servir.

Quelques indications sur les pertes éprouvées dans les guerres récentes.

Dans les combats qui eurent lieu du 3 août au 1er octobre, les pertes des troupes, en comptant séparément par régiment, furent, en pour cent de l'effectif :

------

(1) A l'exception de la division Lavaucoupet et des corps laissés pour garder le quartier général impérial, il y avait sur le terrain :

186 1/2 bataillons ou environ	. . . . .	124,000 fusils ;
122 escadrons	—	12,800 sabres ;
522 canons	—	10,400 hommes d'artillerie.

(2) H. Kuntz, *Konnte Marschall Bazaine, im Jahre 1870, Frankreich retten?* — Berlin, 1896.

T. V. — Jean de Bloch. — *La guerre future.*   16

Pour les troupes allemandes :

Dans 6 régiments d'infanterie . . . . de plus de 40 %
  —   6   —   et 2 bataillons de chasseurs de 30 à 40   »
  — 16   —   et 2   —   —   de 20 à 30   »
  — 34   —   et 5   —   —   de moins de 20   »

Pour les troupes françaises :

Dans 12 régiments d'infanterie et 2 bataillons de chasseurs de plus de 40 %
  — 12   —   et 2   —   de 30 à 40   »
  — 23   —   et 7   —   de 20 à 30   »
  — 16   —   et 1   —   de moins de 20   »

Ainsi les Français ont éprouvé de bien plus grandes pertes. Même si on écarte les chiffres extrêmes, — ceux des plus grandes pertes et des moindres — nous voyons que les pertes de 20 à 30 0/0 ont été supportées dans l'armée française, par la plus grande moitié des corps de troupe, et, dans l'armée allemande, par le tiers seulement de ceux-ci. Chez eux la plus grande moitié des corps ont subi des pertes de moins de 20 0/0.

Mais si l'on fait le décompte pour l'armée française, par divisions, le chiffre exact moyen des pertes se trouve être de 28 0/0 (1).

Nous nous arrêterons toutefois à un chiffre moindre, en l'évaluant à 25 0/0. Plus haut, nous avons déjà signalé le rapport remarqué entre les pertes provenant du feu de l'artillerie et du feu de mousqueterie. Pour rappeler ce rapport, nous reproduisons ici les chiffres en les présentant sous forme de figuration graphique :

------

(1) 1re Division de Cissey . . . . du 4e Corps d'armée 44,29 %
      2e   —   Lafont de Villiers. . . .   6e   —   39,11   »
      3e   —   Vergé. . . . .   2e   —   37,85   »
      4e   —   Fauvart-Bastoul. . . . .   2e   —   37,25   »
      5e   —   Levassor-Sorval. . . . .   6e   —   35,94   »
      6e   —   Tirier. . . . .   6e   —   31,22   »
      7e   —   Grenier. . . . .   4e   —   30,97   »
      8e   —   Metman. . . . .   - 3e   —   25,92   »
      9e   —   Laurencez . . . .   4e   —   24,03   »
     10e brigade Lapassat . . . .   5e   —   23,55   »
     11e division Montaudon . . . .   3e   —   23,32   »
     12e   —   des grenadiers de la garde   »   —   22,73   »
     13e   —   Lavaucoupet . . . . . .   2e   —   20,00   »
     14e   —   Castagny . . . .   3e   —   18,88   »
     15e   —   Aymard. . . . .   3e   —   17,45   »
     16e des voltigeurs de la garde . . . .   »   —   9,23   »

Pour cent de blessés.

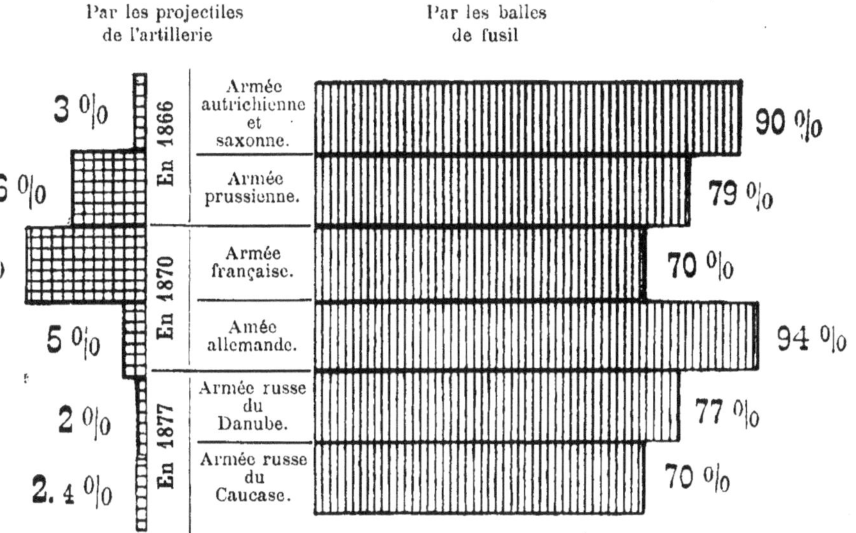

Nous répétons également que les pour cent relevés en 1877 ne peuvent, pour les raisons que nous avons indiquées, servir de mesure.

Les chiffres indiqués dans le graphique correspondent au rapport existant entre la valeur de l'armement respectif des belligérants. Ainsi, en 1866, par suite de la supériorité de l'artillerie autrichienne, les pertes que le feu de cette arme fit subir aux Prussiens s'élevèrent à 16 0/0, tandis qu'elles ne furent chez les Autrichiens que de 3 0/0. Mais, d'autre part, grâce à la supériorité des fusils prussiens (fusils à aiguille), le feu de mousqueterie fit perdre aux Autrichiens 90 0/0 et aux Prussiens 79 0/0 seulement. De même, en 1870, l'artillerie allemande était supérieure à l'artillerie française et cela se traduisit par des pertes, dues à son feu, de 25 0/0 chez les Français et seulement de 5 0/0 chez les Allemands. Mais les fusils Chassepot étaient au contraire meilleurs que les fusils à aiguille ; aussi les pertes des Allemands par la mousqueterie furent-elles de 94 0/0, c'est-à-dire bien supérieures à celles de 70 0/0, éprouvées par les Français ; — différence qui, d'ailleurs, provenait plus encore de ce que les Allemands attaquaient continuellement les positions de leurs adversaires, tandis que les Français se tenaient principalement sur la défensive.

Ainsi on peut admettre que, dans la guerre future, la perte moyenne ne saurait être inférieure à 25 0/0, proportion qu'elle atteignait en 1870 pour les Français. Mais ce n'est là qu'un minimum ; attendu que, depuis lors, se sont beaucoup perfectionnés les fusils et les canons, — ces derniers plus encore que les premiers. — Les chassepots, aussi, et le fusil à aiguille étaient en 1870 de bonnes armes ; mais ils le cèdent de beaucoup aux fusils à petit calibre et à tir rapide d'aujourd'hui.

Nous allons passer maintenant à l'examen des pour cent de pertes causées par chaque sorte d'armes en particulier.

1° LES ARMES BLANCHES

L'effet ne s'est pas modifié et le chiffre des pertes causées par les baïonnettes, les lances et les sabres, n'a varié que d'une façon insignifiante, comme il a été déjà observé plus haut.

2° LES ARMES A FEU

Accroissement de la puissance de l'armement.

Depuis les dernières grandes guerres, la puissance de l'armement s'est augmentée dans une mesure extraordinaire et chaque jour apporte encore de nouveaux perfectionnements aux armes et à leurs projectiles.

Voici, comme exemples, quelques indications : En Allemagne, en Autriche, en France, en Russie, en Angleterre et en Turquie, les troupes ont des fusils d'un calibre variant entre $7^{mm},62$ et 8 millimètres. Le caractère particulier de ces fusils c'est la force de choc de leurs balles, qui provient de leur grande vitesse initiale et de leur rapidité de rotation. La vitesse initiale va de 620 à 640 mètres et le nombre de tours de 2,475 à 2,640 par seconde. Mais dans les troupes italiennes, hollandaises et roumaines on a déjà introduit un fusil du calibre de 6 millimètres qui donne une vitesse initiale de 720 mètres et une rotation de 3,830 tours par seconde. Aux États-Unis on a adopté un fusil de 6 millimètres. En Allemagne et en Autriche, on essaie des fusils du calibre de 5 millimètres et les essais ont donné des résultats remarquables.

D'après les journaux, on a commencé la distribution en France, sur une grande échelle, de fusils de $6^{mm},5$, doués d'une vitesse de tir accélérée. Pour faire comprendre la puissance de choc des balles du fusil de $6^{mm},5$ il suffira de dire que leur pénétration, dans les différentes substances, est de 44 0/0 supérieure à celle des balles du fusil de 8 millimètres (1).

Mais nous laissons de côté les perfectionnements ultérieurs et nous ne nous occupons que des propriétés des armes qui sont déjà d'un emploi général.

(1) Wille, *Waffenlehre.*

Puissance de choc. — L'effet produit par un coup de fusil dépend avant tout de la quantité de force vive conservée par la balle, au moment où elle atteint le but, et, par suite, de son poids relativement à sa section transversale et de la vitesse de sa course. L'énergie que possède, par centimètre carré de section transversale, la balle de 8 millimètres, est, jusqu'à la distance de 2,000 mètres, à peu près deux fois et demie celle de la balle en plomb ordinaire lancée par le fusil (russe) modèle 1877 (1). Quant aux distances plus grandes, la comparaison est impossible, puisque les anciennes balles n'y arrivaient pas. Mais les nouvelles conservent jusqu'à 3,000 mètres une énergie suffisante pour mettre un homme hors de combat, ainsi qu'on le voit par la figuration graphique ci-contre.

Puissance de choc.

(1) Dr J. Habart, *Die Geschosswirkung der 8^m/^m Handfeuerwaffe auf Mendschen und Pferde.* — Vienne, 1892, par Von Wuich.

Distances en pas.	Énergie par cent. carré de la surface transversale de la balle exprimée en kilogrammètres. Balles	
—	Modèle 1877	Modèle 1888-90
	—	—
0.	247,1	624,3
200.	157	370,3
400. . . .	115	279,6
600. . . .	90,8	223,8
1000. . .	63,8	156,3
1500. . . .	46,6	124,2
2000. . . .	36,7	85,2
2500.	--	67,8
3000. . . .	—	54,3

GRAPHIQUE.

Quantité de force vive de la balle, par centimètre carré de section transversale, au moment du choc, en kilogrammètres.

Balles modèle 1877   Distances en pas   Balles modèle 1888-90

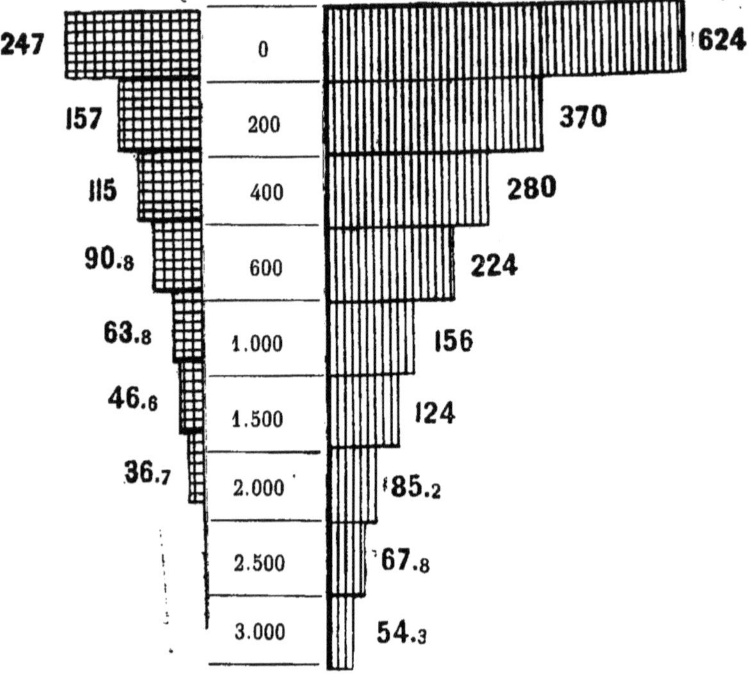

Quant aux balles de cinq millimètres, leur puissance de choc surpasse de beaucoup celle des balles de $7^{mm},66$, comme on le voit par les chiffres suivants (1) :

	FORCE DE PÉNÉTRATION DES BALLES du fusil Mauser	
	de $7^{mm}66$	de 5^{mm}
A la distance de 500 mètres.	0,30	1,71
— 1,000 »	0,12	1,43
— 2,500 »	0,06	0,81

(1) *Revue de l'Armée belge.*

Quant à l'effet de ces projectiles sur les hommes, c'est ce que jusqu'ici, faute d'une grande guerre où des deux côtés auraient combattu des troupes également bien armées et instruites, il n'a pas été possible de déterminer avec précision. Mais néanmoins les expériences et recherches particulières qui ont eu lieu permettent d'esquisser un tableau très clair des futurs champs de bataille.

Aux distances de 25, 200, 500, 1,000 et 1,700 mètres, les projectiles ont traversé respectivement : 5, 4, 3, 2 et 1 cadavres de chevaux, tout en conservant encore une force vive suffisante pour s'enfoncer dans le cadavre suivant (1).

Pour plus de clarté nous représentons graphiquement cette comparaison :

Nombre de cadavres de chevaux traversés par les balles de fusil Mauser de 5 millimètres.

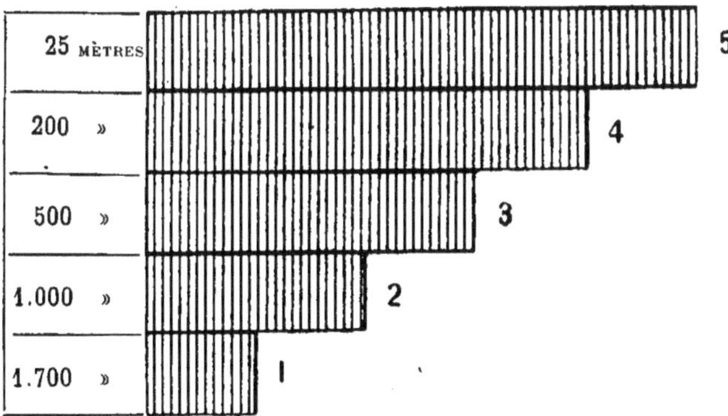

A 2,400 mètres de distance, la balle brise les gros os, et, quant aux os minces ou pas très durs, elle les traverse nettement, sans les briser, même aux plus grandes distances (2). La force du choc est en outre si grande que les os non seulement se brisent, mais que, jusqu'aux distances de 300 mètres, les fragments de ces os pénètrent dans les muscles, qui sont poussés en avant ; ce qui explique la largeur des ouvertures de sortie des blessures.

La force extraordinaire du choc des balles augmentera, pour un autre motif encore, le nombre des victimes dans la guerre future.

Les balles actuelles à chemise métallique possèdent une force de péné-

(1) Von Vuich, *Repetierfrage* (La question du tir à répétition). — Vienne, 1893.
(2) *Ibidem.*

tration extraordinaire, même dans les métaux. Avec les anciennes balles rondes en plomb, le soldat pouvait trouver un abri sûr derrière un arbre d'environ 8 centimètres d'épaisseur, ou un retranchement en terre de $0^m,50$. Aujourd'hui c'est autre chose, la balle de petit calibre traverse un mur en terre épais de 2 mètres, de même qu'elle traverse un arbre et va frapper l'homme caché derrière. Autrefois les hommes du second rang se sentaient déjà protégés par ceux du premier ; le poltron se redressait derrière son camarade ; mais la balle d'aujourd'hui ne traverse pas seulement deux hommes ; elle blesse encore dangereusement ceux qui se trouveraient en file derrière eux.

Par là nous voyons que le nombre des victimes faites par les nouvelles armes peut être 5 fois plus grand qu'il ne l'était avec les balles anciennes. Les plus grosses pertes ont lieu aux faibles distances, surtout au moment où les troupes sont déjà massées et que par là même, une seule balle peut produire plusieurs blessures à la fois. L'expérience de Nirchau, dont nous parlions tout à l'heure, a montré que chaque balle qui atteignait le but produisait de 3 à 4 blessures.

Si même nous admettions que le chiffre des pertes provenant de l'accroissement de la puissance de choc fût non pas 3 ou 4 fois, mais dix fois moindre, nous arriverions encore à une augmentation des pertes de 7 0/0 relativement au passé.

Force de rotation et déformation des balles. — Quant au danger que présentent les blessures faites par les balles, leur force vive de rotation, c'est-à-dire le nombre de tours qu'elles font par seconde, a une grande influence sur la gravité de ces blessures.

Représentons graphiquement la force de rotation et le poids des balles des fusils de divers modèles :

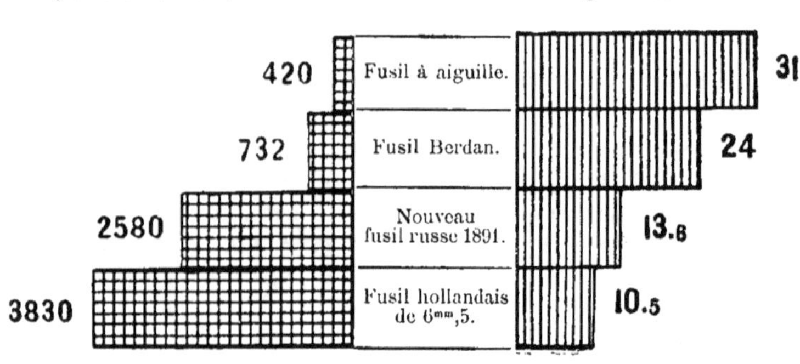

De la puissance du mouvement de translation et de rotation des projectiles actuels, il résulte qu'en cas de choc, dans son parcours, contre un objet dur quelconque, comme par exemple une branche d'arbre ou un gros os dans le corps humain, la balle se trouve déviée plus ou moins complètement de sa position normale. Et comme son mouvement de rotation n'en continue pas moins, le projectile ou des fragments de l'enveloppe déchirée et du corps même de la balle tournent à l'intérieur du corps ; par suite de quoi ils se dérangent de leur direction primitive dans divers sens, ce qui produit des blessures particulièrement graves.

Voilà pourquoi, si un abri formé de bois ou de briques n'est pas suffisant pour arrêter une balle, il ne fait que la rendre encore plus dangereuse. La chemise de la balle se déchire, le projectile se déforme, se comprime, et s'aplatit ou s'évase en champignons ou bien même se brise en morceaux. Lors de tirs exécutés dans les rues contre des foules, à Bâle et à Nirchau, on a observé, d'après Bogdanik, des éclatements de l'enveloppe et des déformations de balles qui faisaient ressembler les blessures à celles qu'auraient produites des fusils chargés avec de la grenaille de plomb.

A Nirchau, lors de la répression des désordres, il ne fut tiré, dit-on, contre la foule des mineurs, que 10 coups de fusil en tout. Cependant il y eut 7 tués et 25 blessés, à des distances de 30 à 80 pas ; et beaucoup de personnes, légèrement atteintes, cachèrent leurs blessures pour ne pas être traînées devant les tribunaux. Chaque balle atteignit 3 ou 4 individus, — ce qui s'explique par la compacité de la foule des ouvriers et la faible distance d'où l'on tirait contre eux. — Sur les blessés, 6 moururent, de sorte que le pour cent de mortalité des blessures s'éleva à 24 ; tandis que, dans la guerre 1870-71, il se maintint en moyenne à 12. La mortalité générale fut de 40,6 0/0 du total des ouvriers atteints par des balles (1).

Il n'est pas douteux que l'énorme accroissement de la force de pénétration des projectiles et de la gravité des blessures causées par eux ne constitue l'un des traits essentiels des combats futurs et ce qui les caractérisera comparativement à ceux du passé.

La déformation des balles lors du choc contre des corps durs et les blessures produites par leurs débris seront évidemment considérables. Mais nous n'avons pas de données à ce sujet.

Quant aux déformations que peut éprouver la balle dans sa rencontre avec les parties du corps d'un homme ou d'un animal, des expériences

____

(1) Dr J. Habart, *Die Geschosswirkung der 8^m/^m Handfeuerwaffen.* — Vienne, 1892.

ont établi (1) que, dans les tirs exécutés jusqu'à la distance de 1,200 mètres, la balle se déforme dans 21,5 0/0 des cas.

D'après tout cela, il nous semble qu'en évaluant à 4 0/0 seulement du nombre des coups tirés celui des blessures causées par les balles à enveloppe, nous resterons au-dessous de la réalité.

Portée et justesse. — La première qualité des fusils, c'est la justesse du tir (2). C'est précisément sous ce rapport que les fusils modernes pos-

Portée des armes
et
justesse du tir.

---

(1) *Ueber die Wirkung und Kriegschirurgische Bedeutung der neuen Handfeuerwaffen* (Sur l'effet et l'importance chirurgico-militaire des nouvelles armes à feu portatives). — Étude faite par ordre du ministre de la Guerre par la section médicale du ministère de la Guerre prussien.

(2) Une expérience journalière montre que tout objet, lancé verticalement ou sous un angle quelconque ou horizontalement, perd peu à peu la force motrice à lui imprimée dans une certaine direction et finalement, par suite de l'attraction de la terre, tombe sur le sol. La vitesse de sa chute s'accélère proportionnellement au carré du temps écoulé.

Lors du tir, la balle s'élance dans la direction de l'axe de l'âme; mais comme cette balle se trouve immédiatement en prise à l'effet de l'attraction terrestre, à mesure qu'elle s'éloigne de la bouche de l'arme, la vitesse qui lui avait été communiquée diminue graduellement. Et, sous l'influence de ces deux forces, elle décrit une courbe connue en mathématiques sous le nom de parabole.

Ainsi, pour que la balle puisse atteindre un but, il faut qu'elle s'élève au-dessus du plan horizontal passant par ce but, à une hauteur telle qu'après sa chute, déterminée par l'attraction terrestre, elle revienne précisément à sa hauteur.

Et le calcul indique que la balle doit s'élever dans le tir à une distance :

De 1,400 pieds anglais à une hauteur de	6 pieds 3 pouces.
De 2,800 —	— 17 —
De 5,600 —	— 311 —

Ces chiffres montrent que plus le but s'éloigne, et plus, par suite, il faut à la balle de temps pour parcourir sa trajectoire, plus cette trajectoire doit être convexe et s'élever au-dessus de la hauteur du but.

De la sorte, la balle, pendant une grande partie de sa trajectoire, court au-dessus du sol, à une hauteur où elle ne rencontre pas de combattants. C'est ce qui diminue la surface battue. Plus la distance au but est courte, plus la vitesse de translation des balles est grande, — et moins par conséquent il leur faut de temps pour parcourir une étendue de terrain déterminée, — plus elles rasent le sol, et plus est longue la partie de leur trajectoire au cours de laquelle elles peuvent être meurtrières.

Si la force d'attraction n'existait pas, la trajectoire des balles pourrait être une simple ligne horizontale et, sur tout leur parcours, elles pourraient atteindre quelqu'un; c'est-à-dire qu'actuellement, sur une étendue de 4,000 mètres, tout le terrain serait battu par elles, ou, en d'autres termes, elles agiraient comme la faux dans la main du faucheur.

Par conséquent, plus grande sera l'étendue parcourue par la balle à une hauteur où elle peut frapper hommes et chevaux, et plus il y aura de chances pour qu'elle inflige des pertes à l'ennemi. Et c'est justement à ce point de vue que les fusils, qui se trouvent actuellement entre les mains des troupes, sont beaucoup plus dangereux que ceux employés dans les dernières guerres.

Un auteur français, le colonel Ortus, dans une étude sur la *Valeur comparée, pour le combat, des fusils actuels de l'infanterie européenne*, explique comme il suit la différence entre la ligne battue par les nouveaux fusils comparativement aux anciens.

Deux groupes de tireurs se fusillent à la distance de 600 mètres. Tous les deux sont composés d'hommes du dernier contingent, non exercés. L'un des partis est armé de fusils à petit calibre mod. 1888, l'autre de fusils Chassepot. Le feu est activement exécuté; car les jeunes soldats s'efforcent, en tirant, de se donner du courage et tirent presque sans viser. Mais, dans ces conditions, voici combien différera le résultat suivant l'arme employée : En épaulant simplement le fusil à petit calibre et tirant machinalement droit

D'après M. V. Tchébicheff (1), les surfaces battues par le nouveau fusil
le petit calibre russe sont plus longues que celles correspondant à l'ancien
usil de 6 lignes, dans les rapports suivants :

A la distance de 200 pas. . . . . 1,2 fois.
—   300 — 2
—   400 — 4,5
—   500 — 2,3
—   600 — 2,7
—   700 — 3
—   800 — 3,1

Et en conséquence, dit V. Tchébicheff, il ne faut pas négliger le tir aux grandes distances. « Car c'est seulement alors que le tir peut donner des avantages essentiels et justifier les énormes dépenses de *temps*, de *travail et d'argent* qu'entraîne forcément l'adoption d'une arme plus perfectionnée. Attendu que pour s'approcher de l'ennemi jusqu'à 100 ou 150 pas et ne tirer sur lui qu'à cette distance, comme le faisaient nos héros dans la dernière guerre contre les Turcs, il faut avoir *beaucoup de bravoure*, c'est vrai, *mais il faut ne pas avoir l'arme, merveilleuse au point de vue balistique, dont sont maintenant armées nos troupes.* »   *Tir à grandes distances.*

Dans toutes les armées, l'instruction des troupes au tir a été amenée à la perfection. Le nombre des cartouches d'exercice allouées est incomparablement plus grand qu'autrefois ; — les polygones sont admirablement organisés, avec des cibles mouvantes qui permettent d'exécuter des tirs dans toutes les formations de guerre imaginables. Mais, ce qui est plus important encore, on a inventé des instruments pour l'exécution du tir à charge réduite dans les casernes. La façon de diriger les coups pour atteindre l'ennemi sur toute l'étendue de la surface battue par le tir s'enseigne comme une sorte de gymnastique et le soldat arrive à l'exécuter machinalement. Au moyen d'appareils qui montrent si l'arme était correctement dirigée, et si elle n'a pas été dérangée au moment du tir, on exerce un contrôle permanent sur le tireur. Une flèche indicatrice fait voir immédiatement si le coup a été tiré irrégulièrement et si la détente n'a pas été pressée avec le calme convenable (2).   *Exercices de tir.*

Dans ces derniers temps, on s'est mis à faire des mesures précises des vacillations d'un fusil entre les mains du tireur. Le docteur Leitenstorfer a publié une série de dessins représentant ces vacillations de l'arme dans

---

(1) *Nagladnoïe obiasnenié svoïstve covremennavo rouseïnavo ognia* (Examen des caractères du feu actuel de mousqueterie).

(2) Voir le catalogue de l'Exposition militaire de Buda-Pesth, 1896.

les mains de tireurs très bons et très mauvais. Nous en donnons quelques-uns dans la planche ci-jointe.

Chacun comprend aisément combien cette circonstance doit influer sur l'accroissement du chiffre des pertes futures.

Actuellement le succès du tir ne dépend que de la correction de la visée et du maintien de l'arme dans les mains du tireur. Aujourd'hui, bien qu'en élevant le fusil de petit calibre à hauteur de l'épaule et en tirant machinalement droit devant soi, les tireurs battront toute une surface de 600 à 700 mètres, tandis que, dans la dernière guerre encore, avec le meilleur chassepot, il eût fallu, sur une telle étendue, déterminer trois fois la distance et changer trois fois la hausse. De sorte que là où, en 1870, il fallait un commandement spécial et une attention permanente à l'exécuter, il suffit maintenant de tirer machinalement ses coups l'un après l'autre.

C'est pour cette raison que se sont augmentées les distances-limites auxquelles le tir peut être utilisé sans gaspillage de cartouches. Ces règles se résument comme il suit :

Dans le tir contre un homme isolé :

 S'il est abrité ou couché on peut tirer jusqu'à . . . . 200 mètres.

 Debout ou à genoux 300

 A cheval. 450

Dans le tir contre des fractions de troupes :

 Contre un groupe d'au moins 4 hommes. 600

 Contre une cible de la largeur du front d'une escouade. . . . . 800 mètres.

 Contre une cible de la largeur du front d'une demi-section. 1,000

 Contre une cible de la largeur du front d'une section (d'infant. ou d'artil.). . 1,200

 Contre une colonne de compagnie ou une batterie 1,500

 Contre les formations serrées ou une colonne de route. 2,000

Quand on tire sur des fractions à la distance de 600 mètres, on prend la hausse de 400 mètres.

Ce qui peut se traduire par le graphique suivant :

Un sergent très
bien entraîné;
un très bon
tireur.

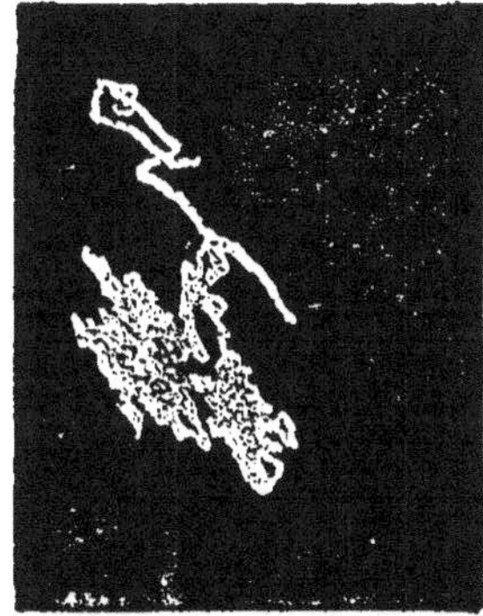

Un sous-officier
bien entraîné;
un très bon
tireur.

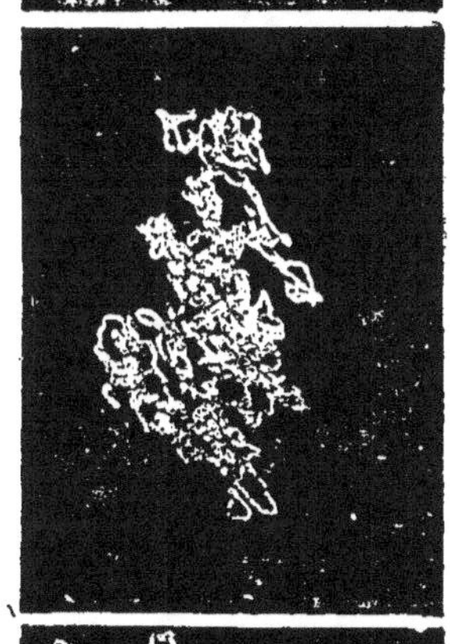
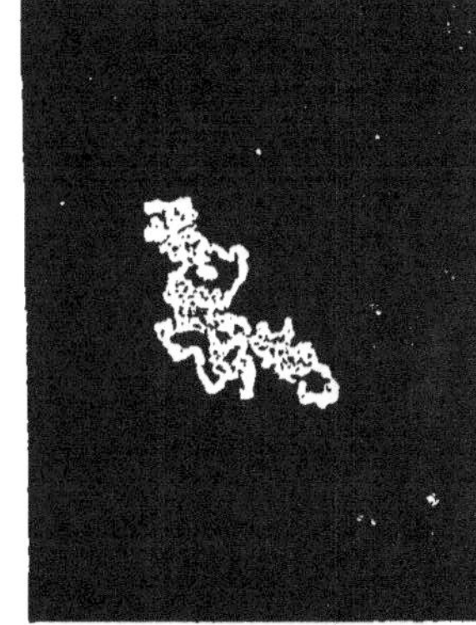

Un homme
instruit;
un mauvais
tireur.

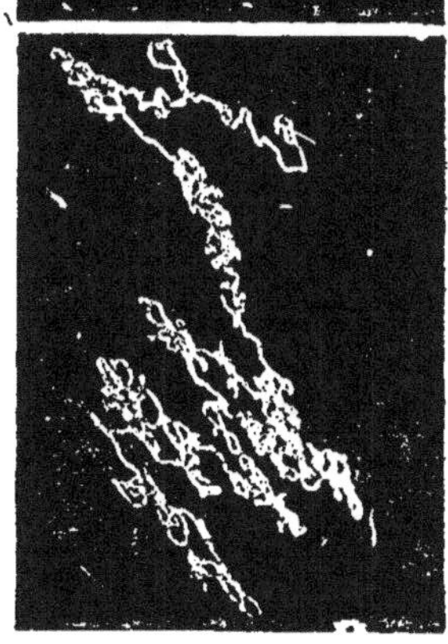
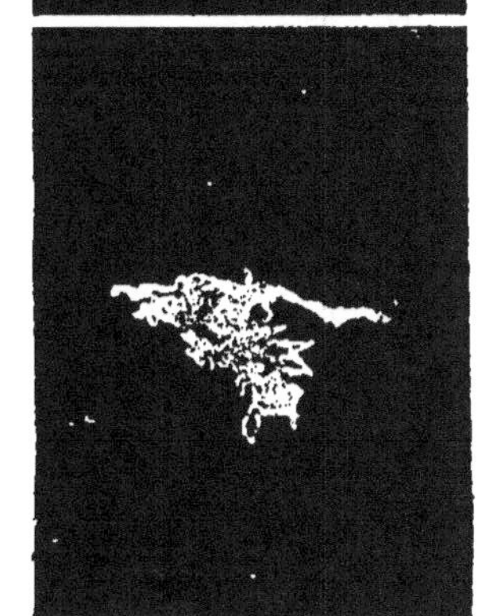

Au moment de le charger.   En visant durant une minute.

Distances du tir de campagne en mètres :

Dans le tir :

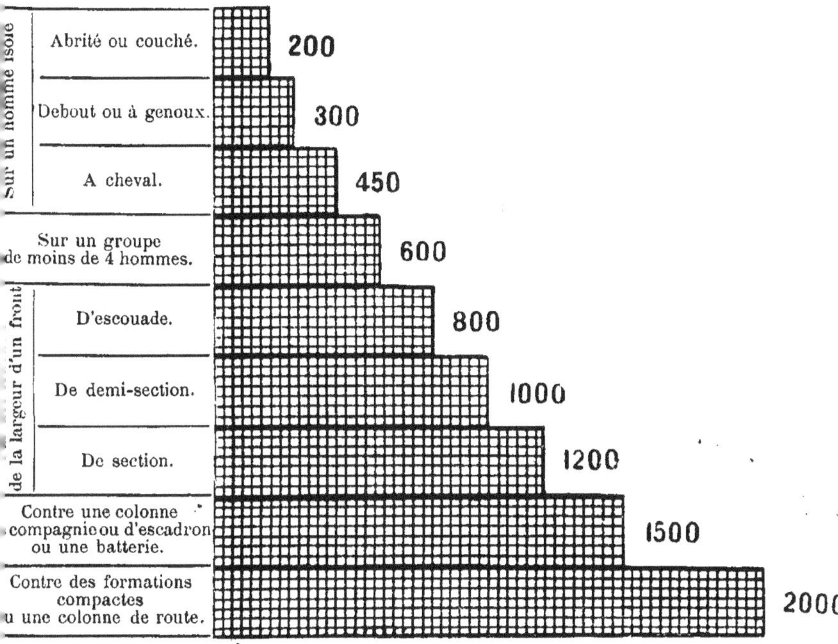

Plus long est le front d'une fraction et plus est grande la distance à
partir de laquelle le feu est efficace contre elle. Pour un front d'escouade,
c'est à partir de 1,000 mètres ; pour un front de section, à partir de 1,200,
et, dans le feu de flanc, à partir de 1,300 mètres ; pour une compagnie, à
partir de 1,500. La formation en colonne est la plus exposée. Ainsi, pour
une compagnie formée en colonne, le danger est deux fois plus grand que
pour la même compagnie en ligne déployée (1).

Quant à l'importance de l'instruction du tir, elle est mise en évidence
par les chiffres suivants : En Russie, jusqu'en 1874, à la distance de
600 mètres, les bataillons de tirailleurs obtenaient un pour cent de 25 ;
depuis 1897, ce pour cent, par suite d'une instruction meilleure, s'est élevé
à 69, soit presque le triple. D'ailleurs, les fusils modernes constituent par
eux-mêmes des engins tellement perfectionnés, qu'un tireur bien instruit
met dans la cible presque à coup sûr.

Résultats
de l'instruction
du tir :
En Russie.

---

(1) Wille, *Waffenlehre*, 1896.

En Angleterre.

Dans l'armée anglaise, le pour cent des coups mis, au tir d'instruction, dans les cibles représentant une ligne de colonnes, est actuellement le suivant (1) :

Distances en mètres :	Pour cent de coups bons :
1,830	48
2,200	29
2,500	18

En France
en Allemagne.

Dans les armées française et allemande, les pour cent de coups bons sont représentés par les graphiques ci-dessous (1) :

Pour cent de coups bons contre un fantassin couché

Dans l'armée française   Dans l'armée allemande

Aux distances de :

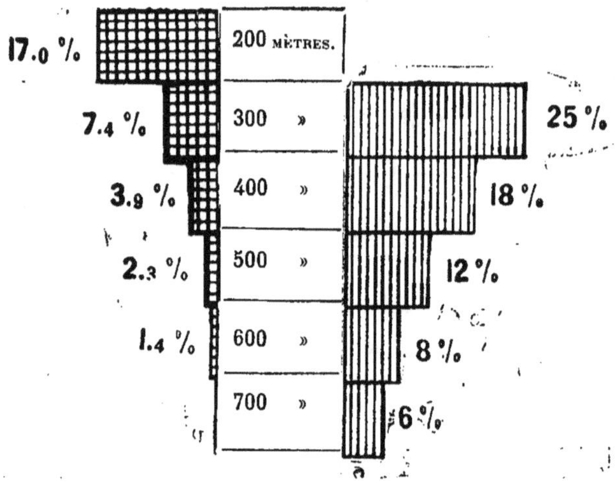

(1) Wille, *Waffenlehre*, 1896.

(2) Dans l'armée française, à l'Ecole de tir de Châlons, on obtient les pour cent suivants, contre :

Distances en mètres :	Un fantassin couché.	à genoux.	debout.	Un cavalier.
200	17,0	24,9	24,3	39,2
300	7,4	11,6	12,6	23,4
400	3,9	6,9	6,9	
500	2,3	3,8	4,3	9,1
600	1,4	2,4	2,7	6,0

A genoux

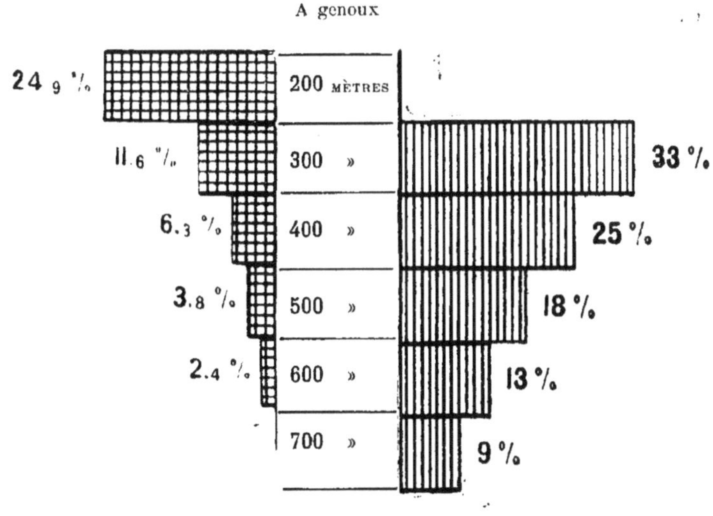

Debout

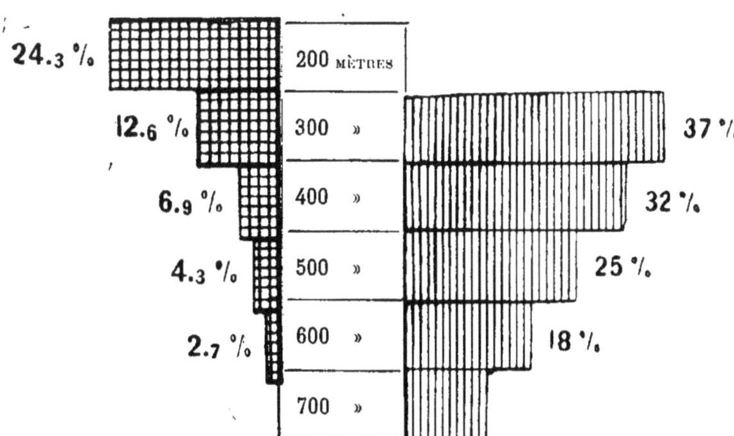

Dans l'armée allemande on obtient les pour cent suivants contre un fantassin :

	couché.	à genoux.	debout.
300	25	33	37
400	18	25	32
500	12	18	25
600	8	13	18
700	6	9	12

(Général Rohne, *Das Gefächtmässige Schiessen.*)

T. V. — Jean de Bloch. — *La guerre future.*   17

La probabilité d'atteindre à 100 mètres est évaluée en pour cent :

Avec le fusil à canon lisse . . . . 6 %
   —   —   rayé . . . . 30 »
   —   —   Chassepot. . . . . 50 »
   —   —   des nouveaux modèles . . . . . 70 »

Mais la science n'a pas dit son dernier mot. Le fusil Mauser de 5 millimètres, actuellement en essai dans diverses armées, a une portée de but en blanc de 1,018 mètres ; tandis que pour le même Mauser du calibre de $7^{mm},66$, en service dans plusieurs pays, cette portée est seulement de 438 mètres.

Il faut surtout observer que plus on peut tirer loin de but en blanc, et plus ainsi les chances d'atteindre sont grandes, plus la rapidité du tir acquiert d'importance.

Jusqu'en 1867, la rapidité normale du tir était évaluée à 1 3/5 coup par minute ; le fusil à aiguille et le Chassepot donnaient déjà 12 coups, mais les fusils actuels fournissent 25 coups par minute.

Ce qui graphiquement se représente ainsi :

Nombre de coups par minute :

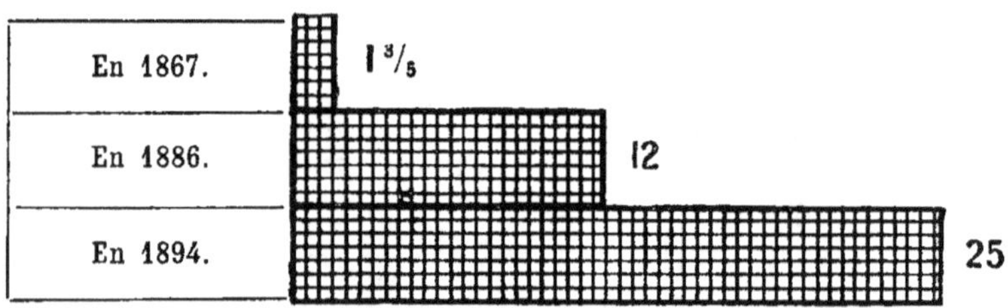

Mais sous ce rapport la technique continue à progresser.

On expérimente des fusils qui se chargent automatiquement. Après le premier coup, la réaction qui est produite par le recul fait fonctionner un mécanisme spécial qui rejette du canon la douille de la cartouche brûlée et en introduit une nouvelle à la place. Le soldat tire sans ôter l'arme de l'épaule, sans perdre de temps ni dépenser de force pour recharger. Donc, au moment critique, la rapidité et la précision du tir augmentent beaucoup et, par suite, le nombre des victimes du tir doit être bien plus grand que par le passé.

La guerre future ne donnera plus les résultats que Gassendi avait déduits des guerres de la période de 1795 à 1815, c'est-à-dire que pour tuer un homme il fallait lancer un poids de plomb égal au sien (1).

Il est difficile d'évaluer d'une manière précise combien l'accroissement de précision et de portée de but en blanc contribueront à augmenter les pertes. La balle ne se contentera plus de traverser l'air, pour n'aller frapper que l'homme placé au point d'intersection de sa trajectoire avec une certaine ligne horizontale ; elle suivra cette ligne horizontale elle-même, tracée à hauteur d'homme au-dessus du sol, sur une longueur d'environ 800 pas et atteindra tout ce qui se trouvera sur cette ligne. A quoi il faut ajouter l'instruction des tireurs, bien meilleure qu'autrefois, et la rapidité du tir des fusils. A l'instant décisif le tireur peut vider tout son magasin. Et au tir d'instruction on obtient aux courtes distances, sur les cibles correspondant aux formations de l'attaque rapprochée, un pour cent tellement énorme de coups bons, que, suivant toute probabilité, les pertes causées par le feu de mousqueterie, qui jusqu'ici étaient évaluées à 18 0/0, doubleront encore, pour le moins.

Moyens pour observer le terrain et mesurer de loin les distances. — Outre l'augmentation de rasance du feu de mousqueterie, l'emploi de différents moyens inconnus dans les guerres d'autrefois influera encore, dans la guerre future, sur le chiffre des pertes ; comme, par exemple, la possibilité de tirer contre l'ennemi par-dessus des bois et des collines et à des distances d'où l'on ne pourra l'apercevoir à l'œil nu. On emploiera dans les troupes des observatoires de campagne, des aérostats, et la lumière électrique pour éclairer l'adversaire pendant la nuit. Parmi ces moyens, il faut mentionner aussi les télémètres.

Le télémètre du colonel Paskévitch, adopté il y a dix ans dans l'armée russe (2), permet de déterminer les distances jusqu'à 8,500 pas (6,375 mètres), même à des buts mobiles, et en trois minutes au total. Mais cet instrument ne pèse pas moins de 33 kilogrammes, et il exige 4 hommes pour le manier. La ligne qui sert de base pour les mesures a 21 mètres de longueur.

Les erreurs dont ses indications sont susceptibles varient dans les limites suivantes :

Observation du terrain et mesure des distances.

Télémètres

----

(1) Wuich, *Repetierfrage* (La question du tir à répétition), 1893.

(2) Dans l'armée française, pour les commandants de compagnie et d'escadron, on a commandé 8,000 télémètres à prisme, qui ne pèsent que 35 grammes, qui s'adaptent aux lunettes ordinaires de campagne et qui permettent de mesurer les distances de 5 à 8 kilomètres.

Aux distances :

de 1,715 pas ou 1,288 mètres . . . l'erreur est, au maximum, de 3 pas ou 2^m,25

3,030	—	2,273	—	. . .	—	11	—	8^m,20
3,526	—	2,645	—	. . .	—	20	—	15^m,00
4,138	—	3,100	—	. . .	—	50	—	37^m,50

Nous représentons ces résultats graphiquement :

Erreurs du télémètre du colonel Paskévitch, en mètres.

Aux distances :

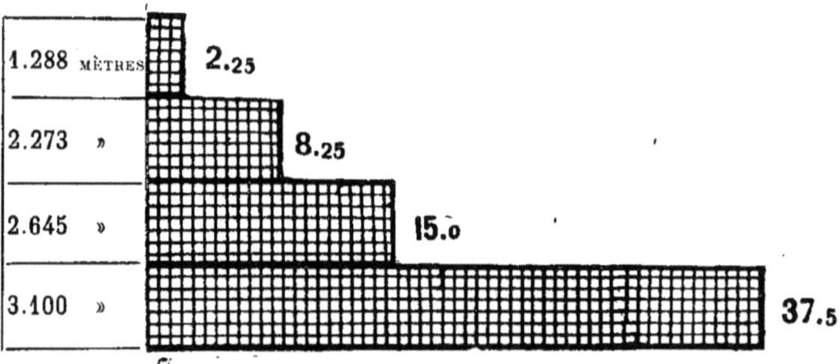

Dans ces dernières années, on a inventé des télémètres encore plus précis (1).

En évaluant seulement à 2 0/0 l'augmentation des pertes qu'entraînera, pour son compte, l'application de ces nouvelles inventions, nous serons plutôt au-dessous de la vérité.

Absence de fumée, d'encrassement dans les canons, de ratés et d'humidité des cartouches. — Ce qui augmentera particulièrement l'effet meurtrier du tir, c'est l'absence des nuages de fumée qui, autrefois, enveloppaient les combattants.

Rien, mieux que l'exemple suivant, ne saurait démontrer jusqu'à quel point cette absence de fumée augmentera l'effet meurtrier du feu de mousqueterie : « A qui n'est-il pas arrivé d'observer, écrit le général Duhesme, qu'en avant d'une ligne de tirailleurs s'élève un nuage de fumée formant un voile, couvrant les hommes à tel point que leurs coups ne sont plus sûrs ni même ajustés. J'en ai fait personnellement l'expérience au combat de Caldiero. Ayant observé qu'à l'aile gauche quelques bataillons, qui avaient reçu l'ordre de se déployer, s'étaient arrêtés et commençaient des

---

(1) Witte, *Fortschritte und Verwendung der Waffen* (Progrès et emploi des armes).

feux de file, je compris qu'ils ne pourraient soutenir ce feu longtemps et je me portai auprès d'eux. La ligne ennemie était invisible. A travers la fumée, on pouvait à peine apercevoir l'éclat des baïonnettes et le sommet des casques des grenadiers, — et cela malgré la proximité de l'ennemi. Entre les combattants séparés par une dépression de terrain, il n'y avait pas plus de 60 pas, mais ils ne pouvaient s'apercevoir les uns les autres. Ni moi, ni aucun de mes douze cavaliers d'escorte ne fûmes blessés, et je ne vis pas tomber un seul des soldats engagés dans le combat. »

En outre, l'absence dans les canons d'un encrassement qui diminuerait la précision des fusils à tir rapide, influera aussi sur l'effet meurtrier des coups, ainsi que la suppression des ratés, dont la proportion, pour les fusils à silex, était cent fois, et pour ceux à piston et à aiguille, six fois plus grande que pour les armes actuelles à cartouches métalliques. En outre, ces cartouches n'ont rien à craindre de l'humidité.

Suppression d'encrassement, de ratés et des craintes d'humidité.

Nous admettrons que, pour ces causes encore, l'effet meurtrier s'accroîtra de 2 0/0.

Augmentation de l'approvisionnement de cartouches porté par les hommes. — Un fait dont l'importance sera aussi de premier ordre, c'est qu'actuellement la réduction du calibre des fusils a permis d'augmenter le nombre de cartouches portées par l'homme. Ce qui accroît, tout à la fois, la puissance du feu et la confiance du soldat.

Approvisionnement plus grand de cartouches.

Avec les fusils Berdan, le fantassin était pourvu, en Russie, de 84 cartouches ; avec les nouvelles armes, il en a 150 ; avec le fusil de 5 millimètres, le nombre des cartouches portées dans les gibernes atteint 270.

Représentons ces chiffres graphiquement :

Nombre de cartouches portées par l'homme avec les différents fusils.

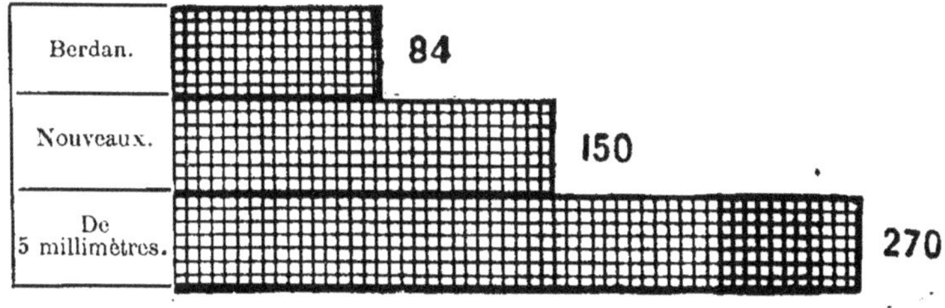

Avec les réductions ultérieures de calibre, ce nombre de cartouches s'élèvera jusqu'à 380 et même 575.

Le soldat a maintenant sur lui de 120 à 150 cartouches ; par conséquent il peut, sans recourir aux approvisionnements de réserve, tirer deux fois plus de coups que dans les guerres précédentes (1).

Ainsi, en supposant que toutes les cartouches portées par l'homme soient tirées, on devrait reconnaître que, par le seul fait de l'augmentation de leur nombre et en admettant même que l'effet du fusil moderne ne soit qu'égal à celui des anciens fusils, le chiffre des pertes augmentera beaucoup. Mais comme ordinairement on ne dépense pas toutes ses munitions, nous n'évaluerons qu'à 12 0/0 l'augmentation des pertes dues à l'accroissement du nombre des cartouches portées par l'homme.

Conclusions. — Ainsi nous trouvons qu'en général le chiffre d'abord admis pour les pertes causées par le feu de mousqueterie, et qui était de 18 0/0, s'augmentera probablement encore à l'avenir :

Par l'accroissement de la puissance de choc des balles, de 7 0/0.

Par l'accroissement de la force de rotation et la déformation des balles, de 4 0/0.

Par l'accroissement de rasance et de précision du tir, de 18 0/0.

Grâce aux nouveaux moyens d'observation et de mesure des distances, de 2 0/0.

Grâce à l'absence de fumée, d'encrassement du canon, de ratés et d'humidité des cartouches, de 2 0/0.

Grâce à l'augmentation du nombre des cartouches portées par l'homme, de 12 0/0.

C'est-à-dire qu'au total le chiffre des pertes causées par le feu de mousqueterie s'augmentera probablement de 63 0/0. Et les résultats de la guerre du Chili prouvent que cette hypothèse n'est pas exagérée.

Alors, en effet, que dans cette guerre les anciens fusils ne mettaient hors de combat que 34 0/0 de l'effectif, les nouveaux fusils Mannlicher à

------

(1) Supposons que l'effet du fusil actuel soit seulement égal à celui des anciens fusils. Voici à peu près le nombre de coups qu'il fallait pour chaque soldat mis hors de combat :

Dans la guerre de 1864 contre le Danemark (armée prussienne) . . 66 coups
— la même guerre au combat de Lundbi. . . . . 8 — 1/2
— — de 1866 (armée prussienne). . . . . 63 à 38
— — de 1870 (armée allemande) . . . . 164 —
— — de 1870 (armée française) d'après Rivierre . 49 —
— — — d'après Montluisant 102 —

Malgré les grandes différences que présentent ces données, pas une ne contredit cette affirmation que l'approvisionnement de cartouches actuellement porté par le soldat suffit pleinement pour mettre au moins un adversaire hors de combat. D'où la conclusion que, dans certaines circonstances, on peut considérer comme probable la destruction mutuelle des deux partis opposés par le feu de mousqueterie.

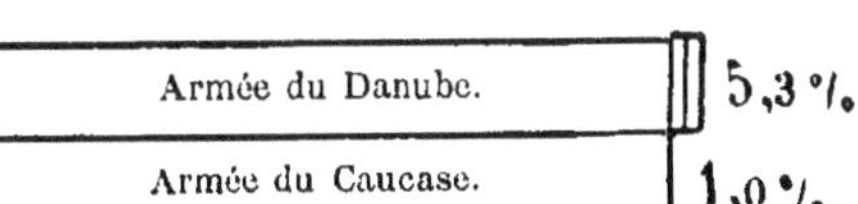

PERTES EN TUÉS ET BLESSÉS.

POUR CENT DES PERTES CAUSÉES PAR L'ARME BLANCHE DANS L'ARMÉE RUSSE DE 1877 A 1878.

POUR CENT DES PERTES OCCASIONNÉES PAR LES FUSILS DANS LE PASSÉ ET AUGMENTATION PROBABLE DANS L'AVENIR.

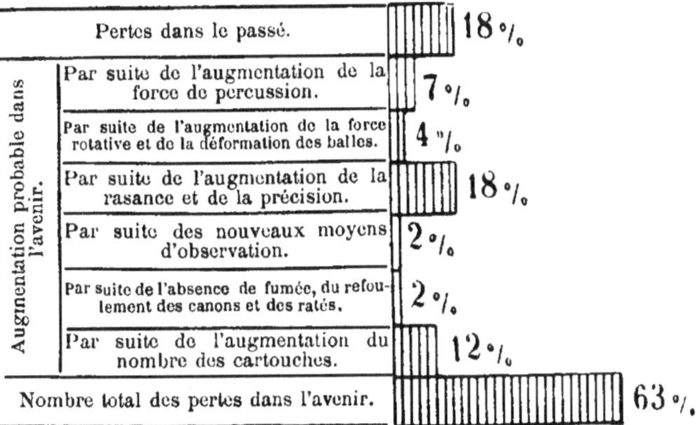

POUR CENT PROBABLE DES PERTES OCCASIONNÉES DANS L'AVENIR PAR LE TIR DE L'ARTILLERIE EN ADMETTANT QU'ON USE TOUS LES PROJECTILES ACCOMPAGNANT LES CANONS, SUIVANT MULLER :

CANONS DE LA DOUBLE ALLIANCE.

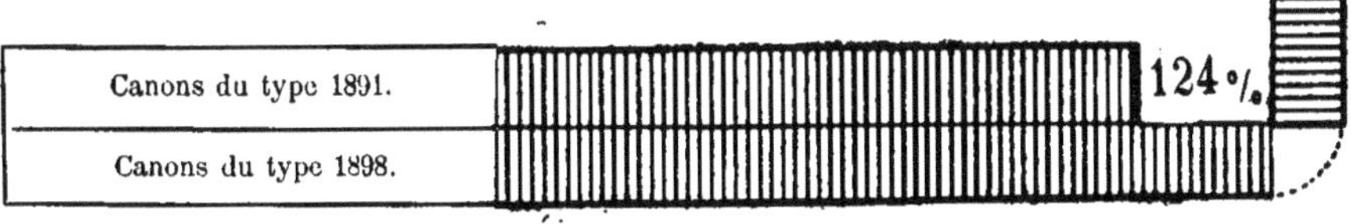

CANONS DE LA TRIPLE ALLIANCE.

petit calibre en ont mis 82 0/0, c'est-à-dire ont causé des pertes 2 fois et demie plus fortes.

En outre, tandis que le pour cent des tués par les anciennes balles n'était que de 12, il s'est élevé, pour les balles des fusils à petit calibre, jusqu'à 29, c'est-à-dire que cette proportion des tués a été 2 fois 1/2 plus grande.

Il s'est trouvé, de plus, que le tir du fusil Mannlicher, dirigé contre des tirailleurs à la distance de 600 mètres, produisait des effets tellement meurtriers qu'il en résultait une panique dans les réserves situées entre 1000 et 1600 mètres en arrière de la chaîne.

Cet exemple prouve que l'effet du nouveau fusil est deux fois plus puissant que celui de l'ancien, et que les balles qu'il lancera à la distance de 600 mètres peuvent, par un insignifiant soulèvement de l'arme, aller frapper jusqu'à 1600.

Le professeur Hebler (1) apprécie l'efficacité des nouveaux fusils plus haut encore que nous ne l'avons fait nous-même, comme on le voit par la façon dont il les évalue, par rapport au fusil mod. 1871 :

Fusil mod. 1871	100 %
— français mod. 1886	433 »
— allemand.	474 »
— de 5 millimètres	1,337 »

Comparativement à cette appréciation, la nôtre semblera très modérée.

3° LES CANONS ET LEURS PROJECTILES.

Quant aux effets des projectiles de l'artillerie, le passé ne peut donner aucune indication à ce sujet.

Pertes occasionnées par l'artillerie.

Les résultats des améliorations déjà réalisées dans l'armement de l'artillerie, depuis la dernière guerre russo-turque de 1877-78, sont tellement considérables, qu'aujourd'hui bien peu de personnes compétentes admettent qu'une guerre régulière puisse ne pas entraîner des pertes impossibles à supporter.

Voici comment, en 1891, le professeur colonel Langlois, aujourd'hui général, calculait l'augmentation de puissance du feu de l'artillerie depuis 1870, en s'appuyant sur les données de la pratique actuelle :

En terrain découvert, les canons d'aujourd'hui, pour un même nombre

_____

(1) Hebler, *Das kleinste Kaliber oder das zukünftige Infanteriegewehr.*

de projectiles lancés, feront à l'ennemi quatre fois plus de mal que ceux de 1870. Et comme ces canons d'aujourd'hui lancent, dans un temps donné, 2 1/2 à 3 fois plus de projectiles que ceux d'autrefois, il en résulte que la puissance du feu d'artillerie s'est augmentée, depuis 1870, au moins dans la proportion de 1 à 12 ou 15.

Mais le calcul fait par le professeur Langlois, en 1891, est déjà, de nos jours, en retard sur la réalité; et par suite, pour se faire une idée exacte du total des pertes que causera la guerre future, il nous faut comparer l'effet des derniers canons perfectionnés à celui des anciens qui ont été employés jusqu'à présent.

Tir rapide des canons. *Rapidité du tir des canons.* — En France, en Allemagne et en Russie, on s'est mis à construire des canons à tir rapide, et d'après des écrivains militaires autorisés comme le général Wille (1), le professeur Potocki (2) et le capitaine Moch (3), on peut admettre que le feu de ces canons possède au total une puissance d'effet double, pour le moins, comparativement avec ceux des modèles de 1891, dont Langlois disait : « Nous avons en perspective toute une série de perfectionnements de premier ordre et nous devons admettre que le matériel de guerre deviendra tout autre que celui qui a figuré sur les champs de bataille dans les guerres précédentes. » Il est aussi très important de constater que le nombre même des canons a augmenté dans des proportions énormes.

Tant qu'on employait la poudre ordinaire, il n'y avait guère à se préoccuper des moyens d'augmenter la rapidité du tir; car le tir un peu rapide produisait tellement de fumée qu'il fallait, après un court intervalle, cesser de tirer — sauf les cas particuliers d'un vent favorable. — Actuellement, une batterie de 6 pièces lance de 8 à 10 projectiles par minute, c'est-à-dire qu'il faut à chaque pièce de 36 à 45 secondes par coup. Mais, s'il faut viser avec précision, on n'admet pour la batterie que 4 coups par minute. Or les expériences ont prouvé qu'avec les nouveaux canons la rapidité du tir influe tellement peu sur sa précision, que dans le combat elle n'aura pas d'importance pratique.

Désormais on pourra lancer, en quelques minutes, autant de projectiles qu'on en tirait autrefois pendant toute une journée de combat; le canon du meilleur système donnera en effet, en 3 minutes, 83 coups, et le plus médiocre 65. Et cela avec une précision de tir remarquable. A 1,828 mètres, les canons mettent 4 projectiles dans un seul et même trou (4).

---

(1) Général Wille, *Das Feldgeschütz der Zukunft.*
(2) Professeur Potocki, *Cours d'artillerie.*
(3) Capitaine Moch, *Notes sur le canon de campagne de l'avenir.*
(4) Löbell, *Militärische Jahresberichte,* 1894.

Le professeur Mikhnevitch (1) apprécie comme il suit l'importance de ces perfectionnements : « Le canon à tir rapide permet d'obtenir dans un temps donné le maximum d'effet imaginable, puisque dans le même temps il lance sur l'ennemi un poids de métal double de ce que lanceraient les autres canons de campagne (sa vitesse de tir est quadruple, son projectile moitié moins lourd, son effet 2 fois plus puissant). De plus, le moindre poids de tout le système permet de rapprocher le canon de l'ennemi, sans que celui-ci s'en aperçoive.

« Il faut encore observer qu'outre les canons à tir rapide, il existe des mitrailleuses qui lancent des masses de balles.

« Ces mitrailleuses ont encore cette faculté, irréalisable pour des tirailleurs, qu'*elles ont beau tirer, jamais ne se modifie la direction donnée à leur ligne de mire au commencement du tir.*

« Grâce à cette propriété, le succès du tir des mitrailleuses ne dépend ni de l'*excitation nerveuse* du tireur, ni de *la difficulté de voir le but*, soit par suite de la *poussière* soulevée, soit par suite du *brouillard* ou du *mauvais temps*. Dans l'*obscurité* même de la nuit, une mitrailleuse, si elle a été bien pointée le soir, peut continuer son tir aussi efficacement qu'en plein jour.

« Toutes ces propriétés font des mitrailleuses un engin que rien ne peut remplacer, quand il s'agit de battre l'intérieur d'un fort ou en général le terrain situé derrière un abri quelconque » (2).

Par conséquent, dans la guerre future, les mitrailleuses joueront un rôle important.

Longue portée. — En comparant avec les effets d'un shrapnell les traces laissées par un millier de balles de fusil lancées par des tirailleurs qui s'avancent en ordre déployé, on a constaté que ce shrapnell bat une étendue de terrain deux fois plus longue et pas moins large que celle atteinte par les mille balles de fusil. Les expériences ont aussi montré que les éclats de ces projectiles se répandent maintenant sur une longueur de 800 mètres et une largeur de 400 (3). — Avec cela une précision de tir remarquable. — Le prince Hohenlohe, l'ancien commandant en chef de l'artillerie allemande pendant la guerre de 1870-71, a déclaré de la façon la plus nette qu'*une batterie*, enfilant une route de 15 pas de largeur, peut détruire entièrement — *raser* totalement suivant sa propre expression — toute troupe d'infanterie qui s'y montrerait sur une longueur de 7.000 mètres, et de façon telle que personne ne puisse songer à stationner sur cette route (4).

Longue portée.

---

(1) Professeur Mikhnevitch, *Influence des nouvelles inventions techniques sur la tactique des troupes.*

(2) V. Tchébicheff, *Examen des caractères du feu de mousqueterie actuel.*

(3) Oméga, *L'art de combattre.*

(4) Prince Hohenlohe-Ingelfingen, *Lettres sur l'artillerie.*

Perfectionne-
ment
des projectiles.

Perfectionnement des projectiles. — L'emploi de l'acier pour la fabrication des projectiles a permis d'y enfermer un plus grand nombre de balles ; et leur chargement au moyen d'explosifs quatre fois plus puissants que la poudre jadis employée, a donné, en général, plus de force à chacun de leurs fragments.

On peut comparer l'effet de cette volée de balles et d'éclats à celui d'une sorte de crible qui par des centaines d'ouvertures, laisserait passer des gouttes d'eau tombant verticalement ou suivant des courbes plus ou moins prononcées. Imaginons maintenant un tel crible tournant avec une grande vitesse et nous aurons comme un tableau des directions indéterminées que peut suivre chaque fragment du projectile. Les balles contenues dans ces projectiles peuvent donc aller atteindre l'ennemi dans les directions les plus variées.

Shrapnells.

Pour pouvoir enfermer à l'intérieur du shrapnell une plus grande quantité de balles, on en fait les parois aussi minces que possible. Les shrapnells allemands ont une enveloppe d'acier mince, tandis que leur culot est en fonte ; les shrapnells anglais et français sont également à parois d'acier. Ceux d'Italie, d'Autriche, de Russie sont en fonte. Plus les balles contenues dans ces projectiles sont petites et légères, plus vite leur mouvement est arrêté par la résistance de l'air. Le calcul a démontré qu'à une balle de shrapnell de 13 grammes, il faut une vitesse de 110 mètres par seconde, et à une balle de 11 grammes, une vitesse de 120 mètres, pour que dans les deux cas leur force vive atteigne 8 kilogrammètres, ce qui est nécessaire pour mettre un homme hors de combat. Toutefois cette condition n'est presque nulle part entièrement remplie. En France, on se contente de donner aux balles de 11 grammes une vitesse de 81 mètres pour atteindre les buts qui se trouvent à découvert. En Russie, on donne au contraire aux balles une vitesse de 210 mètres, en partant de ce principe qu'aux distances de 4,000 mètres (la fusée fusante allemande permet de tirer jusqu'à 3,600), le shrapnell possède encore une vitesse de plus de 200 mètres.

Plus les balles renfermées dans le shrapnell sont grosses et lourdes, plus est considérable l'effet destructeur qu'on en peut attendre.

Le shrapnell de campagne allemand contient 279 balles ; le shrapnell français du canon de campagne lourd en renferme 160, celui du canon léger 110 ; le shrapnell autrichien en a 155 et le shrapnell russe, pour canons lourds, 340. Ces balles sont en plomb durci (pour en augmenter le poids on se propose d'employer à l'avenir à leur fabrication un nouveau métal, le Wolfram). Elles sont tassées dans le projectile et agglutinées par du soufre ou de la résine. Le poids des balles varie entre 10 grammes (Autriche) et 15 grammes (France). En Allemagne, elles pèsent 11 grammes.

Le nouveau shrapnell allemand donne, quand il éclate, 300 éclats et balles ; ceux des autres nations en donnent de 200 à 400.

Il est une sorte particulière de shrapnells dits « à douille », qu'on emploie beaucoup en Russie et que la France a adoptés pour son mortier léger de 120 millimètres. La douille, ou corps du shrapnell, ne se brise pas lors de l'éclatement, mais reste entière et, par suite du recul que cause l'explosion, peut être projetée fortement en arrière. Un projectile de ce genre agit comme une boîte à mitraille qui s'ouvrirait tout près de l'ennemi et produit un effet particulièrement puissant sur les buts profonds. Le nouveau shrapnell français lance 630 balles dont chacune pèse 12 grammes (1).

Les obus ont presque le même aspect extérieur que les shrapnells, et sont munis de fusées à double effet, c'est-à-dire percutantes et fusantes. Les obus ordinaires anciens n'ont que des fusées percutantes, sont en fonte et chargés de poudre noire ; mais pour leur faire produire le plus grand nombre d'éclats possible, on les construit soit à double paroi, soit au moyen d'anneaux superposés. D'ailleurs ces genres d'obus cessent peu à peu d'être employés et l'on ne s'en sert plus guère que pour les tirs d'exercice.

Les obus brisants sont en fonte ou en acier et remplis d'un explosif puissant. Les obus brisants allemands donnent plus de 500 éclats de forme irrégulière et de différentes grandeurs. L'éclatement du projectile doit avoir lieu autant que possible immédiatement devant le but ou tout au plus une dizaine de mètres avant de l'atteindre. La charge brisante a pour effet de diriger la plus grande partie des éclats presque directement de haut en bas, ce qui lui permet d'atteindre des hommes placés immédiatement derrière un abri. L'explosion d'un obus brisant est accompagnée d'une détonation si violente, qu'un tir un peu suivi de ces projectiles doit très probablement agir sur le système nerveux des troupes qui s'y trouvent exposées.

Si un obus brisant rencontre un objectif matériel plein, il s'y enfonce et éclate à l'intérieur en produisant un effet de fougasse. D'après ce qui vient d'être dit, on peut s'attendre à voir les artilleurs employer contre les objectifs cachés derrière des abris un peu épais, non pas les balles des shrapnells, mais les éclats des obus brisants.

Dans la guerre future, les obus feront beaucoup moins de mal que les shrapnells, si bien que ces derniers seront le principal projectile de l'artillerie ; quoique, d'après des renseignements de source française, il paraisse que, lors de l'explosion d'un projectile brisant, tous les hommes qui se trouvent dans le voisinage sont renversés par le mouvement de l'air et reçoivent de graves lésions internes, et qu'en cas d'éclatement d'un tel projectile

Obus.

____

(1) Köhler, *Die modernen Kriegswaffen*, 1897.

dans un espace clos, tous ceux qui s'y trouvent seront tués, soit par l'effet de la force mécanique des éclats et des gaz, soit par l'action délétère de ces derniers, qui sont toxiques (1).

De la comparaison des effets de ces projectiles avec ceux qu'on employait en 1870, il ressort qu'en moyenne les obus d'aujourd'hui fournissent 240 éclats au lieu de 19 à 30 qu'ils donnaient à l'époque de la guerre franco-allemande (2). Les shrapnells alors en usage se subdivisaient en 37 fragments, ceux d'aujourd'hui en produisent 340. Quant aux obus brisants, il n'y a pas de comparaison possible. L'observation suivante peut seulement en donner une idée : une bombe de fonte, du poids de 37 kilogrammes, qui chargée de poudre au salpêtre, donnait 42 éclats, en donne maintenant 1,204 avec une charge de pyroxyline.

Avec l'accroissement du nombre des balles et éclats et de leur force de projection, se sont augmentées aussi les surfaces battues. Éclats et balles portent la mort et la dévastation, non plus seulement, comme en 1870, à courte distance du point d'éclatement, mais à plus de 200 mètres de ce point et cela même dans le tir à 3,000 mètres.

Avec un tel perfectionnement des projectiles, les ravages qu'ils cause-ront dans les rangs des troupes seront énormes. D'après les données du général prussien Rohne (3) nous avons déjà présenté plus haut le calcul, à titre d'exemple, des pertes qu'éprouverait un corps de 10,000 hommes atta-quant en ordre déployé un point fortifié quelconque. Et nous avons montré qu'avant d'avoir parcouru 2,000 mètres dans la direction des ouvrages de la défense, tous les hommes du détachement auraient été; sans exception, frappés par des balles ou des éclats de projectiles; attendu que, pendant ce temps, les défenseurs auraient pu tirer 1,450 coups de canon produisant une grêle de 275,000 éclats et balles dont 10,330 eussent atteint les assail-lants.

Mais l'artillerie ne dirige pas ses coups seulement contre le détache-ment assaillant qui, arrivé à proximité suffisante des ouvrages, peut être aussi battu par leurs feux de mousqueterie ; le canon tirera surtout contre les soutiens qui suivront en ordre plus compact, et dans les rangs desquels, par conséquent, les éclats et les balles feront des ravages encore plus consi-dérables.

Dans ces conditions, les pertes que pourrait amener une guerre entre les puissances de la Triple et celle de la Double Alliance se présenteraient sous l'aspect suivant (4) :

---

(1) Köhler, *Die modernen Kriegswaffen*, 1897.
(2) Langlois, *L'artillerie de campagne*.
(3) Rohne, *Das Schiessen der Feldartillerie*, 1881.
(4) Général Müller, *Die Wirkung der Feldgeschütze*.

Des projectiles franco-russes, au nombre de 8,824, peuvent arrêter le mouvement de 44,120 compagnies assaillantes, c'est-à-dire, de 11 millions de soldats, en tuant et blessant parmi eux 6 millions d'hommes, soit un effectif de 24 0/0 supérieur à celui que peut mettre sur pied la Triple Alliance. Quant au total des tués et blessés par l'effet des projectiles austro-germano-italiens, au nombre de 7,324, il serait de 5,300,000 hommes, c'est-à-dire juste égal à l'effectif des troupes franco-russes.

En faisant ce calcul spécimen des pertes causées dans la guerre future par l'effet des projectiles de l'artillerie, nous avons pris pour base la puissance actuelle de cette arme. Mais d'ici très peu d'années va s'effectuer une transformation complète du matériel de l'artillerie et les armées disposeront de canons deux fois plus forts que ceux dont nous avons fait entrer la puissance destructive dans nos calculs. Par conséquent, les pertes causées par l'effet de ces armes seront aussi deux fois plus grandes.

Pour montrer, par exemple, combien rapidement s'accroit la puissance de l'artillerie, nous avons donné, d'après le général Langlois (1), une comparaison, comme puissance et comme nombre, des canons français en service en 1891 avec ceux dont on se servait en 1870. Et l'on a vu par là que les canons de 1891 représentent une force 20 fois supérieure à ceux de 1870. Or, actuellement, le nombre de ces canons attachés aux troupes actives de campagne ou de réserve de première ligne s'élève à 4,512, tandis qu'en 1870, il n'y en avait en tout que 780 (2).

Cela veut dire que, dans la guerre future, l'effet des canons français de 1891 sera 116 fois plus meurtrier que pendant la campagne de 1870. Et comme après l'achèvement des canons à tir rapide actuellement en cours de fabrication, l'artillerie française aura, d'après les spécialistes, doublé au moins sa puissance actuelle, cette artillerie sera, en fin de compte, 232 fois plus efficace que celle qui lutta contre les Allemands en 1870. On comprend que les pertes produites par le tir de ces canons croîtront dans la même proportion.

Ce qui contribuera encore à augmenter les pertes, c'est que le pour cent d'atteintes données par les nouveaux canons est 3 fois plus grand qu'en 1870 : car là où l'on n'obtenait que 10 0/0 à cette époque, on en obtient aujourd'hui 30.

De plus, les nouveaux canons auront un approvisionnement de munitions presque double de celui des anciens. D'après les calculs de Langlois, dans une bataille future, si elle dure seulement deux journées, on ne con-

---

(1) Langlois, *L'artillerie de campagne.*
(2) *Relation de la Guerre de 1870-71*, par l'Etat-Major français.

sommera pas moins de 267 coups par pièce, et jusqu'à 500, si elle se prolonge pendant 3 ou 4 jours.

Avec l'ancien nombre de 136 à 140 projectiles par pièce, nous avons vu, par les calculs, rapportés plus haut, du général Müller, que, dans les armées de la Double et de la Triple Alliance, il pouvait être tué ou blessé plus de 11 millions d'hommes. Par suite, avec 267 projectiles par pièce, ce total de tués et blessés pourrait atteindre 22 millions — et même 41 millions avec 500 coups par pièce. D'où il suit que les seuls projectiles de l'artillerie suffiraient à détruire 8 fois plus d'hommes qu'on n'en pourrait mettre en ligne sur les champs de bataille. Ces chiffres paraissent invraisemblables : pourtant ils ressortent directement des calculs du général Langlois.

Les explosifs. — Les projectiles actuels sont chargés d'explosifs puissants. Quelques-uns de ceux-ci sont susceptibles, dans certains cas, de détoner spontanément, ou sous l'action de l'ébranlement de l'air produit par une autre explosion. Le danger de ces explosions s'augmente encore par suite des imperfections et irrégularités de l'arrimage des projectiles dans les coffres et de la détérioration du mécanisme des fusées, qui peut se produire lors des mouvements des pièces et de leurs courses pour arriver à se mettre en batterie. De plus, ces explosions peuvent être déterminées aussi par les projectiles ennemis que l'assaillant dirigera par milliers sur les emplacements où seront les dépôts de munitions.

Ces circonstances contribueront encore à causer des pertes considérables.

Conclusions relatives à l'effet des pièces. — Dans la guerre de 1870, les pertes causées par les projectiles de l'artillerie s'élevèrent à 9 0/0 de l'effectif des troupes. Mais on ne peut, en partant de ces chiffres, déterminer ce qu'elles seront dans la guerre future. Le nombre des canons s'est augmenté ; chacun d'eux est devenu 20 fois plus puissant qu'autrefois, et après l'introduction des pièces des nouveaux modèles, la puissance sera 40 fois supérieure à celle des bouches à feu de 1870. Ainsi, même en ne tenant pas compte de l'augmentation du nombre des pièces, le chiffre des pertes passerait de 9 0/0 à 180 0/0, rien qu'en employant les canons actuels, qui vont être bientôt remplacés par d'autres d'une puissance double. En tenant compte de ces derniers, il faudrait encore augmenter le pour cent des pertes et l'on arriverait à un résultat absurde, non point par l'inexactitude des conclusions, mais simplement parce que les engins techniques employés se trouveraient capables de détruire des armées infiniment plus nombreuses que celles qui pourraient être mises en campagne.

III. Influence des nouvelles conditions de conduite du combat
sur l'accroissement des pertes.

Nous avons examiné jusqu'à présent l'effet des fusils et des canons, dans l'hypothèse que la tactique n'avait pas changé depuis 1870. Mais l'accroissement des pertes pourra se ressentir aussi des nouvelles règles tactiques adoptées en ces derniers temps dans les différentes armées. Examinons l'influence que ces règles pourront avoir sur la proportion des pertes.

Les corps francs et les opérations de partisans. — Par suite de la longue portée des armes modernes et du peu de fumée que produit leur tir, les troupes devront, dans la guerre future, s'entourer, sur une grande étendue de terrain, de petits corps francs pour s'opposer aux entreprises des éclaireurs ennemis; la découverte et la destruction de ces petits corps présenteront de sérieuses difficultés. Ainsi que nous l'avons déjà rappelé ailleurs, pour couvrir les derrières de l'armée allemande en 1870, il fut employé jusqu'à 145,712 hommes avec 5,945 chevaux et 80 canons. Et comme les troupes d'infanterie qui opéraient alors activement ne s'élevaient guère au-dessus de 455,000 hommes, on voit qu'un bon sixième du total de l'infanterie était absorbé pour garder les derrières de l'armée.

Et cependant, plus d'une fois les francs-tireurs français réussirent à couper les communications des Allemands et à provoquer différents embarras. Si l'on songe que ces francs-tireurs étaient uniquement des fantassins et n'avaient aucune instruction militaire, il est difficile d'imaginer ce qu'il faudra de troupes sur les derrières d'une armée pour protéger ses communications contre les attaques de corps francs régulièrement organisés et d'éclaireurs à cheval (1).

Actuellement, dans tous les pays, on s'efforce de donner quelque instruction militaire autant que possible à tous les hommes susceptibles d'être appelés sous les drapeaux en cas de guerre. On ne reverra donc plus à l'avenir ce qui s'est passé en France en 1870, alors que, Paris lui-même étant assiégé, des centaines de milliers d'individus, soumis au service militaire, n'en continuaient pas moins de vaquer à leurs occupations du temps de paix. Dès le commencement de la guerre, toute la population plus ou moins apte au service sera, ou bien appelée à faire partie des troupes actives, ou bien utilisée pour former des troupes de deuxième et troisième ligne.

---

(1) Capitaine Schneider, *Der kleine Krieg im Rücken der operierenden Armee.* — Minerva, 1896.

Et même après cela, il restera sans doute encore dans le pays assez d'hommes adultes capables de rendre certains services, comme de fournir aux troupes des renseignements sur l'ennemi, d'incendier des ponts et des magasins, etc. Mais, en général, on doit admettre que les opérations de partisans, elles aussi, seront exécutées par des corps réguliers et d'une façon méthodique. Et le résultat final, c'est que la petite guerre prendra dans l'avenir un bien plus sérieux caractère.

Aux manœuvres d'Alsace-Lorraine, on a fait, dans les troupes allemandes, des essais de transport de l'infanterie sur des voitures, pour doubler ou même tripler sa vitesse de déplacement. On a employé dans ce but deux moyens : ou bien un corps d'infanterie faisait dans une journée un grand trajet sur des voitures, par exemple, 75 kilomètres, avec des haltes pour les repas des hommes et des attelages; ou bien il faisait en 24 heures deux étapes, dont l'une à pied et l'autre sur des chevaux.

C'est par la petite guerre que commenceront les opérations militaires; puisque, le long des frontières, des masses considérables de cavalerie sont tenues en permanence, qui les franchiront immédiatement, ce qui mettra aussitôt aux prises les corps d'exploration des deux armées opposées. Il sera très important pour ces corps d'avoir avec eux de l'infanterie légère portée sur des voitures. On comprend que, dans les mouvements de ces détachements, on visera moins à la régularité qu'à la vitesse. Mais la direction en sera confiée à des officiers choisis, expérimentés, et des corps de partisans semblables seront incomparablement plus dangereux que les francs-tireurs français de 1870.

Actuellement, tout tirailleur embusqué peut, si la distance ne dépasse point 800 pas (1), choisir à volonté son homme ; et comme la fumée de son tir n'est plus là pour indiquer l'endroit où il se trouve, il peut devenir très dangereux.

Les fortifications, les retranchements et les obstacles. — Les pertes qu'on éprouvera dans l'attaque des positions fortifiées s'augmenteront constamment, au fur et à mesure du perfectionnement des armes. Les assaillants seront obligés de se mouvoir en ordre dispersé, en se couvrant des inégalités du sol et par de légers épaulements, que serviront à élever les outils de pionnier dont chaque troupe est aujourd'hui munie.

Pendant la guerre de 1877, les soldats russes n'étaient pas encore assez bien outillés et instruits pour l'exécution de travaux semblables, mais néanmoins on put reconnaître tout l'avantage de ces retranchements. Ainsi à Chipka, les Turcs ne purent venir à bout des Russes, malgré les pertes énormes auxquelles ils se résignèrent. Mais d'autre part, des troupes d'élite

____

(1) V. Tchébicheff, *Examen des caractères du feu de mousqueterie actuel.*

russes, quatre fois supérieures en nombre et d'une bravoure remarquable, ne purent pendant longtemps pénétrer dans la redoute de Gorny-Doubniak bien que, par endroits, elles s'en fussent approchées jusqu'à 100 pas. Dans la plupart des attaques sans succès faites sous Plewna, les troupes ne parvinrent pas, quoique au prix de grandes pertes, jusqu'à portée d'agir à la baïonnette. Elles n'y réussirent que dans des cas exceptionnels (1).

Les chefs, comptant sur la confiance qu'inspirent au soldat le peu de fumée et la longue portée de son arme, se maintiendront obstinément sur le terrain défendu par eux, en choisissant des abris naturels et les complétant par des abris artificiels élevés à l'aide des outils de pionnier de leurs soldats. L'emploi fréquent des retranchements sur le champ de bataille est indiqué par ce fait même que des bêches, des haches et des pioches entrent dans l'équipement d'un certain nombre d'hommes d'infanterie. On peut aussi invoquer, comme preuve de ce fait, l'instruction distribuée au corps de la garde russe en 1892 et recommandant aux défenseurs d'une position de toujours s'y retrancher, à moins d'ordre contraire (2).

Quant à l'exécution de travaux de campagne plus complexes, les armées disposent pour cela des troupes spéciales du génie qui sont dans la proportion de 2, 4 à 4,5 0 0 de l'effectif.

En raison de l'importance du sujet, nous représentons cette proportion par un graphique.

Nombre de sapeurs du génie pour 100 hommes d'infanterie, dans les différentes armées.

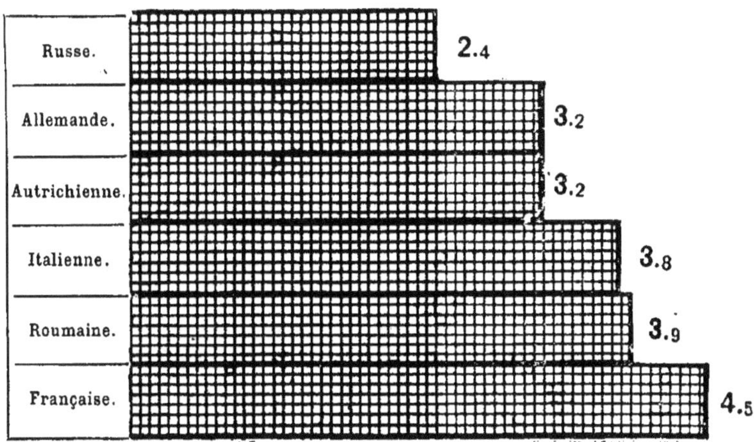

(1) Skougarevsky, *L'attaque de l'infanterie.*
(2) *Rousskiï Invalid*, 1892, n° 107.

Mais un écrivain militaire connu, le général belge Brialmont, considère même cette dernière proportion comme insuffisante. Il conseille d'avoir 6 sapeurs pour 100 fantassins, c'est-à-dire 1 pour 16. Le général Killichen va encore plus loin et demande plus de 7 sapeurs pour 100 fantassins, soit 1 pour 13.

Autrefois les inégalités de terrain n'étaient considérées que comme des obstacles aux opérations militaires, tandis que maintenant, au contraire, le talent d'utiliser ces inégalités semble le plus puissant gage de succès.

Cette opinion s'est tellement accréditée que, dans ces vingt-cinq dernières années, toutes les puissances se sont mises à étudier la topographie de tous les champs et plaines susceptibles de servir de théâtre aux batailles à venir. Cette circonstance est très importante. Si Plewna a pu s'élever tout d'un coup sur un terrain qu'on n'avait ni étudié, ni préparé à l'avance, que sera-ce dans la guerre future, quand, dans les régions frontières, tout aura été préparé pour la défense?

D'après les écrivains militaires les plus compétents, cette guerre future se présentera surtout sous la forme d'une série de combats livrés pour s'emparer de positions fortifiées. Outre les ouvrages de campagne et les retranchements de différentes sortes, l'assaillant aura affaire à des défenses accessoires qu'il rencontrera dans le voisinage des fortifications, c'est-à-dire justement là où il sera le plus fortement en prise au feu de l'ennemi. Tels les obstacles constitués par des palissades, des réseaux de fils de fer, des trous de loup, etc. Leur démolition coûtera des masses de victimes. L'action de l'artillerie sur ces réseaux de fils de fer est presque nulle ; les projectiles-fougasses ne peuvent rien contre eux. Le seul moyen d'en venir à bout est de les faire démonter par des ouvriers qui en connaissent la disposition. Mais cela exige beaucoup de temps.

Et pendant ce temps-là les têtes de colonnes de l'assaillant se trouveront exposées au feu le plus violent de la défense et pourront même facilement l'être à celui que feront leurs propres troupes pour soutenir l'attaque, — ce qui, naturellement, augmentera encore le chiffre des pertes.

Le tir par-dessus ses troupes. — Le feu de mousqueterie par-dessus la tête de ses troupes sera désormais employé plus souvent que par le passé et il peut avoir pour conséquence de grandes pertes. « Considérez, écrit le général Skougarevsky (1), ce qui se passe dans les tirs exécutés pendant la paix avec des cartouches de guerre. Les cibles sont à quelques centaines de pas et pourtant certaines balles vont frapper la terre à quelques dizaines de pas seulement du tireur. S'il en est ainsi en temps de paix, que sera-ce dans un combat réel? »

____

(1) *L'attaque de l'infanterie.*

Plus dangereux encore sera le tir effectué par-dessus les troupes avec les projectiles de l'artillerie; car le manque de sang-froid et d'habitude chez les pointeurs, les dispositions gênantes du terrain, l'éloignement de l'ennemi et autres conditions défavorables pourront amener une mauvaise direction des coups dont souffrira l'infanterie même des assaillants.

Insuffisance et pertes d'officiers. — C'est de la plus ou moins intelligente direction des officiers que dépendront les plus ou moins grandes pertes; et cependant, même en temps de paix, on sent actuellement que les officiers entièrement préparés à leur rôle sont en nombre insuffisant.

Pertes en officiers et insuffisance du commandement.

Le professeur Coumès s'exprime même comme il suit: « Pour commander de l'infanterie sur le champ de bataille il faut tant de science, qu'il n'y a pas une seule armée où l'on puisse trouver 100 officiers sur 500 capables de conduire une compagnie au feu. » Et l'on ne doit pas oublier que la grande majorité des officiers subalternes d'aujourd'hui n'ont jamais fait la guerre. En outre, avec l'organisation militaire actuelle, l'armée active, dans le sens réel du mot, ne pourra jamais avoir le nombre d'officiers qui lui serait nécessaire; car la formation de nouveaux corps entraînera celle de nouveaux états-majors, ce qui épuisera le personnel des officiers de l'armée active, à tel point qu'il n'en restera pas dans le rang, par bataillon, plus de 8 sur 30.

Ainsi, pour un officier du cadre permanent, il faudra avoir trois officiers de la réserve, qui naturellement ne vaudront pas les autres comme aptitude à agir logiquement et à s'orienter suivant les circonstances. Or, toute faute tactique influera immédiatement sur l'élévation des pertes.

Le manque d'officiers entièrement instruits est d'autant plus certain, que ce personnel subira des pertes considérables dès le début de la campagne. L'expérience des dernières guerres — bien qu'il n'y eût pas alors de poudre sans fumée et qu'on n'eût pas posé, comme premier principe, la règle actuelle de mettre avant tout les chefs hors de combat — prouve jusqu'à quel point le nombre des officiers peut diminuer rapidement sur le champ de bataille.

A la fin de la guerre franco-prussienne, il n'y avait plus à la tête des bataillons que des officiers subalternes et même des feldwebels. A partir de décembre 1870, il ne restait, dans une division bavaroise, qu'un seul capitaine (1).

Comme indication pour l'avenir, on peut prendre la guerre du Chili, bien qu'une partie seulement des troupes de l'un des belligérants y fût armée de fusils à petit calibre.

---

(1) *Catéchisme de l'instruction technique de campagne.*

Rien que dans deux combats, les pertes furent les suivantes (1) :

Officiers tués . . . . 23 %
— blessés . . . . 75 »
Hommes de troupe tués . . . . 13 »
— blessés. . . . . 60 »

Le pour cent élevé des pertes en officiers montre combien cher se paie la direction des masses pendant le combat. Et s'il ne reste pas assez d'officiers pour donner l'exemple, les hommes ne marcheront pas à l'attaque.

Dans ses *Lettres sur l'artillerie*, le prince de Hohenlohe rapporte le fait suivant : « Sous Paris, en chassant l'ennemi d'un village, le cimetière de celui-ci fut occupé par une demi-compagnie d'un de nos meilleurs régiment. Soudain l'ennemi, faisant un retour offensif, se réempara de ce cimetière qu'il fallut reprendre de nouveau. Plus tard, je demandai aux hommes de cette demi-compagnie comment ils avaient ainsi pu abandonner le cimetière à l'ennemi? Des soldats me répondirent naïvement : « Mais puisque tous nos officiers étaient tués, personne n'était plus là pour nous dire ce qu'il fallait faire, et nous sommes partis. »

Dans l'armée allemande, pendant la guerre de 1870, les pertes en officiers furent très considérables, comme on le voit par le graphique ci-dessous (2) :

Pertes de l'armée allemande en % pendant la guerre de 1870

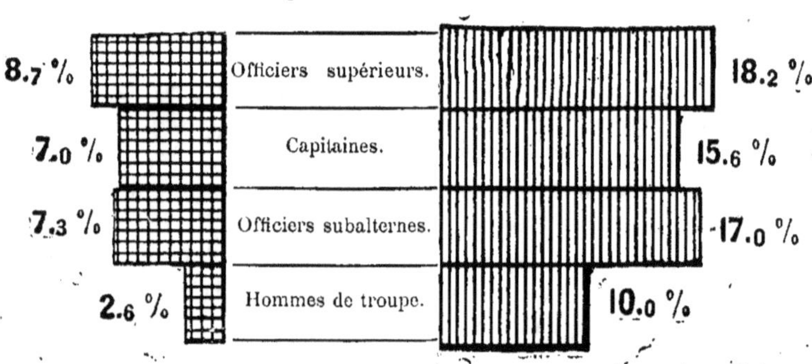

---

(1) *Die Entscheidungskämpfe im Chilenischen Kriege*, 1891.
(2) Il y fut tué :

En Officiers supérieurs . . . . 8,67 %
» Capitaines. . . . . 7,03 »
» Officiers subalternes . . . . 7,30 »
» Hommes de troupe . . . . 2,6 »

C'est-à-dire que les officiers subirent des pertes triples en tués et doubles en blessés, de celles des hommes de troupes (1).

Cela nous conduit à conclure que, par suite du perfectionnement des moyens de destruction, chaque rencontre avec l'ennemi se présentera sous une forme bien plus dangereuse qu'autrefois ; que toute hésitation entraînera de bien plus sérieuses conséquences.

Les conditions du combat se sont extrèmement compliquées et cependant, pour chaque centaine de soldats au titre actif, on se propose d'introduire dans les rangs un nombre de réservistes qui sera :

En Italie.	260	hommes
» Autriche.	350	—
» Allemagne.	566	—
» France.	573	—
» Russie.	361	—

La plupart des réservistes auront oublié ce qu'ils avaient appris au service. Et parmi les officiers aussi, un petit nombre seulement seront à hauteur de leur rôle.

Il semblerait que, dans de telles conditions, on ait dû élaborer en temps de paix des instructions et règlements de campagne susceptibles de donner des indications précises sur les procédés techniques à suivre en toutes circonstances. Mais, comme nous l'avons déjà observé ailleurs, on remarque, sous ce rapport, dans les différentes armées, des lacunes de diverses sortes. Dans les unes les prescriptions théoriques s'écartent trop des nécessités pratiques et pèchent par l'exclusivisme (2) ; dans d'autres, les règles succèdent aux règles, et constamment s'ajoutent les uns aux autres des articles explicatifs et complémentaires, suivis d'observations, rectifications, etc., sans fin. De là naît un sentiment de défiance. Les prescriptions se modifient si souvent qu'il est impossible de les considérer comme définitives, même au moment de leur apparition... Ce qui rappelle une locution bien caractéristique employée dans l'armée française : « *Ordre, contre-ordre, désordre* (3). » Et tout cela est très naturel, car il n'existe pas encore d'expérience de combat livré avec la poudre sans fumée.

Il y fut blessé :

En Officiers supérieurs	18,22	%
» Capitaines.	15,6	»
» Officiers subalternes.	17	»
» Hommes de troupe	9,98	»

(1) Capitaine Martynoff.

(2) Skougarevsky, *L'attaque de l'infanterie.*

(3) Abel Vangler, *Revue encyclopédique,* 15 juillet 1895.

Quelques auteurs sont d'avis que, pour la conduite du combat dans l'avenir, il ne faut pas poser de règles ou prescriptions générales obligatoires, attendu que leur observation littérale pourrait avoir les plus fâcheuses conséquences.

Autrefois, quant le tir était incomparablement plus lent, que les projectiles avaient bien moins de force et n'atteignaient qu'à des distances relativement faibles, de sorte qu'on pouvait promptement sortir de la zone battue, les pertes occasionnées par une faute tactique ne pouvaient pas être aussi grandes que dans les conditions actuelles.

Aujourd'hui, ces conditions sont telles, qu'une erreur peut entraîner la destruction complète d'un corps de troupe en quelques minutes. Le danger a beaucoup augmenté en même temps qu'ont diminué les données dont on dispose pour s'orienter correctement. La fumée n'indiquera plus l'emplacement des corps ennemis, et cependant il faut se souvenir que l'assaillant doit avoir pour but de s'approcher du défenseur jusqu'à une distance assez faible pour que les effets balistiques des projectiles ne puissent plus s'y manifester et qu'à cette distance, comme dans les anciens combats, la baïonnette soit l'argument décisif.

Mais avec les pertes que, d'une façon générale, l'attaque entraîne, ainsi que nous l'avons expliqué, combien ne faudra-t-il pas sacrifier de victimes pour en arriver à se rapprocher ainsi ? On comprend donc que le mouvement en avant doive s'effectuer, en observant toutes les règles de la prudence, sur le front largement déployé de l'attaque et sur les espaces considérables occupés par le corps assaillant.

Le prolongement de la durée des batailles. — S'approcher de l'ennemi établi derrière des abris solides et tirant à des distances repérées d'avance est chose très difficile, et qui peut demander même *deux journées de travail.* Le premier jour, l'assaillant s'avance jusqu'à la limite du feu d'artillerie ennemi et, à la chute du jour, envoie dans la zone d'action du feu de mousqueterie, de petits détachements, par exemple des compagnies, en les désignant parmi les troupes indiquées pour l'assaut et en les prenant successivement dans l'ordre de leur dispositif en profondeur. Les fractions ainsi envoyées en avant se dirigent vers des points choisis *ad hoc* et s'y fortifient immédiatement. Le combat ne peut dès lors commencer que le lendemain. Mais les points de ce genre peuvent être très nombreux.

Il n'est donc pas étonnant que, de l'avis de certains auteurs militaires, les batailles devront se prolonger 3, 4 et même 5 jours (1). D'autres spécialistes mêmes ne trouvent nullement improbable que l'on en revienne au temps des sièges, — Belgrade, Mantoue, Plewna peuvent se renouveler. Il

____

(1) Capitaine Nigote, *La bataille de la Vesles.*

est très possible que l'assaillant, ne pouvant remporter une victoire décisive, s'efforce d'enfermer l'ennemi sur le terrain où il le trouve, en élevant lui-même des retranchements ; après quoi il commencera à pousser des sorties pour empêcher l'arrivée des approvisionnements, jusqu'à ce que les assiégés soient vaincus par la faim (1).

Ainsi que nous l'avons expliqué, l'obtention d'une solution prompte et définitive dans les batailles futures paraît moins probable qu'autrefois. Nous avons rapporté des citations d'un auteur allemand connu, le colonel Liebert, d'où il résulte qu'en 1870, on parvenait rarement à battre du premier coup, même les mobiles français mal instruits, et que, d'habitude, il fallait les chasser le lendemain d'une nouvelle position par eux occupée (2).

Mais les nouveaux perfectionnements introduits dans l'armement de l'infanterie et de l'artillerie, comme aussi l'instruction donnée aux hommes pour utiliser tous les abris du terrain, ont notablement augmenté la force de résistance des corps de troupes. Le fusil actuel a une puissance terrible ; le maniement en est simple et commode. Une infanterie sur la défensive, établie derrière des abris sûrs et qui ne perd pas la tête, est extrêmement difficile à déloger. Et même si elle quitte sa position, elle trouve bientôt quelque autre accident de terrain, un fossé, un groupe d'arbres qui lui procure un nouvel abri. Les zones dangereuses du feu sont devenues bien plus larges qu'autrefois et le combat sera plus acharné et plus long.

Quant à balayer l'ennemi en quelques minutes, comme à Rossbach, il n'y faut plus songer. On ne pourra que le pousser peu à peu, ce qui lui laissera toujours le temps d'amener sur le terrain ses réserves les plus voisines et de soutenir les corps menacés. La force croissante de résistance de chaque unité de combat permet maintenant à une seule division d'accepter hardiment le combat avec un corps d'armée ennemi, pour peu qu'elle sache qu'une autre division viendra promptement la renforcer. Et même si la première de ces deux divisions était déjà affaiblie par un autre combat, il faudrait pour la briser complètement tellement de temps, qu'elle pourrait tenir jusqu'à l'arrivée de renforts puissants, et qu'ensuite l'issue du combat pourrait entièrement changer.

Comme exemple, on peut citer un cas observé lors des manœuvres exécutées dans la Prusse Orientale, devant l'empereur, en 1894. Les deux divisions du 1er corps d'armée se trouvaient à un jour de marche l'une de l'autre et pourtant la première réussit à soutenir l'attaque du 17e corps tout entier jusqu'à l'arrivée de la seconde division, après quoi les deux divisions qui

____

(1) Hœnig, *Die Taktik der Zukunft*.

(2) Liebert, *Die Verwendung der Reserven in der Schlacht* : Militär Wochenblat, 1895.

s'étaient si bien défendues, réussirent même à prendre quelque supériorité sur l'ennemi (1).

En outre, la dispersion même des masses de troupes sur une grande étendue de terrain a pour conséquence que le succès de l'attaque sur un point, dû à la concentration, en cet endroit, de forces supérieures, peut quelquefois rester partiel, sans amener un assaut général avec défaite des forces principales de la défense. De même qu'au point de vue stratégique, même une victoire complète sur un point ne peut pas toujours être transformée, par une concentration ultérieure des forces, en une affaire influant sur la marche générale de toute la campagne.

Indécision de la victoire et résistance dans la retraite. — Autrefois, un des partis en lutte comprenait promptement que la supériorité était de l'autre côté ; et il renonçait à continuer le combat. La prise de possession du champ de bataille était considérée comme le résultat et le symbole du succès. Mais aujourd'hui la plupart des écrivains militaires jugent assez douteuse l'obtention d'un tel résultat ; car on n'est jamais certain que le parti vainqueur se soit décidé, au moment voulu, à exécuter une attaque générale énergique sur l'ennemi. Et sans cette certitude, on ne peut ni laisser derrière soi le champ de bataille, ni poursuivre les forces ennemies.

Des opinions d'écrivains militaires cités par nous dans une autre partie de l'ouvrage est sortie cette conclusion, qu'avec la puissance et la portée extraordinairement accrues des fusils, outre les difficultés qu'entraînera l'attaque, une victoire décisive d'un parti sur l'autre, en cas d'égalité numérique, n'est possible que si l'un des adversaires manque de cartouches. Mais avec ce qu'en porteront désormais les hommes sur eux, et les réserves du train, les pertes des deux côtés seront telles, bien avant qu'elles ne soient toutes brûlées, que la prolongation du combat paraîtra impossible.

Quant à la question de savoir si la nuit interrompra la lutte, on émet également l'avis que, grâce à l'application de la lumière électrique, il ne sera pas rare de voir une affaire continuer ou reprendre pendant la nuit.

Dans toutes les armées, on s'efforce d'inspirer aux soldats la conviction qu'il suffit de pousser une attaque avec une vigoureuse résolution pour que l'ennemi ne la soutienne pas et batte en retraite. Ainsi, dans le Règlement français sur le service en campagne, il est dit très nettement que « une infanterie hardie, conduite énergiquement, peut marcher sous le feu le plus vif même contre des tranchées bien défendues et s'en emparer ». Mais nous avons donné plus haut assez de citations émanant d'hommes compétents qui montrent jusqu'à quel point une telle entreprise serait difficile.

----

(1) Von der Goltz, *Kriegführung.*

Enfin, admettons que l'ennemi ait commencé à reculer. Il exécutera désormais ce mouvement de retraite d'une tout autre manière que celle autrefois pratiquée. A partir du moment où le vainqueur serre ses rangs pour donner l'assaut et se rendre maître du champ de bataille commencent, du côté de la défense, des opérations que l'on peut qualifier d'opérations de partisans. En fait, le fusil actuel avec son peu de fumée est vraiment une arme de partisan, attendu que, grâce à lui, le plus faible corps de troupes, embusqué tantôt derrière un abri, tantôt derrière un autre, peut agir d'une façon très efficace même à de grandes distances. Devant l'assaillant reculera lentement, en formant mille sinuosités, la mince et souple ligne avancée de la défense. Elle fatiguera l'ennemi de son feu, en le forçant à se déployer; puis, se retirant, elle renouvellera la même manœuvre sur d'autres points un peu plus éloignés.

Pendant que la ligne avancée de la défense, se transformant en arrière-garde, ralentira et entraînera de la sorte la marche de l'attaque, le gros des défenseurs pourra se reformer et agir ensuite d'après les circonstances, tandis que l'assaillant, qui se croyait déjà victorieux, s'apercevant qu'il ne peut pas attaquer l'arrière-garde ennemie, tantôt disparaissant, tantôt réapparaissant en différents points, soit devant lui, soit sur ses flancs, perdra sa confiance dans le succès, — alors que le parti, qui battait en retraite, reprendra courage et confiance dans ses chefs.

Il est clair qu'avec l'ancienne poudre, dont la fumée dessinait exactement le front de combat de l'ennemi et même indiquait approximativement l'effectif des troupes déployées en bataille, on n'aurait pu songer à semblable manœuvre, car elle eût été trop dangereuse (1). Et vainement on prétendrait que, pour l'exécution des opérations sus-indiquées, des troupes spécialement choisies seraient nécessaires. Il suffit de soldats simplement instruits. Chacun d'eux évidemment comprendra que deux ou trois brigades, disséminées en tirailleurs, ne peuvent arrêter la marche offensive d'une armée entière. Mais en voyant que cette offensive peut être entravée au point de ne pouvoir progresser que de 5 à 7 kilomètres en tout par jour, les défenseurs se reprendront à espérer un retour favorable des événements.

On voit par là combien la disparition de la fumée de la poudre a renforcé la défense. Il est vrai que jadis, également, il y eut des exemples de combats acharnés d'arrière-garde, pour faciliter une retraite en bon ordre, Mais, dans ces cas-là même, le succès se dessinait néanmoins trop nettement et sans retour, ce qui électrisait les assaillants. Le vaincu s'efforçait de se mettre le plus vite possible hors de portée du feu, et derrière lui retentis-

---

(1) *Rückzugsgerecht und rauschwaches Pulver* (Le combat en retraite et la poudre sans fumée). (*Militär Zeitung*, 1894.)

saient sur toute la ligne les hourrahs! qui redoublaient l'impétuosité de
l'attaque. Tandis qu'aujourd'hui, comme la longue portée et la rapidité de tir
des armes rendent le parcours des premiers kilomètres de la marche en
retraite plus dangereux que la résistance sur place et comme la chaîne des
tirailleurs qui couvre la retraite peut fortement ralentir les progrès de
l'attaque, le parti qui se retire ne s'avisera pas de courir, et l'assaillant ne
verra pas se produire cette crise rapide où il s'élançait impétueusement en
avant et brisait à la baïonnette toute tentative de résistance de l'adversaire.

Il faut encore songer à cette circonstance, de nature à faciliter la retraite
des défenseurs, que chaque parti, même quand il se porte en avant, s'assure
d'avance à tout événement une ligne de retraite en y effectuant des travaux
défensifs. Ainsi, en abandonnant une position, celui qui recule en trouve
aussitôt une autre préparée en arrière où il s'efforce d'opposer une résistance nouvelle aux troupes fatiguées de l'assaillant, éprouvées déjà par des
pertes beaucoup plus grandes que celles de la défense.

Un auteur de talent, bien connu, le capitaine Nigote dit : « La marche
classique du combat qu'on nous représente si joliment aux grandes manœuvres a positivement fait son temps, et nous sommes tout à fait de l'avis
d'un tacticien célèbre qui fut professeur à l'Ecole supérieure de guerre :

« Le combat, au sens ancien du mot, ne peut plus avoir lieu qu'en ter-
« rain découvert. Qu'est-ce qu'un combat où l'adversaire n'est pas visible?
« Autrement dit, quand l'ennemi est retranché derrière des ouvrages forti-
« fiés, sa supériorité est si grande qu'il est inutile d'entamer la lutte; mais
« qu'il sorte de ses positions pour se montrer en plein champ, de façon qu'on
« puisse le voir, alors les chances s'égalisent et il faut se mesurer avec lui. »

Le même auteur continue : « La plupart de nos tacticiens, dans leur
attachement aux traditions anciennes, ressemblent à des gens qui se jette-
raient au feu pour sauver de l'incendie les ruines de la maison paternelle,
au lieu de la démolir après le désastre et d'en construire une nouvelle.
Mais ils veulent à toute force maintenir le vieux principe napoléonien
d'après lequel la supériorité numérique au point décisif assure toujours la
victoire. Comme si l'on pouvait douter que, de notre temps, une simple
brigade bien retranchée, avec des fusils Lebel et quelques batteries, ne fût
capable de repousser l'armée entière d'Austerlitz ou de Wagram, ou qu'un
brave commandant de compagnie établi dans les montagnes ne pût rejeter
Annibal et toutes ses forces dans la vallée du Rhône et sauver ainsi la république romaine! »

Si dans ces paroles il y a un peu d'exagération, elles n'en sont pas moins
l'expression de cette vérité que l'armement actuel permettra de se défendre
avec succès contre un adversaire bien supérieur en nombre et de lui infliger
de grandes pertes.

Les combats de nuit. — La force de la défense s'est, grâce au perfectionnement des armes, augmentée à ce point, que l'assaillant doit avoir recours à divers moyens susceptibles d'égaliser quelque peu les chances, — notamment à des tranchées ou abris de toute sorte, et enfin aux ténèbres de la nuit. Mais les combats de nuit entraînent de très graves dangers pour l'assaillant. Comme on l'a déjà dit au chapitre : *Sur le champ de bataille*, dans une lutte nocturne, les combattants cessent de se reconnaître les uns les autres et, dans leur précipitation nerveuse, ceux d'un parti peuvent tirer sur leurs propres camarades.

La nervosité. — Proudhon a dit que « le soldat qui marche au combat pour la patrie doit s'élever au-dessus de lui-même, non seulement par l'énergie et la bravoure, mais aussi par la vertu » (1), et le maréchal Saint-Cyr soutenait qu' « une troupe brave se compose d'un tiers d'hommes réellement braves, d'un autre tiers d'hommes pouvant être braves dans certaines circonstances, le troisième tiers étant formé de poltrons ».

Mais il faut encore observer qu'avec les progrès de la civilisation et du bien-être la nervosité s'est beaucoup développée ; et qu'en outre, les armées actuelles, surtout dans les pays de l'ouest de l'Europe, comprendront une forte proportion d'hommes peu habitués aux travaux physiques pénibles et aux marches forcées. Dans cette catégorie il faut ranger la plupart des ouvriers d'industrie.

La nervosité se manifestera particulièrement encore par suite de ce fait que les attaques de nuit sont fortement recommandées par beaucoup d'auteurs militaires et seront certainement plus fréquentes que dans les guerres d'autrefois. Mais déjà la simple attente de la possibilité d'un combat de nuit amènera de nombreuses alarmes qui peuvent mettre les hommes dans un état d'excitation nerveuse manifeste.

La question de l'influence que peut avoir la nervosité sur les pertes en temps de guerre a appelé l'attention de quelques médecins et ils ont émis cette hypothèse que bon nombre d'hommes seront frappés d'aliénation mentale. Le fameux ministre de la Guerre prussien von Roon écrivait de Nikolsbourg, en 1866, les lignes suivantes : « L'excès de travail, le nombre et la variété des émotions ont tellement secoué mes nerfs que des flammes me semblent jaillir dans le cerveau, tantôt sur un point, tantôt sur un autre (2). »

Les difficultés de l'alimentation. — Les progrès de la technique militaire ayant augmenté les forces de la défense, on est obligé d'admettre que

_____

(1) Citation empruntée à l'ouvrage du général Iung : *La guerre et la société*.
(2) Dr J.-L.-A. Koch, *Die Bedeutung der psychologischen Minderwertigkeiten für den Militärdienst*.

les guerres futures seront plus longues que celles d'autrefois. Un seul fait
milite contre cette hypothèse : la difficulté de nourrir les énormes armées
modernes et la probabilité de voir éclater la famine dans les pays qui ont
besoin d'importer des céréales.

Sauf la Russie et l'Autriche, pas un pays en Europe ne produit assez
de blé pour nourrir sa population. Et Montecuculli disait : « La faim est
plus terrible que le fer, et le manque de nourriture a détruit plus d'armées
que les batailles ». Frédéric le Grand observait qu'à la guerre les plans les
plus magnifiques peuvent échouer, faute de vivres. Et son armée n'était
pourtant qu'une poignée d'hommes comparativement à celles de notre
temps. La difficulté d'amener en temps voulu aux troupes tout ce dont elles
ont besoin, par des transports réguliers, étant donnés la rapidité de leurs
déplacements et le renchérissement de toutes choses, oblige les armées de
recourir aux réquisitions.

Mais sous ce rapport encore, on ne peut rien conclure, relativement à
la guerre de l'avenir, des exemples fournis par les guerres du passé. Les
réserves de vivres d'une contrée s'épuiseront vite et la prolongation des
guerres amènera l'arrêt complet ou du moins de longs retards dans les travaux agricoles eux-mêmes, car c'est toute la fleur de la population qui se
trouvera sous les drapeaux dans les divers pays.

L'histoire ancienne, il est vrai, nous offre aussi des exemples de
nations entières marchant en masse à la guerre. Mais ces guerres ne s'en
terminaient pas moins par quelques chocs, parce qu'il n'existait ni communications rapides pour renforcer les masses en présence par des forces nouvelles, ni lignes de défense méthodiquement organisées. D'autre part, l'histoire moderne nous a donné de nombreux exemples de guerres prolongées.
Il faut toutefois remarquer que les guerres de Trente ans et de Sept ans
n'ont pas été des luttes ininterrompues. Les troupes prenaient chaque
année leurs quartiers d'hiver, où elles recevaient leurs vivres des magasins,
et au printemps s'ouvraient les opérations militaires qui ne ramenaient que
des succès partiels, tels que le gain d'une bataille, ou la prise d'une place
forte, puis s'interrompaient de nouveau. Les longues guerres de l'histoire
moderne peuvent donc être considérées plutôt comme des séries de campagnes ou guerres successives (1).

Dans ces derniers temps, à côté de guerres prolongées comme celles de
Crimée ou de la Sécession américaine, il y en a eu de très courtes : la
guerre d'Italie en 1859 et la guerre austro-prussienne de 1866. En s'appuyant sur ce dernier exemple, l'écrivain militaire allemand Rustow s'était
hâté de poser la théorie de la *brièveté de la guerre*, comme imposée par le

---

(1) A. Dittrich, *Betrachtungen über die Dauer zukünftiger Kriege und deren Mittel.*

progrès des communications et des armements. Les partisans de cette théorie furent déjà bien étonnés de voir la campagne franco-prussienne de 1870-71 se prolonger pendant sept mois entiers, — quoiqu'on puisse considérer cette guerre comme courte, eu égard à l'effectif considérable des forces mises en présence et à l'énormité des résultats obtenus.

Mais désormais, en raison des alliances conclues, entreront en lutte à la fois plusieurs grandes nations, dont chacune aura consacré des années à accumuler d'énormes moyens de défense sur ses frontières. Ainsi en France, dans les dix dernières années, il a été dépensé un milliard de francs en fortifications; et le caractère même de celles-ci s'est complètement modifié. Au lieu des anciennes forteresses ou forts isolés, etc., visibles à grande distance, et qu'avec les moyens de siège actuels il était facile de bloquer ou de prendre, on a organisé des camps retranchés à peine reconnaissables de loin et qui sont de vastes polygones munis d'abris casematés pouvant loger des armées entières. Des fractions de ces armées pourront faire des sorties bien au delà des limites de terrain que veut assiéger l'assaillant; elles pourront attaquer elles-mêmes celui-ci et, par leur action, modifier entièrement la marche prévue des choses.

Ainsi, à quelques plans de conduite de la guerre que l'on s'arrête, chaque parti, poussant les hostilités sur le territoire ennemi, s'y heurtera à de terribles obstacles préparés pour arrêter l'armée envahissante. Les gouvernements ont dépensé des millions sans compter, afin de n'être pas, malgré la différence dans la rapidité de mobilisation, débordés par une trop grande supériorité de forces envahissantes de l'ennemi. Les préparatifs faits ont pour but d'arrêter celui-ci, sinon sur la frontière même, au moins dans les régions avoisinantes.

Avec l'organisation actuelle de l'administration militaire, le principal souci de l'alimentation des troupes incombera aux commandants supérieurs qui, en temps de paix, sont à l'écart de ces affaires et des questions qui s'y rattachent. Et cependant, plus nombreuses sont les armées et plus lents sont leurs mouvements, plus difficile il sera de les pourvoir de tout ce qui leur est nécessaire.

Mais de notre temps, avec l'énormité des armées et la longue durée probable de leur stationnement dans les régions fortifiées, tant devant les passages gardés des frontières que devant les autres lignes de défense de l'ennemi, la question des approvisionnements prend des proportions et offre des difficultés qu'on n'avait jamais rencontrées jusqu'à présent.

Au temps passé, il était relativement facile de diriger les troupes et de les faire vivre. Les armées étaient comparativement insignifiantes et se déplaçaient rapidement d'un point à un autre. Aujourd'hui, la situation, comme nous venons de le montrer, est tout autre; et un plus ou moins grand retard dans l'alimentation de l'armée peut non seulement causer beaucoup de difficultés, mais même influer sur l'accroissement des pertes.

**Retards
dans
l'enlèvement
des
blessés.**

Retards dans l'enlèvement des blessés. — Une autre circonstance qui ne peut manquer d'augmenter l'étendue des pertes, c'est que l'enlèvement immédiat des blessés en temps de guerre est devenu très difficile. Avec les armes à feu médiocres d'autrefois, les points de pansement pouvaient être établis à peu de distance en arrière des combattants. L'accroissement des portées a obligé de les éloigner ; et, dans la guerre future où les armes seront encore meilleures, les points de pansement les plus avancés devront être établis bien plus loin des lignes de feu. Précédemment, on relevait les blessés sous les yeux mêmes de l'ennemi ; maintenant, à peine sera-t-il humainement possible de s'occuper de leur transport pendant le combat, en raison des distances considérables où il faudra les porter, par suite de la précision et de la longue portée des fusils perfectionnés d'aujourd'hui. Les brancardiers et les blessés portés par eux pourraient être atteints par les balles. Le soldat blessé, connaissant les propriétés du nouveau fusil, sera plutôt tenté de se cacher et de ne pas se faire voir à l'ennemi. Le système de faire coucher les chaînes de tirailleurs a rendu très difficile aux infirmiers la recherche des blessés. Aussi le transport de ceux-ci en dehors du champ de bataille, au cours même de la lutte, devra diminuer. Plus que jamais, les blessés resteront abandonnés à eux-mêmes ou au simple secours de leurs camarades, jusqu'à la fin du combat ou jusqu'à ce que survienne un moment favorable pour les éloigner. Et pendant ce temps, continuera de tomber autour d'eux une grêle de balles, d'éclats d'obus, de shrapnells et de projectiles de toute sorte.

Plus les blessés devront rester longtemps sur le terrain, plus est probable l'augmentation du pour cent des morts amenées par les hémorragies, par de secondes blessures et autres causes semblables. Le nombre d'issues fatales des blessures est jusqu'à un certain point proportionnel au retard qu'on apporte à les soigner. Mais la puissance de choc des balles d'aujourd'hui est telle, qu'elles peuvent traverser un homme de part en part dans sa longueur, pour peu qu'elles viennent, en rasant le sol, l'atteindre dans la position du soldat couché. Le docteur Habart dit que la balle à enveloppe de 8 millimètres, frappant un homme placé horizontalement, par exemple à l'épaule, pénètre jusqu'à la rate ou au foie et probablement même jusqu'aux boyaux. Et avec le grand nombre de cartouches dont on dispose (150 sur l'homme et 150 sur les voitures) (1), il peut facilement arriver qu'un homme reçoive plusieurs blessures dans une même affaire.

---

(1) Dʳ J. Habart, *Die Geschosswirkung der 8ᵐᵐ Handfeuerwaffen auf Menschen und Pferden*. — Vienne, 1892.

Le pour cent des tués augmentera considérablement (1). Le graphique suivant montre combien les fusils modernes, malgré leur petit calibre, sont plus dangereux que les anciens.

Influence de la qualité des armes à feu sur la proportion des tués et des blessés.

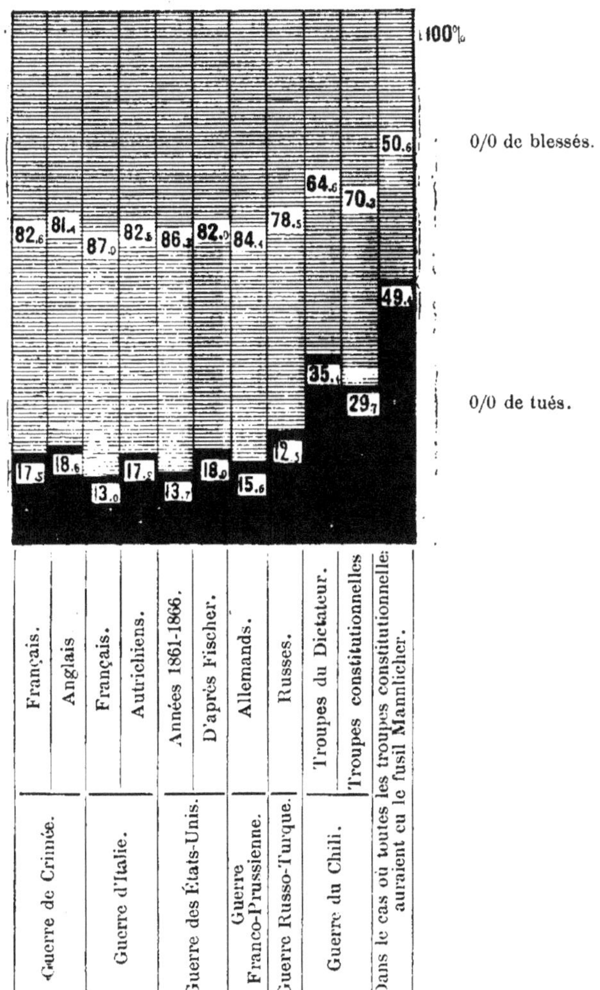

(1) Von Bardeleben, *Ueber die Kriegschirurgische Bedeutung der neuen Geschosse* (Publication du service de santé militaire allemand). — Berlin, 1892.

C'est-à-dire que, dans le total des pertes, si toutes les troupes avaient eu le fusil Mannlicher, le nombre des tués aurait été de 49,4 0/0, ou sensiblement égal à celui des blessés.

Ces données ne sont pas tout à fait exactes, en ce sens qu'elles sont prises d'après le chiffre total des pertes ; de sorte qu'y entrent en ligne de compte les blessures produites par les projectiles de l'artillerie et même par les armes blanches. Mais, comme nous l'avons exposé déjà, les pertes principales sont précisément causées par le feu de mousqueterie, et par conséquent les proportions indiquées donnent malgré tout une idée à peu près exacte de la réalité.

Le colonel fédéral suisse Bircher a calculé, d'après les données sur les pertes éprouvées pendant la guerre de 1870-71, que, dans un engagement général, un corps d'armée suisse perdrait environ 8,000 hommes, et que l'armée totale, dont l'effectif est de 200,000 hommes, en perdrait 30,000 : — et encore en admettant que, grâce aux progrès de la chirurgie, s'accroîtrait le nombre des mutilés conservés à la vie (1).

Pertes causées
par
les maladies. *Les pertes par les maladies.* — Les pertes causées par les blessures ne constituent que la moindre partie de celles qu'éprouvent les troupes en temps de guerre. Ainsi autrefois, elles en représentaient en tout 1/5, les quatre autres cinquièmes étant dus aux maladies et à l'épuisement des forces. Dans sa marche sur Moscou, Napoléon avait déjà perdu les deux tiers de son armée, bien qu'il n'eût livré qu'une grande bataille. Et l'armée russe, opérant contre lui, qui s'était élevée jusqu'au chiffre de 209,800 hommes, s'était, en cinq mois et demi, réduite à 40,290 présents sous les drapeaux. Dans l'armée fédérale des États-Unis, pendant la guerre civile, les pertes en deux ans, — de juin 1861 à juin 1863, — s'élevèrent à 53,2 morts pour mille hommes d'effectif dont 8,6 par suite de blessures et 44,6 par les maladies, — la proportion étant, chez les officiers, de 11 1/2 pour mille par blessures contre 22 par maladie ; et chez les hommes de troupe, de 8 1/2 pour mille par blessures seulement contre 46 par maladie (2).

Pendant la guerre franco-allemande, les troupes allemandes perdirent 34,7 0/0 par les armes et 30,1 0/0 seulement par les maladies. Mais ce fait s'explique par le peu de durée de la campagne et parce que, grâce à leur grande supériorité numérique, les Allemands purent renvoyer leurs malades chez eux. Chez les Français, la proportion fut inverse.

Dans la dernière guerre avec la Turquie, les troupes russes perdirent

---

(1) Shweizerische Zeitschrift für Artilleriewesen, 1894 : *Die Schusswirkung der klein-kalibrigen Infanterie-Gewehre.*

(2) *A report to the secretary of war, upon the sanitary condition of the volunteer army*, par Ferd. Law Olmsted. — *Mortality and sickness of the U.S. volunteer forces*, par E. B. Elliot.

en Europe, sur un total de 592,085 hommes, 16,578 hommes par les armes
et 44,431 par les maladies. — Le docteur Morache (1) a dressé le tableau
comparatif de pertes ci-dessous :

GUERRES	EFFECTIF des TROUPES	PERTES		PROPORTION du NOMBRE DES MORTS pour 1,000 hommes	
		par les blessures	par les maladies	par les blessures	par les maladies
Crimée (armée française.	309.268	20.240	75.375	64	236
(1853-1856) (— anglaise .	97.864	4.607	17.580	47	179
Italie (1859), armée française.	128.225	5.498	2.010	12	15
Mexique (1862-1866), armée française	35.000	1.729	4.925	49	140
Franco-allemande (1870-1871), armée allemande	900.000	30.491	14.259	33	15
Turco-russe (1877-1878), armées russes du Danube et du Caucase.	737.355	36.455	83.446	49	113
Expédition de Bosnie (1878), armée autrichienne. . . .	260.000	1.326	2.168	5	8

Dans les guerres de l'avenir, pour différentes raisons, il faut s'attendre à
des proportions encore moins favorables. Déjà, par suite de l'énormité même
des armées, leur alimentation régulière sera extrêmement difficile, d'autant plus que les troupes devront stationner longtemps sur les lignes de
défense. La mauvaise nourriture et l'entassement des hommes rendront inévitables la naissance et le développement de certaines maladies et l'accumulation des malades sur certains points ; ce qui accélérera la marche des maladies provenant tant de la contagion que des blessures elles-mêmes, et augmentera la mortalité.

En outre, il faut songer que les armées modernes se composent d'hommes moins habitués aux fatigues et aux privations de la guerre et que, malgré la légèreté beaucoup plus grande des fusils, le soldat d'infanterie sera,
en général, bien plus chargé qu'autrefois. L'écrivain allemand Thurnwald,
qui a spécialement étudié la question de la limite du chargement du soldat
au point de vue hygiénique, trouve qu'il ne doit pas dépasser 26 kilogrammes,
c'est-à-dire le tiers du poids du soldat lui-même ; tandis qu'actuellement le
soldat d'infanterie porte jusqu'à 40 kilogrammes. Il est très probable que, dans
bien des cas, les hommes jetteront leur sacs. Le poids de l'équipement actuel

____

(1) Morache, *L'Hygiène militaire*, 1886.

a certainement été la cause principale des cas d'épuisement et de l'état maladif notoire constaté chez beaucoup d'hommes pendant les manœuvres du temps de paix. Ainsi, dans une manœuvre de deux jours, exécutée par la garnison de Strasbourg, les troupes perdirent un tiers de leur effectif, les hôpitaux regorgeaient de malades. Il est vrai que c'était en hiver et que beaucoup d'hommes entrèrent à l'hôpital pour congélation de certaines parties du corps (1).

En s'appuyant sur l'expérience de la guerre de 1870-71, von der Goltz, un des généraux qui y prirent part, observe « qu'au cours d'une campagne longue et pénible, les troupes perdent peu à peu de leurs qualités. On peut supporter les fatigues et les privations pendant quelques semaines, mais pas pendant des mois entiers. Il est difficile de demeurer un héros constamment prêt à se sacrifier dans des combats quotidiens, et à braver le danger à chaque instant, quand les journées se passent en longues marches accomplies dans la boue sans avoir autre chose que la terre humide pour passer la nuit. Tout cela use l'énergie ».

Déjà Frédéric le Grand disait : « Il faut mener les guerres vivement et qu'elles ne durent pas longtemps. Une guerre prolongée ruinerait notre excellente discipline, amoindrirait la population et épuiserait nos ressources. »

IV. Conclusion.

Conditions dans lesquelles se présentera la guerre future.

En songeant à tout l'ensemble des nouveaux facteurs qui doivent influer sur l'étendue des pertes en hommes, on arrive facilement à se convaincre que la guerre se présentera désormais dans des conditions terribles qu'elle n'avait jamais offertes, et qui font douter sérieusement de la possibilité de la soutenir jusqu'au bout. Nous laissons même ici de côté les ruines économiques et sociales qui ne tarderaient pas à y mettre un terme. Nous parlons maintenant uniquement des pertes en hommes qui fatalement seraient causées par l'effet des moyens actuels de destruction. L'appareil militaire, constamment perfectionné et renforcé, a acquis une telle puissance que les pertes subies en peu de temps pourraient rendre la continuation du combat impossible même aux armées les plus stoïques.

On entend, il est vrai, souvent dire qu'autrefois aussi il y a eu des batailles sanglantes, que dans l'avenir les bonnes troupes sauront garder leur sang-froid en présence des dangers croissants et qu'en somme,

---

(1) *L'Echo de l'Armée.*

quant à ses lois fondamentales, la guerre demeurera ce qu'elle était dans le passé. Nous ne contestons pas la valeur de cette considération, mais cette valeur n'est que conditionnelle. Nous admettons très bien que la force morale est une grande force et que les cas de dévouement absolu sont toujours possibles. On a vu des garnisons de forteresse se faire sauter ; et, d'une façon générale, on a des exemples de soldats préférant subir tous une mort inévitable, plutôt que de déposer les armes devant l'ennemi.

Mais on ne saurait s'appuyer sur des faits aussi exceptionnels, pour formuler une appréciation quelque peu rationnelle de la marche probable d'un combat. Parce qu'une poignée de braves s'est défendue jusqu'au dernier homme, il ne s'ensuit nullement qu'une lutte engagée entre deux armées de cent mille soldats puisse continuer encore après la mise hors de combat de la moitié de leur effectif.

Et l'armement actuel est de nature à permettre la destruction des hommes par masses énormes. Comme on l'a rappelé ci-dessus, dans les guerres du passé, le chiffre des pertes causées par le feu de mousqueterie s'élevait à 18 0/0 de l'effectif total. Et nous avons expliqué ensuite qu'avec les fusils actuels, par suite de la rapidité du tir, du plus grand nombre de cartouches, de l'accroissement de force pénétrante, de vitesse rotative et de précision des balles, avec la suppression des ratés, la protection des cartouches contre l'humidité et enfin les moyens plus parfaits qu'on a de mesurer les distances, le pour cent des pertes causées par le feu de mousqueterie s'élèvera probablement jusqu'à 63 0/0. Tandis que la puissance du feu d'artillerie, comme il a été montré en temps et lieu, est devenue 25 fois plus forte qu'elle ne l'était ; et que, pour exprimer le chiffre des pertes causées par les effets prolongés des projectiles explosifs, il faudrait des nombres supérieurs à l'effectif même des troupes ennemies.

Une chose, en tous cas, que les optimistes eux-mêmes ne peuvent pas nier, c'est qu'au point où se concentrera la puissance du feu, il sera impossible de la supporter longtemps, sans s'exposer à une destruction complète.

Ces mêmes optimistes mettent leur espoir dans les règlements tactiques pour diminuer les pertes. Examinons jusqu'à quel point on peut compter sur ces règles tactiques avec les millions d'hommes des armées modernes.

La question de la modification des règles tactiques a été nombre de fois débattue et discutée de tous côtés, surtout depuis l'adoption des fusils de petit calibre à tir rapide et de la poudre sans fumée. L'accroissement de puissance des armes a, comme toujours, profité surtout à la défense. Et cependant beaucoup de spécialistes n'en ont pas moins continué à préférer l'action offensive, comme présentant une forme de combat plus avantageuse, pour peu qu'elle soit rationnellement conduite et énergiquement soutenue par les troupes. En cela, toutefois, on a perdu de vue qu'il est impossible de compter sur l'expérience et les qualités spéciales des chefs, attendu que, depuis 20 ans, il n'y a pas eu de grande guerre européenne. Quant aux « instruments » dont ils disposent, c'est-à-dire aux soldats, les armées d'aujourd'hui formées en grande partie d'hommes faiblement instruits et mélangés au moment de la mobilisation ne constitueront qu'un personnel hétérogène, dont les éléments n'auront pas pu se souder entre eux et seront pour la plupart inconnus de çeux qui devront les commander. On ne peut donc guère en attendre une endurance et une vigueur extraordinaires, dans les conditions très pénibles où ils pourront se trouver.

De l'examen des modifications introduites dans les règles tactiques, ressort ce seul fait que la phase offensive du combat sera plus longue, c'est-à-dire accompagnée de plus grandes pertes. En outre, l'infanterie devra prendre aux opérations préparatoires une part plus grande qu'autrefois. Il est vrai que le rôle de la cavalerie, dans l'exploration, ne s'est pas amoindri et qu'il lui faudra, désormais encore, rechercher et, pour ainsi dire, esquisser la force et la position des corps ennemis. Mais quant à une étude plus précise à exécuter sur le terrain tactique du combat probable, la cavalerie ne peut s'en charger, surtout en raison de la longue portée et de la précision des fusils actuels. Il suffit de quelques tirailleurs abrités, pour descendre à volonté les cavaliers à grande distance. C'est donc à des détachements d'éclaireurs d'infanterie qu'incombera le soin d'étudier de près les positions ennemies; et il leur faudra s'avancer en rampant et avec mille détours, pour recueillir les renseignements nécessaires à la préparation de l'attaque, si l'on veut que celle-ci ait quelques chances de succès. Sans le concours de ces éclaireurs d'infanterie, la supériorité resterait certainement du côté de la défense qui, ayant étudié le terrain d'avance et occupant une position dominante, n'a besoin que d'une lunette d'approche pour diriger son tir à coup sûr.

Pour exécuter une reconnaissance de ce genre et recueillir des renseignements sur lesquels on puisse compter, il faut des soldats non seulement hardis, mais adroits et intelligents. Autrement l'attaque entreprise peut aboutir à un résultat désastreux. Et il est impossible de ne pas observer qu'avec la composition actuelle de l'armée il sera plus difficile qu'autrefois de trouver des hommes à qui l'on puisse pleinement se fier pour une mission semblable.

Passons maintenant au combat lui-même. Les défenseurs peuvent, même d'une distance de 7,000 mètres, infliger des pertes sensibles aux groupes qui marchent à l'attaque, dès que ces groupes sont obligés de se tasser quelque peu; comme cela arrivera non seulement dans les passages étroits, mais même en terrain ouvert quand il s'agit de tourner quelque obstacle.

La défense profite aussi des moments où les assaillants, même en ordre dispersé, suivent un terrain en pente descendant vers la position. Autrefois le feu de mousqueterie n'atteignait pas à de telles distances et naturellement les pertes étaient moindres. En arrivant aux points particulièrement dangereux, les assaillants devront les franchir le plus vite possible en évitant les gerbes des shrapnells dirigés contre eux et dont chacun produit 300 éclats qui couvrent un vaste espace : — Cause nouvelle encore de pertes qu'on n'avait pas à craindre autrefois.

Mais admettons que l'attaque soit arrivée à portée de fusil des positions ennemies. On insiste constamment sur la nécessité, pour l'assaillant, de s'assurer la supériorité du feu. Les uns conseillent, pour obtenir ce résultat, de s'approcher méthodiquement en renforçant peu à peu la chaine par derrière et en alimentant énergiquement le feu dirigé contre l'ennemi ; d'autres préfèrent un mince réseau de tirailleurs qui, d'abord, se lancerait résolument en avant pour occuper quelque position favorable et ouvrirait de là un feu subit, à l'abri duquel les autres échelons suivraient et viendraient se former sur la même ligne d'où on se jetterait ensuite sur l'ennemi.

Quels que puissent être les avantages de l'un ou de l'autre système, tous deux exigent, pour le succès de leur application, des hommes adroits, capables d'utiliser les abris que présente le terrain et de surmonter les obstacles, sachant à propos se jeter à terre et se relever au moment propice pour courir en avant. Il n'est pas douteux que, pendant ces opérations, les pertes éprouvées ne doivent être toujours considérables. Mais il est impossible qu'elles ne soient pas tout particulièrement importantes par suite du manque de préparation de la plus grande partie des hommes à cette façon d'alterner l'utilisation des abris avec l'exécution d'une course en avant habilement exécutée.

On admet que pour atteindre, sous le feu, une position défendue, un corps de troupes devra être numériquement au moins huit fois supérieur à l'adversaire. En d'autres termes, cela veut dire qu'on prévoit pour lui des pertes égales à sept fois l'effectif ennemi. D'après le général Skougarevsky, si un ouvrage est occupé par une demi-compagnie de 100 hommes, et attaqué par une compagnie de 200 fusils, commençant l'attaque à 800 pas de distance, les assaillants seront réduits à l'effectif de 23 hommes quand ils arriveront à 300 pas de la position attaquée, tandis que, de la demi-compagnie couverte par les retranchements, il restera encore 50 hommes. C'est-à-dire que les assaillants subissent une perte égale à 177 0/0 de l'effectif de la défense ou à 88,5 0/0 de leur propre effectif. D'après les données du général prussien Rohne (1), un bataillon de 1,000 hommes

---

(1) Général Major Rohne, *Das Schiessen der Feld-Artillerie*, 1881.

marchant à l'attaque devrait être renforcé par 4,908 hommes de réserve pour conserver encore son effectif primitif de 1,000 hommes, au moment d'atteindre l'ouvrage attaqué ; tandis qu'un bataillon chargé de la défense de ce même ouvrage n'aurait besoin, pour atteindre le même résultat, que de recevoir ainsi 798 hommes de renfort. Le rapport de ces deux chiffres montre que l'assaillant subirait des pertes égales à près de 500 0/0 — par rapport à son effectif primitif ou à celui de son adversaire. D'autres expériences encore (1) ont permis de constater que l'assaillant, partant de la distance de 200 mètres, sera entièrement détruit avant d'arriver à 100 mètres de l'ouvrage attaqué, tandis que les défenseurs abrités derrière des retranchements ne perdront que 9 0/0 de leur effectif.

D'après les données du général Skougarevsky (2), en admettant que l'assaillant, s'élançant à la baïonnette d'une distance de 225 pas, ait un effectif de 400 hommes, et que le défenseur retranché en ait 100, le premier n'aura plus au moment du choc que 74 hommes, c'est-à-dire que ses pertes représenteront 326 0/0 des forces de la défense.

Les marches s'exécuteront en colonnes de route profondes, par suite de l'effectif toujours croissant des troupes. Et à la fin de chaque étape il faudra encore envoyer en avant des détachements pour occuper les cantonnements, ce qui obligera ces détachements à exécuter une marche de plus le jour suivant pour rejoindre leurs corps.

En général, et précisément par suite de l'énormité des armées modernes, il leur faudra marcher bien davantage, parce qu'elles seront obligées de se disséminer pour se loger et pour vivre, et qu'ensuite leurs différentes parties devront rejoindre le gros des forces en arrivant au voisinage de troupes ennemies supérieures en nombre.

Accroissement
des pertes
par
diverses causes.

D'ailleurs, l'accroissement des pertes à l'avenir ne sera pas amené seulement par le perfectionnement des armes, mais encore par toute une série d'autres causes ; causes que nous avons indiquées plus haut, dans cette même partie de notre travail, mais que nous n'en croyons pas moins devoir rappeler ici succinctement.

Suppression
de
la fumée
de la poudre.

En raison du peu de fumée de la poudre qui ne permet pas d'apprécier la direction où se trouve l'ennemi, et par suite aussi de la longue portée des canons, qui augmente le danger des rencontres inattendues, les troupes seront obligées de s'entourer d'un réseau de *détachements d'éclaireurs*, puis de donner un développement considérable aux *opérations de partisans* pour couvrir leurs flancs et leurs derrières, et même pour menacer les communications de l'ennemi. Cette petite guerre peut amener une

------

(1) Oméga, *L'art de combattre.*
(2) *L'attaque de l'infanterie.*

foule de rencontres, dont l'ensemble se traduira par des pertes considérables.

Puis, ce qui influera encore dans le même sens sera la construction, plus fréquente qu'elle ne l'a jamais été, de *retranchements de campagne.* Toutes les troupes sont maintenant pourvues d'outils de pionnier et les spécialistes ont émis l'opinion que la guerre future aura le caractère d'une lutte pour l'enlèvement de positions fortifiées. Au cours même de la campagne s'élèveront sur tous les points favorables des ouvrages dont il ne sera pas facile de s'emparer brusquement et qui, au cours d'un long siège, pourront grandir jusqu'à prendre des dimensions redoutables, comme ce fut le cas à Plewna.

Construction de retranchements de campagne.

L'exécution, dans certains cas, du tir *par-dessus ses propres troupes,* ainsi que la possibilité d'*explosions* dans les coffres à munitions et dans les magasins de projectiles, contribueront aussi à une certaine augmentation des pertes, pas bien grande sans doute, mais susceptible, en revanche, de donner naissance à des récriminations et à des accusations mutuelles.

Explosions et tir par-dessus les troupes.

Les pertes en officiers, et, par suite, l'*affaiblissement du commandement dans les troupes,* semblent la conséquence directe de la grande précision des nouvelles armes, qui donneront aux tireurs la possibilité de choisir leur victime. Ainsi, dans deux batailles de la guerre du Chili, il y eut 23 0/0 de tués parmi les officiers et 13 0/0 seulement chez les soldats, et de même 73 0/0 de blessés chez les officiers contre 60 0/0 dans la troupe.

Pertes en officiers et affaiblissement du commandement.

En outre, comme la majorité des hommes dans le rang proviendra de la réserve (à raison de 361 0/0 dans l'armée russe, 566 0/0 dans l'armée allemande et 573 0/0 dans l'armée française) (1), il serait bien plus important encore qu'autrefois d'élaborer rationnellement et de formuler avec précision les règles du combat. Et cependant il reste encore jusqu'à présent beaucoup de questions discutées et, par suite, il se rencontre bien des *lacunes dans les instructions et les règlements,* relativement à la conduite du combat. On remarque aussi de fréquents changements dans les règles et l'adoption de prescriptions nouvelles, ce qui amène de la confusion et des embarras. Et cependant, avec les armes actuelles, toute erreur tactique peut se payer bien plus cher qu'autrefois; quelques minutes suffisant pour qu'un corps de troupes entier soit détruit par le feu.

Lacunes dans les instructions et les règlements.

Ce qui ne peut manquer d'influer encore sur le chiffre des pertes, c'est la *longueur même des batailles.* Certains auteurs admettent qu'elles pourront se prolonger pendant quelques jours. L'augmentation des avantages de la défense permettra quelquefois d'attendre, même dans une lutte contre

Longueur des batailles.

---

(1) C'est-à-dire 361 réservistes ou territoriaux pour 100 hommes de l'armée permanente.

des forces supérieures, jusqu'à l'arrivée de renforts attendus. A cela se rattachent et l'*indécision des victoires* et la possibilité plus grande de la *résistance au cours des retraites*. L'armement perfectionné a extrèmement accru la difficulté d'exécuter une attaque générale pouvant décider une affaire. Cependant, même quand ils se seront décidés à la retraite, les défenseurs s'efforceront de se maintenir sur une seconde ligne défensive et, en même temps, manœuvreront de façon à obliger par leur feu l'ennemi à se déployer tantôt sur un point, tantôt sur un autre, de façon à ralentir ainsi son mouvement en avant. Pour chasser le défenseur de la seconde position qu'il aura préparée d'avance, il faudra une nouvelle bataille. Cela augmentera forcément les pertes et peut amener la fatigue, même la démoralisation chez les assaillants.

Combats de nuit.

L'augmentation de la nervosité dans la génération actuelle est admise par tous les savants. Cette nervosité devra particulièrement s'accroître dans les *combats de nuit*, et par suite de la fatigue que causera aux hommes la prolongation des batailles en général. Quelques médecins ont émis l'hypothèse que la nervosité, non seulement influera sur l'étendue des pertes, mais amènera même l'aliénation mentale de beaucoup d'hommes. Ce qui peut avoir des conséquences désastreuses pour leurs camarades ou leurs subordonnés.

Difficultés de ravitaillement.

Ensuite, ce qui peut encore beaucoup influer sur la grandeur des pertes, c'est *la difficulté de faire vivre* les énormes armées modernes. Les pertes causées par les privations pourront même quelquefois surpasser celles causées par les armes. La longue durée des guerres entraînera l'épuisement complet des ressources locales; et les transports ne pourront pas toujours être effectués régulièrement et en quantité suffisante, surtout en raison des efforts que fera l'ennemi pour entraver les communications.

Retards dans le soin des blessés.

Puis, ce qui ne peut manquer d'augmenter encore les pertes, c'est l'inévitable *retard dans le soin des blessés* qu'entraînera la longue portée des armes actuelles. Il faudra établir les points de pansement hors de cette portée, c'est-à-dire bien plus loin qu'autrefois. L'exécution même de ces pansements sous le feu sera extrêmement difficile. Les infirmiers devront avec leurs brancards se glisser derrière des abris, en se baissant comme le feraient les tirailleurs eux-mêmes. Car autrement, eux et les blessés qu'ils porteront, pourront être tués. En outre, il y aura encore des retards provenant de la nécessité de rechercher d'abord ces blessés derrière les abris, où ils se trouvaient dissimulés au moment d'être atteints. Et finalement, tous les retards dans le soin des blessés entraîneront un grand pour cent de pertes par suite d'hémorrhagies.

Pertes par maladie.

Enfin les *pertes par maladie* ne peuvent manquer de s'accroître par suite de la prolongation de la guerre, et de l'impossibilité où l'on sera de

loger convenablement et de nourrir régulièrement ces colossales armées.
Pour combler les vides causés dans les rangs par les maladies, vides qui
dans les guerres d'autrefois déjà surpassaient les pertes produites par
l'effet des armes, il faudra faire entrer dans l'armée active des classes de
plus en plus âgées, ce qui aura une influence extrêmement fâcheuse sur
l'existence de la population tout entière.

Tel est le tableau d'ensemble des causes qui devront forcément amener
de bien plus grandes pertes dans les guerres futures que dans celles du
passé. Formuler cette différence en chiffres est chose impossible, précisément parce que les conditions de la lutte et les engins se sont complètement
modifiés. A quoi il faut ajouter encore ce trait caractéristique de la grande
guerre future, qu'elle mettra en présence des États également préparés et
que les deux « alliances », entre qui pourrait éclater une lutte jusqu'ici sans
exemple, disposeront de forces à peu près égales.

Il faut abandonner toute illusion sur la possibilité, pour tel ou tel pays,
d'avoir une supériorité décisive sur les autres comme effectif de forces ou
qualités de son organisation militaire. Il pourra sans doute y avoir des
supériorités de certains côtés ou sur certains points ; mais, par contre, il se
rencontrera nécessairement aussi sur d'autres des défectuosités qui devront
compenser ces avantages.

Dans ce qui précède, nous avons posé toute une série de questions sur
la grandeur des sacrifices qu'exigera la guerre, sur les conséquences qu'elle
entraînera pour les peuples et, par suite, sur la possibilité qu'il y aura de la
faire dans les conditions actuelles. A ces questions, nous ne nous sommes
point permis de répondre nous-mêmes, et nous les avons posées uniquement
pour que puissent y répondre les spécialistes, c'est-à-dire les militaires.
Mais chacun des jugements que nous avons formulés sur certains côtés de
la question est appuyé sur des citations d'écrivains militaires.

On entend parfois présenter, nous le répétons, cette considération que,
dans les guerres précédentes aussi, se sont manifestés des perfectionnements
techniques et des augmentations d'effectif des armées sans que les guerres
cessassent pour cela d'être possibles ; — qu'ainsi, d'une façon ou d'une autre,
les troupes sauront se plier aux conditions de la guerre future et que les
nations soutiendront encore de nouvelles luttes, malgré les pertes et les désastres qu'elles amèneront. Mais, 'après avoir poussé jusqu'à une dizaine de
millions et plus l'effectif des hommes armés qui devront prendre part à la
lutte, et quand, aux milliards dépensés pour l'armement et les fortifications,
l'on voit ajouter encore de nouveaux milliards, il est permis d'avoir des
doutes sur la possibilité de continuer à marcher indéfiniment dans cette
voie.

A la fin du premier volume du présent ouvrage, il a été dit qu'avec les nouveaux moyens de destruction, autant que nous pouvons le savoir, la simple concentration des troupes est devenue difficile en terrain découvert et même à l'abri d'ouvrages fortifiés, et que des perfectionnements ultérieurs peuvent rendre absolument impossible la conduite de la guerre entre pays ayant même degré de puissance et de civilisation ; qu'en somme, le renforcement de la machine militaire aura pour résultat que personne n'osera plus se décider à la mettre en mouvement.

Le chapitre que nous venons de consacrer à l'étude des pertes fournit une base réelle à cette conclusion qu'une grande guerre européenne éclatant aujourd'hui ferait des victimes bien trop nombreuses, et que cela ne peut manquer d'influer sur l'état d'esprit des gouvernements et des peuples de l'Europe, en les excitant à faire tous leurs efforts pour écarter le terrible fantôme de la « guerre future ».

Influence des fusils et des canons sur le caractère des blessures.

L'adoption de canons à longue portée et de fusils de petit calibre à tir rapide, lançant des projectiles doués d'une force de pénétration quatre fois plus grande que ceux employés dans les guerres du passé, donne lieu de craindre non seulement que les pertes subies dans les batailles soient beaucoup plus considérables, mais aussi que les blessures soient bien plus difficiles à guérir. Les spécialistes affirment que les blessures faites par les nouvelles balles à enveloppe sont incomparablement plus graves que celles causées par les balles anciennes. En même temps, à cause des grandes distances où seront produites ces blessures par un feu intense et d'une force terrible, les blessés devront rester longtemps sur les champs de bataille ; et par suite du retard mis à les soigner, la proportion des cas de mort sera bien plus grande qu'autrefois. Pour éviter cet inconvénient, il faudrait augmenter dans des proportions énormes le personnel du service de santé ; d'aucuns vont même jusqu'à dire que l'effectif de ce personnel devrait être presque égal à celui des combattants.

D'autres, il est vrai, ne partagent pas ces opinions pessimistes. D'après eux la différence entre les blessures, provenant des anciennes et des nouvelles armes, est tout à l'avantage de ces dernières. Celles-ci seraient plus faciles à guérir ; même si les blessés restaient plus longtemps sans soin, les hémorrhagies seraient plus faibles. Puis le nombre des blessés ne sera pas si grand. D'après eux, ce n'est pas seulement la puissance des armes qui contribue à rendre les batailles plus ou moins sanglantes, ce sont aussi les règles tactiques appliquées par les troupes précisément en raison des changements survenus dans l'armement. Ainsi, par suite du perfectionnement des armes, les troupes chercheront des abris naturels ou en élèveront d'artificiels ; elles recourront à l'emploi de l'ordre dispersé et à la lutte à grandes distances, et cela devra contribuer à diminuer le nombre des blessés. En outre, chaque soldat sera pourvu d'objets de pansement ; et comme de nos jours la science dispose de moyens bien plus sûrs qu'autrefois pour préserver les blessures de l'infection, comme le nombre des médecins et infirmiers dans les troupes est bien plus considérable, le soin des blessés, d'après les optimistes, est parfaitement assuré.

Et effectivement, nous voyons actuellement les divers peuples rivaliser d'ingéniosité, d'une part, dans l'établissement de nouvelles règles tactiques destinées à neutraliser la force croissante des fusils, et, de l'autre, dans l'invention de moyens techniques nouveaux destinés à augmenter les effets meurtriers du feu et à rendre plus difficile de soigner les blessés.

Pour permettre au lecteur de se faire une opinion à ce sujet, nous allons essayer d'exposer dans quel sens l'art inventif s'est développé le plus efficacement.

Blessures causées par les armes blanches.

Les blessures produites à coups de sabre, de lance, de baïonnette ou de crosse de fusil, sont et seront toujours et partout semblables. Dans la guerre future aussi, elles auront les mêmes conséquences qu'autrefois.

Dans la guerre de 1870, le nombre des blessés de ce genre n'a été que de 1 0/0 dans l'armée allemande. Dans la guerre turco-russe, il atteignit 2,5 0/0 à l'armée du Danube (jusqu'à Plewna même il ne fut que de 0,99 0,0) (1).

Voici la traduction de ces chiffres par un graphique :

Pour cent de blessures produites par les armes blanches.

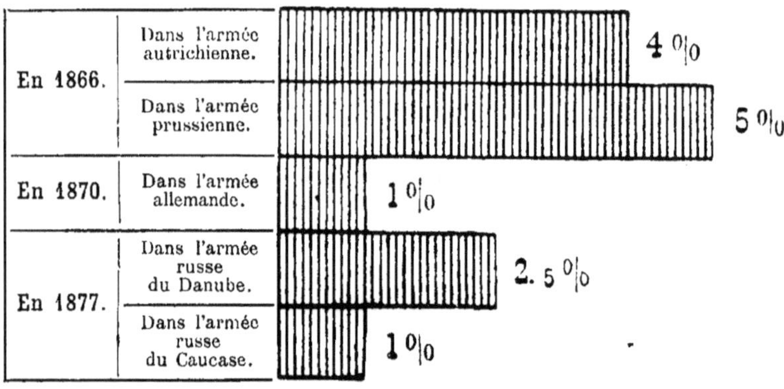

(1) Düms, *Handbuch der Militärkrankheiten*, 1896 (Manuel des Maladies militaires).

Le pour cent de la mortalité sur le champ de bataille, à la suite de blessures causées par les armes blanches, est également tout à fait insignifiant. Ainsi, dans cette même guerre turco-russe, à l'armée russe du Danube, il ne succomba en tout que 5,3 0/0 de ces blessés et même sur le théâtre de la guerre du Caucase, 1 0/0 seulement (1).

Pour cent de tués par les armes blanches.

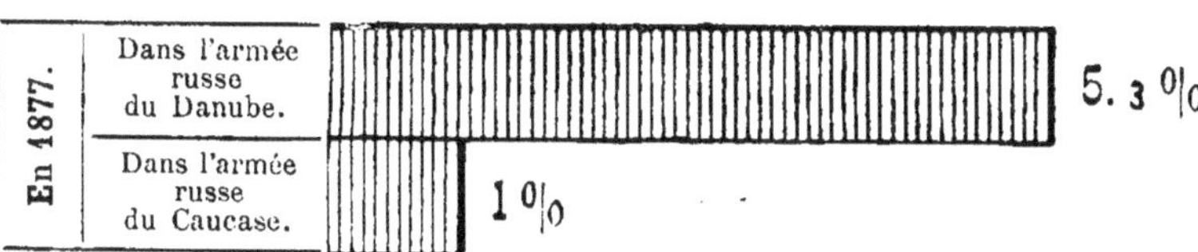

Toutefois, avec l'importance de plus en plus grande que la lance prend de notre temps, comme arme offensive et défensive, il semble très vraisemblable qu'à l'avenir, les blessures produites par les coups de lance soient plus fréquentes qu'autrefois.

Mais, néanmoins, comme les méthodes chirurgicales actuelles donnent plus de chances de guérir les lésions de ce genre, on peut admettre que les pertes causées par les armes blanches continueront d'être insignifiantes.

Blessures causées par les balles et autres projectiles

Il en est tout autrement pour les armes à feu.

La proportion relative de blessures dues aux feux d'artillerie et de mousqueterie a notablement varié, tant comme quantité que comme gravité, dans les différentes guerres passées. Mais dans celles de l'avenir, elles seront encore plus importantes. Autrefois, les blessures produites par les projectiles de l'artillerie avaient un caractère bien plus dangereux que celles provenant des balles de fusil. Mais de nos jours ces dernières sont devenues d'une gravité supérieure.

La balle du fusil moderne, bien que pesant seulement quelques grammes, a une telle force qu'elle peut traverser 5 à 6 hommes et déterminer des lésions encore plus graves que celles causées par les éclats des projectiles de l'artillerie.

Le rapport entre les lésions produites par les balles et les projectiles

Gravité
des blessures
occasionnées
par les balles
modernes.

______

(1) Düms, Ouvrage cité plus haut.

dans la guerre future dépendra de la façon dont les opérations seront conduites, c'est-à-dire variera selon qu'elles comporteront surtout des combats à ciel ouvert, ou au contraire principalement des sièges.

Avant l'adoption du fusil rayé, le tir des canons lisses pouvait continuer jusqu'au moment final et décisif de la lutte. Le nombre des projectiles lancés par les canons dans les batailles de cette époque est extraordinaire. A la Moskowa, l'artillerie française tira 60,000 coups de canon ; à Aspern, en deux journées, l'artillerie autrichienne en tira 63,000 et même, à Leipzig, 64,000.

L'apparition du fusil rayé modifia brusquement l'état des choses et elle influa tout d'abord sur la nature des pertes éprouvées par les armées. Sous le régime des armes lisses, et particulièrement pendant les guerres napoléoniennes, la plupart des tués et blessés tombaient sous les coups de l'artillerie, d'où la locution proverbiale de « chair à canon ». Un des combattants de la Moskowa, le capitaine Chambré, de l'artillerie à cheval de la garde, raconte que Napoléon, parcourant, le 27 août au matin, le champ de bataille, arrosé du sang des milliers de tués et de blessés, fit retourner des cadavres pour examiner la nature de leurs blessures. Presque tous avaient été frappés par des boulets de canon.

Depuis que le fusil rayé a pleinement acquis droit de cité, nous voyons que les hommes sont mis hors de combat surtout par des balles de fusil : la « chair à canon » est devenue de la « chair à balles ». Ainsi, à la bataille d'Inkermann, le 24 octobre 1854, 91 0/0 des blessés le furent par le feu de mousqueterie. A celle de la Tchernaïa (4 août 1855), la proportion des blessés par balles de fusil atteignit 75 0/0, bien que les Russes eussent beaucoup souffert du tir à mitraille des Français. Nous retrouvons la même chose dans la campagne d'Italie de 1859, puis à Düppel en 1864 et à Sadowa en 1866. En 1859, les blessures produites par la mousqueterie s'élevèrent à 80 0/0 du total et à l'assaut de Düppel à 80,6 0/0, du côté des Prussiens (1).

Dans la guerre de 1866, d'après la statistique de Weygand, les armées autrichienne et saxonne éprouvèrent, du fait des armes prussiennes, les pertes suivantes :

	Armée principale	Armée du Mein
Blessures produites par les projectiles de l'artillerie. . .	3 %	5 %
— par les balles des fusils	90 »	90 »

Dans cette même guerre, l'armée prussienne souffrit un peu plus du

----

(1) Volotzky, *Roujeïnii agogne v'boïou* (Le feu de mousqueterie au combat).

feu de l'artillerie ; mais les pertes qu'elle en éprouva n'en furent pas moins insignifiantes comparativement à celles que lui infligèrent les balles de fusil, ainsi qu'on le voit par le tableau ci-dessous :

Blessures produites par les projectiles de l'artillerie . . .   16 °/₀
—   —   des fusils . . . . .   79 »

Le même auteur fournit les données numériques suivantes sur les pertes éprouvées par les deux armées ennemies au cours de la guerre de 1870-71 :

Par le feu de l'artillerie, chez les Français   25 °/₀ — chez les Allemands   5 %
—   de l'infanterie   —   70 » —   —   94 »

La statistique de la dernière guerre de la Russie, en 1877-78, contre les Turcs, — statistique comprenant 21,227 blessures reçues par les hommes de l'armée russe du Danube, et soignées aux points de pansement les plus avancés, — les répartit comme il suit, au point de vue des armes qui les déterminèrent :

Par les projectiles de l'artillerie. .   2 °/₀   (avec une mortalité de .   52,3 °/₀)
—   de l'infanterie .   77 »   (—   de .   20,9 »)

Ce chiffre de 2 0/0 de blessures attribuées à l'artillerie paraît bien faible : mais d'après le professeur Pavloff (1) il ne comprend que les blessures proprement dites, abstraction faite des autres lésions produites par les projectiles de l'artillerie.

Cette statistique comporte encore une rubrique relative aux « Contusions » causées par les armes à feu (4,4 0/0) et dans laquelle entrent sans doute en majorité celles qui proviennent des fragments de projectiles de l'artillerie. Car les éclats de ces projectiles n'ont pas eux-mêmes une grande portée, et, perdant rapidement leur force vive, ils ne font, pour la plupart, que des contusions. Toutefois les contusions provenant des balles devaient présenter un aspect très reconnaissable. De sorte que si l'on avait pu connaître le nombre des contusions à attribuer aux projectiles de l'artillerie et l'ajouter au nombre des blessures produites par ceux-ci, on aurait obtenu à l'actif de cette arme un pour cent quelque peu plus élevé, mais cependant pas bien éloigné de 5 à 6 0/0.

Très instructif est aussi le pour cent relatif à l'effet final des diverses blessures : pendant que les blessures occasionnées par les balles de fusil don-

---

(1) Pavloff, *O znatchenïi voorouejenia Armïi malokalibernimi roujiami* (Des conséquences qu'aura l'armement des troupes en fusils de petit calibre).

nent 20,9 0/0 de morts, la mortalité des blessés atteint par les projectiles de l'artillerie s'élève nettement jusqu'à 52,3 0/0.

Relativement à l'armée russe qui opérait dans le Caucase en 1877-78, nous avons les données suivantes :

	Guérisons	Morts
Blessures provenant des projectiles de l'artillerie	75,8 °/.	24,2 °/.
— des balles de fusil	81,2 »	18,8 »
Contusions occasionnées par les armes à feu. . .	99,2 »	0,8 »

Actuellement les bouches à feu de toutes les puissances européennes ont presque la même puissance et lancent des projectiles presque semblables. Parmi les blessures que ces projectiles déterminent, les plus graves et les plus fréquentes proviendront d'éclats d'obus (obus à anneaux intérieurs et obus brisants, dans le tir contre les êtres animés, — obus allongés dans le tir contre les objets matériels). La mitraille ne s'emploiera qu'aux très petites distances.

Quant aux shrapnells, ils produiront des effets assez destructifs, grâce aux balles qu'ils renferment et au grand nombre de leurs éclats.

Dans le chapitre intitulé : *Les bouches à feu et les projectiles de l'artillerie*, nous avons vu que la puissance du choc diffère de l'un à l'autre ; et comme de cette force dépend l'effet des éclats, le caractère des blessures par eux déterminées sera aussi très différent. Mais un fait incontestable c'est que, dans la guerre future, les blessures causées par des projectiles entiers, n'ayant pas éclaté, constitueront un fait extrêmement rare. De même en sera-t-il des contusions *sui generis* s'étendant à d'importantes parties du corps que Pirogoff a tout particulièrement examinées pendant la guerre de Crimée, et qu'il a décrites comme produites par de gros projectiles ayant perdu toute leur force. On ne pourra plus guère en observer de semblables, car la grande force de choc des éclats aura pour conséquence de larges déchirures des tissus.

D'un autre côté, le nombre des blessures produites sur un seul et même objectif sera bien plus grand qu'autrefois, parce qu'étant donnée la force d'éclatement du shrapnell, il se formera un grand nombre d'éclats, ce qui fait que le nombre des atteintes dans un rayon déterminé s'augmentera notablement.

Grâce à l'adoption de la poudre sans fumée, à la diminution du calibre et à la garniture des balles d'une enveloppe d'acier, le fusil d'infanterie — l'arme qui, dans le combat, a le plus d'importance, — s'est tellement perfectionné que de tous côtés sont nées de graves inquiétudes sur ce que seront les pertes dans les guerres futures. Ce qui les cause surtout, c'est l'énorme force de pénétration de la balle à enveloppe actuelle, comparativement aux balles d'autrefois.

Le croquis ci-dessous, emprunté à l'ouvrage de Lorenz : *Compound-geschoss*, représente les résultats d'un tir effectué avec le fusil de 11 millimètres (1).

Les coups furent dirigés d'abord contre une peau de bœuf repliée 15 fois sur elle-même, puis contre de solides madriers de hêtre de 0ᵐ,09 d'épaisseur, et enfin contre des planches de sapin épaisses de 2ᶜᵐ,5, à une distance de 10 mètres.

Résultats du tir avec diverses balles.

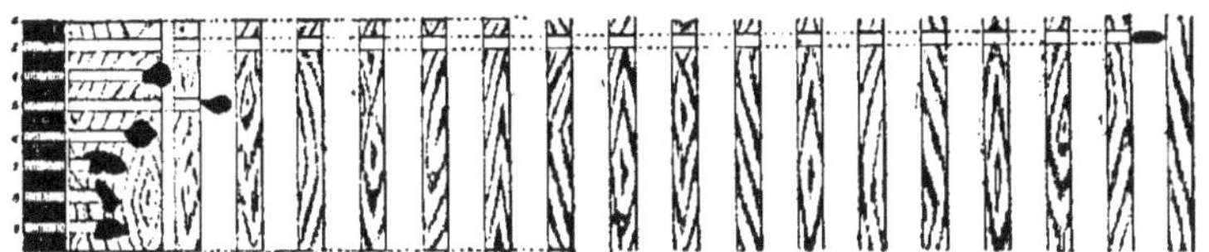

Figure 3 : balles *compound* (à enveloppe).
4, 5 et 6 : balles en plomb durci.
7, 8 et 9 : balles molles.

Ainsi nous voyons que la balle à enveloppe agit avec beaucoup plus de force.

Ordinairement on admet qu'une balle, ayant traversé une planche de pin d'un pouce d'épaisseur, conserve encore assez de force pour tuer ou blesser un homme ou un cheval. Dans la comparaison du modèle de fusil Berdan, dont se servait l'armée russe pendant la guerre de 1877-78, avec les nouveaux fusils à petit calibre nous avons vu que la balle à enveloppe traverse un bien plus grand nombre de planches : — sa puissance de pénétration augmentant d'ailleurs quand la distance du but frappé diminue.

Mais la technique n'en est pas restée là. Nous donnons, d'après le plus récent ouvrage de Bircher, le dessin d'une balle lancée contre une plaque d'acier par le fusil de 5ᵐᵐ,5 de calibre, avec une vitesse initiale d'environ 800 mètres.

---

(1) Seydel, *Lehrbuch der Kriegschirurgie,* 1893.

Effet d'une balle de 5 millimètres sur une plaque d'acier de 14 millimètres d'épaisseur.

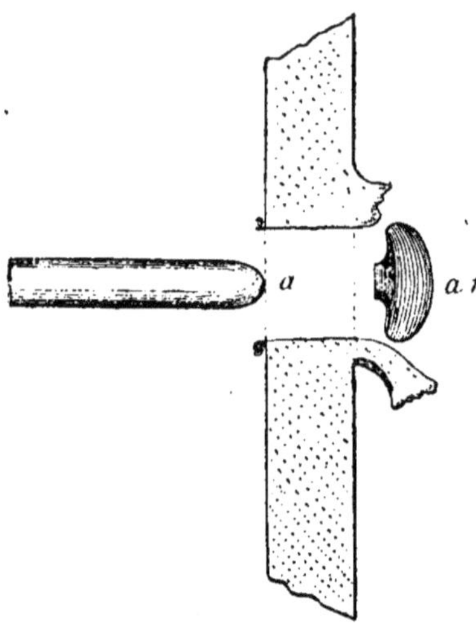

La puissance du choc est tellement considérable qu'à une distance de 25 mètres on perce une plaque d'acier de 14^{mm} d'épaisseur. La balle à enveloppe, de forme allongée, prend la forme d'un champignon comme le montre la figure.

En raison du faible diamètre de la balle et de la force avec laquelle elle pénètre dans le corps, les chirurgiens allemands, surtout Reger et von Beck (1) et en partie aussi Bruns (2) ont admis que les blessures produites par les nouvelles balles seront plus légères, — ce qui leur a fait donner à ces projectiles le nom de balles « humaines ». Dans un rapport (3) lu, en 1885, à la Société de Médecine militaire de Berlin, Reger dit : « Je vous présente ces nouvelles balles avec une grande joie et je pense que si ce charmant projectile est admis par une Convention internationale, l'humanité entière pourra s'en réjouir ». — Bruns s'exprime dans le même sens en disant : « Le nouveau fusil à petit calibre, avec ses balles à enveloppe, n'est pas seulement la meilleure arme : c'est en même temps la plus humaine. Il permet d'adoucir, autant que possible, les horreurs de la guerre.

« La balle de petit calibre en métal dur, et par conséquent peu déformable, avec sa grande vitesse de translation, traverse aisément les tissus osseux, plats, élastiques de faible épaisseur, en laissant derrière elle une ouverture à bords très nets. La surface lisse de la balle l'empêche d'entraîner des débris de vêtement et de les introduire dans la blessure. La rapidité du passage au travers du corps rend les brûlures impossibles, et la grande force du choc écarte toute chance de fusion. Les blessures des parties molles ont un caractère beaucoup plus bénin qu'avec l'emploi des anciennes balles. »

La coïncidence des résultats rapportés ci-dessus avec les idées régnantes

(1) B. von Beck, *Ueber die Wirkung der moderner Gewehrprojectile.* — Leipzig, 1885.
(2) P. Bruns, *Die Geschosswirkung der neuen Kleinkaliber-Gewehre.* — Tübingen, 1889.
(3) Reger, *Die Anforderungen der Humanität an die Kleingewehrprojectile.*

dans les sphères gouvernementales conduisit naturellement à ce résultat, que l'« humanité » des nouvelles balles de fusil fut proclamée *urbi et orbi* (1) et que cette opinion fut adoptée dans toutes les classes de la société.

Méthode pour déterminer l'effet produit par la balle sur des cadavres d'hommes et d'animaux.

Les chirurgiens militaires ne pouvant pas, faute d'une guerre euro-péenne, constater, par l'expérience, l'effet des nouvelles balles cuirassées des fusils à petit calibre sur les corps humains vivants, ne s'en sont que plus activement occupés de recueillir des matériaux, qui permissent de résoudre cette question si importante pour la guerre future, au moyen d'expériences exécutées sur des cadavres. Von Beck, Bruns et Kraske en Allemagne, Habart en Autriche, Bové et Bircher en Suisse, Breton, Chevau, Chauvel, Nimier, Pesme et Delorme en France, Parloff, Tilé, Morozoff en Russie, ont entrepris des séries d'expériences de tir tant sur des cadavres d'hommes et d'animaux que sur des animaux vivants.

Toutefois, pendant longtemps, l'effet meurtrier des nouveaux fusils ne put être exactement déterminé par les expériences exécutées, parce que presque toutes se faisaient à « charge réduite ». C'est-à-dire que, pour plus de commodité, les expérimentateurs tiraient à très petite distance et dimi-nuaient la charge de poudre de telle façon que la balle, en arrivant au but, eût la vitesse finale dont elle aurait été animée si le tir avait été exé-cuté à charge entière et à distance considérable. Ainsi, par exemple, Delorme, pour obtenir, en tirant à 12 mètres, l'effet produit à des distances éloignées, indique l'emploi du fusil Lebel et de charges de nouvelle poudre variant de 0 gr. 25 à 2 gr. 70.

Tous les expérimentateurs, en appliquant ce procédé de la charge réduite, étaient convaincus qu'ils arriveraient ainsi à produire, à faible distance, les mêmes lésions qu'on eût réalisées aux distances éloignées, par l'emploi de la charge entière (2).

Mais naturellement cette méthode souleva des objections basées sur ceci : que si l'on peut, en réduisant ainsi la charge de poudre, commu-

---

(1) Oesterreichisches Armeeblatt, Sept., 1891. *Die Wirkung der Gewehrgeschosse auf den menschlichen Körper.*

(2) *Ueber die Wirkung und kriegschirurgische Bedeutung der neuen Handfeuer-waffen.*— Travail exécuté, sur l'ordre du ministre, par la section médicale du ministère de la guerre prussien. — Berlin, 1894.

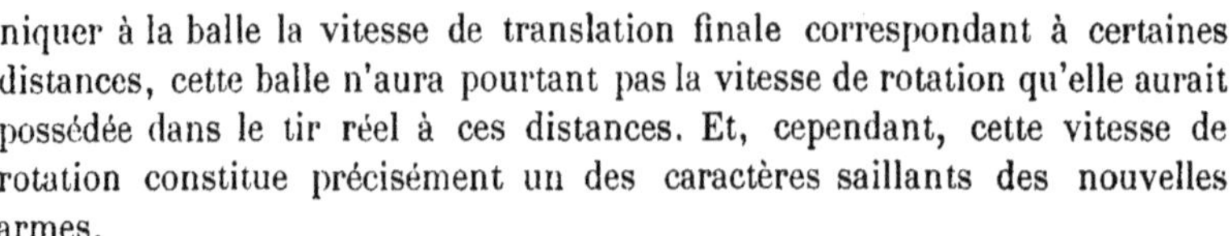

niquer à la balle la vitesse de translation finale correspondant à certaines distances, cette balle n'aura pourtant pas la vitesse de rotation qu'elle aurait possédée dans le tir réel à ces distances. Et, cependant, cette vitesse de rotation constitue précisément un des caractères saillants des nouvelles armes.

Les chiffres suivants (1) montrent mieux que tout ce qu'on pourrait dire combien la vitesse de rotation des balles et projectiles actuels diffère de ce qu'elle était autrefois.

	Nombre de tours.	Vitesse d'un point de la surface de la balle en mètres par seconde.
Carabine Minié	280	8
Fusil à aiguille, modèle 1841.	380	19
— modifié après 1870.	791	27
— allemand, modèle 1888. . . .	2,625	65
— modèle 1892	3,257	76
Canon prussien de 9 cm. employé pendant la guerre de 1870.	68	19
Canon allemand, modèle 1873. . . .	100	27
— français, modèle 1890.	187	53

Ainsi, il est bien clair que la charge réduite ne peut donner une idée nette de la puissance d'action des nouvelles balles.

Mais quand le ministère de la guerre prussien eut entrepris lui-même ces études, l'affaire prit une meilleure tournure.

Il a paru un travail intitulé: *Ueber die Wirkung und die kriegschirurgische Bedeutung der neuen Handfeuerwaffen* (Sur l'effet et l'importance au point de vue de la chirurgie militaire des nouvelles armes portatives), publié par ordre du ministre de la guerre allemand, général Bronsart von Schellendorff, et dont l'auteur est le docteur professeur von Koller, médecin général des armées allemandes et chef de la section médicale au ministère de la guerre. Les expériences furent exécutées à la distance de 2,000 mètres et non seulement sur des cadavres, mais sur des animaux vivants. On tirait à charge entière de poudre nouvelle et, en outre, pour éviter toutes autres causes d'erreur, les vaisseaux des portions de cadavre employées étaient, immédiatement avant l'expérience, remplis avec du sang d'animaux et jusqu'à un certain degré imbibés de la liqueur Wickersheim qui sert à conserver les préparations anatomiques, afin de donner à ces

---

(1) Général Rohne, *Schiesslehre für Infanterie.*

vaisseaux un degré de tension analogue à celui qu'ils ont pendant la vie.

En outre, Bircher a tiré, à Wallenstadt, sur deux chèvres, à 300 mètres de distance (1). L'une d'elles, pour ne léser aucun organe, avait été tuée par le chloroforme; l'autre fut prise vivante; toutes deux étant d'ailleurs maintenues dans la même position debout. Afin de pouvoir tirer plus de coups dans le même temps, Bircher se servait du fusil à magasin. Il arriva que la première chèvre reçut 15 blessures et la seconde 8, traversant le corps de part en part, de droite à gauche. Sur la chèvre morte, comme sur la chèvre vivante, les canaux creusés par le passage des balles, aussi bien dans les parties molles que dans les os, se trouvèrent tous semblables.

On a, de la sorte, recueilli des faits qui permettent de retracer méthodiquement les effets des nouvelles armes, et d'en obtenir un tableau complet et sans lacunes, grâce auquel on peut se faire une opinion précise sur les lésions par armes à feu dont nous menace la guerre future.

Effet explosif des nouvelles balles.

Toutefois, il n'a pas manqué non plus d'opinions contradictoires. Déjà, pendant la guerre de 1870-71, le bruit se répandit dans les deux camps opposés que l'ennemi se servait de balles explosives. Opinion motivée par ce fait que les blessures avaient souvent le caractère de lésions causées par les projectiles explosifs bien que, depuis le 16 novembre 1868, la Convention internationale de Saint-Pétersbourg eût interdit l'emploi de balles de cette nature.

Mais une connaissance plus exacte des effets des balles eût empêché d'aussi graves accusations réciproques, si l'on eût publié en temps utile certaines observations, déjà connues avant 1870, sur les effets explosifs des balles de fusils dans les tirs à faible distance. D'ailleurs, une conséquence heureuse de cette erreur commune fut qu'on se mit à faire des expériences qui, de la façon la plus satisfaisante, établirent l'inanité des accusations formulées au sujet de l'emploi de matières spécialement explosives pour la confection des balles de fusil. Il fut on ne peut plus clairement démontré qu'effectivement, dans certaines circonstances, les nouvelles balles donnent lieu à une action, pour ainsi dire, *d'apparence explosive*. Et comment, en effet, s'exprimer autrement quand on voit une balle de fusil, arrivant avec une vitesse d'environ 500 mètres par seconde, briser un crâne en d'innom-

_____

(1) Bircher, *Neue Untersuchungen über die Wirkung der Handfeuerwaffen*, 1896.

brables fragments et en faire jaillir le cerveau à quelques mètres alentour? (1)

De nouvelles et nombreuses expériences furent exécutées qui confirmèrent ce fait intéressant qu'une balle — animée d'une grande vitesse initiale d'au moins 250 à 300 mètres — produit un effet semblable à celui d'une explosion.

On a cherché différentes explications de ce phénomène. L'opinion la plus répandue c'est que l'effet d'apparence explosive se produit quand la balle frappe quelque organe riche en parties liquides. Ce phénomène s'explique par l'impossibilité où sont les molécules liquides de se disjoindre sous l'effet d'une action aussi rapide, absolument comme les corps solides se dispersent en morceaux de tous côtés et par là même exercent un effet destructeur sur les vitres voisines. C'est Regher qui a le plus complètement exposé cette théorie de la pression hydraulique.

On sait que les liquides sont des corps à peu près incompressibles; grâce à la mobilité facile de leurs parties, ils peuvent, sous l'effet d'une pression, changer de forme, mais non de volume. Si un liquide est renfermé dans une cavité et s'il est soumis à une pression plus ou moins considérable, cette pression se transmet, par le liquide, également dans tous les sens, de sorte que tous les points des parois de la cavité éprouvent cette pression au même degré. Représentons-nous maintenant une pression agissant sur un système composé d'un liquide et d'une cavité, dont l'enveloppe est uniformément élastique ou non élastique. En pareil cas, l'effet de la pression dépendra : 1° de sa grandeur; 2° de l'étendue de la surface sur laquelle la pression se répandra; 3° de la rapidité de transmission de la pression et 4° de la nature des parois de la cavité.

Si ces parois sont élastiques, elles commenceront par s'étendre, puis, sous la continuation de la pression, elles s'ouvriront enfin; si la vitesse de la pression n'est pas considérable, mais que sa force soit assez grande, l'enveloppe d'abord se tendra, puis se fendra et le liquide sortira par l'ouverture ainsi formée; si, au contraire, la vitesse de pression est assez grande pour qu'elle ait pu se transmettre en tous sens avant que le liquide n'ait modifié son état d'équilibre et s'écoule, alors l'enveloppe se brisera avec une force proportionnelle à la puissance de la pression et, à la fois, sur, tous les points qui céderont à cette pression.

Très convaincantes sont, à ce point de vue, les expériences exécutées par Bircher (2).

Pour montrer combien s'accroît la pression hydraulique quand la

---

(1) Jahrbücher für die deutsche Armee und Marine : *Ueber die Wirkungsweise der kleinkalibrigen Gewehrgeschosse.*

(2) Bircher, *Neue Untersuchungen ueber die Wirkung der neuen Handfeuerwaffen.*

vitesse des balles augmente, il tirait sur un vase plein d'eau, en s'arrangeant pour donner à la balle une vitesse restante successivement de : 200, 250, 300 et 400 mètres.

Les résultats obtenus sont représentés par les figures ci-dessous :

Effet des balles sur un vase plein d'eau suivant leur vitesse.

| 200 mètres. | 250 mètres. | 300 mètres. | 400 mètres. |

Dans les expériences faites avec le fusil de 11 millimètres, l'effet explosif fut également observé aux petites distances, avec une vitesse initale de 430 à 450 mètres.

On voit par là que la force destructive des balles actuelles est incomparablement plus grande que celle des balles des anciens fusils ; de sorte que lorsqu'une balle actuelle vient frapper un os avec une grande vitesse, l'os se brise entièrement au point d'entrée du projectile et se fend en outre jusqu'à une distance considérable de ce point. Quand la balle atteint les organes intérieurs, l'effet est encore plus terrible.

Grandeur d'entrée et de sortie.

Bircher a montré récemment que la balle actuelle, tirée avec une vitesse initiale de 400 mètres, en frappant une solive, creuse le long de son trajet un canal qui s'élargit de plus en plus, comme le montre la figure ci-dessous.

Grandeur de l'ouverture d'entrée et de sortie des balles.

Canal creusé par une balle dans une solive qu'elle traverse dans sa longueur.

En outre, des expériences ultérieures ont montré que la grandeur de
l'ouverture d'entrée dans la peau, à mesure que la distance s'accroît jusqu'à
2,000 mètres, diminue graduellement et dans la même proportion que la
vitesse de la balle.

Très intéressantes sont les expériences de tir du fusil de 8 $^m/^m$
modèle 1888, contre des plaques de plomb. Elles ont montré que le degré
de déformation des balles et l'étendue de la déchirure faite à la plaque de
plomb sont en rapport direct l'un avec l'autre.

Les figures ci-après montrent les grandeurs des ouvertures percées
dans une plaque de plomb, par des balles de 8 millimètres à différentes distances.

La cavité creusée dans une plaque de plomb de 5 centimètres d'épaisseur va s'étendant et s'approfondissant de plus en plus, à mesure que les
balles sont animées d'une plus grande force vive: quand celle-ci diminue,
au contraire, la déformation des balles diminue également, ainsi que la
déchirure de la plaque de plomb. C'est exactement de la même manière,
que dans d'épaisses plaques de plomb croissent, avec l'augmentation de la
force vive de la balle, et la largeur du canal qu'elle y creuse et la grandeur

Etendue de l'ouverture faite, dans une plaque de plomb,
par une balle tirée à différentes distances.

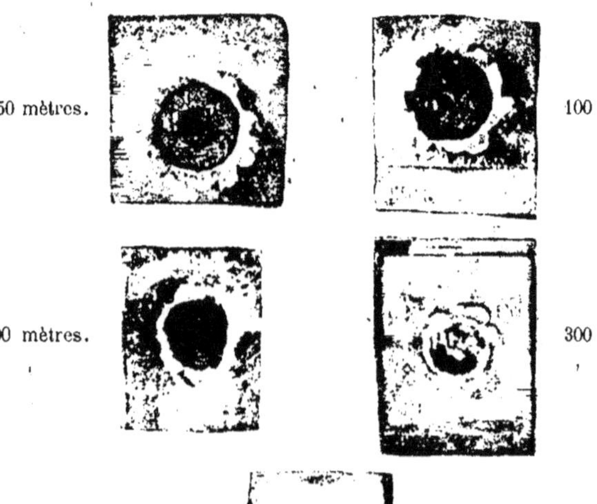

des plaquettes qu'elle en arrache et la déformation qu'elle subit elle-même.

L'ouverture de sortie faite par une balle dans la peau présente des variations encore plus nombreuses et plus importantes, dans sa forme et sa grandeur, que l'ouverture d'entrée. Tandis que cette dernière, à de très rares exceptions, dépend uniquement de la distance et de la façon dont frappe la balle, la forme de l'ouverture de sortie est encore influencée par la nature des parties atteintes ainsi que par l'étendue des désordres causés à l'intérieur du membre traversé par le coup.

Les chiffres qui suivent indiquent les grandeurs moyennes des ouvertures d'entrée et de sortie, dans les blessures faites par les armes à feu, et le dessin ci-contre représente le point de sortie d'une balle tirée à bout portant contre la paume de la main.

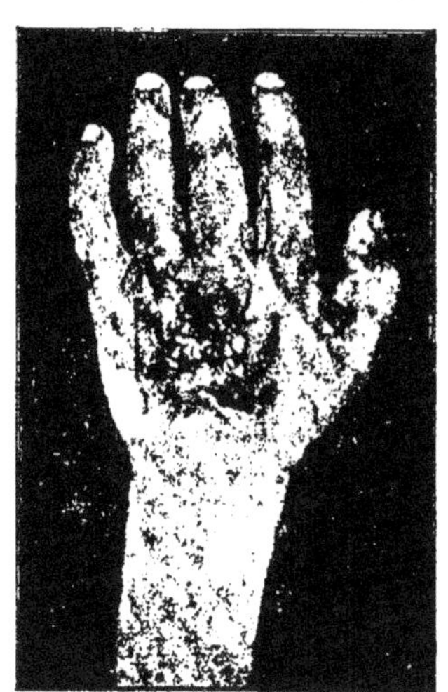

Ouverture de sortie d'une balle.

	Ouverture d'entrée	Ouverture de sortie Blessures des parties molles	Blessures des os
à 100 mètres de distance.	7^{mm},6	9^{mm},5	23^{mm}
600 —	6^{mm},8	8^{mm}	12^{mm},7
1,000 —	6^{mm},08	7^{mm},31	8^{mm},8
1,600 —	5^{mm},5	5^{mm},7	6^{mm},7
2,000 —	5^{mm},7	5^{mm},7	7^{mm}

Les rapports entre les ouvertures de sortie des blessures, faites dans les os et dans les parties molles, sont encore mieux mis en évidence par la figuration graphique ci-dessous :

« En général, toutefois, dit Habart (1), de petites ouvertures d'entrée et des ouvertures de sortie, aussi relativement petites, masquent des lésions d'autant plus importantes ; et au premier coup d'œil elles ne permettent pas de tirer une conclusion juste sur le caractère et les dimensions de la blessure causée par une arme à feu. »

(1) Seydel, *Lehrbuch der Kriegschirurgie*.

Grandeur de l'ouverture de sortie en millimètres.

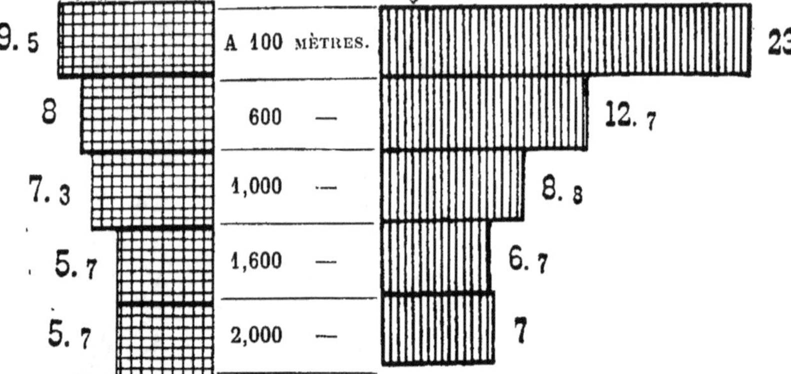

Si, en outre, la balle n'a pas frappé la peau normalement, mais dans une direction oblique, l'ouverture d'entrée présente habituellement une forme ovale, plus rarement une forme triangulaire ou quadrangulaire. Généralement, moins est grand l'angle formé par la direction de la balle avec la surface de la peau et plus l'ouverture d'entrée est irrégulière.

Le dessin ci-dessous montre clairement le rapport de la grandeur de l'ouverture d'entrée à l'angle formé par la direction de la balle avec la surface de la peau.

Rapport de la grandeur de l'ouverture de l'entrée de la balle à celle de l'angle formé par la direction du projectile et la surface de la peau.

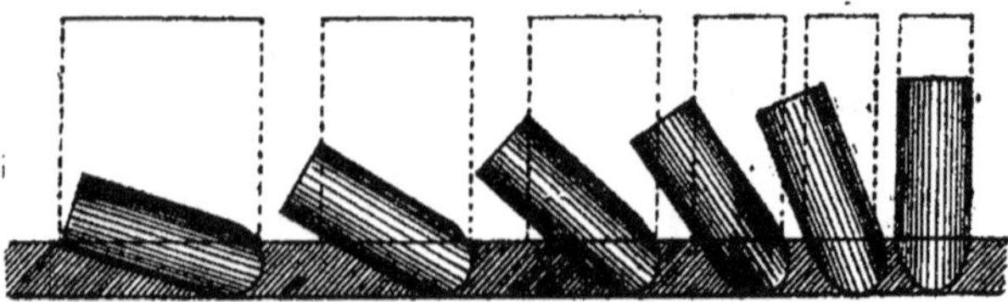

Il n'est pas facile d'indiquer exactement comment s'étendent les effets de la balle sur les parties molles, autour du canal qu'elle y a creusé.

Les canaux creusés par les balles dans les muscles offrent, en général, un aspect assez uniforme : celui d'une sorte de tube cylindrique semblant foré au mandrin, et qui, pour les coups tirés aux petites distances, a la plupart du temps, un diamètre un peu supérieur au calibre de la balle, mais qui, pour les coups tirés à des distances plus considérables, se rétrécit peu à peu jusqu'à ne plus avoir qu'un diamètre de 4 à 5 millimètres. Sur les surfaces de coupe des pièces anatomiques congelées, ces canaux se présentent sous la forme de fentes linéaires d'une largeur de 1 à 3 millimètres. Les parois en sont lisses et la surface en est plus ou moins imbibée de sang, suivant le nombre des vaisseaux lésés.

Empreinte de la blessure faite par une arme à feu, dans les parties molles de la cuisse.

Le dessin ci-contre figure l'empreinte d'une blessure d'arme à feu faite dans les parties molles de la cuisse, par une balle de 8 millimètres à la distance de 100 mètres.

Dans le canal ainsi creusé par la balle, il n'est pas aussi rare de trouver des corps étrangers, qu'on le suppose ordinairement. Une balle, lancée à la distance de 1,200 mètres, et atteignant 58,7 fois pour cent des diaphyses d'os tubulaires, se brise en de très petits fragments, dont quelques-uns s'accrochent dans le canal, creusé par la balle. A partir de la distance de 1,200 mètres, il peut même se fixer dans ce canal des balles entières, soit déformées, soit ayant culbuté le culot en avant.

Lésions du crâne.

Les os du crâne sont percés par la nouvelle balle de 8 millimètres jusqu'à la distance de 2,000 mètres. Et c'est seulement à partir de cette distance que la balle n'a plus la force de le traverser.

Ainsi, par exemple, un coup tiré à 50 mètres brisait complètement un crâne. La peau et les os de toute la voûte crânienne étaient réduits en miettes qui se dispersaient dans tous les sens jusqu'à une grande distance. Quant à la base du crâne, elle était entièrement brisée en morceaux, dont les lignes de séparation ne correspondaient qu'en partie aux lignes naturelles d'union des os ou sutures. De cervelle, il ne restait qu'une masse confondue avec des fragments osseux, dans laquelle on pouvait encore, par endroits, distinguer les traces des diverses circonvolutions du cerveau.

Ces lésions sont indiquées sur le dessin ci-après :

Lésion du crâne produite par une balle de 8^{mm} à la distance de 50 mètres

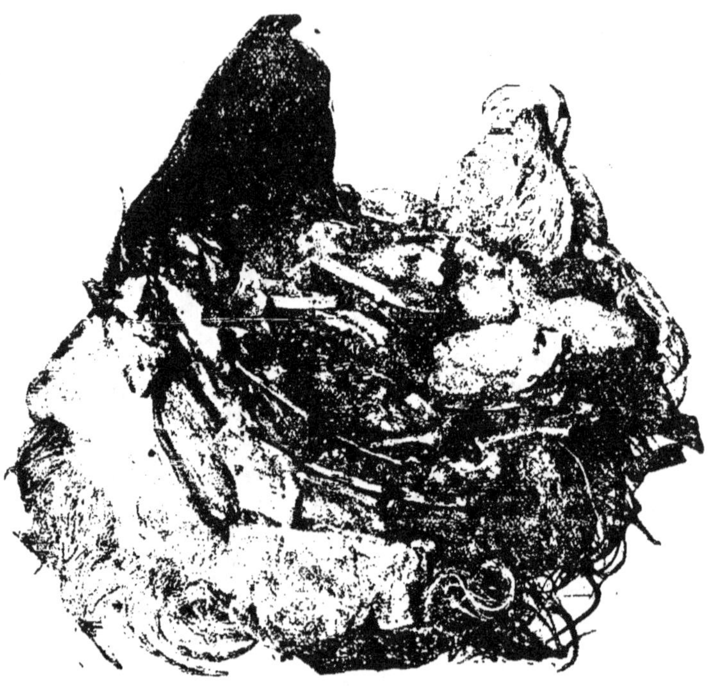

Lésions du crâne à la distance de 1,600 mètres.

Ouverture d'entrée de la balle.

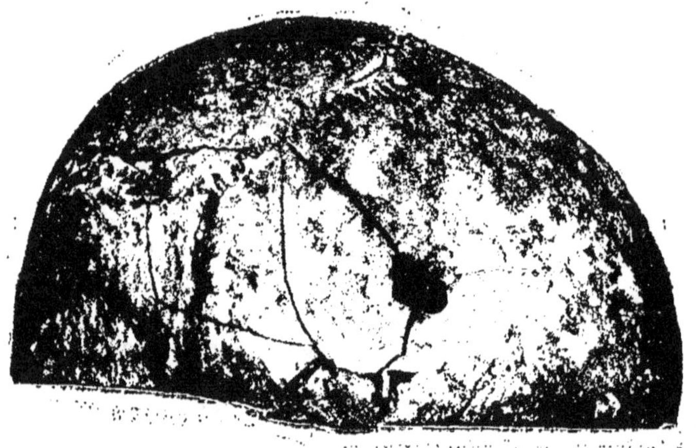

Ouverture de sortie de la balle.

Aux distances de 1,100 mètres, les ouvertures d'entrée et de sortie de la balle étaient entourées d'une assez grande quantité de fragments. La première ouverture bien nette, observée sur le crâne d'un cadavre, ne fut obtenue qu'à la distance de 1,600 mètres. Mais même encore à cette distance, ce phénomène ne se présente pas d'une manière constante; et nous pouvons seulement dire que c'est à partir de là que peuvent avoir lieu des percements proprement dits. Ainsi, sur trois coups tirés contre un crâne à la distance de 2,000 mètres, deux seulement produisirent des blessures perçant nettement les os. Dans le troisième cas, où le crâne était exceptionnellement mince, il se produisit encore des lignes de rupture entre les ouvertures d'entrée et de sortie. Quant aux coups tirés contre le crâne à plus de 2,000 mètres, nous n'avons comme indication qu'une blessure observée sur un homme vivant, à la distance de 2,700 mètres, et qui ne présente plus aucune formation d'éclats d'os, même à l'ouverture de sortie.

Ainsi, quoique le déchirement général, produit dans la voûte crânienne par une balle de 8 millimètres tirée à 50 mètres, diminue à mesure que la distance augmente, cette modification n'en est pas moins tellement graduelle qu'il n'est guère possible de déterminer rigoureusement les distances correspondant à tel ou tel autre genre de lésion.

C'est seulement à partir de 1,600 mètres que le crâne commence à être percé nettement par les balles.

Par suite d'une telle force destructive des nouvelles balles, les lésions du crâne donneront, dans les guerres futures, un plus grand nombre de tués, d'abord en valeur absolue, et aussi relativement au chiffre des blessés. Tandis que les anciennes balles de plomb, même à des distances de 800 mètres, et de plus près encore, s'aplatissaient sur les os du crâne sans y pénétrer, les balles à enveloppe traversent le crâne même à des distances de 2,000 mètres et y déterminent des lésions mortelles.

Et, comme on l'a montré plus haut, si grand que fût déjà le nombre des blessures à la tête dans les guerres du passé, il est clair que, par suite des conditions où l'on combattra avec les nouvelles armes, dont les propriétés, on le comprend, entraîneront des changements dans les procédés d'attaque, le nombre de ces blessures à la tête devra s'augmenter encore.

Lésions du cœur.

Effets sur le cœur.

Dans le cœur, quand les ventricules sont pleins, il se produit des explosions des parois ; mais, quand cet organe est vide, il est simplement traversé de part en part, aussi bien aux petites qu'aux grandes distances.

Lésions des vaisseaux sanguins.

Effets sur les vaisseaux sanguins.

Les lésions causées par les balles à cuirasse diffèrent notablement de celles que produisaient les balles d'autrefois, notamment en ce que ces dernières avaient toujours le caractère de plaies contuses, tandis que celles des nouvelles balles sont plutôt du genre des coupures, ce qui explique l'abondante hémorrhagie qu'elles déterminent, surtout dans les cavités du corps et dans les tissus sous-cutanés.

Les petits vaisseaux sanguins sont, pour la plupart, entièrement coupés par la balle qui les frappe, leurs extrémités restant alors largement béantes. Dans les gros canaux les lésions les plus étendues sont causées, non par la balle elle-même directement, mais par l'action des fragments d'os qui se trouvent dans le voisinage des parties lésées.

Dans tous les cas où, d'après la situation des ouvertures d'entrée et de sortie de la balle, il a été possible de supposer une lésion des gros vaisseaux, on a recherché avec un soin particulier le canal déterminé par le projectile ; mais jamais on n'est parvenu à relever une lésion directe de ces vaisseaux par une balle. Habart soutient que, dans la guerre future, on est menacé de voir de grandes pertes causées par les hémorrhagies. Les hommes atteints de lésions des vaisseaux sanguins et encore en vie ne doivent pas être transportés avant l'arrêt définitif de l'hémorrhagie par un tamponnement à l'ouate iodoformée, ou, mieux encore, par l'établissement d'une ligature (1).

Ainsi l'augmentation de la mortalité ne laissera pas d'être influencée par les lésions des gros vaisseaux sanguins et par l'épuisement du sang sur le champ de bataille. Dans les guerres d'autrefois, ces lésions étaient plus rares et n'avaient pas une issue aussi fâcheuse, ce qui s'explique très simplement. Les balles de plomb, qui se déformaient, produisaient surtout un fort écrasement et une rupture des tissus, qui pouvaient amener un arrêt spontané de l'hémorrhagie; tandis que la balle cuirassée d'aujourd'hui coupe les vaisseaux comme une lame de couteau sans que les bords de la coupure puissent se toucher : — d'où une hémorrhagie interne ou externe qu'on ne peut arrêter et qui entraîne la mort.

Lésions des poumons.

D'après vingt-deux observations faites sur des hommes vivants blessés accidentellement, les coups qui atteignent les poumons sont assez bénins dans les circonstances suivantes :

Effets sur les poumons.

1° Si le poumon n'est pas traversé, n'ayant été frappé que par ricochet et la balle l'ayant atteint dans le sens de sa plus grande dimension ;

2° Si la balle n'a pas entraîné dans le poumon des esquilles osseuses ;

3° S'il n'y a eu de lésé, ni gros vaisseau sanguin, ni gros vaisseau bronchial ;

4° Si les pointes des poumons sont restées indemnes.

Nous donnons ci-contre un dessin (2) représentant la blessure produite par une balle ayant atteint les poumons, après un traitement de six semaines.

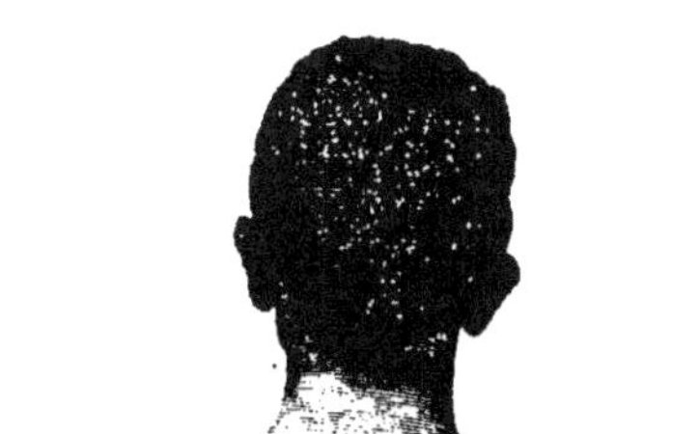

Blessure produite par une balle après six semaines de soins.

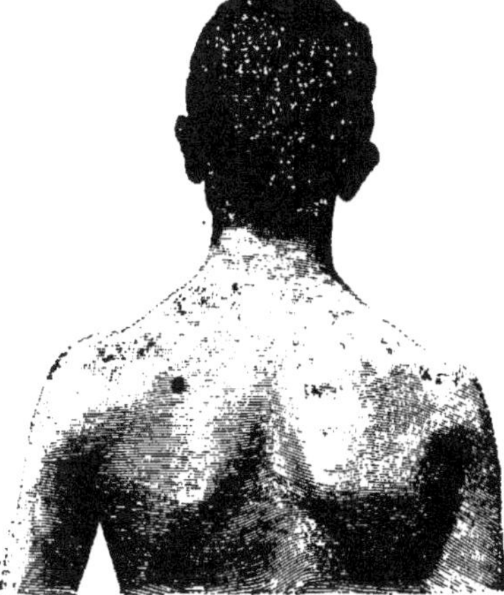

---

(1) Habart, *Ueber die Einwirkung der 8ᵐᵐ Geschosse auf die Gefässe und die Knochen der Lebenden.* — Vienne, *Med. Presse*, n° 14.

(2) Düms, *Handbuch der Militärkrankheiten.*

L'aspect du poumon lui-même, frappé par une balle à différentes distances (d'après des expériences exécutées en Suisse avec la balle réglementaire dans ce pays) est représenté dans la figure suivante empruntée à l'ouvrage de Bircher.

Lésions produites dans le poumon par le tir à diverses distances.

Sur cette figure, la première blessure, à la partie supérieure, présente un canal à parois lisses produit par un coup tiré à la distance de 1,000 mètres ; — la seconde : canal à parois lisses avec légère effusion de sang (à la distance de 700 m.) ; — la troisième : canal lisse avec abondante effusion de sang (distance de 300 m.) ; — la quatrième : ouverture d'entrée lisse, mais canal présentant à sa partie postérieure des parois fortement déchirées (distance de 25 m.) ; — la cinquième : ouverture de sortie de la même blessure, diamètre de 4 centimètres,

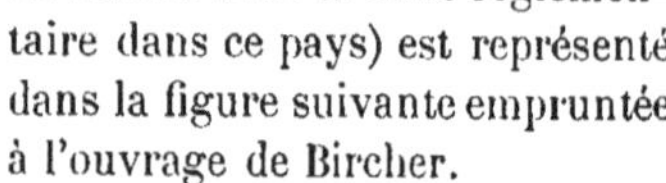

Lésions de la cavité abdominale et de la vessie.

Effets sur l'abdomen.

Par suite des organes vitaux importants que contient la cavité abdominale, les blessures qui atteignent l'abdomen ont une importance particulière.

A toutes les distances, ce sont les coups tirés contre les grands boyaux de l'intestin qui produisent les plus grands désordres. Il ne paraît pas qu'ils donnent généralement de simples lésions transperçant nettement de part en part. Il en est de même des nombreuses blessures qui atteignent les parois du canal digestif. Qu'une balle les traverse diamétralement en suivant une ligne oblique, ils seront, dans les deux cas, percés

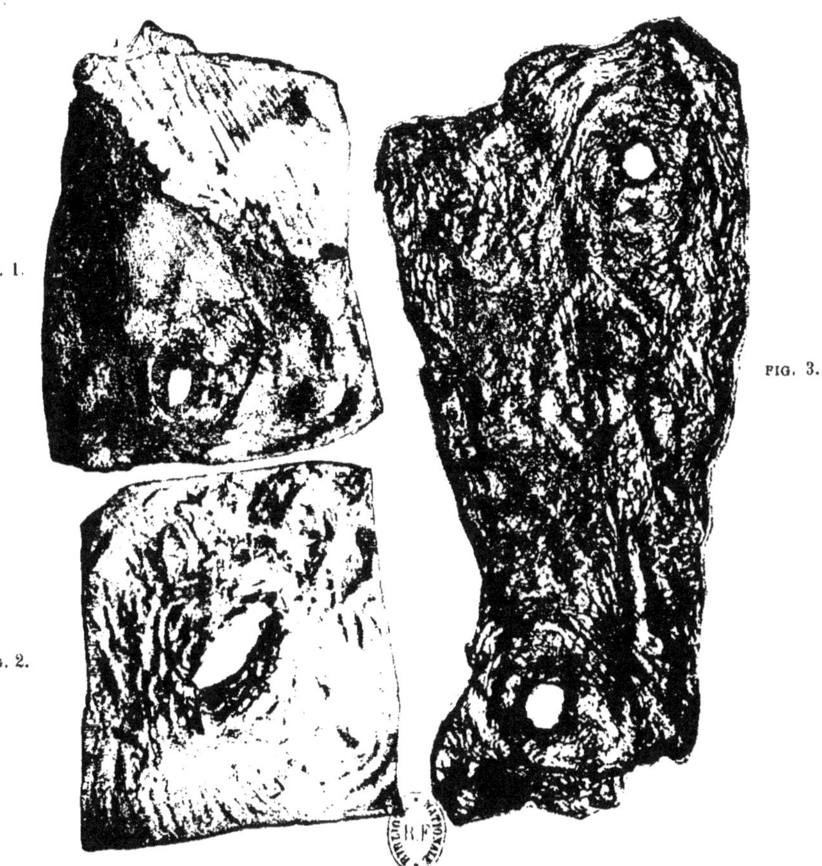

Ouvertures produites dans la peau du ventre d'un cheval vivant, par une balle de 8 m/m, a 100 mètres de distance.

Fig. 1 représente l'ouverture d'entrée faite par la balle de 8 m/m dans la muqueuse de l'estomac, 2 c/m de longueur et 1 c/m de largeur; Fig. 2 représente l'ouverture de sortie de cette balle au fond de l'estomac, longueur 2,5 c/m et largeur 1,5 c/m; Fig. 3 représente les ouvertures d'entrée et de sortie à l'extrémité d'un boyau, diamètres de 1,0 et de 1,4 c/m.

sur une grande largeur ou bien plus ou moins irrégulièrement déchirés. Ce dernier cas se présente toujours si la partie atteinte est remplie de substance liquide, ce qui produit une pression hydraulique. Dans ce cas, l'ouverture de sortie de la balle est toujours beaucoup plus grande que celle d'entrée ; car la pression hydraulique s'étend davantage dans le sens de la trajectoire de la balle. Et il en est ainsi jusqu'aux distances de tir de 1,000 mètres et même davantage.

La preuve que ce phénomène est dû à la pression hydraulique déterminée par le contenu de l'intestin, c'est que la même balle produit, dans les circonvolutions de l'intestin qui sont remplies, de longues déchirures, tandis que, dans les parties vides, elle ne fait que de petites ouvertures circulaires. *Effets sur l'intestin.*

Cela devient plus clair encore quand on regarde le dessin de la planche ci-contre, emprunté à l'ouvrage de Habart, et qui représente la blessure produite par une balle de 8 millimètres sur un cheval vivant à la distance de 100 mètres.

Les mêmes phénomènes se manifestent aussi pour la vessie urinaire ; mais il est rare qu'elle soit assez complètement remplie pour que la pression *Effets sur la vessie.*

Blessure de la cavité abdominale à 450 mètres (1).

hydraulique puisse déterminer l'éclatement de son enveloppe élastique et facilement rétrécissable.

------

(1) Dʳ Habart, *Geschossfrage.*

Une blessure du canal digestif, qui permet à son contenu de se répandre dans la cavité abdominale, entraine la mort, d'ordinaire non pas immédiatement après la lésion, mais la plupart du temps dans les quarante-huit heures. Quand la vessie est atteinte, on ne peut aussi que très rarement compter sur la guérison. En général, toutes les blessures comportant pénétration dans la cavité abdominale ont, à la guerre, une issue funeste.

Quoique certaines personnes croient à la possibilité de guérir ces blessures, quand elles se produisent à la guerre, par l'exécution en temps opportun des opérations thérapeutiques convenables, le fait est que l'application de ces procédés est absolument irréalisable sur un champ de bataille.

Lésions du foie, de la rate et des reins.

Effets
sur le foie, la rate
et les reins.

Les grands boyaux du ventre, le foie, les reins et la rate consistent en un parenchyme liquide renfermé dans un tissu mince interstitiel qui rattache

Lésion du foie sur un cheval vivant par une balle de 8^{mm} (1).

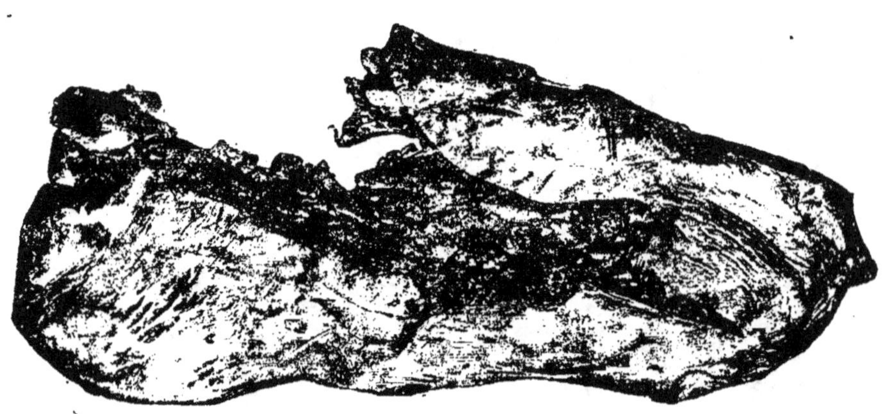

ces organes les uns aux autres, et qui offre très peu de résistance. Par là même lesdits organes présentent, quand ils se trouvent sur le chemin d'une

(1) Habart, *Geschossfrage*.

EFFETS PRODUITS SUR LES OS DE CHEVAUX PAR LES BALLES LEE-METFORD.

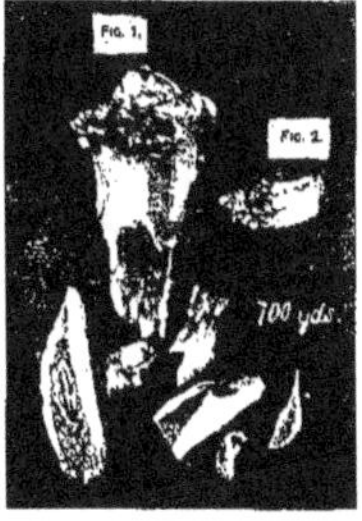

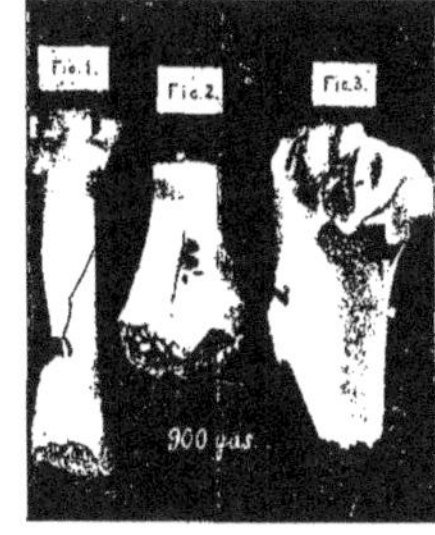

Ces expériences ont été faites sous la direction du capitaine F. Seumor (Vétérinaire) à des distances variant de 50 à 1000 yards. A toutes les distances, jusqu'à 800 yards, les os étaient réduits en poudre et en tout petits éclats. Seulement à partir de 900 à 1000 yards, les fragments des os sont moins nombreux, mais plus grands, et ne se séparent pas de l'os

balle, des conditions très favorables à leur déplacement et à la transmission aux parties voisines du mouvement qui leur est imprimé. Voilà pourquoi nous voyons que, même aux grandes distances, les lésions produites dans ces tissus sont notablement plus étendues que le calibre de l'arme et que les parois mêmes du canal de la blessure sont irrégulières et déchirées. La pression hydraulique, au sens physique du mot, se manifeste dans ces tissus, même sous l'action d'un projectile animé d'une faible vitesse (1).

Lésions des os

Les lésions produites dans les os par les armes à feu présentent un intérêt particulier, en raison de leur fréquence, tant absolue que relative, en temps de guerre. D'après les constatations de Fischer, sur le nombre total de ces blessures, 21 0/0 sont en général imputables aux armes à feu portatives, et 13,8 0/0 comportent des brisements d'os par les balles. *Effets sur les os.*

La question de l'effet destructeur produit par les balles sur les os a été l'objet des expériences les plus minutieuses.

Ainsi, dans le « *Journal of the Royal United Service Institution* » de janvier 1894, nous trouvons l'indication des effets produits par les balles Lee-Metford, sur les os des chevaux, d'après les études du vétérinaire militaire F. Schmidt.

Des expériences furent exécutées à des distances de 50 à 1000 yards (45 à 900 mètres). Comme on le voit, par les figures de la planche ci-contre, à toutes les distances inférieures à 800 yards, les os furent partie réduits en poussière (sable d'os), et partie en menues esquilles. Ce n'est qu'aux distances de 900 et 1000 yards que les esquilles diminuèrent de nombre et augmentèrent de grandeur, en ne se séparant plus des chairs.

Des études encore plus complètes furent faites en Prusse, par le docteur Keller. Il établit avant tout ce fait que les lésions des os par les armes à feu sont de nature différente suivant la conformation de l'os, la force vive de la balle, sa déformation et l'angle sous lequel elle rencontre l'os.

Aux distances qui ne dépassent pas 600 mètres, l'os se brise complètement et, dans cet effet de la balle, c'est la pression hydraulique qui joue le principal rôle.

Le phénomène décrit donne aussi la clef d'un fait resté longtemps énigmatique : l'effet explosif de la balle dans la zone d'explosion.

---

(1) Bircher, *Neue Untersuchungen.*

Un os plein de moelle n'est en somme pas autre chose qu'un tube rempli d'une substance à demi liquide. Aussitôt qu'une lourde balle animée d'une grande vitesse pénètre dans cet os, la pression se transmet en tous sens ; la cavité osseuse se brise dans toutes les directions, un choc puissant communique aux divers éclats un mouvement commun. S'enfonçant ensuite par les dentelures, et leurs pointes, dans les parties molles environnantes, surtout dans le sens de la direction du coup, et hachant la peau autour de l'ouverture de sortie qui, pour cette raison, présente un aspect horrible de déchirure, les fragments osseux concourent à augmenter l'effet explosif de la balle.

Pour montrer clairement combien est différente l'action d'une balle sur un os, suivant qu'il est ou n'est pas rempli de moelle, Bircher a donné dans son atlas, d'après Roller, deux figures représentant le résultat d'un tir effectué à 1,200 mètres avec la balle allemande de 8 millimètres, sur deux crânes, dont l'un était rempli de substance cérébrale, tandis que l'autre était vide. Nous reproduisons ces deux figures ci-dessous.

Lésions du crâne produites par la balle de 8^{mm} allemande, à la distance de 1,200 mètres.

Crâne avec cerveau.

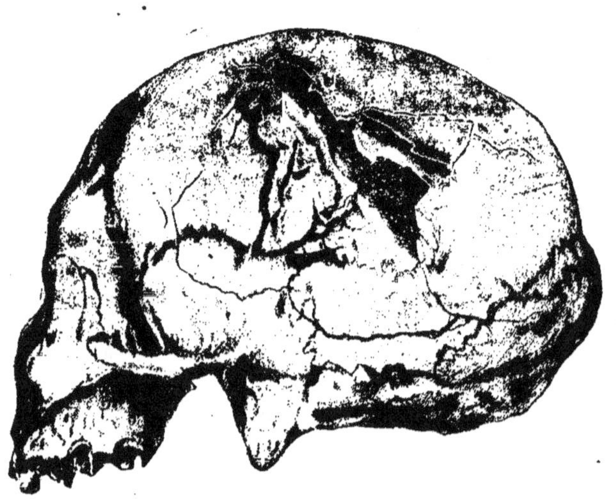

Crâne sans cerveau.

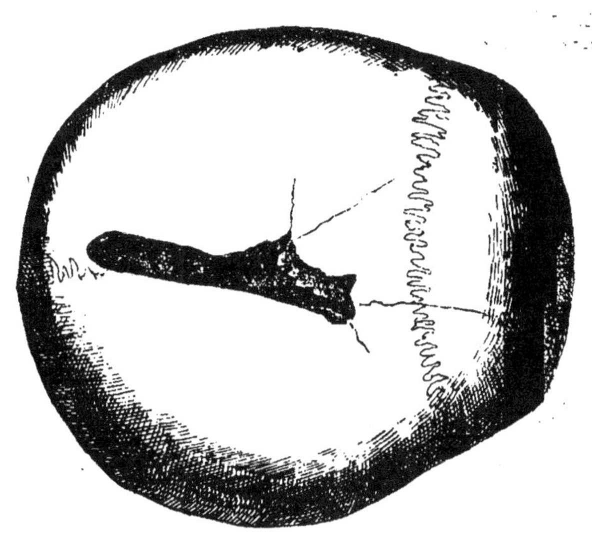

Ces figures montrent bien que la déchirure maximum de l'os par la
balle a eu lieu sur le crâne rempli de substance cérébrale, ce qui s'explique
précisément par la pression hydraulique que détermine cette dernière.

Il ne peut évidemment être question d'effet explosif quand une balle
se creuse dans les os ou dans les parties molles un canal en forme d'en-
tonnoir. Mais il en est autrement quand le diamètre de ce canal est 10 fois
et même davantage supérieur au calibre de la balle, quand le but frappé
présente des fentes et des déchirures en des points très éloignés de l'action
directe du projectile, et bien plus encore quand des fragments mêmes de
l'objectif sont lancés dans la direction du tir.

Dans le dessin ci-contre, Regher représente schématiquement la
pression hydraulique qui se développe dans les os tubulaires lorsqu'ils sont
atteints par une balle (1).

La lacération des parties molles qui se trouvent en arrière de l'ouverture de sortie de la balle dépend entièrement du caractère et de l'étendue
des déchirements de l'os. L'intensité de ces derniers, dans la substance
compacte des os tubulaires, diminue d'une façon visiblement proportionnelle
à l'augmentation de la distance, sous réserve, bien entendu, des variations
motivées par la différence de compacité des os.

____

(1) Seydel, *Lehrbuch der Kriegschirurgie.*

Schéma de la pression hydraulique dans les os tubulaires.

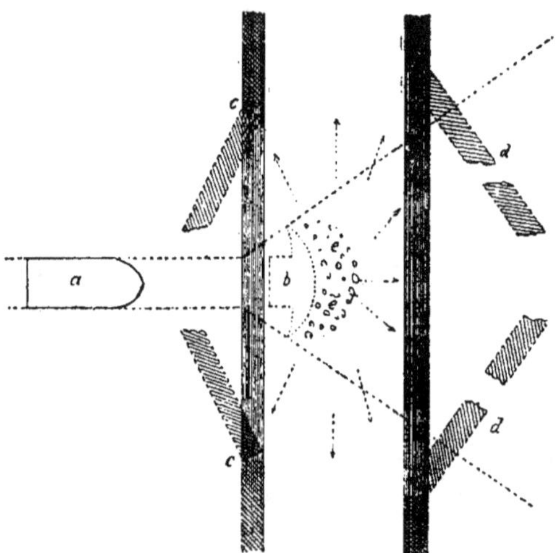

a. La balle au moment où elle frappe l'os. — *b*. La balle à son entrée dans la cavité de l'os.
— *c*. La paroi osseuse avec l'ouverture d'entrée. — *d*. La paroi de l'os avec l'ouverture
de sortie. — *e*. Poussière osseuse.

Les coups tirés à petite distance sont caractérisés par un déchirement
plus étendu des os et des parties molles placées en arrière. L'os, brisé sur
une grande longueur, fournit surtout de petits éclats, pour la plupart entièrement séparés les uns des autres, dont une partie reste au point frappé. Le
plus grand nombre, toutefois, s'enfonce dans les parties molles qui se
trouvent derrière l'ouverture de sortie, les coupe et les déchire ; ces éclats
arrivent ainsi jusqu'à l'ouverture de sortie de la peau et même font saillie
quelquefois par cette ouverture. Sur toute l'étendue de l'ouverture de sortie
de l'os, se trouve de la poussière osseuse, dont la plus grande partie est
intimement mélangée à des débris de tissu musculaire. Il s'y rencontre en
général aussi des éclats d'os depuis la grosseur d'un pois jusqu'à une longueur de 5 centimètres. La mutilation de l'os est d'ailleurs tellement continue et complète qu'il est impossible de déterminer exactement le point
d'entrée de la balle dans l'os, attendu que les fragments se sont mêlés de
la façon la plus irrégulière. C'est seulement parfois que, grâce à des traces
retrouvées sur des fragments d'os isolés, qui correspondent par leurs
dimensions au calibre de la balle, on arrive à déterminer le point d'entrée
du projectile.

LA GUERRE FUTURE (P. 327, TOME V.)

Jusqu'à 100 mètres, presque tous les fragments d'os sont séparés. Les éclats qui entourent l'ouverture d'entrée se trouvent encore rattachés au périoste, mais séparés des parties molles environnantes ; et les petits éclats dominent. A 200 mètres, les éclats qui entourent l'ouverture d'entrée sont, pour la plupart, encore maintenus dans la position qu'ils occupaient.

Coup d'une balle de 8^{mm} dans la cuisse d'un mouton vivant.

Nous donnons ci-contre une figure représentant la lésion produite dans une cuisse de mouton par une balle de 8 millimètres tirée à 200 mètres, par le procédé de la charge réduite. Et dans la planche suivante on trouvera deux dessins dont le premier représente l'ouverture d'entrée et le second l'ouverture de sortie de cette balle.

A 600 mètres, les éclats montrent déjà de plus grandes dimensions ; la mutilation des parties molles est moins étendue. A 700 mètres, l'ouverture d'entrée dans la peau est toujours moindre et son diamètre atteint 20 à 30 millimètres au maximum. A 1,000 mètres, la balle n'a déjà plus la force de traverser les os, surtout les gros, dont la résistance la fait dévier de son chemin. Par suite, les mutilations sont encore étendues, mais les fragments sont plus gros et surtout attachés aux parties molles ; quelques-uns conservent même leur périoste. A 1,200 mètres, l'effet est à peu près le même, sauf que l'intensité en est un peu moindre (1).

C'est seulement à partir de 1,600 mètres que l'affaiblissement de la force vive se fait plus nettement sentir. Les éclats, généralement très gros et incomparablement moins nombreux, restent sur place ; d'où il résulte que la mutilation des parties molles, en arrière de l'ouverture de sortie de l'os, est moins considérable et qu'il

---

(1) Loukomsky, *La XIV* Section de médecine et de chirurgie militaire au Congrès de Rome en 1894.*

ne pénètre dans ces parties que quelques granules isolés de poussière osseuse. Quand elle atteint un diaphyse, la balle s'y aplatit seulement et ce n'est que dans des cas exceptionnels qu'elle y pénètre.

A 2,000 mètres, cette pénétration est déjà plus fréquente, mais elle ne constitue pas la règle. La formation d'éclats, toutefois, continue toujours d'être un phénomène permanent, quoiqu'ils ne soient plus séparés des parties molles. A cette distance, les substances compactes ne sont plus traversées de part en part. En arrière de l'ouverture de sortie, il n'y a presque plus de mutilation des parties molles, et celle-ci se réduit, au pis aller, à un déchirement superficiel causé par la pénétration des pointes d'éclats ou par un choc accidentel de la balle déviée de sa direction.

Mais si à mesure que croît la distance, diminue l'intensité de la formation des éclats, on ne peut en dire autant de la zone de brisure osseuse qui demeure presque invariable à toutes les distances, depuis 50 jusqu'à 2,000 mètres.

L'effet d'une balle déviée dans sa marche se manifeste par des mutilations plus étendues à toutes les distances, puisqu'il ne semble pas possible d'observer aucune loi permettant de mesurer cet effet.

Quant à la moelle des os, jusqu'à 600 mètres elle disparaît dans toute l'étendue de la zone osseuse où se forment des éclats ; en dehors de cette zone elle se conserve habituellement en partie (1).

Effets des fusils de calibre réduit (jusqu'à 5 millimètres).

Effets meurtriers du fusil de calibre réduit perfectionné.

Tels sont les effets du fusil de 8 millimètres. Mais, dans les efforts continus que l'on fait pour augmenter la vitesse initiale, on ne s'est pas arrêté à ce calibre et on est allé plus loin dans la voie de la réduction. Le fusil de 8 millimètres a fait place à celui de $7^{mm},5$, puis de 7 millimètres et de $6^{mm},5$. On propose même déjà d'adopter des fusils de 5 millimètres ; et si quelque pays s'y décide, les autres ne tarderont pas à suivre cet exemple. Ainsi, entre en scène une nouvelle question importante : celle de savoir quel sera l'effet de ce fusil perfectionné.

Des expériences exécutées en Allemagne à ce sujet ont établi ce qui suit : Les balles de 5 millimètres et de 6 millimètres produisent des ouvertures d'entrée de la même forme et du même caractère. Dans la plupart des cas ces ouvertures sont rondes, comme si elles étaient faites avec un man-

---

(1) Bruns, *Ueber die kriegschirurgiche Bedeutung der neuen Feuerwaffen*, 1892.

drin, mais de moindres dimensions ; de leur forme et de leur grandeur on peut tirer des conclusions sur la direction et la nature de la balle, et même jusqu'à un certain point, mais avec très peu de certitude, sur la distance d'où a été tiré le coup. Mais elles ne donnent aucun moyen de juger du caractère et de la gravité des lésions intérieures, *lesquelles sont incomparablement bien plus sérieuses que celles produites par les balles de 8 millimètres.*

C'est ce que montrent assez nettement les dessins ci-dessous qui représentent les lésions produites dans une jambe, par des balles de 5 millimètres à la distance de 35 mètres.

De la déformation des balles à enveloppe.

Les balles à enveloppe ou chemise de métal résistant — acier ou nickel — dites aussi balles cuirassées, que d'abord on avait accueillies avec tant d'optimisme, se sont trouvées être finalement très dangereuses, — en ce sens qu'elles sont exposées à des déformations plus considérables que les anciennes balles en plomb. Quand une balle n'est pas arrivée immédiatement sur le corps qu'elle atteint, mais ne le frappe que par ricochet, après avoir heurté le sol ou quelque autre obstacle, l'ouverture d'entrée correspond déjà plus ou moins à la section longitudinale de la balle ; — comme on le voit sur la figure suivante qui représente deux ouvertures d'entrée : *a*, celle d'une balle ayant frappé normalement la surface de la peau, et *b*, celle d'une balle l'ayant frappée dans une direction oblique.

L'expérience a montré — et le fait a une très grande importance — qu'aucune des anciennes balles ne manifeste autant de propension que celles à enveloppe actuelle à passer, sur le parcours même de sa trajectoire, de la position longitudinale à la position transversale.

En outre, une balle qui a rencontré en chemin divers objets peut, parfois, glisser sur eux seulement par une de ses faces ; l'autre, pendant ce temps, peut n'avoir à surmonter presque aucune résistance ; puis, il peut arriver à une balle de traverser une série de milieux qui lui offrent des résistances différentes, conditions que présentent précisément les corps humains, qui consistent en tissus d'inégale compacité.

Dans toutes ces circonstances, il se produit immédiatement une déviation ou bien même un retournement complet de la balle. Mais si la résistance éprouvée dans le corps amène un arrêt complet du mouvement de translation d'une balle placée dans ces conditions, alors celle-ci, encore

Lésions de la jambe gauche (d'un cadavre de veau) produites
par des balles de 5 millimètres à la distance de 35 mètres.

Fig. 1. — La balle a pénétré
dans la substance compacte de l'os
de la jambe gauche.

Fig. 2. — La balle a comprimé
la substance compacte
de la jambe gauche.

sous l'influence du mouvement de rotation qui lui est communiqué par les
rayures de l'arme, vacille d'un côté à l'autre, se retourne dans le corps
d'une façon plus ou moins complète en conservant son mouvement rota-
toire et, tout en n'étant peut-être pas capable de communiquer ce même
mouvement aux parties arrachées, n'en continue pas moins son chemin avec

Lésions produites par des balles qui frappent le corps normalement et obliquement (1).

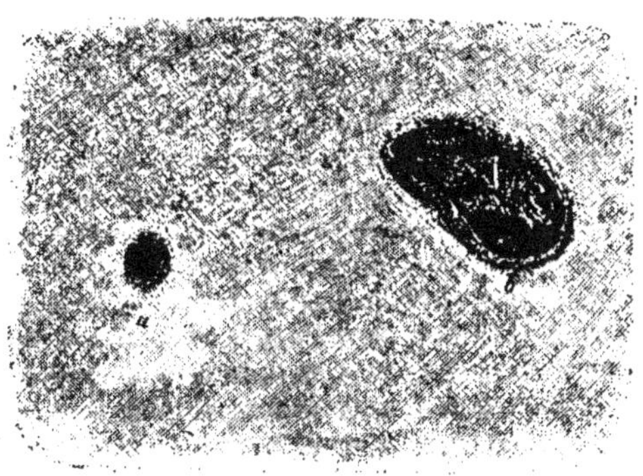

toute la force vive qu'elle conserve encore et une puissance de rotation assez grande pour produire des désordres considérables, et entraîner avec elle des portions déchirées des muscles et des os.

Les figures suivantes montrent jusqu'à quel point peuvent différer les déformations éprouvées par les balles.

Modes de déformation des balles.

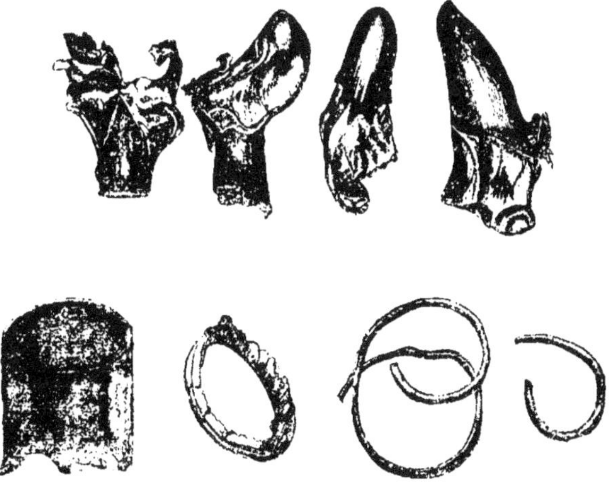

____

(1) Düms, *Handbuch der Militärkrankheiten*, 1896.

Modes de déformation des balles.

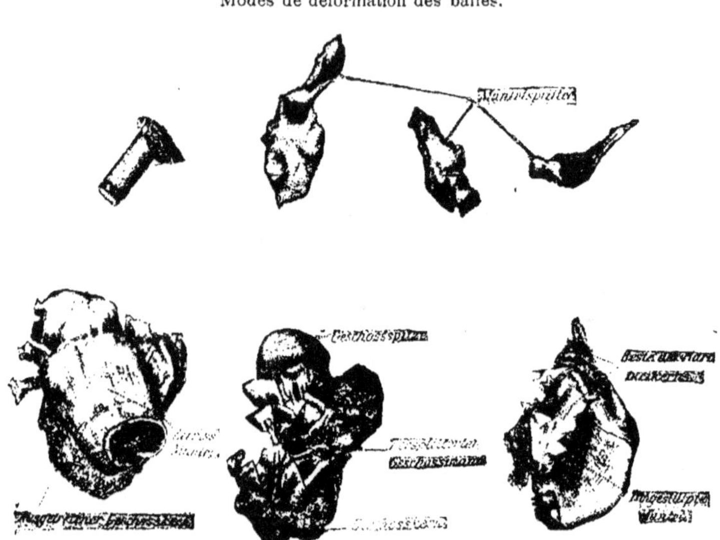

Comparaison de la déformation de la balle actuelle avec l'ancienne balle de plomb.

Cette déformation de la balle a une très grande importance. L'histoire de la chirurgie militaire montre clairement que, dans les anciens temps, même encore jusqu'au commencement du XIXᵉ siècle, il n'y avait presque pas d'exemples de la déformation des projectiles de plomb dans le corps. C'est seulement plus tard, avec l'accroissement de la force vive des balles, que l'attention fut attirée sur les fréquentes déformations qu'elles subissaient en pénétrant dans le corps, bien que la masse et la forme des balles n'eussent pas éprouvé de modifications essentielles, et que la nature de la résistance qu'elles avaient à vaincre, c'est-à-dire celle des tissus du corps humain, n'eût pas changé davantage. Il fut constaté qu'avec des projectiles de même sorte, la déformation de la balle dépend essentiellement de sa vitesse, et que, d'autre part, avec des balles diverses, leur plus ou moins de dureté ne permet de conclure à une plus ou moins grande possibilité de déformation que si elles possèdent la même force de pénétration. De sorte que maintenant, comme pour la même distance, le fusil à petit calibre et la poudre sans fumée communiquent à une balle à enveloppe une force vive bien plus considérable que celle donnée par l'ancien fusil à la balle de plomb, on ne peut plus admettre *a priori* une chose qui semblait d'abord assez probable, c'est-à-dire que la balle à enveloppe soit moins sujette à se déformer que la balle de plomb, dans ses chocs contre le corps humain.

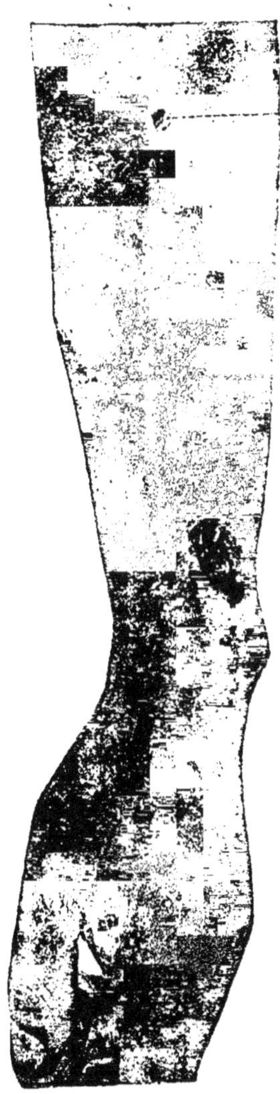

Entrée normale.
Entrée.
A 1000 mètres du tireur.

Habart, s'appuyant sur de très nombreuses expériences de tir faites sur des chevaux, a combattu l'opinion régnante d'après laquelle les balles à enveloppe autrichiennes ne se déformeraient que rarement et seulement dans les tirs à petites distances. En tirant sur les os les plus durs (crâne, cuisse, jambe de cheval) il a observé l'écrasement et toutes les variétés possibles de fente et d'explosion de l'enveloppe, à quelque distance qu'eussent lieu les tirs. Habart estime à 15 ou 20 0/0 du nombre des coups celui de ces déformations. Continuant ensuite, sur des cadavres, ses expériences de tir de balles à enveloppe contre les gros os, il a encore observé ici des déformations analogues du projectile.

Deux expériences exécutées en Prusse montrent également que ces déformations des balles à enveloppe de 8 millimètres, dans leur rencontre avec les diverses parties du corps d'un homme ou d'un animal, s'observent à toutes les distances, et, pour des raisons faciles à comprendre, surtout aux plus petites, c'est-à-dire dans les cas où la force vive de la balle est plus considérable et se heurte à une plus grande résistance. Ainsi, dans le tir contre la partie médiane compacte des grands os tubulaires, la déformation avait lieu un nombre de fois exprimé dans le tableau suivant, en 0/0 du nombre des coups tirés :

Expériences de déformation des balles.

A la distance de	100 mètres	. . . .	60 %
—	200 —	. . . .	82 »
—	600 —	. . . .	100 »
—	700 —	. . . .	86 »
—	1,000 —	. . . .	30 »
—	1,200 —	. . . .	25 »
—	1,600 —	. . . .	1 »
—	2,000 —	. . . .	1 »

Dans les deux derniers cas, c'est-à-dire dans le tir aux distances de 1,600 et 2,000 mètres, les balles déformées restèrent en outre dans les os.

Pour plus de clarté, nous représentons graphiquement les résultats de ces expériences :

GRAPHIQUE.

Déformation d'une balle à enveloppe de 8 millimètres dans le tir
contre les gros os tubulaires en °/₀.

Distances :

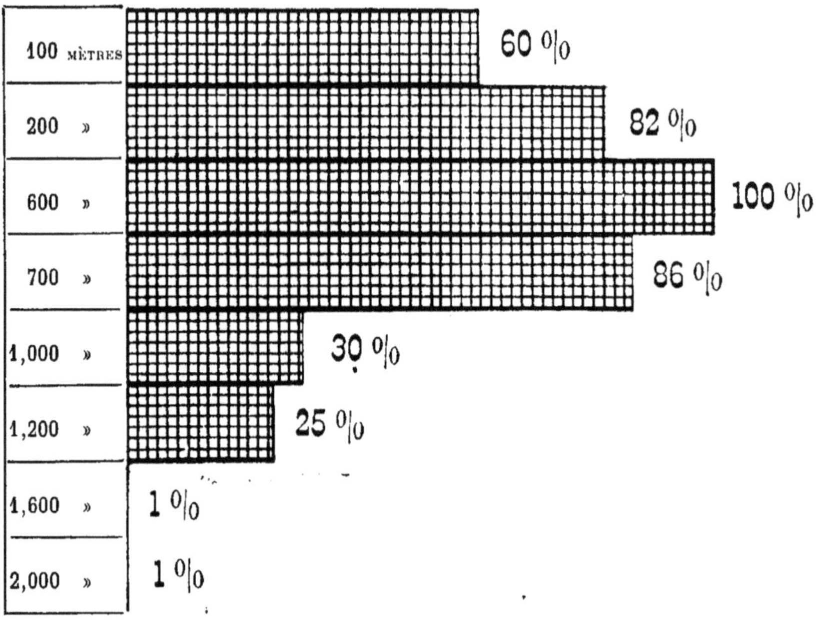

Les figures de la planche ci-contre nous représentent clairement les
degrés de déformation d'une balle à enveloppe dans le tir à différentes distances contre les gros os tubulaires. Dans les tirs à 100 mètres (fig. 1 à 5)
ces déformations consistent en un simple écrasement de la pointe, de forme
variable, avec ou sans brisure de l'enveloppe, et enfin en une explosion
complète de la balle. Des changements de forme analogue se remarquent
aussi dans les tirs à la distance de 200 mètres (fig. 6 à 16). Une chose digne
d'attention c'est que, jusqu'à la distance de 1,200 mètres inclusivement
(fig. 17 à 24), les coups produisent des déchirements étendus de la balle,
avec brisure complète de l'enveloppe et morcellement du noyau qui semblent
les signes indicateurs d'une force vive considérable du projectile et d'une
grande résistance du corps humain. C'est seulement à partir de la distance
de 1,600 mètres (fig. 25 à 27) que cessent les déformations importantes de la
balle, l'enveloppe restant alors généralement intacte.

Mais on peut se demander jusqu'à quel point la réalité pratique répond
à ces expériences. Et il se trouve que dans des salves tirées sur des émeutes

DEGRÉ DE DÉFORMATION DE LA BALLE A ENVELOPPE SUR LES OS TUBULAIRES.

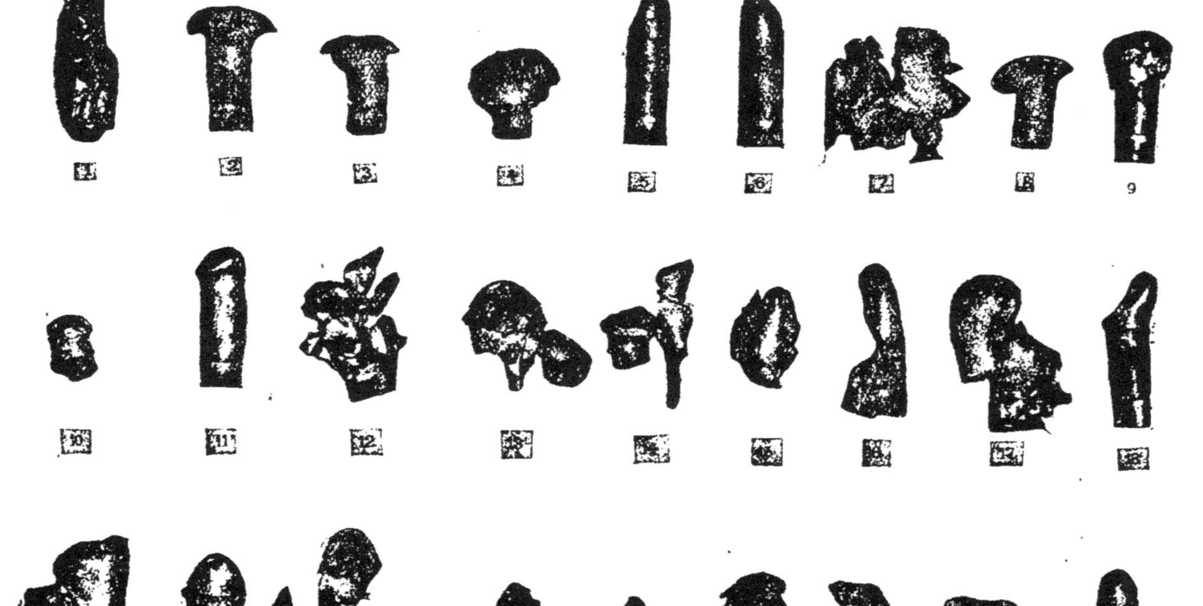

Déformation de la balle à 100 mètres (fig. 1 à 5); à 200 mètres (fig. 6 à 16); jusqu'à 1.200 mètres (fig. 17 à 24); à 1.600 mètres (fig. 25 à 27).
LA GUERRE FUTURE (P. 334, TOME V.)

dans les rues, il s'est produit, parmi la foule, des brisures d'enveloppe et des déformations de balles telles que les blessures constatées semblaient avoir été faites par des fusils chargés avec des morceaux de plomb coupé.

Nous donnons ci-dessous des dessins empruntés à l'ouvrage : *Die Geschosswirkung der Mannlicher Gewehre, modèle 1888*, et qui représentent ces balles telles qu'elles furent extraites du corps des victimes.

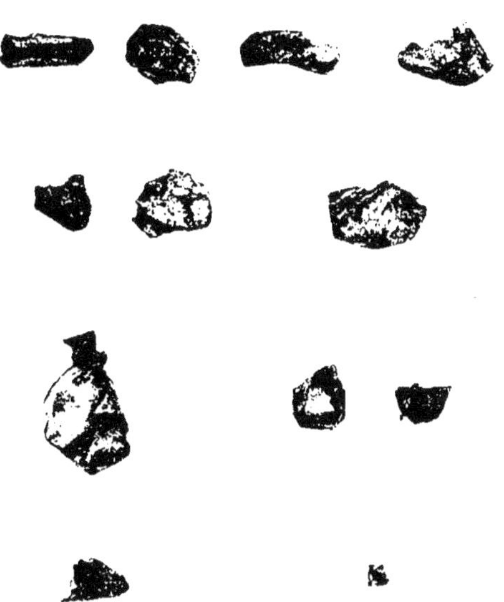

Balles déformées dans les salves tirées sur la foule,
lors de désordres survenus dans les rues.

Von Koller dit que la déformation des balles se produit dans 4,5 0/0 des coups tirés sur les hommes et les animaux (même 14 0/0 dans le tir sur les chevaux). Des déformations de balles semblables à celles représentées sur la planche ci-contre sont aussi obtenues avec le fusil Rubin, dont Bircher se servit il y a dix ans pour faire des expériences, — à cette différence près que, par suite de la moindre résistance de l'enveloppe en cuivre des balles de fusil, la déformation en était plus considérable (1).

Dans la guerre future on fera très souvent usage des abris. Mais si ces abris sont constitués en substances dures, comme par exemple en terre compacte ou pierreuse, en bois ou en briques, ils ne suffiront pas pour ar-

____

(1) Bircher, *Neue Untersuchungen über die Wirkung der Handfeuerwaffen*, 1896.

rêter les balles et ils les rendront encore plus dangereuses ; parce que, son enveloppe se brisant, le projectile se déformera, s'aplatira ou prendra quelque forme tordue ou écrasée, voire même se mettra en morceaux.

L'infection des blessures par des débris de vêtement.

Les balles à enveloppe entraînent avec elles des débris de vêtements.

Au début, on supposait que les balles à enveloppe présentant une surface bien nette et possédant une grande force n'entraîneraient pas avec elles des morceaux de vêtements, et qu'elles produiraient ainsi des blessures parfaitement propres et débarrassées de germes infectieux ; mais ces espérances aussi ont été déçues.

Ainsi, d'après des indications d'auteurs prussiens, dans 12 0/0 des blessures d'armes à feu faites sur des cadavres, comme dans deux cas de coups observés sur des vivants, on a constaté, dans les blessures, la présence de filaments provenant du tissu de laine qui couvrait les cadavres ou avait habillé les blessés. Et il a été constaté qu'une balle à enveloppe, elle aussi, produisant à son point de pénétration dans la peau une mutilation, entraîne, comme le ferait un mandrin, des fragments de vêtements qu'elle transporte dans le corps en les abandonnant généralement au point où elle pénètre dans un os.

Delorme a trouvé dans la plupart des fractures causées par des coups d'armes à feu des lambeaux de tissus disposés par couches les uns sur les autres et d'un diamètre de 3 à 5 millimètres, correspondant aux endroits des vêtements traversés par la balle. Mais Bruns, quand les balles n'étaient pas déformées, n'a jamais pu trouver de débris de vêtements dans les blessures ; tandis que Habart, dans ses observations, a remarqué que les ouvertures d'entrée étaient moindres que celles de sortie et que des fragments de vêtements étaient toujours arrachés, comme le montrent les figures de la planche ci-contre (1).

Les lésions et les arrachements de fragments de vêtements étaient surtout importants quand les blessures avaient été causées par une balle ayant ricoché. La figure ci-dessous montre comment, d'une blouse d'ouvrier, fut arraché un fragment long de 4 centimètres et large d'un centimètre et demi.

Néanmoins, des expériences de Habart, Messner et autres, ainsi que des observations faites en temps de guerre par Bergmann, ont établi que les blessures produites par les fusils à petit calibre doivent être considérées comme non infectées. Ainsi, il est rare qu'un germe infectieux soit in-

____

(1) *Die Geschosswirkung der Mannlicher-Gewehre, modèle 1888.*

Ouverture d'entrée de la blessure.   Ouverture de sortie de la blessure.

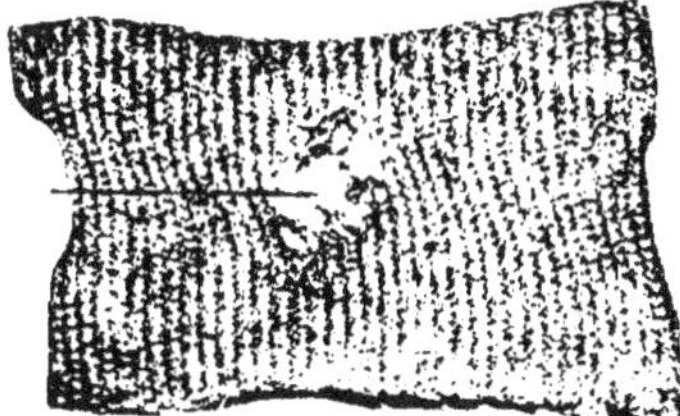

Dans le linge.

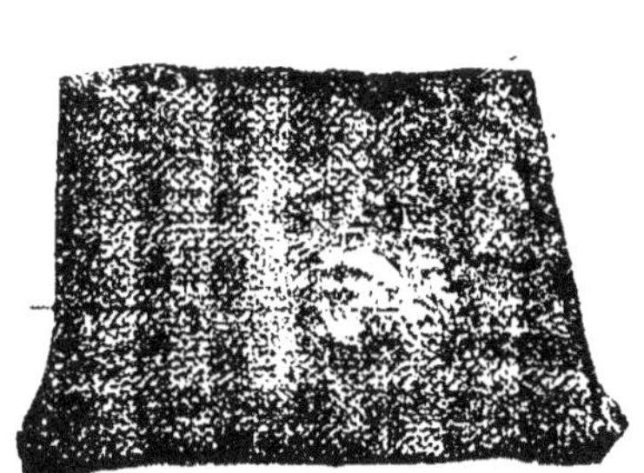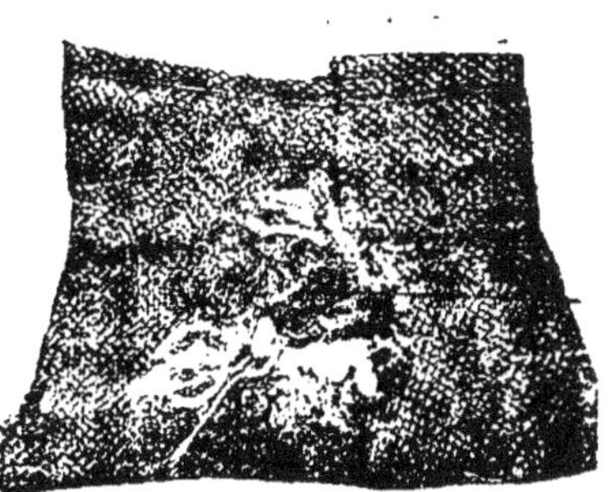

Dans les pantalons.

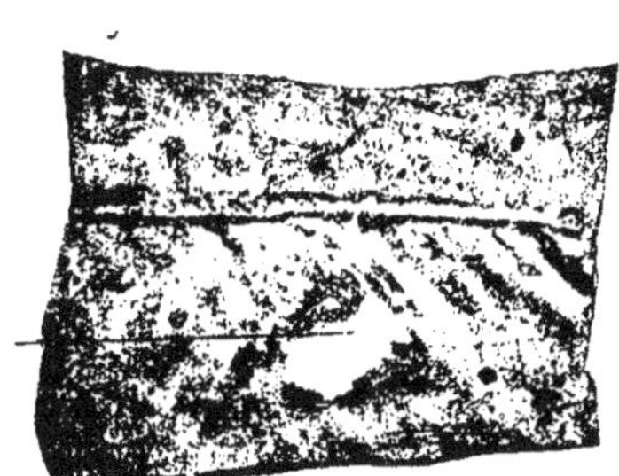

Dans les chemises.

troduit en même temps que la balle qui frappe directement : le plus souvent cela n'arrive qu'avec les balles ayant ricoché ou déformées par un choc

Morceau de tissu arraché par une balle ayant ricoché.

quelconque. Mais, en outre, il est bien possible que les éléments sains du corps triomphent dans leur lutte contre le principe infectieux; attendu que, dans les canaux à parois bien lisses creusés par les balles, la culture n'est pas aussi favorable pour les éléments excitateurs de l'inflammation, que dans ceux déterminés par les balles d'autrefois, et dont les parois étaient plus mutilées.

Généralement parlant, il faut une grande puissance toxique et une quantité suffisante de l'agent infectieux pour en permettre le développement ultérieur. Mais si la blessure est infectée, cela arrive plus rarement sur le champ de bataille même et ne se produit en général que plus tard : — ordinairement par la pénétration d'un germe provenant du canal digestif, de la vessie, des parois lésées de la cavité de la bouche ou du gosier ou enfin de la surface respiratoire des poumons; dans le plus grand nombre des cas, c'est par une lésion de la peau. Les germes infectieux peuvent aussi être apportés dans les blessures par l'air ambiant. Mais, en pleine campagne, ce cas est extrèmement rare. La plupart du temps, l'infection est déterminée comme dans la vie ournalière, c'est-à-dire par le contact de mains ou d'objets de pansement qui ne sont pas propres (1).

Causes ordinaires de l'infection des blessures.

---

(1) Bircher, *Neue Untersuchungen über di Wirkung der Handfeuerwaffen.*

Effets des nouvelles balles sur les corps humains vivants

Caractères
des blessures
des
nouvelles balles
démontrés
par l'expérience.

Nous allons rapporter maintenant certains faits qui ont permis de vérifier, par l'expérience même de la guerre, l'effet des nouveaux fusils ; faits qui, comme on le verra par ce qui va suivre, ont pleinement confirmé les résultats des recherches scientifiques que nous venons de rapporter.

L'insurrection ouvrière qui eut lieu dans la Galicie en 1890 fournit à l'Autriche-Hongrie une occasion d'expérimenter son nouveau fusil. Les troupes armées de fusils Mannlicher à petit calibre, tirèrent des séries de salves dans les rues à des distances de 40 à 180 pas. Quantité de balles ricochèrent sur les murs et, d'après le récit de Bogdanik, causèrent en partie d'affreuses blessures, caractérisées par de grandes ouvertures d'entrée irrégulière dans la peau ; il ne fut que rarement observé d'ouverture de sortie, les débris des balles à enveloppes étant, pour la plupart, restés dans les blessures (1). En 23 coups, il fut tué ou blessé 43 personnes ; évidemment presque toutes les balles, après avoir traversé le corps d'une première victime, eurent éncore assez de force pour en frapper une seconde. De blessures légères, on n'en constata aucune, probablement parce que les ouvriers qui les avaient reçues les cachèrent par crainte des châtiments qu'ils pouvaient encourir. Tous les os atteints furent fracturés, tous les muscles déchirés. Ainsi, par exemple, un coup atteignant la cuisse à côté de l'os en arracha un lambeau de chair.

A Nirschau, le 20 mai 1890, un peloton de 16 soldats exécuta, sur des ouvriers — une grande partie des coups étant d'ailleurs tirés en l'air — 5 salves à des distances de 30 à 80 pas. Dix balles atteignirent la masse et blessèrent ou tuèrent 32 hommes, si bien que chaque balle atteignit trois ou quatre personnes. Sur l'ensemble, 7 restèrent sur place, 6 moururent quelques jours après, les autres guérirent (2).

Dans la campagne des Anglais au Tchitral, en 1895, le nouveau fusil fut également essayé. Les médecins signalèrent ce fait que les tirs exécutés à une distance de 300 yards (272 m.) produisirent un effet explosif, que l'ouverture de sortie des balles fut grande et irrégulière, et que les os atteints se trouvèrent complètement fracturés. Aux distances moyennes, les balles déterminèrent des blessures simples bien nettes, avec petites ouvertures

---

(1) Bruns, *Ueber die kriegschirurgische Bedeutung der neuen Feuerwaffen,* 1892.

(2) Löbell, *Militärische Jahresberichte,* 1895.

d'entrée et de sortie; les os atteints furent traversés franchement, sans production d'éclats (1).

Les troubles qui eurent lieu en France à Fourmies, le 1er mai 1891, donnèrent aussi lieu de faire agir le fusil Lebel. Les lésions produites par les coups tirés de près furent qualifiées d'*affreuses*; chez beaucoup de tués, le crâne était complètement fracassé (2).

Les quelques données numériques relatives à la guerre civile du Chili, en 1891, dans laquelle le fusil à petit calibre joua pour la première fois un rôle plus étendu, semblent assez effrayantes. D'après ces données (3) l'armée du Dictateur perdit à *Concon* et à *Placilla* 5,011 hommes; les tués et blessés étant, dans le premier cas, à peu près en nombre égal et, dans le second, la proportion des tués ne s'élevant qu'à 26 % du total, où les blessés entraient pour 74 %.

Résultats du tir du fusil à petit calibre dans la guerre du Chili en 1891.

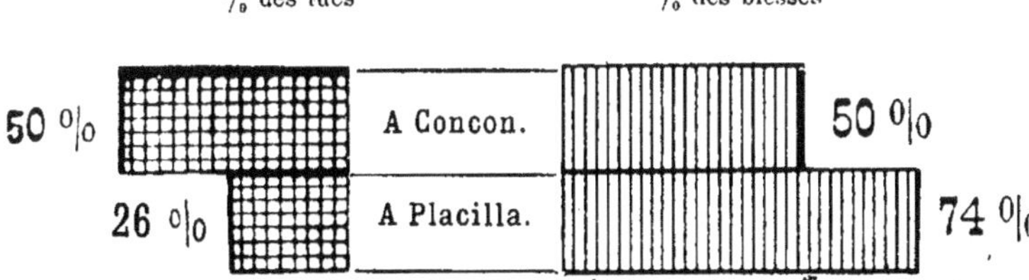

Ces chiffres ne sauraient d'ailleurs prétendre à une puissance démonstrative indiscutable, par suite du peu de précision des données statistiques recueillies.

Les rapports sur la guerre du Chili, du colonel Georges Boonen, de Rivera, de Stitt, d'Elquete Talavera et autres sont toutefois unanimes sur ce point que le nouveau fusil à petit calibre détermine un plus grand nombre de blessures dangereuses et mortelles que ceux des anciens systèmes.

D'un autre côté, celles des blessures causées par ces armes qui n'étaient pas mortelles montrèrent un caractère plus bénin et eurent une issue plus favorable. Ainsi, sur 2,000 blessés qu'on voulait envoyer à l'hôpital, 300 hommes blessés par des fusils de l'ancien système furent considérés comme incapables de supporter le transport, tandis que tous les

(1) Hœnig, *Untersuchungen über die Taktik der Zukunft.*
(2) Witte, *Fortschritte und Verwendung des Waffenwesen.*
(3) *Die Entscheindungskämpfe in chilenischen Bürgerkrieg* (Vienne, librairie de la Reischwehr).

hommes atteints par des balles du Mannlicher, ou bien guérirent sur place, ou bien purent être transportés (1).

Nous ajoutons ici une description, qui n'est pas sans intérêt, de l'attaque exécutée contre les positions du général Dodds pendant l'expédition du Dahomey. Nous l'empruntons à l'ouvrage du capitaine Nigote (2).

Expédition du Dahomey. « C'était vraiment impressionnant, cette attaque de sauvages dans l'ombre de la nuit et avec des troupiers moins bien trempés que ceux de l'infanterie de marine ou que nos braves légionnaires, on ne sait trop ce qui serait advenu. La moindre défaillance pouvait nous perdre. Fort heureusement, tout le monde a fait son devoir avec sang-froid. Moins de deux minutes après le début de l'attaque, deux compagnies de la légion accouraient sur la ligne et alors le fusil Lebel faisait en grand son œuvre de destruction, transformant en une véritable bouillie humaine la masse hurlante qui se profilait devant nous; en quelques minutes, tout était nettoyé jusqu'à la lisière du bois...

« Nous restions maîtres du champ de bataille, qui offrait un spectacle atroce. Les balles Lebel font des blessures de projectiles explosibles. On ne peut se faire une idée de leur action désorganisatrice sur le corps humain. Pour tout le monde, ces effets du Lebel sont une révélation; les arbres les plus gros n'ont même pas pu servir d'abris à nos ennemis, car ils étaient traversés de part en part.

« Cela ne se passe-t-il pas de commentaires? Ces fusils venant se mettre en ligne au milieu du désarroi inséparable d'un combat de nuit et infligeant un tel désastre à un assaillant aussi ardent à l'attaque, n'ont-ils pas fourni la démonstration la plus convaincante que les forces balistiques règnent désormais en maîtresses sur les champs de bataille?

« La même preuve, nous la trouvons dans la différence des pertes éprouvées dans cette guerre par les deux partis en présence. D'un côté à peine 200 tués; de l'autre, une armée presque complètement détruite. »

Mais à côté de ces indications, on voit formuler des conclusions absolument opposées. Ainsi l'on assure que, dans les combats du Tchitral, le fusil Lee-Metford de 7mm,7 a fait de petites blessures très nettes semblables à des coupures, avec peu de dérangement des parties avoisinantes. Dans les os, il a pratiqué de petites ouvertures sans y produire d'inflammation sensible, et sans qu'on observât apparemment aucun effet de nature explosible.

Il ne déterminait pas facilement la mort; et la balle en entrant dans le corps ne produisait qu'une faible secousse. Un homme atteint d'une balle ne tombait pas immédiatement, mais continuait de marcher et même de combattre.

---

(1) Bruns, *Ueber die kriegschirurgische Bedeutung der neuen Feuerwaffen*.
(2) Nigote, *La bataille de la Vesles*.

Ainsi, un indigène racontait que, dans la campagne de Malo-Khan, il avait reçu six coups de feu, dont un par derrière, la balle ayant pénétré jusqu'au menton et enlevé quelques dents. Malgré d'aussi graves blessures, ce soldat s'était rendu lui-même au point de pansement où on l'avait soigné, et par la suite il s'était complètement guéri.

D'autre part le général Lowe a raconté que des prisonniers, atteints chacun de deux à trois balles, purent, sans beaucoup de peine, faire 10 à 12 kilomètres, et ils disaient eux-mêmes que les seuls coups mortels étaient ceux qui atteignaient la tête ou le ventre; mais il n'y avait de mis hors de combat dans une affaire que les blessés atteints aux articulations des extrémités inférieures.

Un espion fusillé à quinze pas reçut dans le corps 6 balles dont 3 le traversèrent de part en part. Et cependant au moment où, le croyant mort, on l'emportait du lieu de l'exécution, il s'enfuit et ne put être rattrapé qu'à trois ou quatre cent mètres par un cavalier qui le tua.

Suivant le général Lowe, le fusil des Chitralis, étant de grand calibre, mettait bien plus d'hommes hors de combat que celui des Anglais.

Mais après les recherches faites sur l'effet des nouveaux fusils, par des savants sérieux tels que von Koller, Bruneau, Bardeleben, Habart, Keller, Bogdanik — qui prirent pour sujets d'études les blessures faites lors de la répression de troubles et insurrections, — les anecdotes relatées ci-dessus paraissent peu vraisemblables.

Conclusions.

Comme les fusils actuels surpassent beaucoup ceux d'autrefois, tant comme portée et précision que comme puissance de pénétration des balles, on doit s'attendre à ce que beaucoup plus de leurs coups portent et à ce qu'ils produisent bien plus de blessures mortelles que de blessures légères ou même simplement graves. De sorte que, tout considéré, ils ne méritent nullement le nom, qu'on avait proposé de leur donner, d'armes « humaines ».

Avant tout on constate ce fait, qu'avec la force vive dont leurs balles sont animées, la résistance du corps humain n'est pas capable d'arrêter leur mouvement.

Les expériences de Bruns, dans lesquelles une seule et même balle traversait, à des distances de 800 à 1,200 mètres, jusqu'à 2 ou 3 cadavres placés l'un derrière l'autre et à 400 mètres en traversait quatre ou cinq, tout en brisant même les os les plus solides en une masse d'éclats, — ces expériences ont été non seulement confirmées, mais complétées par de nouvelles recherches qui ont montré qu'ordinairement, et aux distances les plus éloignées, jusqu'à 2,000 mètres, la force de pénétration de la balle à enveloppe était bien suffisante pour traverser quelques os.

Toutes les expériences montrent que, dans les conditions actuelles, la subdivision de l'effet des balles en zones déterminées ne constitue nullement une règle injustifiable. La comparaison des blessures produites par les armes à feu, tant dans les os que dans les parties molles et les différents organes, montre qu'à l'accroissement de la distance correspond un affaiblissement, tout à fait graduel aussi, des effets de la balle.

Causes de l'augmentation du nombre des blessés.

Le nombre en valeur absolue des blessés sera incomparablement plus grand dans les guerres futures, même au cas où le rapport entre les effectifs des deux partis opposés ne changerait pas. Il y a de cela assez de raisons. Nous rappellerons : le plus grand nombre de projectiles dont chaque homme est approvisionné, la rapidité du tir, sa portée plus étendue, sa plus grande précision favorisée encore par l'emploi de la poudre sans fumée, enfin la plus grande puissance de pénétration par suite de laquelle beaucoup d'abris qui jadis couvraient parfaitement le soldat perdent maintenant toute leur valeur.

Le professeur Bardeleben (1) nous a tracé un tableau très pessimiste de l'effet des nouveaux projectiles. Il admet aussi que le nombre des blessures causées en un temps donné augmentera, non seulement parce que le fusil à magasin permet de lancer pendant ce temps un plus grand nombre de balles, mais parce que chacune de ces balles, au lieu de frapper seulement un homme, peut en blesser 3 ou 4 placés l'un derrière l'autre, et peut-être même davantage.

D'un autre côté, d'après le même auteur, le nombre des tués sur le champ de bataille augmentera aussi par suite de l'accroissement de la force du choc des balles. Aux distances pour lesquelles l'ancienne balle était déviée par les os ou par les côtes, celle d'aujourd'hui surmonte aisément un pareil obstacle et traverse le cœur, les poumons et les vertèbres.

Plus loin, Bardeleben émet l'opinion que, dans les guerres futures, on peut dans chaque combat s'attendre non seulement à un plus grand nombre de blessures en général, mais tout particulièrement à plus de lésions mettant la vie en danger ou même tout à fait mortelles. Par contre, il y a plus forte probabilité de guérison pour les blessés qui seront relevés en temps utile du champ de bataille.

Cet enlèvement des blessés du [champ de bataille présentera [d'ailleurs des difficultés incomparablement plus grandes que par le passé, surtout en raison de la longue portée des armes, de l'absence de fumée sur le terrain,

___

(1) Bardeleben, *Ueber die kriegschirurgische Bedeutung der neuen Geschosse*, 1892.

et, *ce qui est le plus grave de tout*, par suite de *la rasance du tir*. Demandons-nous ici, d'après les opinions des spécialistes, à quelles distances il tombera le plus de victimes.

Les blessures mortelles seront un phénomène fréquent, même celles que causeront des balles mortes — attendu que, jusqu'à la distance de 3,000 mètres, la balle est encore capable de pénétrer dans le corps humain et peut, soit y déterminer une hémorragie abondante, soit y léser un organe indispensable à la vie.

A l'appui de cette affirmation, Bircher donne, dans son atlas, des dessins représentant des lésions faites sur des os d'homme et de bœuf, au cours d'expériences exécutées en Suisse avec des balles de 7^{mm},5 aux distances de 3,000 et 3,500 mètres.

Lésion d'un tibia humain
à la distance de 3,000 mètres.

Lésion d'un os de bœuf frais
à la distance de 3,500 mètres. (1)

Ouverture
d'entrée.

Ouverture
de sortie.

Ouverture
d'entrée.

Ouverture
de sortie.

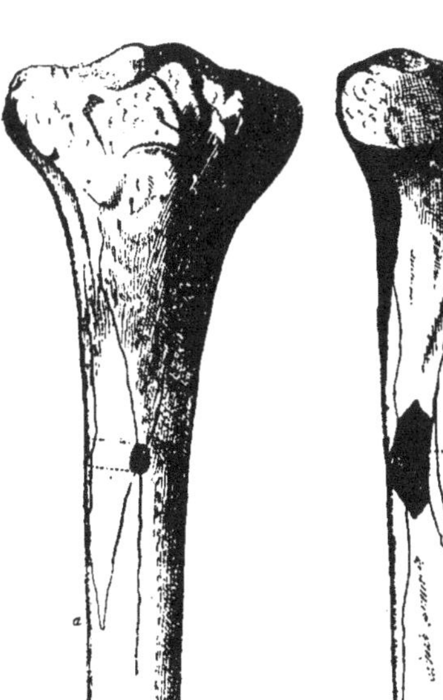

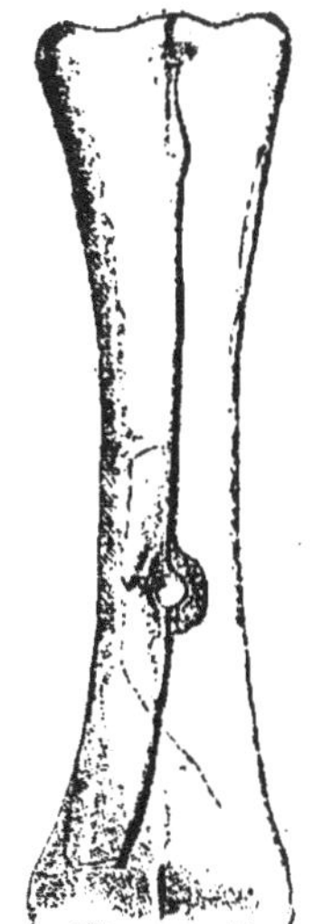
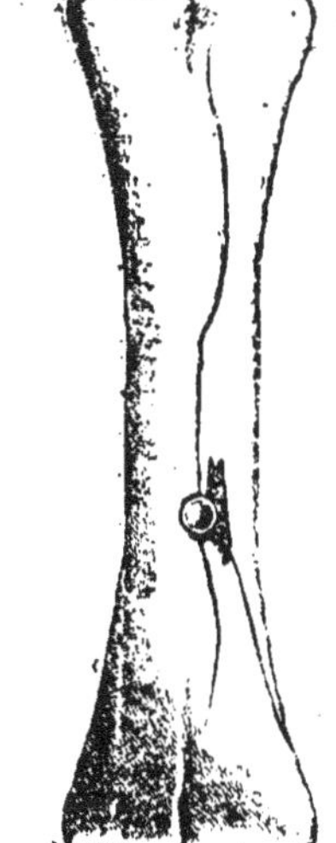

Aux distances de 3,000 et 3,500 mètres, les graves fractures d'os seront relativement plus rares et peuvent être considérées comme moins dange-

(1) Près de l'ouverture d'entrée dans l'os de bœuf frais, il s'était formé une fente de 1^{mm},5 de large, et une de 3^{mm},5, près de l'ouverture de sortie.

reuses que celles qui se produiront dans la zone du tir efficace. Dans cette dernière, les fractures d'os seront plus graves et il y aura relativement plus de blessures amenant la mort. Car précisément dans cette zone se rencontreront beaucoup plus d'hémorragies sérieuses, par suite de la lésion immédiate des vaisseaux sanguins par les balles (1).

On s'efforcera de se protéger contre les effets terribles de la mousqueterie, en exécutant l'attaque à couvert ; quand ce sera possible, on tâchera de se disséminer à l'avance en petits groupes et en lignes espacées, de trouver des points abrités des effets du tir, ou bien on cherchera à ouvrir, avant l'ennemi, son feu de mousqueterie, etc.

Dans les positions ainsi dissimulées, la recherche des blessés sera très difficile, et, sur les points où ils seront faciles à voir, il sera impossible de les relever. Il ne faut pas oublier que la guerre future sera essentiellement une lutte pour l'enlèvement des positions fortifiées ; et par conséquent cette lutte durera longtemps au même endroit ; ce qui fait qu'à l'avenir, les proportions des divers genres de blessures se rapprocheront beaucoup en rase campagne, de ce qu'elles sont actuellement dans la guerre de siège.

Proportions
des
divers genres
de blessures.

Or, ces proportions sont les suivantes :

	A la tête	Au tronc	Extrémités supérieures	Extrémités inférieures
% de blessures constaté jusqu'ici en rase campagne	12	18	30	40
% de blessures constaté jusqu'ici dans la guerre de siège. . . .	30	15	25	30
% de blessures dans la guerre future en rase campagne	20	15	30	35

C'est-à-dire que la proportion de blessures fatalement mortelles sera notablement plus grande qu'autrefois.

A tout cela, il faut ajouter que, dans la guerre future, il se produira encore un phénomène presque nouveau. C'est l'effet des balles par ricochet.

Effet des balles
par ricochet.

Aux petites distances les balles frappent avec tant de force que, comme une faux, elles peuvent enlever 5 ou 6 hommes, mais que, si elles se sont heurtées à un objet quelconque, elles seront déformées et produiront d'affreux ravages. L'hypothèse de la déformation des balles est justifiée par ce fait que, dans la plupart des cas, le tir aura lieu contre des troupes installées derrière des abris.

Les anciennes guerres ne nous fournissent pas d'indications sur des lésions semblables par les armes à feu ; attendu qu'autrefois les blessures

____

(1) Bircher, *Ouvrage cité plus haut.*

produites par des ricochets ne présentaient avec les autres aucune différence quelque peu tranchée et sautant aux yeux. Dans la prochaine guerre, il ne sera pas difficile de distinguer ces blessures produites par les ricochets, à cause de leurs grandes ouvertures d'entrée avec déchirement et arrachement de la peau, et on pourra les classer en un groupe de lésions particulièrement dangereuses.

Mais, ce qui est le plus frappant de tout, c'est le dessin donné par Bircher et reproduit ici, pour indiquer la gravité relative des blessures qui, dans la prochaine guerre, pourront vraisemblablement atteindre les différentes parties du corps.

Bircher les divise de la manière suivante :

Gravité relative des blessures des différentes parties du corps.

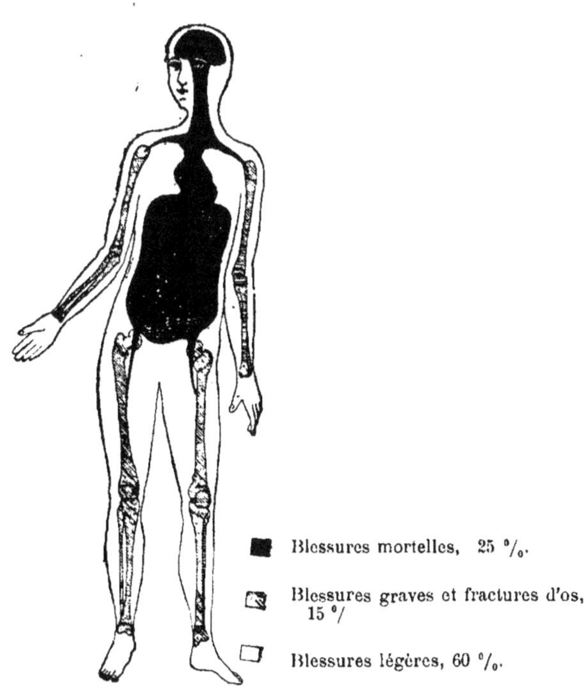

Blessures mortelles, 25 %.

Blessures graves et fractures d'os, 15 %/

Blessures légères, 60 %.

Blessures des parties du corps indiquées en noir sur le dessin et qui constituent les 25 % du total, savoir : Tête, poitrine, ventre, artères et veines; il faut les compter presque comme fatalement mortelles. — Puis, blessures des parties indiquées en grisaille sur le dessin, représentant les os

et constituant les 15 $^0/_0$ du corps : on doit les compter comme graves.
— Enfin, blessures des autres parties du corps qui complètent les
60 $^0/_0$ restants : elles forment la catégorie des plus légères.

Mais ces dernières étaient déjà considérées comme légères dans les
guerres du passé, si l'on suppose qu'en général la distance à l'ennemi reste
la même que précédemment, nous devons constater que les blessures causées
par les balles des fusils à petit calibre seront plus graves que celles des
armes d'autrefois, de sorte que le rapport des tués à celui des blessés sera
notablement plus grand.

La profonde conviction qu'avait le professeur Kocher des propriétés
terriblement meurtrières du fusil à petit calibre, le détermina à formuler,
au congrès de Rome, l'opinion que le fusil actuel dépassait de beaucoup
les limites permises. « La guerre entre nations civilisées », dit ce
savant, « n'est pas une guerre entre sauvages, où tout est mis en œuvre
pour détruire le plus grand nombre possible d'individus. Le problème
de l'arme à feu doit se réduire à faire, par le moyen de la balle, ce
qu'autrefois on réalisait à l'aide de la lance, c'est-à-dire à blesser son
adversaire assez pour faire, d'un combattant, un malade obligé d'abandonner
la lutte. Cependant les fusils actuels dépassent cette limite : ils déchirent
les tissus du corps, les écrasent et, finalement, ou bien ils rendent très
difficile si même ils n'empêchent complètement le retour au fonctionnement
normal de tel ou tel organe, ou bien ils mettent la vie en danger, même
quand ils ne lèsent que des organes d'importance secondaire. Les balles
des fusils sont devenues de véritables balles explosives qui devraient être
absolument interdites par une convention internationale. » En concluant,
le professeur Kocher proposait de se servir de balles d'acier ou de cuivre.

Nous pouvons maintenant passer à une question d'une importance
capitale, qui a déjà préoccupé et qui préoccupe encore beaucoup de personnes, c'est la question des secours aux blessés.

Les moyens de secourir les blessés pendant
la guerre future.

La question des secours à porter aux blessés sur le champ de bataille, leur transfert aux ambulances, ainsi que le transport ultérieur des soldats mis hors de combat est une question très discutée. Les uns prétendent qu'en présence des qualités meurtrières des armes modernes, il faudra revenir à l'ancienne méthode, qui consistait à abandonner les blessés sur le champ de bataille jusqu'à ce que le combat fût terminé; d'autres disent que, dans l'intérêt même du succès de l'opération militaire, il sera nécessaire d'éloigner, coûte que coûte, les blessés pendant l'action.

En les laissant sur le champ de bataille, on donnerait aux combattants un spectacle qui leur ôterait le courage de s'exposer au même sort, d'autant qu'on ne peut pas trop compter sur le dévouement du soldat moderne. Les balles des fusils et les débris de projectiles de l'artillerie couvrent actuellement de très grands espaces, et, par suite, les soldats blessés et couchés sur le champ de bataille auraient beaucoup de chances d'être touchés de nouveau. La situation de ceux qui survivraient serait également très pénible.

Les combats seront très longs; beaucoup de personnes compétentes croient qu'ils dureront deux et même trois jours. L'éloignement des blessés pendant la nuit sera difficile, sinon impossible.

L'absence de fumée sur le champ de bataille exposera, en outre, entièrement les blessés aux regards de leurs camarades, ce qui ne laissera pas d'avoir une influence sur les dispositions morales de ces derniers.

Les souffrances des hommes atteints seront atroces, au point qu'ils préféreraient la mort immédiate occasionnée par une balle ennemie.

Pour le malheureux abandonné sur le champ de bataille, le sentiment de son abandon sera désespérant, ainsi que pour ses camarades; ces derniers assisteront à ses angoisses sans pouvoir lui venir en aide; ils auront sous les yeux le sort qui, d'un instant à l'autre, les attend eux-mêmes.

Peut-on soumettre les armées modernes à une pareille épreuve? La plupart des auteurs font à cette question une réponse négative.

I.   Sera-t-il possible d'éloigner les blessés durant le combat?

Réorganisation indispensable du service de santé.

Le professeur Pavloff (1) dit : « Dans la guerre future, le nombre des blessés sera beaucoup plus considérable que dans les luttes passées, même récentes, en raison des millions d'hommes que comprendront les armées envoyées au combat. C'est en cela surtout que la guerre future différera des guerres précédentes.

« Les blessés devront parfois être *entassés* sur tel ou tel point. Si légères que soient leurs blessures, elles pourront entraîner d'autres conséquences, si l'on néglige d'organiser le service sanitaire conformément aux exigences de la situation. La question de l'organisation de ce service s'est fort compliquée depuis l'introduction des nouvelles armes ; aussi, parle-t-on chez nous et à l'étranger des horreurs de la guerre future. On a signalé la nécessité de recruter un grand nombre de porteurs, de médecins, etc. On estime qu'il faudra mobiliser une seconde armée ayant pour mission de secourir les blessés, on aura besoin d'un personnel sanitaire plus nombreux. En cas de guerre, on ordonne d'augmenter la force numérique des armées et l'ordre est aussitôt exécuté. La qualité des troupes résulte de la discipline à laquelle on les astreint. Mais le commandement et la discipline ne suffisent pas pour créer un service sanitaire composé d'hommes expérimentés. Le soldat blessé, en attendant, sera non pas un secours, mais une charge pour l'armée, une charge qu'il faudra abandonner aux médecins. Et quand ces blessés pourront-ils être recueillis par les médecins dans les guerres futures? Il y a lieu de croire qu'ils ne seront secourus que bien tard.

« Dans les guerres passées, quand on se servait de fusils assez imparfaits, les ambulances se trouvaient à peu de distance des combattants. L'arme à longue portée les a éloignées : dans les guerres futures, les premières ambulances seront encore plus distantes de la ligne du feu. Anciennement on emportait les blessés sous les yeux même de l'ennemi ; mais, de nos jours, il ne serait guère humain d'en faire autant, en raison de la longue portée et de la grande précision du fusil moderne. Les porteurs, aussi bien que les blessés, courraient le danger d'être tués. Le soldat blessé, obéissant

____

(1) Pavloff, *L'importance des fusils à petit calibre dont on a muni les armées modernes.*

Tirailleurs embusqués.

LA GUERRE FUTURE (T. 349¹, TOME V.)

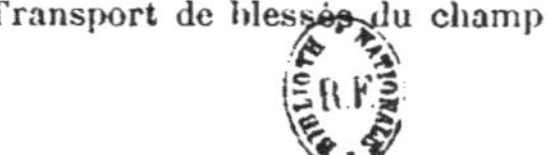

Transport de blessés du champ de bataille.

à l'instinct de la conservation, cherchera plutôt à se cacher qu'à se montrer à l'ennemi. Les chaînes de tirailleurs couchés rendraient également très difficile la recherche des blessés (1).

« Le nombre des blessés qu'on emportera du champ de bataille pendant le combat ne pourra par conséquent que diminuer. Ceux-ci seront le plus souvent abandonnés à eux-mêmes ou aux soins de leur voisin, jusqu'à la fin du combat, ou bien jusqu'au moment où il sera possible de s'occuper d'eux. »

Il est vrai que le relèvement des blessés sera rendu très difficile et très périlleux par la densité de la pluie des projectiles que lancent les armes modernes. Le docteur Porte dit qu'il sera impossible de remplir cette tâche comme autrefois : les porteurs ne pourront plus se maintenir eux-mêmes dans la position debout, qui élevait le blessé à une hauteur de 80 centimètres au-dessus du sol. Ce serait la mort certaine dans tous les endroits découverts, tant pour les porteurs que pour les blessés. Ils seront obligés de se pencher vers la terre, de ramper. Mais on ne peut pourtant pas, à cause de ces difficultés, abandonner les blessés sur le champ de bataille et revenir à l'ancien système de ne les emporter qu'après le combat. Il faut, au contraire, que le service sanitaire se plie à ces conditions nouvelles et qu'on enlève les blessés de telle façon, qu'ils puissent être couverts par les inégalités du sol, ainsi que leurs porteurs.

Difficultés et dangers du relèvement des blessés.

Ce genre de transport doit être étudié en temps de paix, pour que les porteurs soient, le cas échéant, rompus à la besogne.

Pour se convaincre du grand danger qu'il y aurait à emporter les blessés du champ de bataille pendant le combat, il suffit de jeter un coup d'œil sur la gravure ci-contre, qui est la reproduction d'une photographie faite pour l'exposition de Budapest, par les soins de la section autrichienne de la Croix Rouge.

En présence de ces difficultés, le Dr Porte propose deux moyens qui, à son avis, permettraient de maintenir les blessés à une hauteur peu considérable du sol :

Moyens rapides de transport des blessés.

1° De transporter les blessés sur des civières placées sur des cylindres ;

2° De les transporter dans des voitures à bras, où les civières seraient suspendues sous les essieux (système Mooji).

Suivant la nature du sol, on pourrait choisir le premier ou le dernier moyen de transport. Les porteurs devraient, à cet effet, être munis de deux cylindres pouvant être facilement adaptés aux civières en cas de besoin.

---

(1) Nous donnons ci-après une gravure, faite d'après une photographie destinée à l'exposition de Budapest, représentant une chaine de tirailleurs couchés.

Il faudrait les munir d'un troisième outil : une petite pelle qui leur servirait à niveler les inégalités du sol.

Chaque porteur devrait, en outre, avoir sur lui une corde terminée par un crochet à fermoir, au moyen de laquelle il pourrait facilement traîner la civière ou la voiture. Il pourrait rouler cette corde autour de son corps, comme le font les pompiers.

Le professeur Bardeleben (1) dit à son tour :

« Le premier devoir et en même temps le plus difficile consistera à éloigner de la ligne du feu les blessés dont se couvrira dès le début tout le champ de bataille. Et qui pourra déterminer d'avance l'endroit où les ambulances seront à l'abri du feu ennemi ?

« Il serait très humain d'augmenter le personnel du service sanitaire ainsi que son matériel servant au transport des blessés. Mais on ne doit pas oublier, non plus, que les porteurs doivent s'avancer et s'exposer au feu de l'ennemi. Or, plus ils seront nombreux, plus ils seront en danger. Et en augmentant indéfiniment leur nombre, ne risque-t-on pas de diminuer l'effectif des combattants et de retarder la marche de l'action ?

« Ce retard pourrait, de son côté, accroître le nombre des blessés et même amener un échec. Maintenant déjà, le nombre des porteurs attachés à chaque corps d'armée constitue plus d'un bataillon. »

La majorité des spécialistes se prononce cependant pour l'éloignement des blessés aussi rapide que possible.

Le professeur viennois Bilroth dit, dans son rapport sur ce sujet à la commission de secours aux blessés, que les services sanitaires actuels sont loin d'être suffisants. Bilroth suppose que le nombre des blessés augmentera dans des proportions considérables ; il aboutit à la conclusion que les moyens mis à la disposition des armées pour secourir les blessés ne répondent pas aux besoins ; il faut, selon lui, augmenter le nombre des porteurs.

D'après les calculs de ce savant, il faudrait avoir à peu près autant de porteurs que de combattants.

Pour se guider dans cette étude, il est avant tout nécessaire d'examiner à quelle distance du champ de bataille pourront être établies les ambulances centrales, ainsi que les autres installations servant à secourir les blessés ; car c'est de là que dépendra le nombre des civières et des porteurs dont on aura besoin.

---

(1) Bardeleben, *Ueber die kriegschirurgische Bedeutung der neuen Geschosse.*

II. Les premiers secours·donnés aux blessés.

En organisant les secours médicaux, il faut observer la règle générale qui consiste à placer les ambulances en dehors de la sphère du feu. Habart estime que pour cela il faut les établir à 2,000 ou 3,000 mètres de la ligne de combat, soit à 2,500 ou 3,500 mètres de l'ennemi. Bilroth suppose que, dans la guerre future, les ambulances seront plus souvent déplacées qu'autrefois, par suite de la plus grande rapidité des mouvements des troupes. Il demande, en conséquence, qu'on augmente le nombre des civières et de leur personnel. Bircher dit, au contraire, qu'il n'y a pas lieu de s'attendre à de rapides évolutions et que les considérations tactiques empêcheront de rassembler un trop grand nombre de fourgons derrière les troupes engagées dans un combat; un parc d'ambulances empêcherait aussi bien le mouvement en avant que la retraite. D'après les règlements suisses de 1891, on dispose les ambulances dans un endroit quelconque à un kilomètre de la ligne de combat, et les postes principaux sont établis à 3 et même à 5 kilomètres plus loin. Mais où trouver les blessés? Bircher prétend qu'on les trouvera même dans les derniers rangs des assaillants et sur toute la ligne déployée. Ils se rapprocheront en rampant des buissons ou des inégalités du sol, en un mot des endroits où ils espéreront être à couvert des projectiles; leurs camarades s'efforceront, du reste, de les mettre à l'abri. Ces sortes de refuges seront d'ailleurs disséminés sur toute l'étendue du terrain de l'action.

Or, comme on choisit de préférence la nuit pour l'évacuation du champ de bataille, il est évident que la plupart des blessés demeureront sans pansement jusqu'au lendemain. Mais ne serait-il pas possible de s'approcher plus tôt des blessés pour les secourir? Bircher répond affirmativement. Il dit qu'on peut, à l'aide de détachements sanitaires bien organisés, secourir les blessés un peu partout. Ticher croit aussi qu'on pourra leur venir en aide dans les batailles qui seront prévues à l'avance, et que le service sanitaire pourra fonctionner durant le combat.

Où, quand et de quelle manière faut-il disposer les ambulances? Il est peu commode de les placer très loin. Mais, suivant que l'ennemi tire bien ou mal, on n'est pas en sûreté quand on se trouve à 500 ou 1,000 mètres au-delà de la ligne du combat. Il faudra, par conséquent, chercher un endroit couvert qui ne soit pas à plus de 500 mètres de la ligne de combat, attendu que plus on est près de cette ligne, moins il faut de temps pour transporter les blessés et plus on fait de bonne besogne. Les ambulances doivent être à l'abri des balles et protégées par un toit.

Si l'on parvient à réunir ces deux conditions, on peut même les placer au milieu des troupes engagées dans le combat. Ici il faut observer la même règle que pour la disposition des réserves ; le parc des ambulances doit être derrière ou bien en dehors de la ligne du combat, attendu que le feu est concentrique. Le parc des ambulances d'un régiment occupe environ 100 mètres de largeur et 50 de profondeur.

La hauteur de l'abri est indiquée par la ligne suivie par les balles ennemies en admettant que le point de départ de celles-ci soit à 500 mètres de sa propre ligne de feu. Pour que rien ne se brise aux ambulances, pour que les blessés ne courent aucun danger et que le personnel du service sanitaire puisse fonctionner en toute sécurité, en se mouvant sur 100 mètres de superficie, il faut que les remparts protecteurs des ambulances aient les hauteurs suivantes :

	Rempart élevé devant les ambulances mêmes	Rempart situé à mi-chemin entre les deux armées
I. A 500 mètres de sa propre ligne de combat . . .	8 mètres	16 mètres
II. A 1,000 mètres de sa propre ligne de combat . . .	16 mètres	47 mètres
III. A 1,500 mètres de sa propre ligne de combat . . .	25 mètres	125 mètres

Nous voyons ainsi que plus nous nous approchons de la ligne de combat, moins le rempart doit être haut ; et comme, dans ce champ d'action de la balle, le danger diminue en raison de la perfection même du tir de l'ennemi, il est plus avantageux de se rapprocher que de s'éloigner ; il faut, en conséquence, considérer la distance de 1,000 mètres comme un maximum (1).

Myrdacz (2), qui a étudié les champs de bataille de 1870, aboutit à la conclusion qu'on peut le plus souvent mettre les ambulances et les réserves à couvert en les disposant à 500 et 1,000 mètres derrière la principale ligne de feu, et en choisissant pour abris des proéminences naturelles du sol ou bien des constructions. Là où les réserves ne trouvent pas d'abris, il sera très difficile de déployer plus tard des forces pour entretenir le feu.

Cette question a été examinée à fond par le congrès médical international de Rome. Le rapporteur de la commission de ce congrès, le docteur

---

(1) Bircher, *Neue Untersuchungen über die Wirkung der Handfeuerwaffen*, 1896.
(2) Myrdacz, *Sanitätsgeschichte des deutsch-französischen Krieges*, 1870.

Werner, a, dans son rapport que nous citons plus bas, exposé les principales opinions sur ce sujet (1).

Les stations sanitaires les plus importantes devront être à l'avenir disposées, comme par le passé, autant que possible à couvert des balles. Mais le fusil moderne portant à 4,000 mètres et au delà, on sera peut-être forcé de placer la station sanitaire à une distance de plus de 3,000 mètres derrière sa propre ligne de combat, après avoir préalablement déduit de ce chiffre la distance entre la ligne de combat ennemie et la sienne. « Admettons », dit le rapporteur, le docteur Werner, « que le feu ennemi soit dirigé seulement sur la ligne de combat adverse, et que la plus grande partie des projectiles ne dépassent pas de beaucoup le but visé ou bien qu'ils n'atteignent pas la limite de portée des fusils ; dans ce cas, il faudrait établir les ambulances au moins à 2,000 mètres en arrière de sa propre ligne de combat, à moins de remparts naturels « qui permettent de les abriter à une moindre distance ».

Il est dès lors évident qu'il faudra beaucoup plus de forces et de temps pour transporter les blessés à un point aussi éloigné, et que, dans le même temps, il en sera déplacé un nombre moindre.

Il faut songer, en outre, que la grande précision et la longue portée des fusils modernes rendront à certains moments le transport des blessés impossible et que, relativement au passé, la tâche du service de santé sera toujours très difficile.

Les nouvelles armes nous créent par conséquent la situation suivante : L'accroissement du nombre des blessés augmente le travail des corps d'ambulances. Le temps dont ils disposent se trouve réduit par la précision du tir, l'intensité du feu et la portée des armes qui, par moments, mettront les infirmiers dans l'impossibilité absolue de relever les blessés et de leur donner les premiers soins ; la dépense de forces consacrée à cette tâche sera plus considérable, par le fait même de la grande distance où la station sanitaire sera de la ligne du feu.

Que faut-il donc pour satisfaire aux exigences créées par les nouvelles armes, c'est-à-dire pour soigner utilement les blessés sur le champ de bataille ?

« Si nous admettons », dit le docteur Werner, « que les pertes en hommes s'élèvent à 20 0/0 dans une bataille, un corps d'armée de 35,000 hommes en aura 7,000 hors de combat. En se basant sur l'expérience recueillie jusqu'à ce jour, on peut dire qu'un sixième de ce nombre sera tué ; de sorte qu'il restera sur le champ de bataille 5,800 blessés réclamant des soins. On peut compter que, dans ce nombre, il y en aura 1,900 grièvement

Protection des stations sanitaires.

______

(1) Werner, _La chirurgica e le armi de fuoco attuali._

blessés, et que pour les emporter du champ de bataille il faudra recourir à des moyens de transports. »

Temps
nécessaire
au transport
des
blessés.

Pour porter une civière du poste d'ambulances sur le champ de bataille et pour la rapporter ensuite à ce poste, il faut en moyenne une heure et demie. En admettant que chaque civière parcoure cinq fois cette double distance, cela représente sept heures et demie à huit heures de trajet. Or, pour transporter, dans cet espace de temps, le nombre de blessés indiqué plus haut, il faudra $\frac{1,900}{5} = 380$ civières, et quatre fois autant, c'est-à-dire $380 \times 4 = 1,520$ porteurs.

Ce calcul serait exact s'il s'agissait de porter tous ces blessés sur des civières au poste principal des ambulances. Mais les armées modernes disposent de convois traînés par des animaux, et, pour l'armée allemande, par exemple, il faut, du nombre de civières précité (380) en déduire 216 contenues dans des fourgons dont sont munis les services sanitaires de chaque corps d'armée. Ces fourgons sont disposés à mi-chemin entre la ligne de combat et la station principale des ambulances, de sorte que ces civières n'ont plus à parcourir qu'une distance d'un kilomètre. Pour l'aller et retour, il ne faudra qu'une heure. Puisque sur chaque civière on peut, dans l'espace de six heures, tranporter six blessés, 216 civières suffiront pour transporter dans cet espace de six heures 1,296 ou, en nombre rond, 1,300 blessés. Au point de départ de ces civières se trouvent 30 fourgons, dont chacun peut contenir 4 blessés couchés et 2 assis ; ces fourgons transportent leur charge à la station des ambulances et retournent à leur place en une demi-heure. En six heures on apporte, sur 216 civières, 1,300 blessés ; pendant ce temps les 30 fourgons peuvent, en allant et revenant dix fois, transporter chaque fois 6 personnes chacun, soit en tout : 1,200 personnes couchées et 600 personnes assises.

Si nous admettons qu'un tiers des 600 blessés assis, c'est-à-dire 200, soient grièvement atteints et qu'il faille les transporter sur des civières à l'endroit où stationnent les fourgons, nous trouvons qu'en six heures on parvient à transporter aux ambulances au moins 1,400 hommes atteints de blessures graves ; les autres (1,900 — 1,400 = 500) devront être amenés à bras d'hommes. En admettant que pour faire ce trajet (2 kilomètres) il faille une heure et demie, nous trouvons que chaque civière peut, dans l'espace de six heures, transporter 4 blessés, et qu'il faut, pour transporter 500 blessés : 500/4 = 125 civières.

De cette manière, 1,900 blessés appartenant à un corps d'armée peuvent être transportés en six heures, en admettant la présence de 30 fourgons, sur 216 civières avec 864 porteurs et 125 civières avec 500 porteurs, ce qui fait en tout 341 civières et 1,364 porteurs. En admettant le chiffre rond de

350 civières, il faudrait un personnel de 1,400 porteurs, ce qui fait 1 0/0 de civières et 4 0/0 de porteurs par rapport à l'effectif (35,000) du corps d'armée.

Dans les guerres précédentes, on* employait, indépendamment des fourgons et des civières à bras, des civières montées sur roues, mais l'expérience a prouvé que ce système était peu pratique.

Dans les montagnes, on se sert d'un outillage spécial pour transporter les blessés. La gravure ci-contre nous indique comment on les transporte dans les Alpes suisses. Cette même gravure nous montre aussi le transport des caisses à médicaments et instruments de chirurgie dans les montagnes.

**Transport de blessés et d'une caisse à médicaments
dans les montagnes de la Suisse.**

La façon dont, en Russie, on transporte les blessés en traineau est très ingénieuse. La gravure ci-contre en donne une idée.

Transport de blessés en traineau.

Les fourgons ne pourront jamais remplacer les civières à bras, par suite de considérations tant médicales que stratégiques. Un trop grand nombre de fourgons serait encombrant et, si bien construit que soit un fourgon, il ne permet pas de transporter les blessés aussi légèrement qu'une civière à bras. Celle-ci du reste passe partout, tandis que le fourgon ne saurait circuler sur toute l'étendue du champ de bataille.

Lernbacher est l'auteur d'un ouvrage précieux au sujet du transport des blessés recueillis sur le terrain de l'action. A la question de savoir s'il faut d'abord panser le blessé ou commencer par l'emporter du lieu du combat, Lernbacher répond que le devoir du médecin se borne à constater la mort ou la nécessité de porter secours dans le cas de danger immédiat (hémorragie ou asphyxie). La guerre de 1870 a montré que les endroits où l'on donnait les premiers soins aux blessés se trouvaient en partie dans des constructions disposées, au début, sur la ligne du combat et servant de points de défense, où l'on finit ensuite par établir les ambulances et même les hôpitaux de campagne.

Civières à roues. On était rarement obligé de déplacer les postes d'ambulances une fois établis; postes situés d'ailleurs à une distance de 3,000 à 6,000 mètres de la ligne du combat. Pour transporter aussi loin un grand nombre de malades, il est indispensable, suivant l'auteur précité, d'augmenter et de perfectionner le service sanitaire. A cet effet, il propose d'introduire dans les armées des systèmes de roues sur lesquelles on disposerait instantanément les civières. Ces civières à roues pourraient transporter deux blessés à la fois. Pour éviter les chutes, on coucherait le malade sur le côté et sur une planche protégée dans le sens de la longueur et de chaque côté par une autre planche. Les civières à roues doivent être transportées dans les fourgons du service médical. Le système de roues pèserait 22 kilogrammes. Ces civières n'augmenteraient pas le volume des bagages, on pourrait les démonter facilement, pour en faire des civières à bras, et les remonter aussi facilement sur les roues; on pourrait ainsi franchir sans difficulté les fossés et les ravins.

Organisation du service de santé. Suivant Lernbacher il faudra, pendant la guerre future, organiser le service de santé de la manière suivante : Les corps d'infirmiers, étant seuls outillés pour le transport des blessés, doivent suivre les troupes en bloc, ou divisés et répartis entre les brigades. Dans le cas où une brigade participerait au combat, la moitié du corps sanitaire établirait une station d'ambulances sur un point qui pourrait, dans la suite, être choisi comme emplacement d'un hôpital de campagne. Si, dans la suite, on envoyait une division au feu, la seconde moitié du corps de santé devrait établir une station d'ambulances bien organisée, sur un point distant de 3,000 à 6,000 mètres de la ligne de combat; on créerait à cet endroit un second hôpital de campagne. C'est là qu'on transporterait tous les soldats gravement blessés, sauf ceux qui ne seraient pas en état de supporter le transport du premier hôpital au second.

A ce premier hôpital resteraient, outre les soldats affligés de blessures particulièrement graves, tous les hommes légèrement blessés mais incapables de marcher. Le transport des hommes grièvement blessés, de la première station d'ambulances à la seconde, ne pourrait être fait au moyen de fourgons.

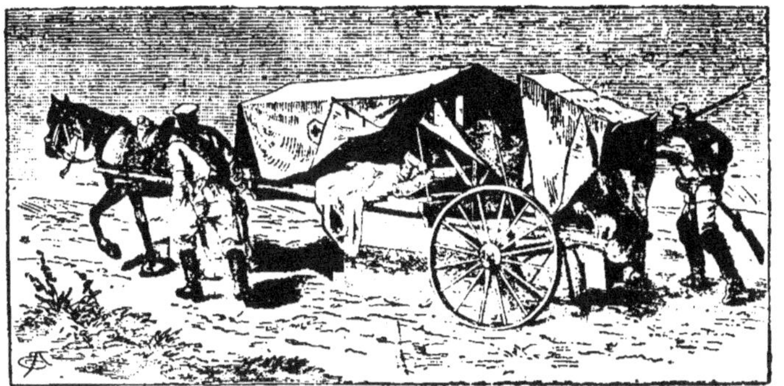

Brancards du prince Khilkoff (1) (armée russe).

Brancards de Von Mekke (pour les dangereusement blessés).

Brancards employés dans l'armée turque.

(1) Représentation de brancards à roues empruntée à la *Chronique illustrée de la guerre*.

CIVIÈRES A MAINS ET OBJETS SERVANT A REMPLACER LES CIVIÈRES.

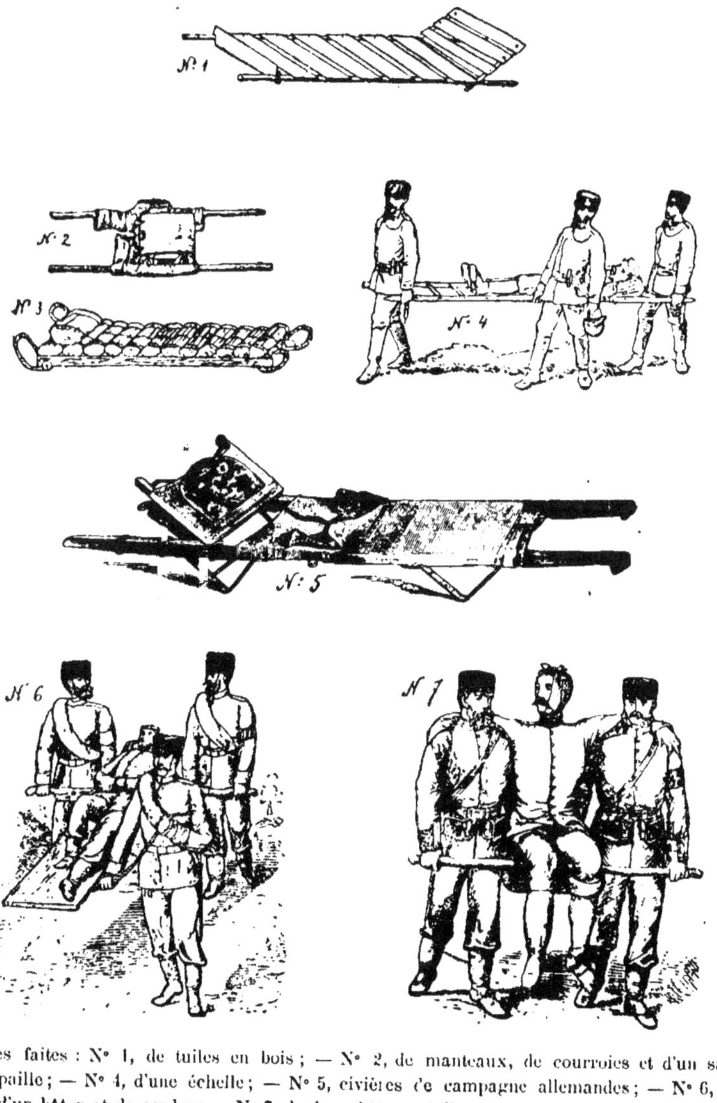

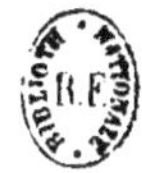

Civières faites : N° 1, de tuiles en bois ; — N° 2, de manteaux, de courroies et d'un sac ; — N° 3, de paille ; — N° 4, d'une échelle ; — N° 5, civières de campagne allemandes ; — N° 6, d'une planche, d'un bâton et de cordes ; — N° 7, de deux bâtons et d'un sac.

Ce problème, d'après l'auteur, serait résolu d'une manière satisfaisante au moyen des civières à roues. Les blessés capables de marcher se rendraient eux-mêmes au premier endroit, pour y recevoir des soins. En admettant que la division perde 16 0/0 de son effectif, les blessés pourraient, suivant le calcul de l'auteur, être transportés et logés dans l'espace de huit heures à partir du commencement du combat.

L'auteur est persuadé qu'en maintenant le système adopté en 1870, il serait possible, grâce aux civières roulantes, de transporter les blessés dans de meilleures conditions et à de plus grandes distances qu'on n'est parvenu à le faire jusqu'ici.

Actuellement le service de santé allemand est organisé de la manière suivante : En cas de mobilisation, on forme dans chaque division un corps sanitaire spécial. Ce corps comprend 180 porteurs et 8 fourgons destinés à transporter les malades ; les nouveaux fourgons contiennent 9 civières (les anciens n'en contenaient que 7), de sorte que chaque corps d'ambulance accompagnant une division est muni de 72 civières (antérieurement il n'en possédait que 56).

Dans la planche ci-contre, nous donnons, d'après Steinberg (1), des types de civières et de divers appareils destinés à les remplacer.

En temps de paix, on convoque, chaque année pour dix jours, la moitié du corps de santé, composé de porteurs exercés et se trouvant en service actif ; en dehors de cela, on convoque tous les trois ans, pour dix jours, le corps de réserve.

Les porteurs sont recrutés parmi les soldats ayant fait deux années de service. On choisit de préférence des hommes bien bâtis, forts, d'une conduite irréprochable et connus pour leur présence d'esprit (2).

En dehors de ces porteurs, on a des porteurs de réserve (*Hilfskrankentrager*). Ces derniers sont choisis parmi les fantassins, les artilleurs, les cavaliers et les musiciens. Ils reçoivent en temps de paix l'instruction théorique et pratique nécessaire pour bien remplir leur tâche, mais ils continuent à rester dans les troupes, et ne sont employés au service de santé qu'en cas de besoin ou en attendant l'arrivée du personnel spécial de ce service. Il existe, dans chaque escadron et dans chaque compagnie, 4 porteurs de ce genre ; il y en a 2 dans chaque batterie.

Si un corps de troupes marche au feu dans ces conditions, les porteurs de réserve s'en détachent et se mettent à la disposition du médecin adjoint

---

(1) K. G. Steinberg, *Le service sanitaire.*

(2) *Jahrbücher für die deutsche Armee und Marine*, 1895. Unsere Sanitätsdetactements und die Führung denselben im Felde unter Berücksichtigung der Wirkung des modernen. Schusswaffen von V. Krus.

à ce corps. Ce dernier cherche un point abrité et, en même temps, pas trop éloigné des combattants. Là se place la voiture à médicaments. Les porteurs de réserve se munissent de civières et de sacoches de pansement et se mettent à la recherche des blessés.

Les gravures ci-dessous représentent la voiture à médicaments et les sacoches de pansement.

Voiture à médicaments allemande.

Sacoches renfermant les objets de pansement.

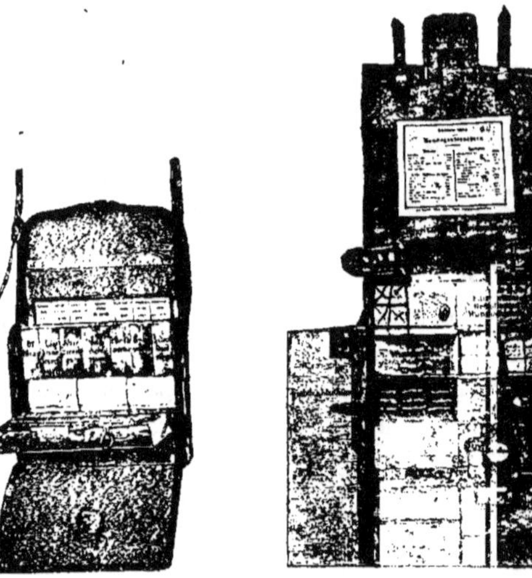

Plusieurs corps de troupes, combattant l'un à côté de l'autre, peuvent avoir une même station de secours. Après l'arrivée du service de santé, on la supprime. Les aides-médecins et les porteurs attachés à cette station sont alors, partie incorporés au détachement sanitaire en question, partie renvoyés aux corps de troupes dont ils font partie.

Chaque corps d'armée comprend 3 détachements sanitaires. Vingt corps d'armée allemands disposent ainsi, dans la première ligne de combat, sans compter les détachements sanitaires de réserve et de garnison et le personnel des hôpitaux de campagne, volontaire et de réserve, de 45,000 porteurs et aides ayant pour tâche de trouver les blessés sur le champ de bataille et de leur porter les premiers secours. C'est là un chiffre imposant.

Les troupes marchant à l'attaque chercheront à s'abriter derrière des inégalités du sol, des buissons, dans les ravins, etc., de sorte qu'il sera très difficile de trouver leurs blessés. En raison de cette difficulté, on se propose de recourir au concours de chiens dressés à cet effet et chargés aussi de traîner les civières roulantes.

Chiens dressés à la recherche et au transport des blessés.

Chiens dressés pour chercher et pour transporter les blessés,

Nous ne partageons pas l'espoir qu'on fonde sur ce moyen; nous croyons, au contraire, que les chiens ne rendront guère, au moment voulu, de services appréciables.

Les combats de la guerre future seront très longs : les écrivains compétents disent qu'ils dureront des journées entières. Il sera, par conséquent, très important d'éclairer le champ de bataille pendant la nuit pour pouvoir y trouver et recueillir les blessés.

On s'est convaincu en Allemagne que l'éclairage produit au moyen de grandes machines électriques n'est guère possible. On s'est en conséquence servi, pendant les manœuvres, de fourgons munis de batteries d'accumulateurs, pareils à celui que représente la gravure ci-dessous.

**Fourgon à accumulateurs allemand, servant à éclairer
le champ de bataille.**

Nous ferons remarquer que bien des auteurs s'accordent à dire qu'on obtiendrait les mêmes résultats en employant de grandes lampes à pétrole munies de réflecteurs.

III. L'évacuation des blessés et les hôpitaux temporaires.

Comme il est probable qu'en présence des nouvelles conditions stratégiques les troupes s'entasseront derrière les lignes fortifiées, et que le nombre des blessés augmentera rapidement, l'évacuation rapide de ces derniers deviendra très difficile. On a, dans ce but, préparé un matériel nombreux en Autriche et en Allemagne.

Les fourgons allemands destinés au transport des malades sont attelés de deux chevaux. L'ancien modèle peut transporter deux blessés couchés, le nouveau en contient quatre; le conducteur est à cheval, et, sur le siège, il y a de la place pour trois hommes légèrement blessés. Dans les anciens fourgons se trouvaient deux civières à l'intérieur et cinq au-dessus; les nouveaux fourgons contiennent neuf civières à l'intérieur.

Voiture ordinaire adaptée au transport des blessés.

Fourgon sanitaire autrichien.

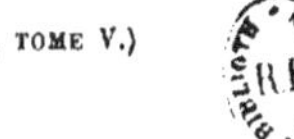

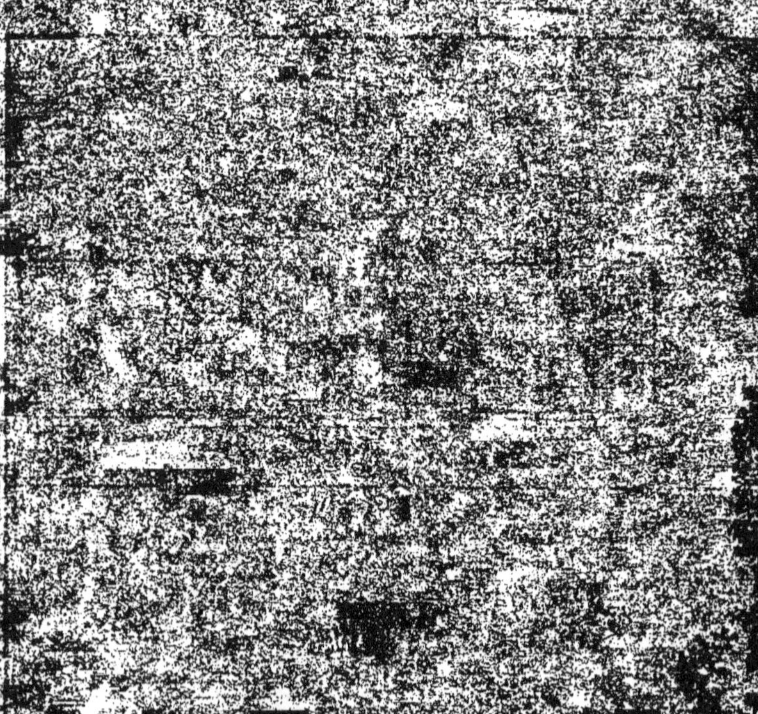

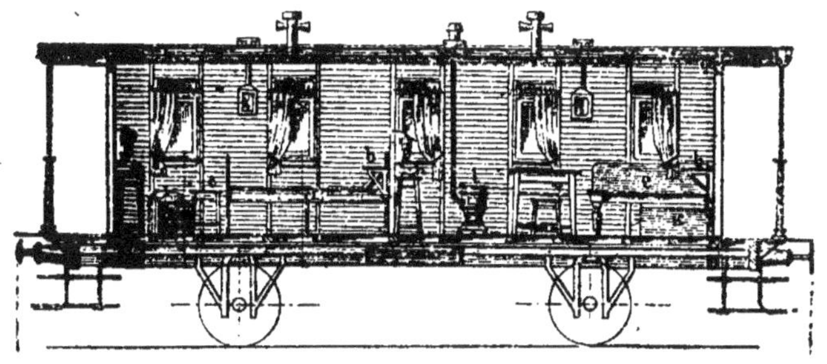

a, lits ; — *b*, tables pliantes ; — *c*, tabourets ; — *d*, table avec rayon ; — *e*, banc.

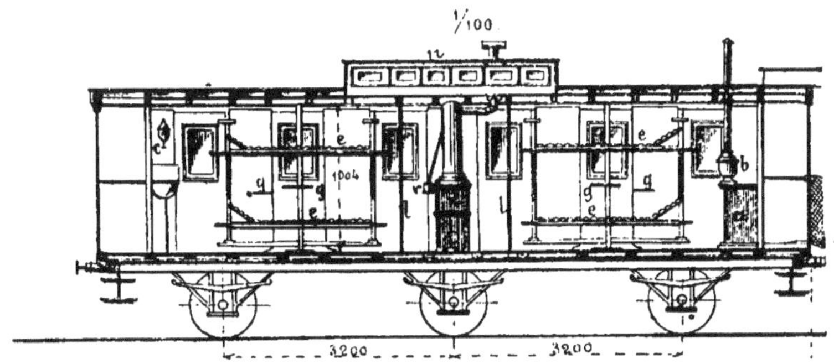

a, buffet ; — *b*, samowar avec tuyau ; — *c*, lavabo ; — *e*, quatre couches sur ressorts pour 8 blessés ;
— *g*, tables pliantes ; — *k*, poêle ; — *l*, paravents ; — *n*, lanterne en verre.

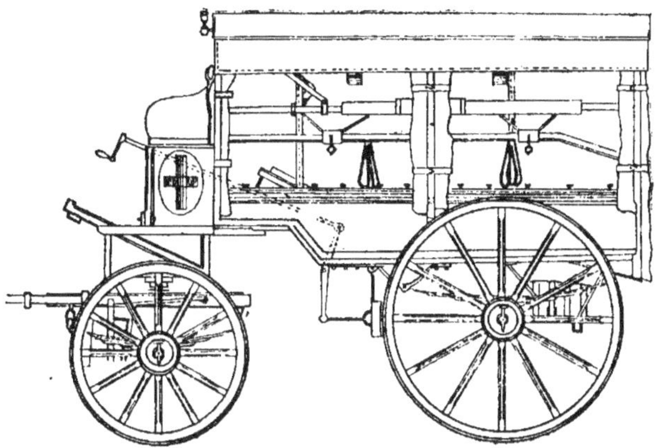

Fourgon pour le transport des blessés.

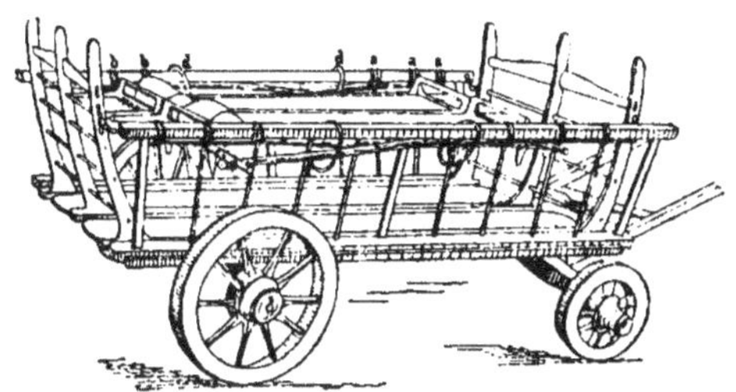

Voiture pour le transport des blessés (système norvégien).

Chariot ordinaire adapté au transport des blessés au moyen de cordes et de paille (*).

____

(*) Steinberg, *Service sanitaire*.

Après la déclaration de-guerre, on aménagera de simples voitures pouvant transporter trois à quatre blessés à la fois. Ces voitures seront garnies de couches de paille, disposées alternativement dans le sens de la longueur et de la largeur, ou bien on mettra sur chaque voiture de une à quatre civières. Pour éviter les secousses, on dispose les civières sur des ressorts norvégiens en bois. On peut ainsi transformer les voitures de vivres et de bagages en voitures d'ambulances pour les blessés grièvement atteints.

En Allemagne, on compte surtout sur les chemins de fer pour évacuer les malades. C'est tout naturel. Les chemins de fer de campagne démontables destinés à l'évacuation des blessés peuvent être établis en peu de temps (12 à 15 kilomètres en 24 heures), et permettent de transporter les blessés en plus grand nombre et dans de meilleures conditions. L'écart des rails est de 60 centimètres. Sur chaque paire de trucks à deux essieux repose un wagon de 4 mètres de long, 1^m,30 de large et 50 à 60 centimètres de haut. Un pareil wagon peut contenir quatre hommes gravement blessés qu'on place simplement sur de la paille ou sur un lit suspendu du système Haase. Ce lit consiste en une toile imperméable longue de 3^m,50 et large de 1^m,26. Les extrémités du côté étroit de la toile sont attachées à des bâtons de bambou d'une épaisseur de 35 à 40 millimètres. Au milieu, la toile est soutenue par un tube deux fois recourbé d'un diamètre de 16 millimètres. Tout cet appareil se suspend au moyen de quatre crochets de fer au bord supérieur des parois du wagon. L'appareil complet coûte 78 marks, il pèse 14 kilog. 75. Quand on ne s'en sert pas, on le plie et on le cache sous le siège du cocher. Le wagon en question peut contenir seize places pour autant de soldats légèrement blessés. Suivant Haase, on peut facilement, en une journée, transporter dans un wagon 600 hommes gravement blessés et 2,400 légèrement atteints. Par quatre ou même par deux wagons sanitaires, il doit y avoir un lit suspendu. Les fourgons construits sur l'ordre du ministre de la Guerre prussien, Dolberg, peuvent contenir huit civières, disposées deux par deux et formant quatre rangs superposés.

La gravure ci-dessous représente un wagon du système Haase.

Wagon système Haase.

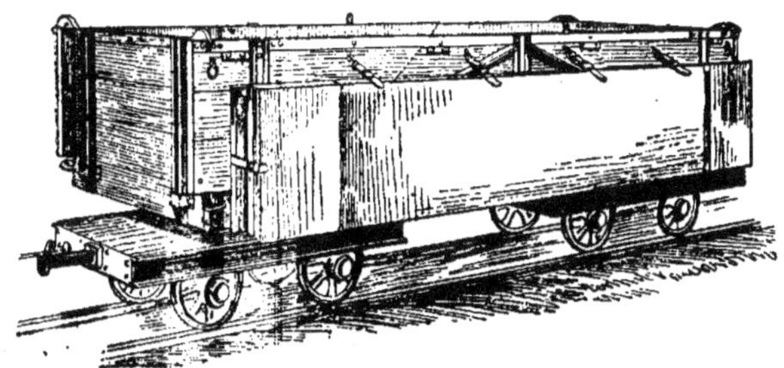

En temps de paix, il est rarement nécessaire de transporter des malades à de grandes distances, mais en temps de guerre, il est souvent indispensable de les placer en un lieu sûr et éloigné de celui des opérations, où l'on puisse les soigner avec succès.

En les éloignant, on permet au service sanitaire occupé sur le champ de bataille de soigner d'autres blessés qui succèdent aux premiers ; l'évacuation de ceux-ci empêche du reste les épidémies de se produire. Pour que les blessés puissent faire le trajet sans danger pour leur santé, il leur faut une bonne couche, de l'air pur et les soins d'un médecin.

On s'applique sérieusement aussi en Allemagne à enseigner aux porteurs du service de santé à embarquer les blessés dans des barques et des bateaux ; car on prévoit la nécessité, au cas d'une guerre avec la France ou la Russie, d'utiliser les grands et petits cours d'eau qui se trouvent dans le voisinage des frontières de ces deux pays.

Nous avons déjà dit qu'il y aura en Allemagne, aussi bien qu'en Autriche et en France, dans la prochaine guerre, de nombreux corps de santé composés de volontaires ; ces corps seront constitués par les soins des différentes sociétés philanthropiques, qui se réunissent même en temps de paix pour s'exercer et acquérir l'expérience nécessaire.

Nous donnons ci-contre une planche représentant une manœuvre portant sur le déchargement des blessés au moyen de grues, et leur alimentation ; cette manœuvre a eu lieu à la section sanitaire volontaire de Francfort.

La gravure ci-dessous représente un bateau-hôpital à bord duquel on embarque des blessés amenés en tramway.

Transbordement de blessés amenés du tramway sur un bateau-hôpital.

Essais de déchargement de blessés au moyen de grues et de distribution de nourriture faits par la section du service sanitaire de Francfort.

Blessé transporté à bord d'un bateau-hôpital.

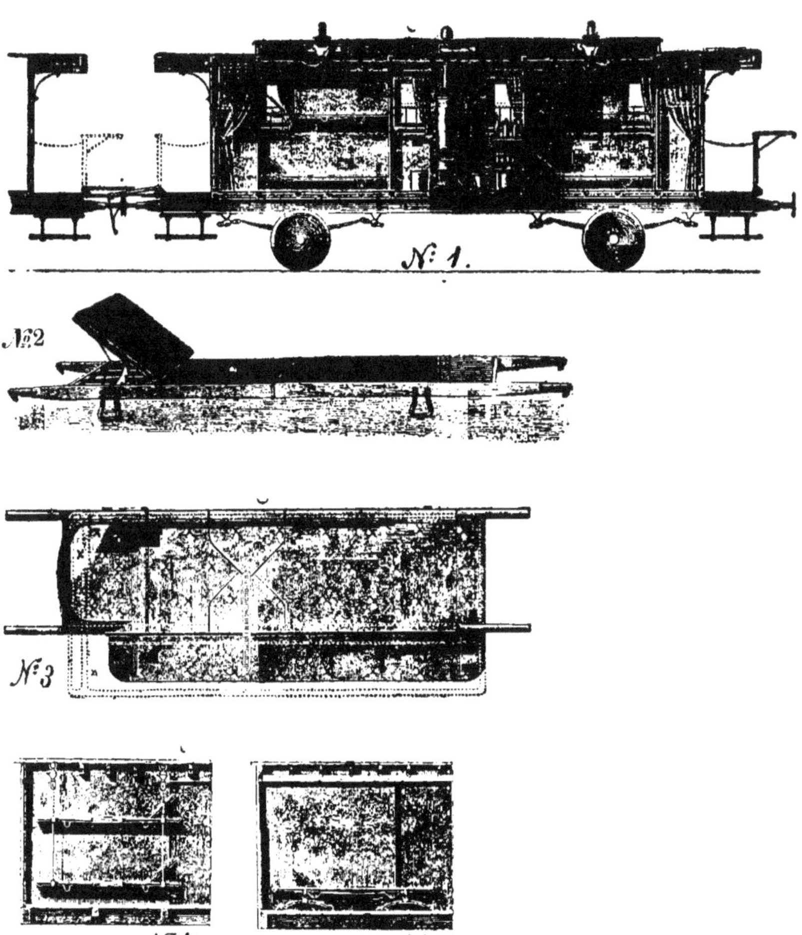

N° 1. Wagon-hôpital; — N° 2. Civière; — N° 3. Civière pour les soldats gravement blessés ; — N° 4. Civière fixée dans le wagon d'après le système de Hambourg; — N° 5. Civière fixée d'après le système « GRUND ».

Fourgon suisse pour le transport des blessés.

Fourgon américain pour le transport des blessés, employé par les Français en 1870.

Dans les guerres précédentes, on a déjà transporté les blessés par chemin de fer ; dans les guerres futures on utilisera ce moyen de transport dans une plus large mesure. En Allemagne, on a construit un train-hôpital composé de wagons de quatrième classe. Dans chaque wagon de ce train il y a six civières d'un côté et quatre de l'autre ; ces civières sont placées par deux, les unes sous les autres ; elles reposent sur des ressorts en spirale et sont attachées aux parois du wagon au moyen de crochets. Ces civières ont $2^m,51$ de long et $0^m,575$ de large ; elles peuvent être placées sur quatre pieds de $0^m,135$ de hauteur, et sont munies d'un coussin à charnières.

Il y a pour chaque civière un matelas de deux mètres de long et deux couvertures de laine.

Une civière sur trois est munie d'un strapontin et d'un matelas large de 85 centimètres. Ces civières sont à l'usage des soldats gravement blessés.

Les trains sanitaires supplémentaires se composent d'un wagon à l'usage des malades et d'un autre à l'usage du médecin. Ces trains n'ont ni cuisine, ni pharmacie, ni magasin de provisions, et les blessés sont examinés et soignés aux stations. Les malades voyagent en wagons de marchandises découverts ou en wagons de 4° classe.

Les civières, au nombre de huit, sont suspendues par deux, les unes au-dessus des autres, au moyen de crochets de fer forgé et de chaines. Pour éviter le balancement, on attache les civières par leurs extrémités aux parois (système de Hambourg).

Dans le système Grund il y a, dans chaque wagon, six civières reposant sur des ressorts, trois de chaque côté du wagon. On peut suspendre d'autres civières sous chacune de ces rangées (système combiné).

En prévision de l'entassement des troupes sur des étendues de terrain peu considérables et du manque de place pour les blessés, on a préparé pour ceux-ci dans toutes les armées un grand nombre de baraques et de tentes.

Nous donnons ci-après une gravure représentant un hôpital improvisé suisse.

En France, on fait des tentes et des baraques des modèles suivants :

1° Les tentes-ambulances, système Tollet, où l'on peut faire les opérations ou bien abriter dix-huit blessés. Elles se composent d'une charpente en fer démontable et d'une couverture en toile ; elles ont une porte et des fenêtres. Les parois peuvent être relevées, elles sont dans ce cas soutenues par de petits supports en bois. Ces tentes pèsent environ 115 kilogrammes.

2° Des tentes qu'on peut placer sur les fourgons du service sanitaire, et auxquelles ces fourgons servent de base, chacun d'eux étant placé au milieu de la tente qui l'enveloppe de tous côtés. On peut y placer jusqu'à 30 malades. Les nombreuses ouvertures fournissent le jour et l'air en abondance. Une tente de ce genre pèse 90 kilogrammes.

Hôpital improvisé en Suisse.

Infirmerie improvisée avec
lits et accessoires.

3° Les tentes-hôpital système Tollet ont la même forme que les premières, mais elles sont plus vastes; chacune peut contenir 28 lits, et l'on peut y aménager un poêle.

4° La baraque transportable système Doecker, dont les parois et le faîte sont en bois, est recouverte de deux couches de carton bitumé, séparées par un intervalle de deux centimètres, et le carton est protégé par un tissu de toile; l'intérieur est incombustible. Le plancher de la baraque est constitué par les seize caisses qui servent à la transporter quand elle est démontée. Ces baraques peuvent contenir seize lits et être chauffées en hiver; chacune pèse 3,600 kilogrammes. Pour construire une baraque en un jour, il faut six hommes.

Nous donnons ci-contre une gravure représentant une baraque système Doecker construite à Copenhague. Elle pèse 4,750 kilogrammes et a coûté 4,350 marks. Cette baraque se monte et se démonte en 24 heures, par 8 à 10 ouvriers exercés.

5° Les baraques transportables du système Espitalier se distinguent des précédentes en ce qu'elles sont construites en fer. Chacune d'elles pèse

TENTES SANITAIRES DE DIFFÉRENTS TYPES.

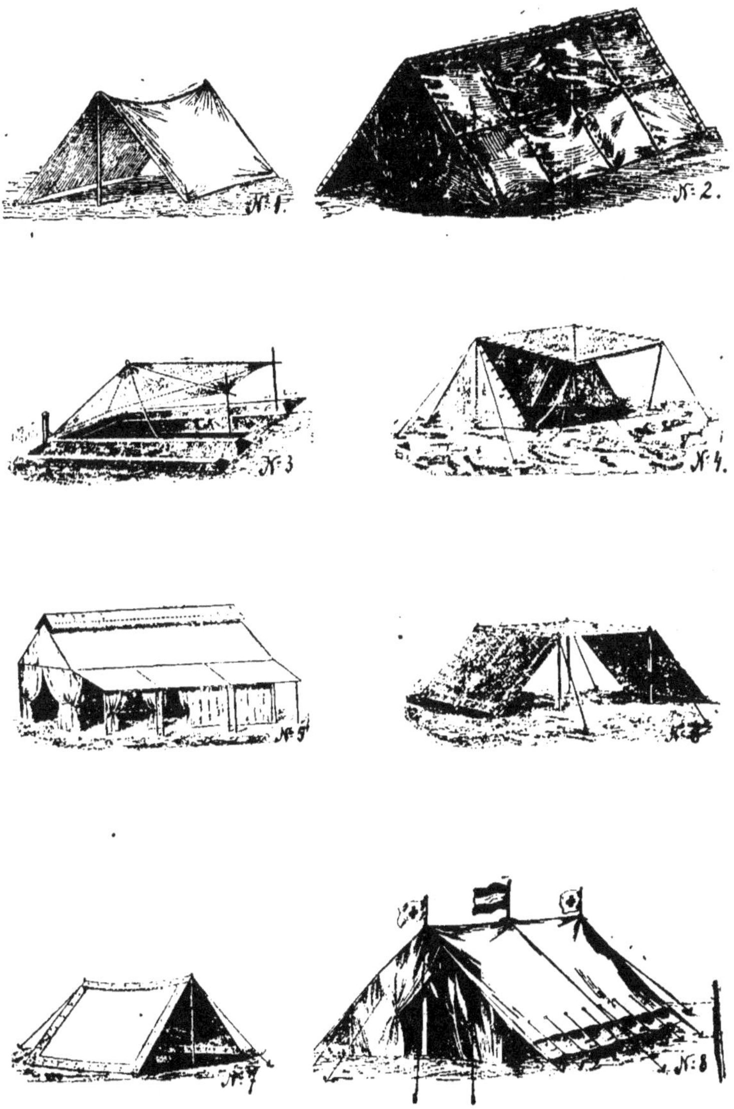

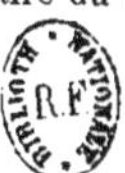

N° 1. Tente de campagne allemande; — N° 2. Tente de caporal; — N°s 3 et 4. Tentes système Nicolaï; — N° 5. Tente-hôpital système Le Fort; — N°s 6 et 7. Tentes transportables (non encore définitivement construites); — N° 8. Tente sanitaire du type employé dans l'armée allemande.

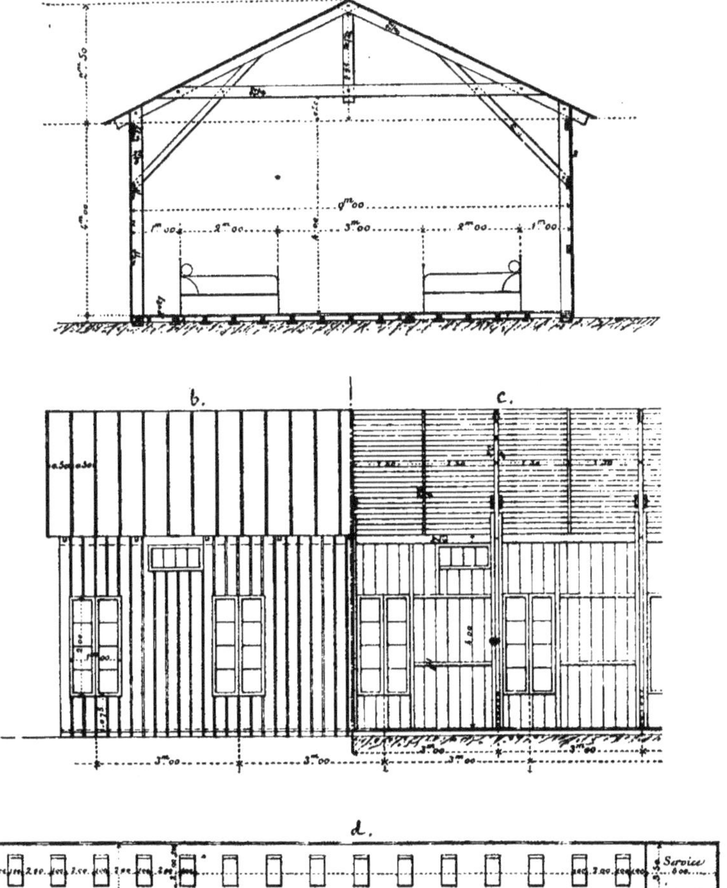

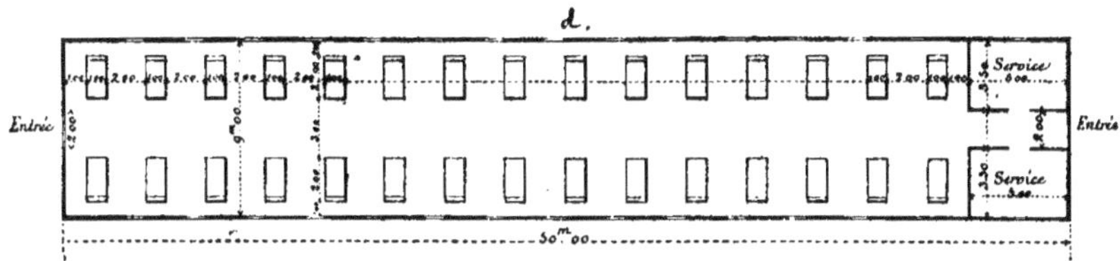

a, section transversale ; — b, hauteur ; — c, section longitudinale ; — d, plan.

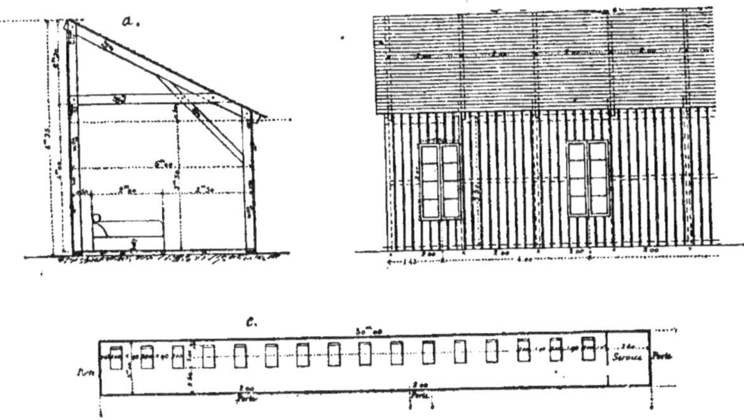

a, section transversale; — *b*, hauteur; — *c*, plan.

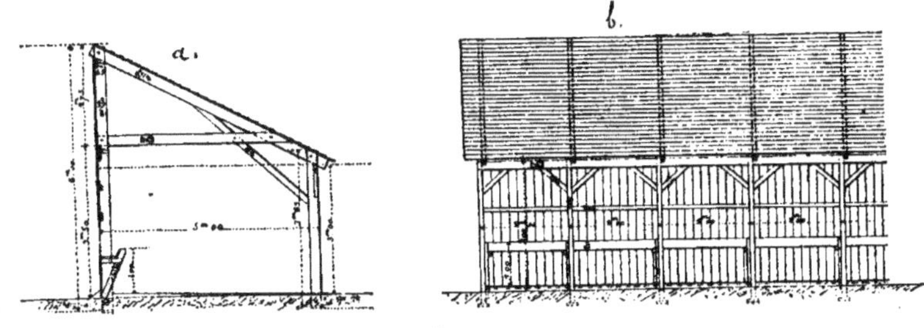

a, section transversale ; — *b*, hauteur.

LA GUERRE FUTURE (P. 365², TOME V.)

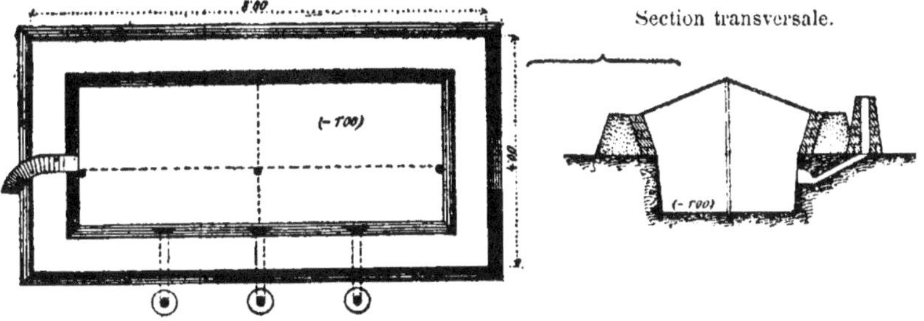

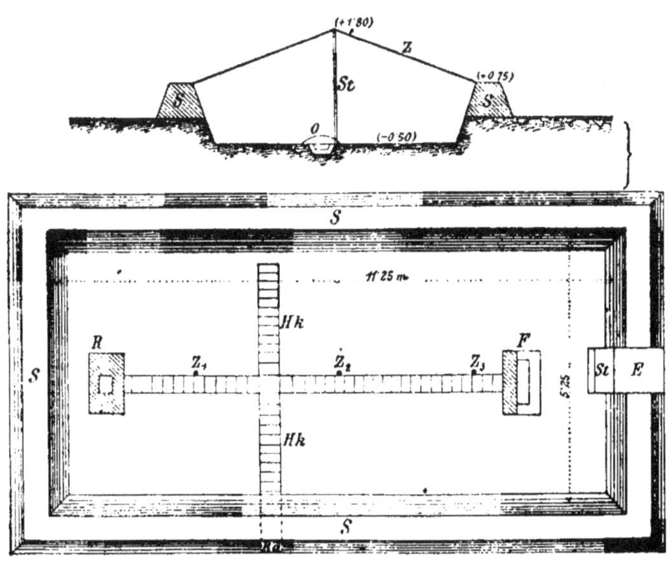

S. Mur de neige, 50 centimètres d'épaisseur et 75 centimètres de hauteur.

Z. Toit ayant l'aspect d'une tente.

O. Poêle.

St. Pilier du toit.

R. Cheminée.

Ra. Ouverture par laquelle s'échappe la fumée.

F. Foyer.

E. Entrée.

Z_{123}. Piliers du toit.

Hk. Tuyau pour chauffer.

6,000 kilogrammes, et se décompose en 99 parties. Pour la construire, il faut douze hommes.

Les tentes-ambulances et celles qu'on dresse au-dessus des fourgons font partie du matériel de campagne. Les autres systèmes sont employés pour les constructions à poste fixe, par exemple, pour les hôpitaux temporaires militaires établis dans les enceintes fortifiées et aux étapes.

Baraque du système Doecker (à Copenhague).

Sur la planche ci-après, nous reproduisons divers types de baraques-hôpitaux.

Non moins intéressantes sont les baraques dont on s'est servi en Prusse en 1866 et dont nous empruntons les gravures à l'ouvrage de Le Fort intitulé *Chirurgie militaire*.

Baraques employées dans l'armée prussienne en 1866.

Nous donnons, pour conclure, les signes distinctifs auxquels on reconnaît en Allemagne tous ceux qui font partie du service sanitaire (1).

---

(1) Albin Kövess von Aszod und Harkaly, *Der Sanitäts-Dienst der Armee im Felde.*

Signes distinctifs servant à reconnaître les installations sanitaires de campagne et le personnel du service de santé en Allemagne.

Le jour.　　　　La nuit : lanterne.

Signaux qu'on hisse sur les installations sanitaires de campagne.

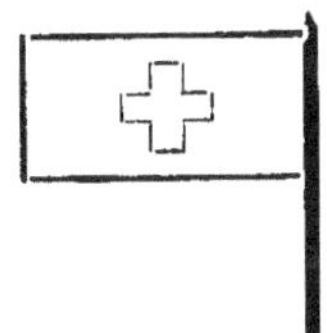

Tous ceux qui font partie du service sanitaire : les médecins militaires, les porteurs des objets de pansement, les porteurs de blessés, les officiers du service sanitaire et les membres des corps sanitaires.

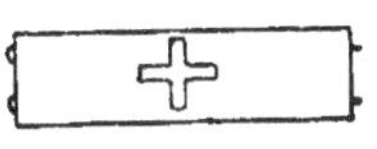

Brassard blanc avec la croix rouge de Genève sur la manche gauche du paletot.

Les chevaliers de l'ordre teutonique.

Ils portent le brassard au-dessous de celui-ci qui est blanc et orné de la croix de Malte.

Les chevaliers de l'ordre de Malte.

Ils portent le brassard à la croix de Genève au-dessous de celui-ci, qui est rouge et orné de la croix de Malte.

Les bagages des chevaliers teutoniques. Cet ordre a créé 4 hôpitaux et 42 colonnes sanitaires qui font partie des institutions sanitaires d'une division d'infanterie.

Chaque côté des wagons porte, à côté de la croix de Genève, la croix de Malte avec une inscription.

Sur 6 ou 12 trains sanitaires appartenant aux chevaliers de Malte.

Aux extrémités du wagon se trouve, de chaque côté, la croix de Malte avec l'inscription réglementaire; la croix de Genève est au milieu du wagon.

Considérations générales concernant les secours qu'on portera aux blessés pendant la guerre future.

En étudiant l'histoire du développement *des secours donnés aux blessés pendant la guerre* depuis les temps les plus reculés, on se pénètre de la conviction que chaque guerre, si terrible fût-elle, est suivie d'une période de paix pendant laquelle on oublie complètement tous les malheurs que les armées ont éprouvés du fait de la mauvaise organisation de leurs services sanitaires. On ne s'en souvient qu'au moment où survient une nouvelle guerre.

Les armées s'exposent alors à de nouvelles épreuves semblables et l'on regrette trop tard le temps perdu qu'on aurait dû employer à prévenir le mal.

Chaque nouvelle effusion de sang expose les soldats aux mêmes souffrances et le cœur se révolte en songeant qu'on n'a rien prévu pour les soulager. Les blessés qu'on n'a pu enlever du champ de bataille restent sur place sans être secourus. Souvent ils agonisent lentement, en proie à la soif et à la faim, sous les rayons d'un soleil tropical ou bien raidis par le froid. Souvent apparaissent sur les champs de bataille les hommes-hyènes. Ces monstres, dépourvus de tout sentiment humain, qui ne cherchent que l'occasion de satisfaire leurs instincts de brigandage, achèvent les blessés pour les dépouiller.

D'un autre côté, le blessé qu'on a transporté à l'hôpital ou aux ambulances n'y trouve pas toujours les soins que nécessite son état. Il attend trop longtemps qu'on procède à l'opération ou au pansement qu'il convient de lui faire, il succombe à l'hémorragie ou aux douleurs trop intenses. Souvent on manque de médicaments, d'instruments de chirurgie et de personnel. Les blessés et les malades restent des heures, parfois même des journées entières sans boire ni manger, couchés n'importe où, car les lits font défaut.

Si l'on songe que, dans ces conditions, chaque minute équivaut pour le malheureux à des années de souffrance, on comprend les reproches amers qu'il adresse aux fauteurs de son supplice, à ceux qui n'ont rien fait pour adoucir les horreurs de la guerre et ont négligé d'organiser le service médical militaire.

Et tout cela provient de ce qu'en temps de paix, on ne s'est pas préoccupé de l'organisation du service des secours, parce qu'on n'a songé qu'à perfectionner les moyens de détruire ses semblables.

On se demande tout naturellement si, pendant la guerre prochaine, on sera plus avancé à ce point de vue? Nous avons effleuré ce sujet et dit qu'il n'y a pas à compter sur de grands progrès dans la résolution de cet important problème. Le médecin général de l'armée bavaroise, Dr Port (1), accuse directement les stratèges allemands modernes. Il estime qu'en se préoccupant surtout de perfectionner les moyens de destruction, ils ont

____

(1) Dr Port, *Den Kriegsverwundeten ihr Recht*, Stuttgard, 1896.

Soldats se défendant derrière un fossé.

LA GUERRE FUTURE (P. 303, TOME V.)

Soldats jetant leurs camarades tués hors du fossé pour s'en faire un rempart.

LA GUERRE FUTURE (P. 369², TOME V.)

tout à fait négligé la question des secours à donner aux blessés sur le champ de bataille.

Le Dr Port met en évidence les effets que produiront, pendant la guerre future, des armes bien plus perfectionnées que celles dont on s'est servi dans les guerres passées.

Il raconte, entre autres, qu'après la bataille de Wœrth il se rendit, pendant la nuit, sur le champ de bataille pour relever des blessés. Chemin faisant, il trouva un grand nombre de turcos qu'il fallut secourir. Puis, en pénétrant dans un bois, il y trouva un sentier encombré de turcos morts et couchés les uns sur les autres. Plus loin, il découvrit une autre hécatombe du même genre, puis une troisième. Il put, en examinant la disposition des cadavres, reconnaître qu'ils avaient été amoncelés exprès les uns sur les autres pour servir d'abri. Les couches inférieures étaient très régulières, elles barraient le chemin. Les couches supérieures étaient disposées moins systématiquement ; c'étaient là peut-être les cadavres de turcos tués pendant le combat qui avait eu lieu en cet endroit. D'autres cadavres gisaient dans le voisinage de ces remparts ; quelques-uns traînaient sur la route, derrière le premier de ces murs. Il est probable que les soldats avaient emporté avec eux leurs morts pour en construire des barricades sur les points qu'ils jugeaient convenables.

« En examinant les têtes et les bras pendants, dit le Dr Port, j'ai cherché à découvrir des traces de vie dans quelqu'un de ces corps, car je craignais qu'on n'eût utilisé des blessés pour édifier ces remparts ; mais ils étaient tous morts et raidis. Cela se comprend, du reste ; le poids de ceux qui étaient couchés sur les premiers aurait suffi à les étouffer, et les balles ennemies les auraient également achevés. Ces remparts faits de cadavres m'ont causé une impression des plus pénibles. Je n'ai plus rien vu de pareil dans la suite, bien que j'aie souvent visité les champs de bataille après les combats. Je me consolais, en songeant que seuls les turcos sont capables de recourir à de pareils moyens de défense.

« Maintenant, je suis moins rassuré qu'il y a vingt-cinq ans, au sujet des remparts faits de cadavres. Je crains que nous ne les adoptions. En présence des qualités meurtrières des armes modernes, il sera difficile de faire autrement, car on sera plus que jamais forcé de s'abriter par tous les moyens possibles. »

Nous songeons à réintroduire l'usage des boucliers dans l'armée ; ces boucliers ne seraient faits ni de bois, ni de cuir, mais d'un alliage en aluminium très résistant. Les boucliers offriraient peut-être cet avantage esthétique qu'ils permettraient aux soldats de combattre dans une position digne et fière, c'est-à-dire debout, comme le faisaient les guerriers de l'antiquité. Mais tant qu'on n'aura pas résolu cette question, on sera forcé de combattre à la manière des quadrupèdes, en rampant comme les chats ou en se terrant comme les taupes. La bêche est actuellement une arme aussi indispensable que le fusil. Les soldats utiliseront désormais tous les fossés pour se mettre à couvert. Or, en se défendant derrière un fossé, on sera obligé de recourir aux remparts de cadavres.

En voici la raison : Quand on creuse un fossé pour se défendre, on n'a pas le temps de creuser d'autres embranchements de ce fossé par derrière, ce qui fait que les hommes arrivant au secours des embusqués auront à parcourir des endroits absolument découverts. Ils est évident qu'ils franchiront ces distances aussi vite que possible ; ils sauteront dans les fossés avec précipitation et sans se préoccuper ni des blessés ni des hommes bien portants qui s'y trouvent. Aussitôt que ces fossés seront comblés de morts, on sera bien forcé de les évacuer en jetant les cadavres à la surface de la terre. On ne pourra les placer derrière le fossé, car cela rendrait difficile l'approche des renforts ; il faudra donc, nécessairement, les placer devant soi et dans ces conditions ces cadavres serviront à consolider le parapet. Si un blessé se trouve mêlé aux morts, son sort n'en sera que moins lamentable ; une balle ennemie ne tardera pas à mettre fin à ses souffrances, tandis qu'en restant dans le fossé son agonie serait longue et douloureuse.

Voici ce qui se produira probablement, sinon toujours, du moins souvent. Et nous en reviendrons ainsi à la barbarie ancienne : — on ne saurait tomber plus bas.

Si, au moins, nous pouvions affirmer avoir tout fait pour sauver les blessés, cela diminuerait, dans une certaine mesure, le crime que nous commettons en recourant aux armes.

Mais, comme le dit le Dr Port, les généraux s'y opposent. Ils se montrent généralement hostiles à tous les perfectionnements du service sanitaire. Ils refusent aux médecins les moyens indispensables de secourir utilement les blessés, en prétendant que cela les empêche d'opérer avec succès.

On a peine à croire que les stratèges allemands aient pu mettre, comme l'affirme le Dr Port, les porteurs à la disposition des commandants de compagnie et non à celle des médecins.

Mais cela ne leur suffisait pas ; le principe même de la convention de Genève, en vertu duquel les porteurs étaient munis d'un signe distinctif en 1870-1871, les importunait. Ils prétendaient que, si les porteurs ne peuvent pas prendre part au combat, on doit les utiliser militairement d'autre manière, aux postes d'observation. Or, le brassard genevois ne doit être respecté que si ceux qui le portent montent la garde devant les voitures d'ambulance et devant les fourgons à médicaments, mais dès que le porteur sera de garde ailleurs, il faudra lui enlever son brassard. Il a cependant été démontré que les pertes résultant de l'absence du signe de neutralité chez

les porteurs ont été beaucoup plus considérables que les avantages dus à
la possibilité de disposer d'un plus grand nombre de gardiens.

Le docteur Port accuse les généraux de vouloir violer jusqu'au principe de la convention de Genève. Ils étaient hostiles à cette convention dès
le début, et dans la suite ils ont réussi à en tirer un avantage pour eux
seuls.

La convention de Genève supposait que les autorités militaires feraient
tout leur possible pour perfectionner jusqu'aux dernières limites les secours
aux blessés ; elle a, en conséquence, déclaré neutres tous les objets et tout
le personnel appartenant au service sanitaire.

Les généraux, eux, voient la chose sous un jour très différent. Ils estiment que du moment où il s'agit surtout des blessés qui sont entre les
mains de l'ennemi, il n'est plus nécessaire de s'occuper de leur sort, qu'on
peut se dispenser de les éloigner du champ de bataille et de les évacuer sur
les stations de secours ainsi que sur les hôpitaux de campagne ; on n'a qu'à
les abandonner tranquillement aux soins de l'ennemi qui est obligé de les
secourir. Il est certain, disent-ils, que le matériel médical, et surtout l'augmentation des moyens de transport, ont de tous temps donné des résultats
peu appréciables, attendu qu'en présence des conditions stipulées par la
convention de Genève, on n'a jamais songé à perfectionner le service sanitaire.

« C'est dans ce sens que nos adversaires ont agi en 1870-71, dit le
docteur Port. Nous ferons à l'avenir comme eux en cas de défaite. Ils nous
abandonnaient des milliers de blessés après chaque combat en leur adjoi-
gnant de temps à autre, rien que pour la forme, un ou deux médecins
militaires munis de médicaments et d'objets de pansement et parfois même
dépourvus de ces objets ; de plus, ils se plaignaient amèrement que ces
hôtes forcés ne reçussent pas tout de suite, comme l'exige la convention de
Genève, un lit, des soins et de la nourriture.

« Mais nos propres blessés manquaient souvent de l'indispensable, il est
donc naturel qu'il n'y en ait pas eu suffisamment pour les ennemis. Chaque
fois qu'on pouvait fournir à ces derniers tout le nécessaire, on le faisait avec
empressement. C'est à leurs propres généraux qu'ils auraient dû s'en
prendre de la misère où ils se trouvaient parfois ; car ces derniers abusaient
de la convention de Genève en estimant qu'ils avaient le droit de se débar-
rasser ainsi de leurs blessés. La convention de Genève sera souvent désastreuse pour les blessés qui tomberont à la charge du vainqueur, parce que
les hôpitaux seront bondés, et que dans ces conditions les bras et les moyens
de secours manqueront tout naturellement.

« Il faudrait prendre des mesures énergiques et sévères pour prévenir
ces abus. Il faudrait expliquer et déterminer d'une manière plus détaillée les

obligations que la convention de Genève impose aux belligérants. Il faut rendre leur brassard aux porteurs, car, autrement, la crainte d'être faits prisonniers les empêchera de bien remplir leur devoir. Ils s'exposeront toujours à ce danger en accomplissant leur tâche. Il faut défendre aux porteurs d'explorer le champ de bataille durant la nuit qui suit le combat, car ils seront faits prisonniers, s'ils tombent entre les mains d'une pa-'trouille ennemie (1). »

Le docteur Port dit plus loin qu'à côté d'un règlement de 1869 en vertu duquel la moitié des médecins sont envoyés au champ de bataille, il existe en Prusse un autre règlement défectueux qui dit que l'au-tre moitié doit organiser les stations de secours principales et rejoindre le corps sanitaire après avoir rempli cette tâche. La principale station de secours est souvent située à trois kilomètres de distance de la ligne de combat et la première station se trouve à un kilomètre de cette ligne.

De cette manière, il y aura un médecin pour 1,000 hommes dispersés sur une étendue de 500 mètres, ce qui le met dans l'impossibilité de secou-rir les blessés. Il en résulte que les médecins militaires doivent, non seu-lement remplir leur devoir d'une façon déterminée, mais aussi faire preuve d'un héroïsme exceptionnel.

Or, le médecin ne devrait avoir d'autres obligations que celle de soi-gner les blessés. Pour cela, il devrait se trouver dans un lieu, où rien ne l'empêche de rendre des services réels. L'occasion de remplir sa tâche lui est largement fournie à la station de secours principale. Même à cet endroit, il risque d'être atteint par les projectiles ennemis et, si l'issue du combat est défavorable, il court grand danger d'être blessé ; une blessure glorieuse en fait alors un héros, tandis qu'une blessure reçue sur la ligne du combat en fait une victime inutile et simplement digne de compassion.

Nous faisons remarquer que le professeur Pirogoff avait formulé le même désir avant le Dr Port.

Les hyènes des champs de batailles

Le Dr Port cite aussi des cas où des bandits s'appliquaient à tuer, pen-dant la nuit, les blessés restés sur le champ de bataille pour les dévaliser : les patrouilles n'étant pas alors en mesure d'empêcher ces abus. Les blessés ne sauraient être protégés pendant la nuit par des patrouilles, mais bien par un système de postes sanitaires, disposés sur tout le champ de bataille et armés de revolvers.

Voici quelques cas cités par Richter (2) sur les agissements des « hyènes des champs de bataille », c'est-à-dire de ces brigands qui achèvent

____

(1) Dr Julius Port, *Den Kriegsverwundeten ihr Recht*. — Stuttgart, 1896.
(2) Richter, *Kriegstagebuch*, p. 51.

les blessés pour les dévaliser. Son récit nous prouve à quel point les mauvais instincts étaient déchaînés pendant la guerre de 1870-71.

« En parcourant dans la matinée le champ de bataille de Gravelotte, jonché de cadavres, nous rencontrâmes un groupe de soldats qui frappaient à coups de bâton, et s'acharnaient de toutes façons sur une femme *qu'ils avaient suspendue par les pieds*. Il se trouva que c'était une des plus répugnantes « hyènes du champ de bataille ». On l'avait surprise en flagrant délit et elle avait opposé une résistance désespérée à ses agresseurs. Un officier qui traversait à l'aube le champ de bataille l'avait aperçue au moment où, après avoir détaché les ornements en or de l'uniforme d'un officier de la garde gravement blessé, elle se disposait à s'emparer de tout ce qu'il avait sur lui. Le blessé restait tout à fait immobile, car il avait vu, un moment auparavant, cette même femme crever les yeux à un de ses camarades couché non loin de là, et lui couper ensuite le doigt sans hésiter un moment pour s'approprier une bague de grande valeur. Lorsque l'officier vint au secours du blessé, la mégère déchargea contre lui plusieurs cartouches du revolver dont elle était armée, mais elle ne réussit pas, heureusement, à lui faire de graves blessures ; ce n'est qu'en recourant à son sabre que l'officier parvint à se rendre maître de cette virago. Les soldats accourus à son aide la lièrent avec peine, car elle se défendait avec ses ongles et ses dents comme une bête féroce. Malgré sa résistance, elle fut traînée aux avant-postes, où les soldats exaspérés la lynchèrent. »

Le personnel sanitaire chargé de la garde du champ de bataille doit être nécessairement armé de revolvers, car il n'aura pas toujours affaire à de vieilles femmes opérant seules, mais bien à de véritables bandes de malfaiteurs. Il convient donc d'ajouter aux dispositions de la convention de Genève un paragraphe établissant les conditions dans lesquelles le champ de bataille doit être gardé, pendant la nuit, lorsque les armées ennemies campent dans le voisinage l'une de l'autre. En comblant cette lacune, il faut partir de ce principe, que le port et l'usage du revolver ne doivent pas être considérés comme une violation de la neutralité, et que seuls les médecins et leurs aides sont autorisés à parcourir le champ de bataille avec des lanternes ; qu'on ne doit pas tirer sur les gens porteurs de lanternes ; que les médecins ne doivent pas se disputer au sujet de la place qu'il leur convient d'occuper et que chacun des partis adverses doit éviter d'empiéter sur le terrain choisi par l'autre. Les chefs d'armée ne seront pas gênés par la présence des médecins sur le champ de bataille et les rondes des patrouilles pourront s'y faire comme par le passé. Si l'on a l'intention d'exécuter une attaque nocturne, il suffit de ne pas se préoccuper des médecins qui, même le jour, se trouvent souvent exposés au feu ; l'armée victorieuse se contentera de s'emparer des ambulances ennemies. Quant aux médecins, ils ne peuvent, dans un pareil moment de surexcitation des instincts sanguinaires, prétendre à être garantis, même par la croix de Genève.

La convention internationale doit prescrire aux chefs d'armée de se munir d'un nombre de voitures suffisant pour emporter avec eux leurs blessés en cas de retraite. On ne peut admettre l'abandon des blessés sur le champ de bataille que dans le cas d'une défaite définitive, d'une déroute désordonnée.

L'abandon des blessés sur le champ de bataille est une honte. La gravité d'une défaite devrait se mesurer, non seulement au nombre de canons et de drapeaux sacrifiés, mais surtout à celui des blessés abandonnés. Il faut qu'on en arrive à considérer l'abandon des blessés sur le champ de bataille comme une honte plus grande que l'abandon de tous les autres trophées. Quand cet abandon des blessés n'est pas pleinement justifié, on doit le considérer comme un manquement au devoir, par les vaincus, de ne pas venir conformément au paragraphe 6 de la convention de Genève, réclamer, après la bataille, leurs blessés aux vainqueurs.

Le Dr Port dit au sujet du nombre insuffisant de civières et de fourgons affectés au transport des blessés :

« Il faut même, sans tenir compte du désir des généraux, augmenter le nombre des fourgons servant à transporter les blessés aux ambulances. Si nous négligeons de le faire, nous serons tous responsables de malheurs qui ne sont nullement inévitables à la guerre et qui résultent uniquement de la trop grande condescendance des médecins à l'égard des chefs de l'armée. »

Port conclut en s'étonnant qu'on n'ait rien fait, pendant les 25 ans écoulés depuis la dernière guerre, pour perfectionner le service sanitaire, alors que l'armement a été, au contraire, transformé de fond en comble.

« En formulant mes récriminations contre les chefs d'armée, ajoute-t-il, je soulage ma conscience. Je ne veux pas emporter avec moi au tombeau l'expérience que me vaut ma longue carrière de médecin militaire ; je désire que les blessés en profitent. J'aime mieux dire toute la vérité que de la faire sous-entendre, malgré le mécontentement qu'elle éveillera chez certaines personnes. Je n'ai jamais recherché les distinctions et les récompenses, mon seul but était de me rendre utile. Si mes paroles, venant du cœur, réussissent à déterminer un mouvement en faveur du progrès de l'organisation du service sanitaire, je bénirai le jour où j'ai résolu de soulager mon âme. »

Mauvaise organisation du service sanitaire français. S'il faut en croire la presse, l'armée française n'aurait fait que de très minces progrès dans ce sens depuis 1870.

A cette époque, le maréchal Lebœuf croyait que la France était prête à faire la guerre. L'issue de cette guerre a prouvé combien il se trompait.

Les expéditions que la France a entreprises depuis lors permettent de prévoir dans une certaine mesure ce qui se passera à l'avenir dans une grande guerre. Ainsi, quand en 1881 on offrit au général Farre d'envoyer des objets de pansement aux troupes algériennes et tunisiennes, il répondit : « Nos ambulances ne manquent de rien. » Or, il fut démontré plus tard que rien n'était prêt.

Tout le matériel existait, il est vrai, et il avait même été acheté très cher, mais il ne parvenait pas à destination. C'est au point qu'au Kef (1881), les officiers se virent forcés de faire une quête pour acheter du sucre, du vin et du café aux hommes malades recueillis dans une ambulance improvisée, après avoir vainement supplié le commandant Forgemol de leur fournir ces objets. A Grardimaou, en mai 1881, les blessés et les malades de la colonne Logerot ont dû attendre 12 jours l'arrivée du matériel envoyé de l'ambulance permanente.

A la Goulette, en juin 1881, on construisait les baraques au fur et à mesure de l'arrivée des malades, et même les officiers furent forcés de se loger à leurs propres frais dans les misérables cafés de la petite ville. Sur tout le littoral de la Goulette à Philippeville, les ambulances et les hôpitaux étaient remplis à tel point que, jusqu'au mois d'août, l'on n'y put recueillir personne ; les malades qu'on évacuait de la Goulette furent débarqués et réembarqués à plusieurs reprises avant qu'on réussît à les transporter à Philippeville. A Pont-de-Fahs il y avait, en octobre 1881, 400 malades appartenant à la brigade Philebert abandonnés aux soins d'un seul médecin qui manquait totalement d'objets de pansement ; ils durent attendre l'arrivée de voitures très incommodes et louées chez les habitants des environs, pour être transportés à Tunis (1).

Le professeur Le Fort dit : « Dans les conditions actuelles, le service sanitaire seul ne peut suffire à la tâche que lui impose le grand nombre des blessés. Il doit absolument recourir à l'aide de médecins civils. La chirurgie militaire ne saurait être réorganisée sans l'adjonction de ces auxiliaires. Il faut, d'autre part, trouver le moyen d'accorder l'élément militaire et l'élément civil. On se demande quel rôle est attribué aux Sociétés privées suivant la loi. Si nous laissons de côté les « Sociétés des ambulances de la presse » et toutes celles organisées dans les villes, en vue d'objectifs plutôt privés que militaires, nous sommes, hélas ! forcés d'avouer que les espoirs nés de la création de « la Société internationale de secours aux blessés pendant la guerre » ne se réaliseront jamais. La guerre de 1870 comporte une leçon trop rude et trop significative pour qu'il soit permis de l'oublier. Le désastre fut si considérable, le désordre si grand, qu'en comparant les sommes dépensées avec les secours apportés à ceux qui en avaient besoin, on est forcé non seulement d'innocenter l'intendance, mais même de faire ses

____

(1) *Nouvelle Revue*, Les secours aux blessés en temps de guerre.

éloges ; on devra, peut-être, convenir que l'indépendance, tant préconisée, des médecins ne peut leur être accordée, attendu que les ambulances qu'ils dirigeaient étaient loin d'être parfaites (1).

Quant au service sanitaire russe, il faut dire, avant tout, qu'il a été réformé de fond en comble après la guerre de 1877-78. Il est, par là même, devenu supérieur à ceux de la plupart des services similaires des autres puissances européennes. Mais, dans les guerres précédentes, nous y avions constaté des imperfections telles, que nous n'osons envisager l'avenir sous un jour trop favorable.

Le service sanitaire russe se ressentait surtout de la division existant entre le service médical et celui des hôpitaux dont chacun était soumis à des directions différentes. Un autre défaut de ce service a de tous temps consisté dans le manque de prévoyance de ses fonctionnaires.

Pendant sa présence sur le théâtre de la guerre de 1877-78, l'empereur Alexandre II s'est beaucoup appliqué à louer l'activité des différentes administrations.

Tchitchagoff relate à ce sujet, dans son journal, l'épisode suivant:

« Après le dîner, l'empereur s'est entretenu avec les invités séparément, et il a honoré de sa bienveillante attention chacun des représentants des services et des administrations de l'armée active présents. Kosinsky et Pryselkoff se tenaient l'un à côté de l'autre. Sa Majesté les aborda et appela en même temps le ministre de la guerre, D.-A. Milioutine.

« Je suis très heureux, dit l'empereur, d'avoir trouvé les hôpitaux en si « bon état. »

« En ce moment s'approcha le grand-duc, commandant en chef de l'armée.

« L'empereur répéta, en s'adressant à son auguste frère : « Les services « qui leur ont été confiés sont très bien tenus. Je vois avec beaucoup de « plaisir la bonne entente qui caractérise les relations entre ces représen- « tants des deux principales institutions de l'armée. »

« Puis, se tournant vers le contrôleur général Tcherkassoff, Sa Majesté dit: « On m'a informé de la revue passée par les employés du contrôle de « campagne à l'hôpital n° 60. Je voudrais que vous me disiez vous-même « dans quel état vous avez trouvé l'administration et la partie économique. »

« Tcherkassoff formula des appréciations très flatteuses. Sa Majesté dit alors : « Je constate avec satisfaction les améliorations qu'on poursuit « dans cette branche et l'honnêteté dont font preuve les fonctionnaires. »

Pourtant un petit nombre de personnes seulement du service sanitaire et quelques sœurs de charité étaient à la hauteur de leur tâche. Le contrô-

____

(1) Léon Le Fort, *Chirurgie militaire.* — Paris, 1896.

leur général dit, dans son journal, que les hôpitaux militaires, tant au Caucase qu'en Bulgarie, laissaient beaucoup à désirer en 1877-78, surtout comparativement aux institutions similaires créées par les soins de la Société de la Croix-Rouge et aux frais d'autres personnes ou groupes de personnes privées. L'intendance fournissait aux hôpitaux militaires des matériaux de mauvaise qualité ; les pharmacies manquaient de certains objets indispensables ; les médicaments n'arrivaient pas en temps utile, ce qui faisait que les malades manquaient souvent des soins indispensables. Toutes ces défectuosités se firent sentir surtout au moment où la fièvre typhoïde sévissait dans l'armée.

Nous avons déjà fait remarquer que le souci exagéré de la forme a souvent été préjudiciable aux résultats qu'on veut obtenir ; c'est là un des grands défauts du système administratif. La lenteur, qui est toujours un défaut, était surtout pernicieuse dans le fonctionnement du service sanitaire pendant la guerre.

Pirogoff avait raison de dire : « L'administration est l'âme du service sanitaire en temps de guerre.

« Quiconque n'est pas médecin et n'est pas habitué aux choses de la guerre, dit le célèbre chirurgien, est porté à accuser les médecins et les administrateurs, en voyant tous ces hommes qui souffrent, et auxquels on ne donne pas immédiatement les soins que requiert leur état, en constatant qu'on les fait attendre des heures et des jours avant de leur ôter leurs vêtements souillés de sang et de boue, avant de les panser, de les nourrir, de leur mettre du linge propre, de les soulager en un mot. Qui donc est fautif, en effet, si ce n'est le médecin et l'administrateur ? — *Ce n'est ni le médecin, ni l'administrateur, vous dirai-je, c'est l'administration, ce sont les bureaux, ce sont les institutions.* »

Mais il n'est pas facile de transformer ces dernières.

Pirogoff dit que le désordre n'était pas moins grand dans les armées étrangères, surtout au début d'une guerre ; mais au fur et à mesure que la campagne se prolongeait, on y perfectionnait le service sanitaire. En Bulgarie, c'était le contraire : le désordre augmentait à mesure que la guerre progressait et les désaccords se produisaient à chaque pas. Vers la fin de la campagne, notre service sanitaire aurait peut-être fini par s'améliorer, mais les efforts qu'on fit dans ce sens échouèrent pour certaines raisons particulières, telles que les gelées précoces qui se produisirent en automne, la marche rapide de notre armée qui surmontait des obstacles inouïs, et les 20 à 30 degrés de froid qui régnaient dans les Balkans. Quoi qu'il en soit, notre administration a reçu un avertissement prouvant *que les fautes commises au début demeurent irréparables dans la suite* (1).

____

(1) Pirogoff, *Le service sanitaire et les secours privés.*

Il est, par conséquent, nécessaire d'entreprendre quelque chose pour éviter le retour de ces tristes épisodes dans le traitement des blessés et des malades.

Il sera d'autant plus facile d'y arriver en Russie que la guerre future, si elle a lieu, sera dans ce pays, comme nous le démontrons dans notre chapitre intitulé : *Les plans des opérations militaires*, une guerre défensive.

Dans ces conditions, le service des secours et l'évacuation des blessés pourront se faire avec plus de facilité suivant un plan bien déterminé, surtout si les opérations stratégiques se produisaient simultanément sur différents points. D'autre part, au cas où les Russes feraient une guerre offensive, ils n'auraient qu'un seul avantage, c'est qu'en pénétrant dans une contrée plus civilisée et plus peuplée que la leur, ils y trouveraient facilement tout ce qui serait nécessaire pour soigner leurs malades.

Il faut aussi prendre en considération certaines circonstances soulignées dans des publications étrangères et qui doivent intéresser la Russie au même degré, surtout en raison de ce que les médecins russes ne sont pas très nombreux et qu'en cas de guerre cette pénurie se fera doublement sentir.

On estimait en 1869 que l'armée de la Confédération germanique du Nord aurait besoin de 3,292 médecins. Il y avait un médecin pour 190 hommes de l'armée active (625,000), ou bien par 290 hommes du total de l'armée (955,000 hommes, comprenant l'armée active, la réserve et le landsturm) (1).

En maintenant les mêmes proportions, les 2,800,000 hommes de l'armée française qui se rangeront sous les drapeaux au premier appel auraient besoin de 14,580 médecins. Mais nous avons vu qu'en 1870 le nombre des médecins était loin d'être suffisant. A quoi doit-on, par conséquent, s'attendre dans le cas d'une nouvelle guerre? demande Le Fort. Il n'y a que 3,039 médecins dans l'armée française. Le déficit serait si grand qu'on ne pourrait le combler.

Autrefois, on y suppléait à l'aide de médecins étrangers dont la plupart n'étaient pas à hauteur de leur tâche. Le contingent des aides-chirurgiens sera également très insuffisant; tant il y a, en effet, de personnes qui s'opposent à l'extension de l'instruction médicale, et qui contestent aux femmes le droit d'exercer la médecine.

Mais le service sanitaire, qui pèche surtout par l'insuffisance numérique de son personnel, ne compte que peu de membres possédant les qualités administratives et professionnelles nécessaires.

____

(1) Léon Le Fort, *Chirurgie militaire*, 1896.

Nous estimons, en conséquence, qu'il sera plus facile de parer au premier de ces deux inconvénients qu'au dernier. Botkine avait raison de dire qu'il n'y a pas lieu d'exiger que les médecins employés à la guerre soient tous très experts, car le traitement des blessures est en général très uniforme. Nous avons vu que les particuliers réussissaient à rendre des services très appréciables dans les hôpitaux militaires en Amérique. Et nous estimons que la Russie ressemble beaucoup à l'Amérique à certains points de vue, surtout au point de vue du caractère de ses femmes. Elles se sont admirablement conduites pendant toutes les guerres précédentes. Les qualités de la femme russe constituent une force de haute valeur, mais qui demande à être bien organisée. Et ce n'est pas chose facile.

Une sommité médicale reconnue dans le monde entier, Pirogoff, était persuadé que l'initiative privée pourrait être d'un très grand secours à la guerre. Il était, du reste, d'avis que l'initiative privée ne pouvait être utilement et directement appliquée qu'en Amérique, parce qu'il n'y existait pour ainsi dire pas d'administration du service sanitaire avant la guerre. Là où cette administration existe depuis des années, comme en Russie et en Allemagne, les Sociétés privées ne sauraient être qu'un complément de cette administration. Le concours privé, pour être rationnel et utile, doit suivre une direction un peu différente de celle qu'on lui a jusqu'à présent imprimée. Le mécanisme de son organisation doit être extrêmement simple et facile à saisir pour qu'il puisse rendre partout des services réels, surtout dans les pays où l'administration ne pourrait suffire à toutes les exigences. Les sociétés privées doivent constituer un auxiliaire sûr de l'administration générale. Cela ne signifie pas pourtant, dit Pirogoff, que les Sociétés de secours doivent sacrifier leur indépendance et leur autonomie, car le maintien de ces prérogatives est pour elles une condition même d'existence.

L'initiative privée.

Pirogoff recommande, en outre, à tous ceux qui auront jamais l'occasion d'administrer les institutions créées par l'initiative privée d'éviter le luxe qui pourrait éclipser la modeste apparence des hôpitaux relevant du ministère de la guerre. Les fonds doivent, selon lui, être dépensés de manière à ne pas dépasser sur ce point certaines limites déterminées.

Pour que les services de secours privés puissent fonctionner avec succès, il faut avant tout élaborer un plan tendant à enrôler dans ces services des artisans de divers métiers, tels que charpentiers, maréchaux-ferrants, serruriers, maçons, ainsi que des cochers, des cuisiniers, etc. Les contrats passés doivent être à longue échéance. Il ne faut pas oublier que la guerre future peut se prolonger outre mesure et que les ressources dont on dispose ne seront, selon toute probabilité, qu'à peine suffisantes. Le soldat, fatigué par les marches, les combats, les travaux de terrassement sera épuisé et, partant, moins réfractaire aux maladies. C'est pourquoi on aura besoin de beaucoup plus d'argent au moment où la guerre battra son plein et c'est aussi pourquoi les préposés aux hôpitaux et au service sanitaire, en général, devront déployer une activité très soutenue.

« L'inégalité de la répartition des secours privés entre les hôpitaux et les transports durant cette guerre, dit Pirogoff, m'impressionna plus péniblement que l'égalité devant la misère qui régnait pendant la guerre de Crimée. Le malade n'avait alors que le choix d'accepter avec résignation la volonté de Dieu, ou bien de maudire son sort en pure perte ; maintenant il a lieu de se plaindre de l'injustice humaine. Il est certain qu'on ne peut secourir tout le monde, mais on peut partager équitablement les éléments de secours dont on dispose, pour éviter le contraste navrant entre l'abondance et la *disette*.

« Au beau milieu de la guerre il fallut, en Bulgarie, faire donner des omelettes aux malades atteints de dysenterie ; or, pour obtenir ces omelettes il fallut s'adresser à la pharmacie et les médecins en chef redoutaient le contrôle, parce qu'ils avaient épuisé tous les œufs mis à leur disposition. Toutes les personnes, hommes et femmes, qui faisaient partie du service de la Croix-Rouge, croyaient qu'il était de leur devoir de ne rien refuser aux médecins, sans se préoccuper de la quantité des provisions confiées à leurs soins. »

Ce fait seul prouve la nécessité d'établir un contrôle particulier indépendamment du contrôle officiel, qui, bon gré mal gré, ne voit que la forme.

Il est plus que probable que les hôpitaux établis à l'intérieur du pays ne seront pas assez nombreux pour abriter tous les blessés et tous les malades pendant la guerre future. Il faudrait donc édicter des règlements qui permettent de les faire recueillir par des particuliers contre une rémunération déterminée d'avance ; ce mode de secours serait soumis à la surveillance des municipalités.

Il est à désirer que le transport du matériel aux ambulances se fasse plus régulièrement que pendant la dernière guerre.

A la suite d'une revue des dépôts de matériel de l'armée active en 1878, le général aide de camp Greig, qui fut contrôleur d'Etat en 1877-1878, fit à l'empereur un rapport établissant que tout ce dont aucune personne exactement déterminée n'est responsable est à la merci de tous les hasards.

Ainsi, le grand-duc, commandant en chef de l'armée, avait donné ordre aux gouverneurs d'Iékatérinoslaff, de Kherson et de Bessarabie de faire confectionner, en un mois, avec l'aide des « Zemstvos » 11,000,000 de chemises et 500,000 caleçons. Une partie de ce linge fut transportée par mer d'Odessa à Bourgas et de là à San-Stefano, puis par chemin de fer, de San-Stefano à Andrinople, et, comme on avait mal pris ses mesures, beaucoup de pièces pourrirent en route.

Une commission spéciale, chargée de l'examen de ce linge, constata que sur 423,000 pièces examinées, 260,000 n'étaient plus bonnes à rien. Dans ce nombre il y en avait de pourries ou de trop petites pour pouvoir être utilisées, d'autres étaient faites avec des matières dont l'usage est inadmissible pour l'armée. Ce linge ne pouvant être vendu, car le produit de la vente eût été insignifiant, on l'utilisa pour le raccommodage.

Sur les 300,000 pièces de linge envoyées de Bessarabie, on n'en retira à peine 10 0/0 d'utilisables. Tout le reste était un ramassis d'objets mal cousus et faits de toutes sortes de matières (calicot, toile écrue, cotonnades en tout genre, toile de sac, etc.), un grand nombre de ces articles avaient été portés, d'autres étaient si petits qu'on n'aurait pu en vêtir des enfants.

« Les mesures de prévoyance, dit le rapport, et la sollicitude du grand-duc furent infructueuses dans ce cas, parce qu'on n'avait pas consciencieusement exécuté les ordres de Son Altesse. »

Pour suppléer à l'absence d'organes administratifs autonomes, il faudrait créer des comités de surveillance : *Comités de surveillance.*

1) Pour les hôpitaux;
2) Pour les dépôts de matériel du service médical ;
3) Pour le transport des malades et des blessés ;
4) Pour l'approvisionnement des hôpitaux en objets de ménage.

Ces comités organisés d'une manière rationnelle pourraient rendre de très grands services, d'autant plus que la guerre future peut se prolonger, et qu'il y a lieu, dès lors, de se préoccuper de l'approvisionnement des troupes pour l'hiver.

Pirogoff dit à ce sujet :

« Les engelures qui se produisent aux premiers froids sont surtout attribuables à l'épuisement de l'organisme et à l'anémie, aux diarrhées et aux fièvres intermittentes, mais aussi à la mauvaise chaussure. Le soldat passe des journées et des nuits entières vêtu de ses grosses bottes, sur un sol humide et dans des tranchées inondées. Comme il est épuisé par la fatigue, il ne s'aperçoit même pas que les doigts et les plantes de ses pieds gèlent graduellement.

« Nous avons vu, sur ce point, dans les hôpitaux, des centaines de pieds gelés dès la fin du mois de septembre 1877. La plupart des malades questionnés à ce sujet attribuaient leur mal aux chaussures humides qu'ils avaient été obligés de garder très longtemps (1).

Il faut aussi organiser un service de secours spécial pour la marine. Le sort des blessés sur les bâtiments de guerre ne sera pas moins désastreux *Service de secours spécial pour la marine.*

____

(1) Pirogoff, *Le service sanitaire et les secours privés.*

que par le passé, bien qu'on n'ait pas à les transporter aussi loin que les blessés de l'armée de terre.

L'amiral Makaroff (1) dit : « Il faut admettre qu'en présence des projectiles explosifs actuels, une bombe fera beaucoup de dégâts, et que le nombre des victimes pourra dépasser 20 et même 30 0/0 de l'équipage. Dans les anciens bâtiments, on pouvait loger les blessés dans les cales, mais maintenant ce sera absolument impossible ; tout est occupé par les machines, par des projectiles et par des pièces d'artillerie. Il faudra placer les blessés là même où les hommes travaillent ou bien dans des endroits non protégés, où pénétreront tous les projectiles, même ceux des petites bouches à feu.

« On optera probablement pour le premier genre d'abri ; car est-il possible d'admettre qu'on puisse laisser un homme derrière le parapet tant qu'il est bien portant pour le mettre à découvert dès qu'il est blessé? Mais si on place les blessés dans le voisinage des hommes qui travaillent, on gênera ces derniers et l'on démoralisera l'équipage.

« Les gaz de la poudre sans fumée agissent d'une façon déprimante sur l'organisme et je ne sais comment on pourra les éloigner des tourelles et des batteries couvertes. On a proposé dernièrement de faire descendre les blessés dans les parties du navire submergées au moyen d'un plan incliné. Est-ce là un bon conseil? La guerre future le démontrera. »

Les premiers secours donnés sur le champ de bataille. La tâche qui consiste à donner aux blessés *les premiers secours* sur le champ de bataille même sera, par suite de l'introduction des nouvelles armes à feu, plus facile à certains points de vue, et à d'autres, plus difficile.

Elle sera simplifiée, parce que le nouveau projectile de petit calibre occasionnera des blessures pour la plupart mortelles, ce qui facilitera nécessairement la tâche des chirurgiens, qui n'auront qu'à y appliquer des pansements antiseptiques, après quoi ils pourront sans perte de temps se porter au secours d'autres victimes. Quant à la difficulté dont nous parlons, elle résultera de ce que le blessé devra être transporté aux ambulances, situées à une distance bien plus grande que dans les guerres précédentes. On aura besoin d'un plus grand nombre de fourgons et d'un personnel de médecins, de chirurgiens et de porteurs plus nombreux qu'auparavant. Le contingent des médecins militaires en titre ne sera pas suffisant et il faudra recourir à des médecins supplémentaires, ce qui comportera certaines difficultés.

Développement du service de santé. Il serait très utile d'élaborer et de faire publier, sans attendre les événements, des instructions à l'usage du personnel du service sanitaire. Mais il est encore plus nécessaire d'employer le temps de paix à recruter un nombre suffisant d'aides-chirurgiens.

---

(1) Makaroff, *L'importance stratégique des vaisseaux de guerre.*

Comme on ne saurait affirmer, dès à présent, qu'on pourra faire les premiers pansements aux blessés sur le champ de bataille, où l'on sera exposé à un feu aussi nourri que meurtrier et précis, il faut rechercher le moyen de transporter les blessés aussi vite que possible aux ambulances, c'est-à-dire à l'endroit où on leur appliquera le pansement provisoire. On ne doit jamais confier ce soin au personnel médical subalterne, sauf dans les cas exceptionnels et très urgents. Il est évident que cette considération entraîne la nécessité d'augmenter dans une grande mesure le nombre des porteurs adjoints aux ambulances des bataillons (24) et à celles des divisions (217) ainsi que le nombre des fourgons.

Ceux qui disposent du sort des hommes ne doivent pas oublier qu'en développant le service de santé, on augmente les forces combattantes et que la diminution de celles-ci n'est qu'apparente. Un bon service sanitaire diminue le taux de la mortalité et permet à un plus grand nombre de blessés de réintégrer rapidement les rangs ; il sert aussi à relever le moral d'une armée en prouvant aux soldats blessés qu'on leur porte un réel intérêt. En présence du feu meurtrier, de la nécessité de combattre en ligne déployée, de l'éloignement des ambulances, le nombre des porteurs doit être augmenté et ils doivent être pourvus de l'outillage nécessaire pour rechercher les blessés pendant la nuit.

Bref, les nouveaux fusils à longue portée et les canons perfectionnés, ajoutés aux immenses forces numériques des armées actuelles, ayant changé du tout au tout les conditions de la tactique moderne, exigent aussi une réforme rationnelle des services de secours. Pour que ces services soient d'une réelle utilité, il faut, avant tout, garantir une large indépendance à leurs administrations tant officielles que privées, cette indépendance étant une condition essentielle de leur progrès.

On ne pourra guère, dans les luttes futures, se passer du concours des Sociétés civiles, pour assurer les services de secours aux blessés. En négligeant d'organiser ce concours en temps utile, pour entreprendre de le faire systématiquement plus tard, on s'expose aux pires conséquences.

TABLE DES MATIÈRES

Pages.

HISTORIQUE DU DÉVELOPPEMENT DE L'IDÉE TENDANT A RÉSOUDRE D'UNE MANIÈRE PACIFIQUE LES DIFFÉRENDS INTERNATIONAUX. . . . . 1 à   42

I. **Mouvement général dirigé contre le Militarisme :** Influence sur la guerre future des tendances et dispositions de l'opinion publique, 1 ; Militarisme et socialisme, 2. — **II. L'Antiquité et le Moyen Age :** Les peuples de l'antiquité et leurs tendances belliqueuses, 3 ; Le Moyen Age, 5 ; Le souverain pontife, arbitre de la chrétienté, 5 ; La fédération hanséatique, 6. — **III. Du XIVᵉ au XIXᵉ siècle :** Henri IV et ses tendances pacifiques, 8 ; Projet de Sully, 8 ; Fédération des Etats chrétiens, 8 ; Le traité de Westphalie, 10 ; Projet de l'abbé de Saint-Pierre, 11 ; Voltaire, 11 ; Jean-Jacques-Rousseau, 12 ; Montesquieu, 12 ; La Révolution française, 13 ; Bonaparte, 15 ; Kant, 15. — **IV. Courants tendant à supprimer les guerres au XIXᵉ siècle jusqu'à l'année 1870 :** Tendances des nations à la suite de la Révolution française, 17 ; Les missionnaires de la paix, 18 ; La Société des Vertus chrétiennes, 19 ; L'apôtre de la paix Burritt, 19 ; Congrès de la paix de Bruxelles (1848), 19 ; Congrès de la paix de Paris (1849), 20 ; Solidarité des nations entre elles, 22 ; Napoléon III et la paix, 22 ; Nouveau congrès de Paris (1856), 23 ; Ligue internationale de la paix, 24 ; Congrès de Genève (1864), 25 ; Convention de Genève relative au service sanitaire en temps de guerre, 26 ; Guerre de 1870, 26 ; Ses conséquences, 26 ; Conférence de Bruxelles (1875), 27. — **V. Mouvement antimilitariste après l'année 1870. Les sociétés de la paix et les congrès :** Etat des esprits après la guerre de 1870, 29 ; L'idée de la paix perpétuelle n'est pas morte, 30 ; Congrès de Paris (1878), 31 ; Congrès de Berne (1891), 32 ; Congrès de Chicago (1893), 32 ; Congrès

Pages.

d'Anvers (1894), 33; Le mouvement antimilitariste gagne la Russie, 34;
L'idée d'un tribunal international, 34; Compétence du tribunal international, 35; Sa division en quatre sections, 35; Ses assemblées, 35;
Observation des verdicts prononcés par le tribunal international, 36.
— **VI. Mouvement antimilitariste au sein des Corps législatifs et
des représentations internationales:** La paix et les parlements, 37;
Aux parlements anglais, 37; Italien, 38; des Pays-Bas, 38; Espagnol,
38; Belge, 39; Conférence parlementaire internationale de Paris
(1889), 39; Conférence de Londres (1890), 40; Congrès de Rome (1891), 40.

LA QUESTION DE LA PAIX PERPÉTUELLE DANS LA LITTÉRA-
TURE DES PEUPLES CIVILISÉS. . . . . 43 à   78

Les écrivains de la guerre, 43; **I. Les partisans et les adversaires de la
guerre parmi les savants:** Principaux arguments en faveur de la
guerre formulés par les célébrités du siècle, 44; Résumé des arguments
des partisans de la guerre, 49; Opinions d'écrivains hostiles à la
guerre, 51; Influence des guerres sur la concurrence commerciale de
l'Amérique, 57; Opinions pacifiques de divers hommes d'Etat, 57
Opinion des spécialistes militaires, 58; Complications devant résulter
d'une guerre prolongée, 59; Contradiction entre le principe de la
guerre et la morale chrétienne, 61; Opinion de la presse, 62; Influence
de la vie militaire sur les mœurs, 63. — **II. Les partisans et les adversaires de la guerre parmi les poètes, les romanciers et les
artistes:** Sources d'inspiration des poètes d'autrefois, 65; Evolution de
l'idéal poétique depuis le commencement du siècle actuel, 66; Byron,
66; Béranger, 67; Heine, 67; Mme L. Ackermann, 67; Victor Hugo,
68; Poètes et écrivains allemands, 69; L. Tolstoï, 70; Emile Zola, 70;
Jules Claretie, 71; Evolution pacifique des sentiments des peuples, 72;
Transformations accomplies dans le domaine de la peinture, 74; Description d'un convoi de blessés d'après le tableau de Véréchtchaguine, 76.

LE SOCIALISME, L'ANARCHISME ET LA PROPAGANDE CONTRE
LE MILITARISME. . . . . 79 à   172

L'histoire du développement du socialisme: Influence sur les masses
des écrits contre la guerre, 79; Origine du socialisme actuel, 81; Particularités du socialisme allemand, 81. — **I. Le socialisme en France:**
Définitions diverses du socialisme, 82; Le socialisme dans l'antiquité,
83; Idée socialiste au Moyen Age, 83; Communisme sous la Révolution, 83; Doctrines de Saint-Simon et de ses disciples, 84; Fourrier
et les phalanstères, 85; Théories de Louis Blanc, 85; Idées de
Proudhon, 87; Le socialisme en Angleterre et Robert Owen, 88;
Influence du socialisme en France de 1830 à 1850, 88; Le second Empire et les socialistes, 89; La Commune, triomphe du socialisme
militant, 89; Les conséquences de la Commune, 90; Moyens de combat
des agitateurs socialistes, 91; Guerre à la production capitaliste, 92;
Extension du mouvement socialiste en France, 92; Le comte Tolstoï et

Pages

les ouvriers, 92. — **II. Le socialisme en Allemagne :** Organisation politique du parti socialiste allemand, 94; Le socialisme au Reichstag en 1893, 95; Socialisme d'Etat, évangélique, catholique, de l'École, de fait, 96; Mouvement socialiste de 1848 en Allemagne, 97; Karl Marx, créateur du socialisme moderne, 98; Ses théories communistes, 99; L'apôtre socialiste F. Lassale, 100; Lassale et Bismarck, 100; Les socialistes au Parlement allemand, 101; Extension rapide du socialisme en Allemagne, 102; Caractère et but du parti socialiste allemand, 102; Caractère outrancier des socialistes, 105; Vaines tentatives du gouvernement allemand pour réfréner le courant socialiste, 107; Caractère dangereux des théories socialistes, 107; Réglementation du travail d'après les socialistes, 109. — **III. Congrès des socialistes :** Les congrès socialistes, 112. — *Congrès socialistes internationaux,* Création de l'Internationale, 113; Evolution du socialisme, 114; Congrès de Paris (1889), 115; Congrès de Bruxelles (1891), 115; Congrès de Chicago et de Zurich (1893), 116. — *Congrès socialistes nationaux;* Congrès de Bordeaux, de Marseille et du Havre, 117; de Saint-Etienne, 117; de Charleville, 118; de Paris (1891), 118; Lutte contre le militarisme, 118; Congrès de Saint-Quentin, 119; de Leipzig et de Nuremberg, 120; Les socialistes allemands et la guerre de 1870, 121; Congrès de Gotha (1875), 121; Conséquences des lois d'exception de 1878, 122; Congrès de Halle et de Breslau (1890-1895), 123.

Esquisse du développement de l'Anarchisme : Théories anarchistes, 124; Travaux de Proudhon et de Marx Stirner, 125; Bakounine et son œuvre, 126; Rivalité entre Marx et Bakounine, 127; Progrès de l'anarchisme après la mort de Bakounine, 128; Jean Most et les socialistes, 129; Absence de pouvoir central dans le parti anarchiste, 130; Doctrines de Krapotkine, 131; Propagande par l'action, 132; Attentats anarchistes, 134; Nombre des anarchistes en France, 135: Journaux anarchistes, 136; Ouvrages anarchistes et révolutionnaires, 137; Conclusions, 137.

La propagande contre le militarisme : Théories des antimilitaristes, 139. — **I. La propagande contre l'armée :** Leurs opinions sur le service militaire, 139; Le comte Tolstoï et l'antimilitarisme, 141. — **II. La propagande contre le patriotisme :** Tolstoï critique le patriotisme, 145; Auteurs allemands antimilitaristes, 149; Les socialistes et l'antimilitarisme, 151. — **III. La propagande dans les armées :** Conséquences de la propagande antimilitariste dans l'armée, 153; Les privations, les difficultés du service militaire, les mauvais traitements infligés aux soldats : Critiques du service militaire, 154; Campagne contre la suppression des armées permanentes, 155; Divulgation des injustices commises dans l'armée, 157; Progrès de l'antimilitarisme dans l'armée allemande, 157; Mauvais traitements infligés aux soldats allemands, 158; Propagande antimilitariste en France, 159. — Les maladies, la mortalité et le suicide dans les armées : Mortalité exagérée dans l'armée, 161; Mutilations volontaires, 163; Suicides, 164. — Conclusion : Extension du socialisme, 168; Rôle particulier du socialisme contre la guerre, 169.

Pages.

L'AUGMENTATION INÉGALE DE LA POPULATION DANS LES DIFFÉRENTS PAYS EST UNE CAUSE DE GUERRE . . . 173 à   187

La force d'un pays dépend de l'accroissement de sa population, 173; — I. Augmentation de la population: En France, 174; En Autriche, en Hongrie, en Allemagne, 175; L'émigration allemande, 175; Causes de l'extension de l'émigration allemande, 176; Les émigrants allemands repoussés de Russie, 177; Ils se retournent vers l'Amérique et l'Australie, 177; Avantages que présente l'Amérique aux émigrants, 178; Salaires ouvriers aux Etats-Unis comparés à ceux payés en Allemagne, 179; Conditions d'existence dans les deux pays, 179; La population de l'Europe à la fin du siècle prochain, 181; La population de la France comparée à celle de l'Allemagne, 182; Ce qu'exige l'existence de la nation allemande, 183. — II. Population des puissances européennes et de leurs colonies, 184; Dangers pour l'Allemagne de l'accroissement de la population de la Russie, 186; Influence de la diminution de la population rurale, 187.

PROBABILITÉ D'UNE GUERRE EXAMINÉE AU POINT DE VUE POLITIQUE. . . . . 189 à   221

I. **Allemagne: 1. Les alliances empêchent les conflits de se produire subitement** : Danger provenant pour la paix des armements à outrance, 189; Mauvaise foi de Bismarck, 190; **2. Quel bénéfice pourrait retirer l'Allemagne d'une guerre contre la Russie?** La nation allemande ne désire pas la guerre, 191; Raisons qui poussent l'Allemagne à désirer la paix, 193; Germanisation des provinces polonaises, 193; Pourquoi l'ouvrier allemand préfère l'Amérique au duché de Posen, 194; Situation politique de l'Allemagne, 196. — **3. Hypothèse de nouvelles conquêtes de l'Allemagne à l'Ouest :** L'Allemagne désire-t-elle de nouvelles conquêtes à l'Ouest? 197. — **4. Le caractère énigmatique de l'Empereur Guillaume II et la crainte d'une guerre :** Disposition de Guillaume II envers la France, 198; Voyage de l'Impératrice douairière d'Allemagne à Paris en 1891, 199; Traits distinctifs du caractère de l'Empereur d'Allemagne, 200; Guillaume II orateur, 201; Côté fantaisiste du caractère de Guillaume II, 202. — **5. Les dangers résultant de la nouvelle loi militaire allemande :** Force numérique et répartition des armées de la Triple Alliance, 206; Réduction à deux ans de la durée du service militaire, 207; Supériorité des jeunes soldats sur les réserves, 209; Augmentation des cadres d'officiers et de sous-officiers, 210.

II. **L'Autriche :** L'Autriche pourrait amener l'Allemagne à déclarer la guerre, 211; Rivalité de l'Autriche et de la Russie, 212; Situation politique de l'Autriche-Hongrie, 212.

III. **La Russie :** Aspirations pacifiques de la Russie, 214; Augmentation de la population russe, 216.

IV. **La France :** Le Parlement français ne prendra pas la responsabilité d'une déclaration de guerre, 217; Conséquences d'une guerre pour

Pages.

l'existence de la République, 217 ; Le peuple français est opposé à la
guerre, 218 ; Résultats probables d'une guerre franco-allemande, 219;
Conclusions, 221.

LES PERTES PROBABLES EN HOMMES DANS LA GUERRE
    FUTURE. . . . . 223 à   298
Victimes humaines de la guerre future, 223 ; Changements nombreux
    dans l'art militaire, 224. — I. **Impossibilité de déterminer les
    pertes de la guerre future d'après les résultats des luttes du
    passé :** Divergence d'opinion entre les écrivains militaires au sujet
    des pertes probables, 227 ; Pertes causées par les guerres d'autrefois,
    218 ; Guerres de la Révolution française, 231 ; Armées de Napoléon,
    231 ; Guerre de Crimée, 233 ; Campagnes de 1859 à 1870 ; Guerre de
    1870-1871, 236 ; Guerre russo-turque (1877-1878), 238; Conclusions, 239.
    — II. **Données fondamentales pour l'appréciation des pertes :**
    Imperfections des statistiques actuelles, 240; Quelques indications sur
    les pertes éprouvées dans les guerres récentes, 241 : 1° *Les armes
    blanches*, 244 ; 2° *Les armes à feu :* Accroissement de la puissance
    de l'armement, 244 ; Puissance du choc, 245 ; Force de rotation et dé-
    formation des balles, 248 ; Portée des armes et justesse du tir, 249 ;
    Tir à grande distance, 253 ; Exercice de tir, 253 ; Distances-limites du
    tir, 254 ; Résultats de l'instruction du tir : en Russie, 255 ; en Angle-
    terre, 256 ; en France et en Allemagne, 256 ; Observation du terrain
    et mesure des distances, 259; Télémètre, 259; Absence de fumée, 260;
    Suppression d'encrassement, de ratés et des craintes d'humidité, 261 ;
    Approvisionnement plus grand de cartouches, 261 ; Conclusions, 262;
    3° *Les canons et leurs projectiles :* Pertes occasionnées par l'artil-
    lerie, 263 ; Tir rapide des canons, 264; Longue portée, 265 ; Perfec-
    tionnement des projectiles, 266 ; Shrapnells, 266 ; Obus, 267 ; Les
    explosifs, 270 ; Conclusions. — III. **Influence des nouvelles condi-
    tions de conduite du combat sur l'accroissement des pertes :** Les
    corps francs et les opérations des partisans, 271 ; Fortifications, re-
    tranchements et obstacles, 272; Le tir par-dessus ses propres troupes,
    274 ; Pertes en officiers et insuffisance du commandement, 275 ; Le
    prolongement de la durée des batailles, 278 ; Indécision de la victoire
    et résistance dans la retraite, 280 ; Combats de nuit, 283 ; Nervosité
    des combattants, 283 ; Alimentation difficile des troupes, 283 ; Retards
    dans l'enlèvement des blessés, 286 ; Pertes causées par les maladies,
    287. — IV. **Conclusions :** Conditions dans lesquelles se présentera la
    guerre future, 290 ; Les règlements tactiques diminueront-ils les
    pertes, 291 ; Y a-t-il nécessité pour l'assaillant de s'assurer la supério-
    rité du feu? 292; Accroissement des pertes par diverses armes, 294;
    Suppression de la fumée de la poudre, 294 ; Construction de retran-
    chements de campagne, 295 ; Explosions et tir par-dessus les troupes,
    295 ; Pertes en officiers et affaiblissement du commandement, 295 ;
    Lacunes dans les instructions et règlements, 295 ; Longueur des ba-
    tailles, 295 ; Combats de nuit, 296 ; Difficultés de ravitaillement, 296 ;
    Retards dans le soin des blessés, 296 ; Pertes par maladies, 296.

Pages.

INFLUENCE DES FUSILS ET DES CANONS SUR LE CARACTÈRE
DES BLESSURES. . . . . 299 à   316

Opinions diverses des spécialistes sur la gravité des blessures faites par
les nouvelles armes, 299. — **Blessures causées par les armes
blanches :** Blessures causées par les armes blanches en 1866, 1870 et
1877, 300. — **Blessures causées par les balles et autres projectiles :**
Gravité des blessures occasionnées par les balles modernes, 301 ;
Rapports entre les blessures produites par les fusils et par l'artillerie,
302. — **Méthode pour déterminer l'effet produit par la balle sur
des cadavres d'hommes et d'animaux :** Expériences sur l'effet meurtrier des nouveaux fusils, 307. — **Effet explosif des nouvelles
balles :** Apparence explosive de l'action des nouvelles balles, 309. —
.Grandeur d'entrée et de sortie : Grandeur d'ouverture de l'entrée
et de la sortie des balles, 311. — **Lésions du crâne :** Effet des nouvelles balles sur les os du crâne, 315. — **Lésions du cœur :** Effets sur
le cœur, 318. — **Lésions des vaisseaux sanguins :** Effets sur les vaisseaux sanguins, 318. — **Lésions des poumons :** Effets sur les poumons, 319. — **Lésions de la cavité abdominale et de la vessie :**
Effets sur l'abdomen, 320 ; Effets sur l'intestin, 321 ; Effets sur la
vessie, 321. — **Lésions du foie, de la rate et des reins :** Effets sur le
foie, la rate et les reins, 322. — **Lésions des os :** Effets sur les os,
323. — **Effets des fusils de calibre réduit (jusqu'à 5 millimètres) :**
Effets meurtriers du fusil de calibre réduit perfectionné, 328. — **De la
déformation des balles à enveloppe :** Danger des balles à enveloppe
par suite de leur déformation, 329 ; Comparaison de la déformation
de la balle actuelle avec l'ancienne balle de plomb, 332 ; Expériences
de déformation des balles, 333. — **L'infection des blessures par des
débris de vêtement :** Les balles à enveloppe entraînent avec elles
des débris de vêtement, 336 ; Causes ordinaires de l'infection des
blessures, 337. — **Effets des nouvelles balles sur les corps humains
vivants :** Caractères des blessures des nouvelles balles démontrés par
l'expérience, 338 ; Guerre du Chili (1891), 339 ; Expédition du Dahomey,
340. — **Conclusions :** Gravité des blessures des nouvelles balles, 341 ;
Causes de l'augmentation du nombre des blessés, 342 ; Gravité des
blessures suivant les distances, 343 ; Proportions des divers genres
de blessures, 344 ; Effet des balles par ricochet, 344 ; Gravité relative
des blessures suivant les diverses parties du corps, 345.

LES MOYENS DE SECOURIR LES BLESSÉS PENDANT LA
GUERRE FUTURE . . . . 347 à   382

Nécessité d'enlever rapidement les blessés, 347. — **I. Sera-t-il possible
d'éloigner les blessés durant le combat :** Réorganisation indispensable du service de santé, 348 ; Difficultés et dangers du relèvement
des blessés, 349 ; Moyens rapides de transport des blessés, 349. —
II. Les premiers secours donnés aux blessés : Où doivent être
établies les ambulances, 351 ; Remparts protecteurs des ambulances,
352 ; Congrès médical international de Rome, 352 ; Protection des

stations sanitaires, 353 ; Temps nécessaire au transport des blessés, 354 ; Civières à roues, 356 ; Organisation du service de santé, 356 ; Organisation actuelle du service de santé allemand, 357 ; Chiens dressés à la recherche et au transport des blessés, 359 ; Éclairage pendant la nuit du champ de bataille, 360. — **III. L'évacuation des blessés et les hôpitaux temporaires** : Evacuation rapide des blessés, 360 ; Les chemins de fer utilisés pour l'évacuation des blessés, 361 ; Les trains sanitaires, 363 ; Baraques-hôpitaux et tentes-ambulances, 363. — **Conditions générales concernant les secours qu'on portera aux blessés pendant la guerre future** : Incurie apportée à l'organisation des secours à donner aux blessés, 368 ; Les transports des cadavres, 369 ; Les généraux sont hostiles à la Convention de Genève, 370 ; Les hyènes des champs de bataille, 272 ; Conditions dans lesquelles le champ de bataille doit être gardé pendant la nuit, 373 ; L'abandon des blessés sur le champ de bataille est une honte, 374 ; Mauvaise organisation du service sanitaire français, 374 ; Service sanitaire russe, 376 ; Amélioration indispensable dans le service sanitaire russe, 378 ; Pénurie de médecins militaires, 378 ; L'initiative privée, 379 ; Nécessité d'établir un contrôle particulier, 380 ; Transport régulier du matériel aux ambulances, 380 ; Comités de surveillance, 381 ; Service de secours spécial pour la marine, 382 ; Les premiers secours donnés sur le champ de bataille, 382 ; Développement du service de santé, 382.

28 novembre 1811

28 novembre 1811

SOMMAIRE DE L'OUVRAGE COMPLET

TOME I
Description du mécanisme de la guerre.

Considérations générales sur le tir. — Poudre sans fumée et autres explosifs. — Les armes à feu portatives. — Les bouches à feu de l'artillerie. — Les engins auxiliaires. — Boucliers et cuirasses opposés aux effets des balles ennemies. — Abris formés par les retranchements et les fortifications de campagne. — Importance et rôle de la cavalerie. — La tactique de l'artillerie et les conséquences des perfectionnements techniques. — L'infanterie au combat.

TOME II
La guerre sur le continent.

Les effectifs des armées européennes. — La préparation à la guerre et sa déclaration. — La mobilisation. — Mouvements des troupes pour se rendre sur le théâtre de la guerre. — La conduite des armées. — Le commandant en chef. — L'autonomie des commandants d'unités et leur initiative dans les différentes armées. — Le chef subalterne. — Base du développement de l'instruction dans l'armée. — Comparaison entre les batailles du passé et celles de l'avenir. — Le combat de nuit. — Sur le champ de bataille. — La guerre de forteresse. — État et esprit des armées. — Plans des opérations militaires. — Force de résistance des puissances aux influences sociales et économiques de la guerre. — Effectifs de combat de la Double et de la Triple-Alliance. — Opérations de guerre franco-italiennes. — Opérations de guerre franco-allemandes. — Opérations de guerre germano-austro-hongroises.

TOME III
La guerre navale.

Comparaison des flottes anciennes et modernes. — Moyens d'attaque et de défense des bâtiments d'aujourd'hui. — Opérations des flottes et des navires isolés. — Quelques conclusions relatives aux batailles futures. — La guerre de croisière et la course. — Conclusions.

TOME IV
Les troubles économiques et les pertes matérielles que déterminera la guerre future.

Coup d'œil sur les difficultés économiques qu'entraînerait la guerre en Europe (Dans l'Europe orientale. — En Russie). — Sa répercussion sur les besoins de la population. — Dépenses des guerres passées. — Les charges militaires et les revenus des nations. — Dépenses de la guerre future et moyens de les couvrir. — Inégalité des pertes économiques que la guerre future entraînerait pour les divers pays. — Influence de la tactique et des conditions économiques sur l'approvisionnement des armées en vivres et munitions.

TOME V
Les efforts tendant à supprimer la guerre, les causes des différends politiques, les conséquences des pertes.

Comment s'est développée l'idée de résoudre pacifiquement les différends internationaux. — La paix perpétuelle dans les littératures des peuples civilisés. — Le socialisme, l'anarchisme et la propagande contre le militarisme. — L'inégalité d'accroissement de la population des divers pays pouvant être une cause de guerre. — Le degré de possibilité de la guerre au point de vue politique. — Les pertes probables dans la guerre future. — Influence des armes actuelles sur le caractère des blessures. — Le soin des blessés et malades à la guerre, dans le passé et dans l'avenir.

TOME VI
Le mécanisme de la guerre et son fonctionnement.
La question du tribunal international d'arbitrage.

Le système du militarisme. — Les officiers. — Progrès techniques et augmentation des armées. — Voix et agitations contre la guerre. — La concurrence de l'Amérique sur le marché universel. — Accroissement des dettes et des charges militaires de l'Europe. — Les congrès de paix et leur influence. — Importance des tendances pacifiques manifestées par les monarques. — Indices d'une évolution et possibilité d'un désarmement et de la suppression de la guerre. — Les causes des différends internationaux : Nécessité de prouver ce fait que les différends internationaux ne sauraient être résolus par la guerre. — Convocation d'une conférence internationale en vue d'étudier la question du tribunal d'arbitrage. — La question de l'Alsace-Lorraine. — La question d'Orient. — Autres questions ayant de l'importance au point de vue international. — Les provinces de l'Autriche et de la France où l'on parle la langue italienne. — Possibilité d'une dissolution de la monarchie austro-hongroise. — L'Allemagne et l'Autriche ne sont pas satisfaites de leurs frontières. — Antagonismes de races et de religions. — Intérêts dynastiques. — L'expansion coloniale. — Les intérêts des puissances dans l'extrême Orient. — Les raisons en vertu desquelles on croit que les guerres sont indispensables. — Institution d'un tribunal d'arbitrage international : un besoin de notre temps. — Son organisation présomptive. — Conclusions : les prétextes de guerre et leur peu d'importance. — L'absurdité de la politique de la « paix armée ». — Moment propice à la création d'un tribunal d'arbitrage. — Facilité de résoudre pratiquement ce problème. — L'institution d'un tribunal d'arbitrage est le seul moyen d'arrêter les armements. — Nécessité d'étudier les conditions techniques de la guerre et ses conséquences économiques. — Nomenclature des questions à examiner. — Importance de cet examen.

www.ingramcontent.com/pod-product-compliance
Lightning Source LLC
LaVergne TN
LVHW011220170726
843501LV00002B/311